CAD/CAM 技术系列案例教程

机械 CAD/CAM 原理及应用

主　编　边培莹

副主编　赵文忠　刘建养　党会学

参　编　袁　林　杨　波　龙　镎　成小彬

王　玺　梁晓慧　屈彦杰　胡佰毅

周毓明　梁小明　刘宏利

主　审　张运良　李德信

机 械 工 业 出 版 社

本书详细地阐明了CAD/CAM的关键技术原理及技术应用，结合应用型本科教学的理论与实践特点，对CAD/CAM核心4C（CAD、CAE、CAPP、CAM）模块的实现原理、实践应用、典型案例（见配套教材）等做了非常详细的介绍。本书共分6章，内容包括CAD/CAM概述、计算机辅助设计（CAD）、计算机辅助工程（CAE）、计算机辅助工艺规程（CAPP）设计、计算机辅助制造（CAM）、CAD/CAM技术的集成与发展。

本书主要作为本科院校机械类专业的教材，也可作为专业型硕士研究生教材，还可作为广大从事CAD/CAM技术研究及应用的工程技术人员的参考资料或培训教材。

图书在版编目（CIP）数据

机械CAD/CAM原理及应用/边培莹主编. —北京：机械工业出版社，2019.12（2022.1重印）

CAD/CAM技术系列案例教程

ISBN 978-7-111-64287-9

Ⅰ.①机… Ⅱ.①边… Ⅲ.①机械设计-计算机辅助设计-高等学校-教材②机械制造-计算机辅助制造-高等学校-教材 Ⅳ.①TH122②TH164

中国版本图书馆CIP数据核字（2020）第004490号

机械工业出版社（北京市百万庄大街22号 邮政编码100037）
策划编辑：齐志刚 责任编辑：王莉娜 张翠翠
责任校对：炊小云 王明欣 封面设计：陈 沛
责任印制：郜 敏
北京盛通商印快线网络科技有限公司印刷
2022年1月第1版第2次印刷
184mm×260mm · 17印张 · 413千字
标准书号：ISBN 978-7-111-64287-9
定价：49.90元

电话服务
客服电话：010-88361066
010-88379833
010-68326294

网络服务
机 工 官 网：www.cmpbook.com
机 工 官 博：weibo.com/cmp1952
金 书 网：www.golden-book.com
机工教育服务网：www.cmpedu.com

前 言

随着现代设计与制造技术的发展，使用计算机作为辅助工具进行产品的设计、分析、工艺规划、加工、测量，大大提高了产品的质量、生产率与可靠性，尤其是在以人工智能为引领的智能制造领域，CAD/CAM 作为其核心技术已经具有举足轻重的作用。因此，工科学生必须要掌握 CAD/CAM 技术的基本原理及其典型应用，以适应智能制造的发展要求。

本书针对应用型本科人才培养对 CAD/CAM 技术的应用要求，首先介绍了其技术的基本原理，然后对目前的一些典型应用软件及应用案例进行了详细的讲解。本书按照 CAD/CAM 的核心模块划分内容，注重原理分析的完整性和实践操作的参考性，努力做到理论与实践相结合。

本书的理论部分借鉴了多本 CAD/CAM 优秀教材内容及最新 CAD/CAM 技术研究论文的技术成果，应用分析及实践案例（见配套教材）多数来自企业生产过程中的实际案例，具有很好的针对性与实用性。

本书共分 6 章：第 1 章介绍 CAD/CAM 基本知识、发展历史及支撑环境；第 2 章介绍计算机辅助设计（CAD）的原理及应用；第 3 章介绍计算机辅助工程（CAE）的原理及应用；第 4 章介绍计算机辅助工艺规程（CAPP）设计的原理及应用；第 5 章介绍计算机辅助制造（CAM）的原理及应用；第 6 章对 CAD/CAM 的集成方式及未来发展进行了简要分析。

本书第 1、2、6 章由西安文理学院边培莹编写；第 3 章由长安大学党会学编写；第 4 章由中国电子科技集团公司第二十研究所赵文忠编写；第 5 章由中国电子科技集团公司第二十研究所刘建养编写。全书由边培莹统稿，由西安文理学院张运良与西安理工大学李德信主审。中国电子科技集团公司第二十研究所的袁林、杨波、龙锋、胡佰毅、王玺、梁晓慧、屈彦杰、成小彬，以及西安文理学院周毓明、梁小明，西安铁路职业技术学院刘宏利也参与了部分编写工作。

由于编者水平有限，加之 CAD/CAM 相关技术（算法）仍处在不断发展之中，书中错误与缺点在所难免，敬请各位读者批评指正。

编　者

二维码索引

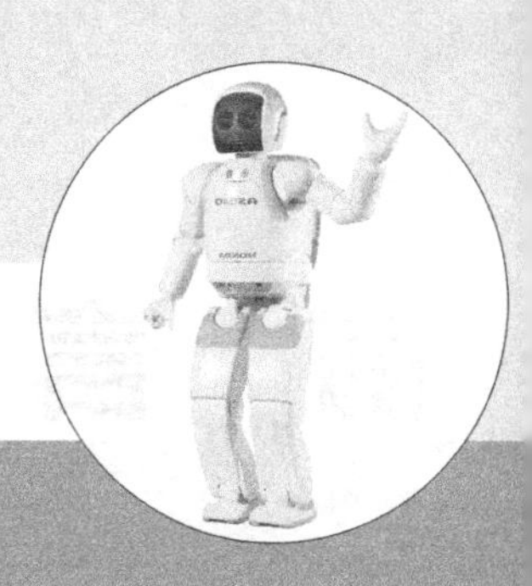

目 录

第1章 CAD/CAM概述

目前，全球科技信息得到了高速发展，这种趋势助力了产品设计——制造技术的发展，同时随着科技的全面发展，用户对产品的设计周期、设计可靠性、生产制造质量与成本、产品更新换代的速度等都提出了更高的要求。同时，企业要适应这种瞬息万变的市场要求，产品应向着多品种、中小批量、高效率方向发展，这就要求生产更有柔性。在这种情况下，传统的批量法则面临着严重的挑战，一场更加激烈的竞争正在形成。计算机辅助设计（CAD）与计算机辅助制造（CAM）就是为了满足这种新的要求而产生和发展的工业技术手段。本章主要介绍 CAD/CAM 的基本知识、CAD/CAM 的发展历史和支撑环境。

1.1 CAD/CAM 基本知识

从传统的产品制造过程来看，从市场需求分析开始，经过产品设计、工程分析、工艺设计、加工装配、产品物流等环节，最后形成用户所需要的产品，如图 1.1.1 所示。

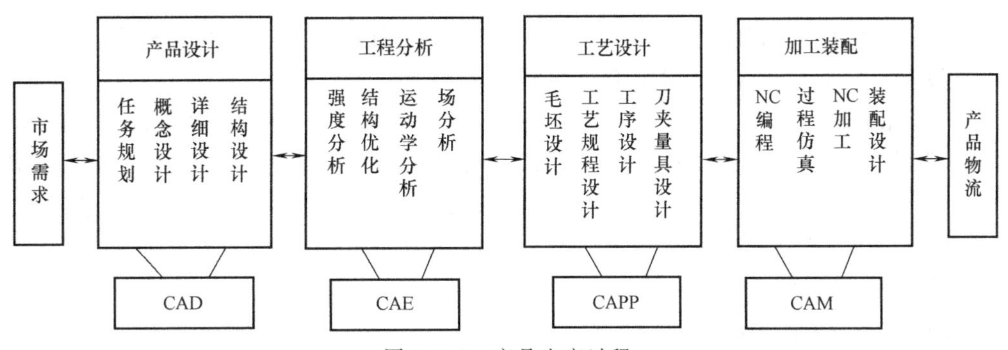

图 1.1.1　产品生产过程

随着计算机技术的快速发展及应用普及，计算机在制造业中逐步参与设计与制造过程，成为一种现代制造的辅助工具。在产品设计阶段，主要完成任务规划、概念设计、详细设计、结构设计，如果借助计算机来完成这些任务，称为计算机辅助设计（CAD）。对初步设计阶段的结构进行预加载荷强度分析、结构优化设计、工程仿真等，以保证设计的合理性，或进行设计优化，此部分工作称为计算机辅助工程分析（CAE）。在工艺设计阶段，要完成毛坯设计、工艺规程设计、工序设计等任务，如果借助计算机来完成这些任务，就称为计算机辅助工艺规程（CAPP）设计。在生产加工阶段，要完成数控编程、加工过程仿真、数控加工、质量检验、产品装配等，如果使用计算机来完成这些工作，就称为计算机辅助制造（CAM）。并且，在早期，用计算机完成这些工作都是孤立的，各模块之间是分开的，常常是CAD完成后的信息，不能被CAM直接使用，这就在计算机辅助设计与制造上造成了信息资源上的浪费。如果使用计算机信息集成技术，将CAD、CAE、CAPP、CAM等计算机辅助设计至生产制造完成的整个过程的设计数据有机地集成起来，就是CAD/CAM集成系统。

1.1.1 CAD/CAM的基本概念

1. CAD（Computer Aided Design）

狭义的CAD是指以计算机为辅助手段来完成整个产品的设计过程。产品设计过程是指从接受产品的任务规划开始，到完成产品的材料信息、结构形状、精度要求和技术要求等，并且最终得到以零件图、装配图为表现形式的文件结果。

广义的CAD包括设计和分析两个方面。设计是指构造零件的几何形状，选择零件的材料，以及为保证整个设计的统一性而对零件提出的功能要求和技术要求等。分析是指运用数学建模技术，如有限元、优化设计技术等，从理论上对产品的性能进行模拟、分析和测试，以保证产品设计的可靠性。本书所指的CAD都是狭义的CAD。

2. CAE（Computer Aided Engineering）

CAE是用计算机辅助进行复杂工程和产品结构强度、刚度、稳定性、动力响应、热传导、多体接触、工作场等力学性能分析计算以及结构性能优化设计的一种近似数值分析方法。随着对设计结果的可靠性要求的提高，进行分析成为设计的重要环节，其研究广度和深度不断增加，使CAE成为CAD/CAM技术中非常重要的一个环节。

3. CAPP（Computer Aided Process Planning）

CAPP利用计算机来制定零件加工工艺过程，把毛坯加工成工程图样上所要求的零件。它是通过向计算机输入被加工零件的几何信息（形状、尺寸等）和工艺信息（材料、热处理、批量等），由计算机自动输出零件的工艺路线和工序内容等工艺文件的过程。

4. CAM（Computer Aided Manufacturing）

CAM是指利用计算机系统，通过计算机与生产设备直接的或间接的联系，规划、设计、管理和控制产品的生产制造过程。CAM的概念有两种：一种是狭义的CAM，指数控编程，与数控机床数控装置的软件接口；另一种是广义的CAM，除自动编程以外，还包括工艺过程的设计（CAPP）、制造过程仿真（MPS）、自动化装配（FA）、车间生产计划、制造过程检测和故障诊断、产品装配与检测等。

5. CAQ（Computer Aided Quality）

CAQ包括企业采用的计算机支持的各种质量保证和管理活动。在实际应用中，CAQ可以分为质量保证、质量控制和质量检验等几个方面。其中，计算机辅助质量检测（Computer Aided Test，CAT）是CAQ系统中包含于机械CAD/CAM的重要技术环节。

6. CAD/CAM集成的概念

随着CAD/CAM软件技术的逐步应用，在生产中人们发现，CAD产生的信息（特别是二维绘图信息）不能够被CAPP和CAM所利用，如果要进行零件分析或者制造工艺及数控加工等的整体设计，还需要人工将CAD的图样数据转换为CAE、CAPP或CAM所需要的数据格式。这样不仅影响工作效率，而且人工转换难免出错。如果CAD产生的图样能直接被CAE、CAPP、CAM及以后的计算机集成制造系统（Computer Integrated Manufacturing Systems，CIMS）所利用，就是CAD/CAM各模块的集成。研究CAD/CAM系统的集成就是把

CAD、CAE、CAPP、CAM 及 CAQ 等各种功能不同的模块化软件有机地结合起来，用统一的执行机制来组织各种信息的提取、交换、共享和处理，以保证系统内信息的畅通。也就是说，它是将产品设计、生产制造、质量控制等有机地集成在一起，通过生产数据采集和信息流形成的一个闭环系统。CAD/CAM 集成是机械制造迈向计算机集成制造系统的基础。

此外，CAD/CAM 技术是一个不断发展中的技术，随着设计方法、先进制造技术的发展，在计算机辅助设计和计算机辅助制造的整个过程中，当某一领域取得更多的计算机辅助功能，且成为实际生产中重要的组成环节时，就可以继续壮大 CAD/CAM 技术的家族，如目前已有初步发展的计算机辅助订货（Computer Aided Order，CAO）、计算机辅助装配工艺设计（Computer Aided Assembly Process Planning，CAAPP）等。随着工业变革的不断推进，CAD/CAM 技术的各模块也会随着科技的进步而不断地发展壮大。

1.1.2 CAD/CAM 的功能与任务

1. CAD/CAM 系统的基本功能

（1）图形显示功能

CAD/CAM 是一个人机交互的过程。从产品的造型、构思、方案的确定，到结构分析，再到加工过程的仿真，没有图形显示功能，系统就无法保证用户能够观察、修改中间结果，进行实时编辑处理。用户的每一次操作，都能从显示器上及时得到反馈，直到取得最佳的设计结果。图形显示功能不仅应该能够对二维平面图形进行显示控制，还应当包含对三维实体的处理。有了图形显示功能，用户可以很直接地在显示器上进行检查修改，得到所需要的信息。

（2）输入/输出功能

在 CAD/CAM 系统运行中，用户需要不断地将有关设计的要求、步骤所需要的具体数据等输入计算机，通过计算机的处理，能够输出系统处理结果。没有输出功能的系统是毫无意义的。在 CAD/CAM 系统中，输入/输出的信息既可以是数值的，也可以是非数值的（如图形数据、文本、字符等）。

（3）存储功能

由于 CAD/CAM 系统运行时的数据量很大，往往使用很多算法生成大量的中间数据，尤其是对图形的操作、交互式的设计、结构分析中的网格划分等。为了保证系统能够正常地运行，CAD/CAM 系统必须配置容量较大的存储设备，以支持数据在各设备模块运行时的正确流通。另外，工程数据库系统的运行也必须有存储空间作为保障。

（4）交互功能（人机接口）

在 CAD/CAM 系统中，交互功能是连接用户与系统的桥梁。友好的用户界面，是保证用户直接而有效地完成复杂设计任务的必要条件。对于交互功能，除进行软件中的界面设计外，还必须有交互设备以实现人与计算机之间的不断通信。

2. CAD/CAM 系统的主要任务

CAD/CAM 系统需要对产品设计、制造全过程的信息进行处理，包括设计及制造中的数值计算、设计分析、绘图、工程数据库的管理、工艺设计、加工仿真等。因此，CAD/CAM 系统必须完成以下主要任务。

（1）几何造型

在产品设计构思阶段，系统能够描述基本几何实体及实体间的关系；能够提供基本体素，以便为用户提供所设计产品的几何形状、大小，进行零件的结构设计及零部件的装配；能够动态地显示三维图形，解决三维几何建模中复杂的空间布局问题。同时，还能进行消隐、彩色浓淡处理、剖切、干涉检查等。利用几何建模的功能，用户不仅能构造各种产品的几何模型，还能够随时观察、修改模型，或检验零部件装配的结果。几何建模技术是CAD/CAM系统的核心，它为产品的设计、制造提供基本数据，同时也为其他模块提供原始的信息。例如，几何建模所定义的几何模型的信息可供有限元分析，以及绘图、仿真、加工等模块调用。在几何建模模块内，不仅能构造规则形状的产品模型，而且可采用曲面造型或雕塑曲面造型的方法，根据给定的离散数据或有关具体工程问题的边界条件来定义、生成、控制和处理过渡曲面，或用扫描的方法得到机械体信息，建立复杂表面曲面的模型。例如，汽车车身、飞机机翼、船舶舱体等的设计制造，均采用此种方法。

（2）计算分析

CAD/CAM系统构造了产品的形状模型之后，一方面要能够根据产品几何形状计算出相应的体积、表面积、质量、重心位置、转动惯量等几何特性和物理特性，为系统进行工程分析和数值计算提供必要的基本参数，另一方面，CAD/CAM中的结构分析还要进行应力、温度、位移等计算，图形处理中变换矩阵的计算，体素之间的交、并、差计算，工艺规程设计中的工艺参数计算等。因此，不仅要求CAD/CAM系统对各类计算分析的算法正确、全面，还要求其有较高的计算精度。

（3）工程绘图

产品设计的结果往往是通过机械图样的形式表达的，CAD/CAM中的某些中间结果是通过图形表达的。CAD/CAM系统一方面应具备从几何造型的三维图形直接向二维图形转换的功能，另一方面还需有处理二维图形的能力，包括基本图元的生成、尺寸标注、图形的编辑（比例变换、平移图形、图形复制、图形删除等），以及显示控制、附加技术条件等功能，确保达到既合乎生产实际要求，又符合国家标准规定的机械工程制图要求。

（4）特征造型

随着计算机技术的发展，传统的几何造型方法已经暴露出一些弊端。它只有零件的几何尺寸，没有加工、制造、管理需要的信息，因而给计算机辅助制造带来了不便。

特征具有形状特征和功能特征两种属性，具有特定的几何形状、拓扑关系、典型功能、绘图表示方法、制造技术和公差要求等。基本的特征属性包括尺寸属性、精度属性、装配属性、工艺属性和管理属性。这种面向设计和制造过程的特征造型系统，不仅含有产品的几何形状信息，而且也将公差、表面粗糙度、孔、槽等工艺信息建在特征模型中，有利于CAD/CAPP的集成。这种方法成了目前三维商业软件的主流，但特征库仍在研究之中。

（5）结构分析

CAD/CAM系统中常用的结构分析方法是有限元法。这是一种离散逼近近似解的方法，用来进行结构形状比较复杂零件的静态特性、动态特性、强度、振动、热变形磁场、温度场、应力分布状态等的分析计算。在进行静态特性、动态特性分析计算之前，系统根据产品结构特点，划分网格，标出单元号、节点号，并将划分的结果显示在屏幕上。进行分析计算之后，其将计算结果以图形、文件的形式输出，如应力分布云图、温度场分布云图、位移变形曲线等，这种显示可使用户方便、直观地看到分析计算的结果。

（6）优化设计

CAD/CAM 系统应具有优化分析的功能，也就是在某些条件下，可使产品或工程设计中的预定指标达到最优。优化包括总体方案的优化、产品零件结构的优化、工艺参数的优化等。优化设计是现代设计方法学中的一个重要组成部分。

（7）计算机辅助工艺规程设计（CAPP）

设计的目的是为了加工制造，而工艺设计是为产品的加工制造提供指导性的文件。因此，CAPP 是 CAD 与 CAM 的中间环节。CAPP 系统应当根据建模后生成的产品信息及制造要求，由推理机决策出加工该产品所采用的加工方法、加工步骤、加工设备及加工参数。CAPP 的设计结果一方面能被生产实际所用，生成工艺卡片文件，另一方面能直接输出一些信息，被 CAM 中的 NC 自动编程系统接收、识别，直接转换为刀位文件。

（8）NC 自动编程

在分析零件图和制订出零件的数控加工方案之后，采用专门的数控加工语言（如 APT 语言）或自动编程软件输出仿真验证后的程序，然后输入计算机。其基本步骤通常包括：

1）手工编程或计算机辅助编程，生成源程序。

2）前置处理。将源程序翻译成可执行的计算机指令，经计算，求出刀位文件。

3）后置处理。将刀位文件转换成零件的数控加工程序，经过后处理并输出程序，或者直接将程序输入到数控机床。

（9）模拟仿真

模拟仿真是在 CAD/CAM 系统内部，建立一个工程设计的实际系统模型，如机构、机械手、机器人等。通过运行仿真软件，代替、模拟真实系统的运行，预测产品的性能、产品的制造过程和产品的可制造性，用户可以在未加工之前看到未来加工时的状况。如数控加工仿真系统，在软件上实现零件试切的加工模拟，避免现场调试带来的人力、物力的投入以及加工设备损坏的风险，从而减少制造费用，缩短产品设计周期。通常可以模拟加工轨迹仿真，机构运动学仿真，机器人机构、工件、刀具、机床的碰撞，干涉检验等。

（10）工程数据管理

CAD/CAM 系统中的数据量大、数据种类繁多。数据既有几何图形数据，又有属性语义数据；既有产品定义数据，又有生产控制数据；既有静态标准数据，又有动态过程数据。数据结构也相当复杂。因此，CAD/CAM 系统应能提供有效的管理手段，支持工程设计与制造全过程的信息流动与交换。通常，CAD/CAM 系统采用工程数据库系统作为统一的数据环境，实现各种工程数据的管理。

1.2 CAD/CAM 的发展历史

1.2.1 CAD/CAM 技术的产生

自从第一台计算机于 1946 年在美国诞生以来，计算机技术就日益渗透到机械制造中来，数控技术几乎与电子计算机技术同时产生。第二次世界大战后，美国为了加速飞机工业的发展，要革新样板加工的设备，由空军部门委托帕森斯公司（Parsons Co.）和麻省理工学院伺服机构研究所（Servo Mechanism Laboratory of the Massachusetts Institute of Technology）进行数控机床的研制工作，于1952年试制成功世界上第一台数控机床。它是一台立式三坐标铣床，采用电子管器件，具有直线插补、连续控制功能，后又经过3年的改进和对自动编制程序的研究，研制出了APT编程系统，于1955年开始进入实用阶段，可用于加工复杂的零件曲面，翻开了制造业的新篇章。

早期的数控系统使用穿孔纸带传送加工程序，专用数控装置使用硬件读入加工程序，并进行识别、储存和计算，输出相应的指令脉冲以驱动伺服系统，这时的数控装置称为数字控制（Numerical Control，NC）。与此同时，奥地利人H. Joseph Gerber在美国参观时突发奇想：如果在数控机床上将刀具换成笔，将会怎样呢？Gerber根据数控的原理研制出了世界上第一台由计算机控制的平板绘图机，开拓了计算机绘图的新时代。

1962年，麻省理工学院的研究生I. E. Sutherland发表了题为《人机对话图形通信系统》的论文，推出了二维SKETCHPAD系统。该系统允许设计者在图形显示器前操作光笔和键盘，同时在屏幕上显示图形。他的论文首次提出了计算机图形学、交互技术及图形符号的存储采用分层的数据结构等思想，为CAD技术提供了理论基础。随后，相继出现了许多商品化的CAD系统，如通用汽车公司的DAC-1系统（可以实现各个阶段的汽车设计）、洛克希德飞机公司的CADCAM等。然而，由于计算机硬件的价格较贵，计算机辅助设计工作并没有普及开来。

计算机辅助制造是随着计算机技术和成组技术的发展而发展起来的。成组技术（Group Technology，GT）就是按照零件的几何相似或工艺相似的原理来组织加工生产的一种方法，它可以大大地降低生产成本。世界上最早进行工艺设计自动化研究的国家是挪威。该国家从1966年开始研制，1969年正式发布了AUTOPRO系统。它是根据成组技术的原理，利用零件的相似性准则去检索和修改零件的标准工艺，从而制订相应的零件工艺规程的，这是最早开发的CAPP系统。

20世纪70年代中期，小型计算机出现。由于其较低的价格、强大的数据处理和输入/输出功能，迅速被应用到数控机床的控制系统中，出现了所谓的计算机数控（Computer Numerical Control，CNC）系统。它运用计算机存储器中的程序完成数控要求的功能。其全部或部分控制功能由软件实现，包括译码、刀具补偿、速度处理、插补、位置控制等。它采用半导体存储器存储零件加工程序来代替打孔的零件纸带程序进行加工，这种程序便于显示、检查、修改和编辑，因而可以减少系统的硬件配置，提高了系统的可靠性。采用软件控制大大增加了系统的柔性，降低了系统的制造成本。

以前的数控装置都是独立的，随着生产的需要，逐渐出现了多台数控机床采用以太网控制的计算机进行控制的直接数字控制（Direct Numerical Control，DNC）系统。直接数字控制始于20世纪60年代，是用一台或几台计算机直接控制若干台数控机床的系统控制方法，又称为群控。其零部件加工程序或机床程序存放在公用的存储器中，计算机按照约定及请求，向这些机床分送程序和数据，并收集、显示或编辑与控制过程有关的数据。此外，系统计算机还具有生产调度、自动编程、程序校验与修正及系统自动维护等功能。当时的研究主要是为了解决早期数控设备使用纸带输入数控加工程序而导致故障多等一系列问题，以及解决早期数控设备成本高等问题。

在CAD方面，人机对话式的交互式图形系统在许多国家的广泛应用，推动了图形输入/输出设备的更新和发展。小型计算机、图形数字化仪、磁盘等硬件的出现，反过来推动了图形软件的进一步发展，出现了图形软件包、数据库等系统。除了传统的在军事上的应用以外，计算机绘图还深入到教学、科研、艺术和事务管理等领域。图形技术推动了计算机辅助设计的发展，出现了许多专门开发 CAD 的软件公司。1972 年，英国剑桥大学的 Briad、日本北海道大学的冲野、东京大学的穗坂提出了类似于 CAD 的系统，它能绘制立体图形。此后他们成立了公司，进行 CAD 软件的开发，1981 年开始软件的商品化。

20 世纪 70 年代初，美国的辛辛那提公司研制了一套柔性制造系统（Flexible Manufacture System，FMS），将 CAD/CAM 技术推向了一个新阶段。随后欧洲国家在 CAD/CAM 技术方面迅速展开研究。

20 世纪 70 年代以后，随着 CNC 技术的不断发展，以及数控系统存储容量和计算速度的提高，特别是控制计算机成本的大幅度下降，DNC 发展为分布式数控。分布式数控不但具有直接数控的所有功能，而且具有系统信息收集、系统状态监视及系统控制等功能。其最大的优点在于 DNC 中的各数控机床具有自治能力，主控计算机出现故障，系统中的各数控机床仍可继续工作，而且投资小、见效快。

1.2.2 CAD/CAM 技术步入发展

20 世纪 80 年代初，CAD 开始全面打入市场，这是由于图形系统采用了更为廉价的光栅显示器。微型计算机和超级微型计算机的使用使系统成本大大降低，应用 CAD 系统，投资效益更加显著，市场需求猛增，企业之间的竞争也越来越激烈。这个时期的图形软件更加完善，以前在中型或小型计算机上才能运行的软件，也可以在微型计算机上运行起来。例如，美国 Autodesk 公司的 AutoCAD 软件可以在 640KB 的微型计算机上运行，基本上能够满足工厂的需求，进一步普及了图形技术的应用。

这一时期，由于 CAD 的使用，出现了许多不同类型的图形输入设备。早期的定位、拾取输入装置——光笔，由于易于损坏且使用不便，被各类图形输入板所代替。与此同时，还出现了操纵杆、跟踪球、定位“鼠标器”、触摸屏幕、扫描器等定位拾取装置。此外，键盘是交互式图形生成系统不可少的输入设备，与一般键盘不同的是，它新增加了一些命令控制键和特殊的功能键。坐标数字化仪与图形输入板类似，用它可以把图形坐标和有关的命令输入到计算机中，其中，全电子式坐标数字化仪近年来获得了广泛应用。在输出设备方面，出现了彩色激光和彩色静电绘图仪、激光打印机和磁性打印机等。

早期的计算机辅助绘图系统、计算机辅助设计系统、计算机辅助制造系统都是分离的、独立的系统。随着计算机应用的深入发展，人们不再满足各自独立的状态。例如用计算机设计一个机械产品零件，人们不再满足仅仅将零件的设计参数计算出来，或画出一个固定的图形，还希望看到产品的局部，希望能够动态查看，希望看到装配在机器上的效果，验证是否干涉等。当设计完成以后，还希望计算机能够直接产生加工零件的数控指令，并直接把指令传送到数控机床上将零件加工出来。因而近期开发的软件已开始将它们有机地结合起来，形成一体化软件包。这些软件包包括二维/三维图形软件包模块、三维几何造型模块、优化设计模块、有限元前后置处理模块、数控编程模块等。这样，从产品设计、绘图、分析直至最后生成数控程序，以及将数控指令直接传送到数控系统中，直接进行零件的加工，均可由一个计算机程序进行管理。目前，这些软件中不少已投放市场，这就是 CAD/CAM 的初步集成。

20 世纪 80 年代以后，随着计算机技术、通信技术和 CIMS 技术的发展，DNC 的内涵和功能不断扩大。DNC 的基本功能是传送 NC 程序。随着技术的发展，现代 DNC 还具有制造数据传送（NC程序上传、NC程序校正文件下载、刀具指令下载、托盘零点值下载、机器人程序下载、工作站操作指令下载等）、状态数据采集（机床状态、刀具信息和托盘信息等）、刀具管理、生产调度、生产监控、单元控制和CAD/CAPP/CAM接口等功能。

DNC与单机数控相比，增加了控制管理功能。DNC根据规模需要很容易成为FMS或CIMS的组成部分。相对FMS来说，它投资小，见效快，可大量介入人机交互。

20世纪90年代，技术上的最大进展莫过于信息技术。信息高速公路和互联网的发展，使世界在20世纪的最后10年里发生了巨大的变化。计算机硬件、软件、通信技术的进步把制造业带进了新的发展阶段，数控机床的控制系统进入“以PC为平台、开放式结构、无产权”的新阶段。1992年推出的ERP软件，实现了企业资源的计算机集成管理，并在企业与用户之间产生了“有附加值的服务”的新概念，可根据用户要求开发专用产品或针对性的服务。1995年，Manufacturing Data System公司推出的CNC，可实时收集数据，可实现互联网通信制造和进行电子商务活动。开发“环保和安全”产品也成为了制造业新的任务。

2000年以后，人们对CAD/CAM各模块数据集成的要求越来越高，许多本身含有多模块的大型软件迅速发展起来。例如，美国CNC公司逐渐发展MasterCAM为一个完整的CAD/CAM软件包，包含平面与三维CAD/CAM数控加工自动模拟、加工切屑验证、加工干涉检查等功能。UG（Unigraphics NX）是Siemens PLM Software公司出品的一款将产品设计及加工过程集成的数字造型和验证手段CAD/CAM软件。另外，CAD/CAM集成技术及其与其他生产管理系统的逐渐结合，在生产中发挥着重要的数据流通与过程管理的作用。

1.2.3 我国CAD/CAM的发展现状

我国的CAD/CAM技术发展较晚，但发展速度较快。在“七五”期间，国家提供了大量资金用于开展CAD/CAM的研究，许多工厂、研究所、高校引进了相关CAD/CAM系统，在引进的基础上，通过消化吸收，开发不同的接口软件和前后置处理程序等。随后结合各行业的不同需要二次开发了一些有关典型零件、典型产品的软件，并且应用到了生产实际中。许多高校和研究所也在消化的基础上，开始开发自主版权的软件。下面简要介绍我国目前自行开发的一些典型软件的情况。

工厂中比较典型的有第一汽车制造厂和第二汽车制造厂、天津内燃机研究所完成的“建立汽车计算机辅助设计和辅助制造系统”项目。该项目的重点是汽车车身的CAD/CAM开发及应用，汽车结构的有限元分析和内燃机的CAD技术。

洛阳拖拉机厂开发的轮式拖拉机的计算机辅助设计系统。该系统可以进行拖拉机的总体布置、机组匹配、性能预估，可对传动系统、液压悬架、行驶系统、转向系统及驾驶室等主要部件进行计算机辅助设计，还可以进行有限元分析，并配有工程数据库。

杭州汽轮机厂的CAD/CAM系统可以大大提高工厂的市场订单式生产能力，采用CAD/CAM系统使其产品的设计周期缩短，使生产成本大幅降低。

国内的高校和研究所在后来的发展中，在CAD支撑和应用软件的开发上担任了极其重要的角色。在优化设计方面，华中理工大学的OPB及机械部分的优化设计程序早在20世纪80年代就在工厂中得到了推广。在二维自主版权软件上，目前国内的软件在使用性能上要优于国外，典型的软件有华中科技大学的开目CAD、KMCAPP，凯图CAD，北京航空航天大学的CAXA软件、PANDA软件，清华大学和华中理工大学共同研制的CADMIS系统，实现了参数化特征造型、曲面造型、数控加工、有限元分析的集成。在数控方面，南京航空航天大学的超人 CAD/CAM 和华中理工大学的 GHNC 均实现了复杂曲面的造型及数控程序的自动生成功能。工程数据库方面有华中科技大学的 GHEDBMS 和浙江大学的 OSCAR。可见，国产 CAD/CAM 软件正在逐渐兴起。作为一个制造业大国，在中国智能制造的发展趋势下，软件作为先行驱动力必然会得到长足发展。

我国企业在 CAD/CAM 应用方面自 2000 年后得到了迅速发展，也有大量的大型进口软件被企业采购，并改变了由原来的传统设计方式过渡到先进设计技术、先进制造技术的层次。但是软件的效能及集成程度还不高，主要表现为：一方面，技术人员已有的设计习惯依然是不容易打破的壁垒，使软件的强大功能没有得到有效发挥；另一方面，软件之间的集成程度不够，设计部门的数据与工艺部门和生产部门的数据还没有做到共享，使软件的功能得不到发挥。所以多数企业的 CAD/CAM 软件只应用在局部设计过程中，或者各个模块的设计数据独立开发，共享程度差。可见，未来数年内，CAD/CAM 软件的普及及集成仍然是我国企业不断提高和改革的目标所在。

1.3 CAD/CAM 的支撑环境

CAD/CAM 的支撑环境由硬件和软件两部分组成，如图 1.3.1 所示。

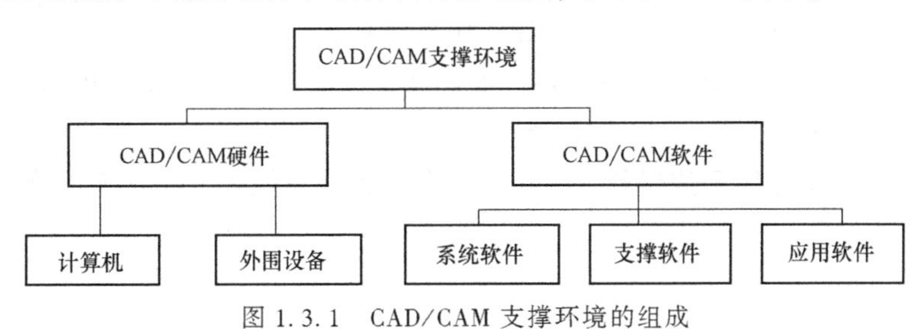

图 1.3.1 CAD/CAM 支撑环境的组成

1.3.1 CAD/CAM 的硬件

硬件主要是指计算机主机及各种输入/输出的配件设备，如各种档次的计算机、打印机、绘图机、数控机床等。对硬件的主要要求是：

1）具备强大的人机交互功能；

2）有相当大的外存储容量；

3）良好的联网通信功能。

1. 主要硬件设备

CAD/CAM 硬件包括应用的计算机和所有的外围设备。根据系统总体配置、组织方式及所用计算机的不同，有不同的分类方法。

（1） 主机

1） 主机系统。这是一个中央处理机配有多个图形终端的系统，能支持多个用户同时工作。系统终端用户可以共享数据库中的数据，可以进行大型复杂的设计计算和仿真分析。但若中央处理机出现故障，将影响全部用户。主机系统的初始投资很大，目前国内使用得较少。

2）成套系统。成套系统是 CAD/CAM 系统供应商根据用户要求，提供的包括硬件系统和软件系统在内的专用系统，用户不需要进行二次开发。这种系统是专用系统，使用面较窄，计算机利用率不高，更新较慢。随着新一代开放式的计算机软件系统的出现，专用的成套系统将逐步被淘汰。

3）超级微型工作站。它具有较强的计算和图形处理功能，采用高分辨率的显示器，以个人分布式网络环境结合高性价比的小型机、集中管理的数据库和高性能的 CAD/CAM 软件，已成为 CAD/CAM 中的主力军。

4）个人计算机系统。随着个人计算机功能的不断加强，它与工作站已没有太大的差别，加上网络的发展，个人计算机已经成为当前一些企业中 CAD/CAM 的主要硬件环境之一。

（2）存储设备

存储设备是用于存储信息的设备，通常是将信息数字化后利用电、磁或光等方式的媒体加以存储。

1）利用电能方式存储信息的设备，如各式存储器，包括 RAM、ROM 等存储设备。

2）利用磁能方式存储信息的设备，如硬盘、软盘（已经淘汰）、磁带、磁芯存储器、U盘等。

3）利用光学方式存储信息的设备，如 CD 或 DVD。

4）利用磁光方式存储信息的设备，如 MO（磁光盘）。

5）利用半导体方式存储信息的设备，如闪存卡（XD 卡、TF 卡、PCI-e 闪存卡）、SM（Smart Media）卡、Memory Stick（记忆棒）。

6）专用存储系统：用于数据备份或容灾的专用信息系统，利用高速网络进行大数据量存储的设备。

（3）输入设备

输入设备（Input Device）是向计算机输入数据和信息的设备，是计算机与用户或其他设备通信的桥梁。输入设备是用户和计算机系统之间进行信息交换的主要装置之一。键盘、鼠标、摄像头、扫描仪、光笔、手写输入板、游戏杆、语音输入装置等都属于输入设备。输入设备是人与计算机进行交互的一种装置，用于把原始数据和处理这些数据的程序输入到计算机中。计算机能够接收的数据，既可以是数值型的数据，也可以是各种非数值型的数据，如图形、图像、声音等。

（4）输出设备

输出设备（Output Device）是计算机硬件系统的终端设备，用于计算机数据的输出显示、打印等操作，也用于把各种计算结果数据或信息以数字、字符、图像、声音等形式表现出来。常见的输出设备有显示器、打印机、绘图仪、影像输出系统、语音输出系统、磁记录设备等。

（5）网络连接设备

网络连接设备是把网络中的通信线路连接起来的各种设备的总称，包括中继器、集线器、交换机和路由器等。

1）中继器是一种放大模拟信号或数字信号的网络连接设备，通常具有两个端口。它接收传输介质中的信号，将其复制、调整和放大后发送出去，从而使信号能传输得更远，延长信号传输的距离。中继器不具备检查和纠正错误信号的功能，只用于转发信号。

2）集线器是构成局域网的最常用的网络连接设备之一。集线器是局域网的中央设备，它的每一个端口可以连接一台计算机，局域网中的计算机通过它来交换信息。常用的集线器可通过两端装有 RJ-45 连接器的双绞线与网络中计算机上安装的网卡相连，每个时刻只有两台计算机可以通信。利用集线器连接的局域网称为共享式局域网。集线器实际上是一种拥有多个网络接口的中继器，不具备信号的定向传送能力。

3）交换机又称交换式集线器，在网络中用于完成与它相连的线路之间的数据单元的交换，是一种能进行 MAC（网卡的硬件地址）识别，可完成封装、转发数据包功能的网络连接设备。在局域网中可以用交换机来代替集线器，其数据交换速度比集线器快得多。这是由于集线器不知道目标地址在何处，因此只能将数据发送到所有的端口，而交换机中有一张地址表，可通过查找表格中的目标地址，把数据直接发送到指定端口。

4）路由器是一种连接多个网络或网段的网络连接设备，能对不同网络或网段之间的数据信息进行“翻译”，以使它们能够相互“读”懂收发的数据，实现不同网络或网段间的互联互通，从而构成一个更大的网络。目前，路由器已成为各种骨干网内部之间、骨干网之间、骨干网和因特网之间连接的枢纽。校园网一般就是通过路由器连接到因特网上的。

路由器的工作方式与交换机不同，交换机利用物理地址（MAC 地址）来确定转发数据的目的地址，而路由器则利用网络地址（IP 地址）来确定转发数据的地址。另外，路由器具有数据处理、防火墙及网络管理等功能。

2. 硬件结构组织

按系统的组织方式分类，CAD/CAM 硬件的组织类型可以分为单机系统和联机系统。单机系统是指将一台计算机及输入设备和输出设备提供给单一用户使用的系统。联机系统由一组连接成网络的多台计算机组成，网络内的计算机可以各司其职，有的计算机用于用户的数据处理，有的计算机则用于控制整个网络的数据通信，还有一部分计算机完成特定的功能。此外，各个终端还可以独立使用。

CAD/CAM 系统的网络系统可以是独立的小局域网，也可作为子网与企业内部网相连接。无论采用哪种形式，其网络结构都可以根据需要选用总线型、星形、环形、网状等中的一种，其工作模式则多采用客户机/服务器体系结构。

（1）总线型拓扑

总线型拓扑结构中，各独立的计算机都连接到一条称为总线的线缆上，如图 1.3.2a 所示。在总线型拓扑结构中，一般不需要再安装其他动态电子设备对信号进行放大。

总线型拓扑的优点：结构简单，可靠性高；电缆长度短，易于布线和维护；造价低；易于扩充等；增加新站点时，可以在总线的任一点将其接入，如需增加总线长度，可用中继器来扩展一个附加段。总线型拓扑的主要缺点：当网络负载过重时会降低网络传输速度；故障诊断和隔离困难，因为它不是集中控制的，所以故障检测需要在网上的各个站点上进行。

总线型拓扑结构适用于规模较小的网络。

（2）星形拓扑

星形拓扑结构是非常古老的一种连接方式，电话的连接就属于这种结构，如图 1.3.2b 所示。与各计算机连接的处于中心位置的网络设备称为集线器（Hub）。集线器既可以是有源的，也可以是无源的。有源集线器带有特定的电路，可以重新生成电子信号，并发送给所有的计算机；无源集线器则起一个连接点的作用。

这种结构便于集中控制，因为各个用户之间的通信必须经过中心站，由于这一特点，也带来了星形拓扑结构易于维护和较安全等优点。这样，一端用户设备因为故障停机时，不会影响其他端用户间的通信。但这种结构的中心系统必须具有高端用户设备，且中心系统必须具有极高的可靠性，因为中心系统一旦损坏，整个系统便趋于瘫痪。因此，中心系统通常采用双机备份方式，以提高系统的可靠性。

（3）环形拓扑

这种结构中的传输媒体从一个端用户到另一个端用户连接成环形。这种结构消除了端用户通信时对中心系统的依赖性。

环形拓扑结构的特点是，每个端用户都与两个相邻的端用户相连，因而存在着点到点链路，但总是以单向方式操作的，于是便有上游端用户和下游端用户之称。例如，在图 1.3.2c 中，用户 N 是用户 $N+1$ 的上游端用户，$N+1$ 是 N 的下游端用户。如果 $N+1$ 端需将数据发送到 N 端，则几乎要绕环一圈才能到达 N 端。此外，只要一台计算机出现故障，整个网络就会受到影响。

（4）网状拓扑

如果一个网络只连接几台设备，最简单的方法是将它们直接相连在一起，这种连接称为点对点连接。用这种方式形成的网络称为全互联网络，其连接名称为网状拓扑，如图 1.3.2d 所示。图中有 6 台设备，在全互联情况下，需要 15 条传输线路。如果要联的设备有 n 台，所需线路将达到 $n(n-1)/2$ 条！显而易见，这种方式只有当计算机分布的地理范围不大、设备数量很少的条件下才可能有 PC 使用。

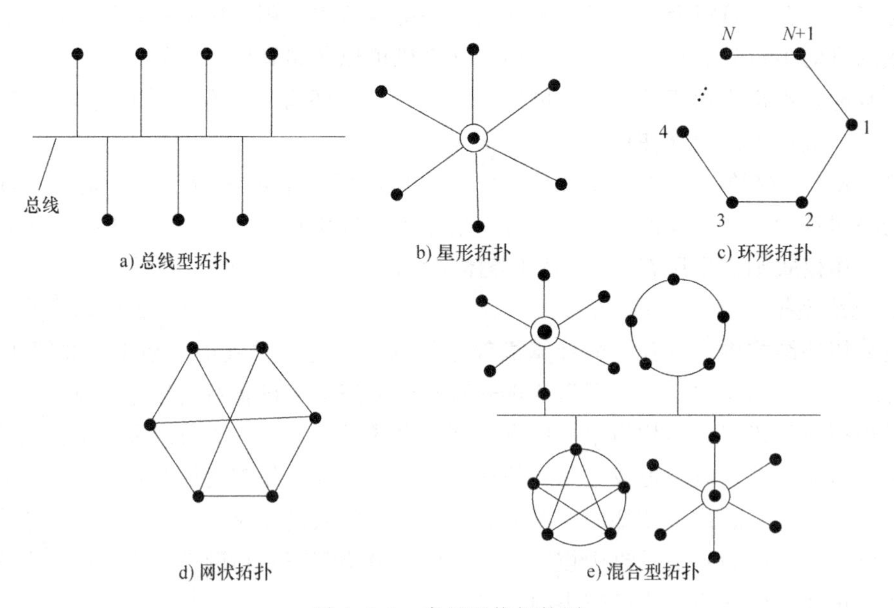

图 1.3.2　常用网络拓扑图

这种结构的优点是容错性能好，通信速度快，通信容量能得到保证。

（5）混合型拓扑

混合型拓扑可以混合使用总线型、星形及环形拓扑结构。如图 1.3.2e 所示，它将关系密切的计算机先组合成星形，然后使用总线电缆作为干线，将几个星形集线器网络连接在一起。

在 CAD/CAM 系统中，如何确定最优的网络结构，是网络设计中的一个重要问题，因为它将影响整个系统的性能，包括工作效率、可靠性、投资的大小及生产的经济效益等。具体设计时一般要根据工作终端的多少、位置、距离、信息流量及费用等因素进行综合分析、比较，并联系当前网络技术的发展趋势确定合理的方案，包括选型、网络拓扑结构、通信线路等。

1.3.2 CAD/CAM 的软件组成

软件一般包括系统软件、支撑软件和应用软件。

1）系统软件主要负责管理硬件资源和各种软件资源，它面向所有用户，是计算机的公共性底层管理软件，即系统开发平台，它是用户与计算机连接的纽带。系统软件有两个特点：一个是通用性，不同领域的用户都可以并且需要使用它们；另一个是基础性，即系统软件是支撑软件和应用软件的基础。系统软件主要包括 3 个部分：管理和操作程序、维护程序、用户服务程序。

目前，CAD/CAM 系统中比较流行的操作系统有：工作站上用的 UNIX、VMS；微机上用的 MS-DOS、PC-DOS、Windows 和 XENIX。

2）支撑软件是建立在系统软件之上的，是实现 CAD/CAM 各种功能的通用的应用基础软件，是 CAD/CAM 系统专业性应用软件的开发平台。它不针对具体的设计对象，而是为用户提供工作环境或开发环境。支撑软件依赖一定的操作系统，同时又是各类应用软件的基础。CAD/CAM 支撑软件一般包含以下几种类型：

① 绘图软件，如 AutoCAD 绘图软件。

② 几何建模软件，如 Creo、UG 软件。

③ 有限元分析软件，如 Ansys、Abaqus、SAP 软件。

④ 优化方法软件，如 OPB 软件。

⑤ 数据库系统软件，如 Oracle、SQL Server 数据库系统软件。

⑥ 系统运动学/动力学仿真软件，如 ADAMS 机械动力学自动分析软件。

⑦ 计算机辅助工程软件。

3）应用软件是用户为了解决某个实际问题在支撑软件的基础上经过二次开发出来的软件。它是在系统软件的基础上，或用高级语言，或基于某种支撑软件，针对某一个特定的问题设计而研制的。目前，许多工厂都根据本厂的产品特点，设计一些专用应用软件。计算机硬件与系统软件、支撑软件及应用软件的关系如图 1.3.3 所示。

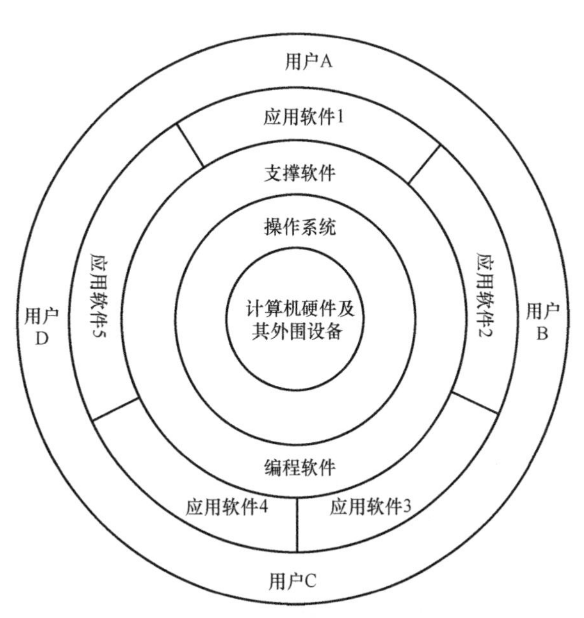

图 1.3.3 计算机硬件与系统软件、支撑软件及应用软件的关系

练 习 题

1. 什么是CAD？什么是CAM？什么是CAD/CAM集成？
2. CAD/CAM集成的意义何在？
3. CAD/CAM硬件有哪些类型？各有什么特点？
4. CAD/CAM中的软件是由哪些部分组成的？各组成部分在系统中起什么作用？
5. CAD/CAM系统的基本功能和主要任务是什么？

第2章 计算机辅助设计（CAD）

2.1 CAD基本功能

在工程和产品设计中，计算机可以帮助设计人员承担计算、信息存储和制图等工作。在设计中，通常要使用计算机对不同方案进行大量的计算、分析和比较，以决定最优方案；各种设计信息也存储在计算机的存储器中，并能快速地检索；设计人员从草图开始设计，到生成实体模型，以及生成工程图，这些工作都可以交给计算机完成；利用计算机可以进行图形的生成、编辑、实体化、真实感显示、渲染等计算机辅助图形数据设计工作。

利用计算机及其图形设备帮助设计人员进行以图形设计为主的工作，简称计算机辅助设计（Computer Aided Design，CAD）。

CAD已在建筑设计、电子和电气、科学研究、机械设计、软件开发、机器人、服装业、出版业、工厂自动化、土木建筑、地质、计算机艺术等领域得到广泛应用。

2.1.1 CAD的基本技术

CAD的基本技术主要包括交互技术、图形生成技术、图形变换技术、实体造型技术和真实感设计技术等。下面对各部分基本技术进行介绍。

1. 交互技术

在计算机辅助设计中，交互技术是必不可少的。交互式系统指用户在使用计算机系统进行设计时，设计人员和计算机可以及时地交换信息的系统。采用交互式系统，人们可以边构思、边打样、边修改，随时可从图形终端屏幕上看到每一步操作的结果，非常直观。

2. 图形变换技术

图形变换技术的主要功能是把用户坐标系和图形输出设备的坐标系联系起来，通过矩阵运算来实现图形的平移、旋转、缩放、透视变换等。

3. 实体造型技术

实体造型（Solid Modeling）技术是在计算机视觉、计算机动画、计算机虚拟现实等领域中建立3D实体模型的关键技术。实体造型技术是指描述几何模型的形状和属性的信息并存于计算机内，由计算机生成具有真实感的可视的三维图形的技术。

4. 真实感设计技术

真实感设计技术是通过各种图形渲染方式，如阴影、消隐、颜色、纹理等外观着色手段，使设计的图形具有更好的空间视觉效果而采取的表面数字处理技术。

2.1.2 CAD的关键技术

1. 概念设计技术

概念设计是从分析用户需求到生成概念产品的一系列有序的、可组织的、有目标的设计活动，它表现为一个由粗到精、由模糊到清晰、由抽象到具体的不断进化的过程。

概念设计技术即利用设计概念并以其为主线贯穿全部设计过程的设计方法。概念设计是完整而全面的设计过程，它通过设计概念将设计者繁复的感性和瞬间思维上升到统一的理性思维，从而完成整个设计。

2. 工程美学设计技术

工程美学设计是指将工程设计与美学进行紧密结合，在工程设计中体现美学价值。而工程设计中美学的概念，离不开对实践层面的解读。工程设计作为一种活动过程，主要包括设计主体、设计对象和设计方法等要素，并由此规定自身。在满足了所有条件后，工程美学设计就呈现出四种审美特性，即功能美、材料美、形式美和技术美，而这四者又统一于对生态美这一最高审美理想的追求中。在美学层面对工程设计的探讨，可以带动工程设计理念的革新，从而实现“人”“工程”“环境”的自然和谐。

3. 创新设计技术

创新设计是指充分发挥设计者的创造力，利用人类已有的相关科技成果进行创新构思，设计出具有科学性、创造性、新颖性及实用成果性的一种实践活动。创新理念与设计实践的结合，可发挥创造性的思维，将科学、技术、文化、艺术、社会、经济融会在设计之中，设计出具有新颖性、创造性和实用性的新产品。

4. 参数化设计技术

参数化设计包含两部分，即参数化图元和参数化修改引擎。零部件的尺寸都是通过参数的调整反映出来的，参数化图元保存了零部件数字化的所有信息。参数化修改引擎提供的参数更改技术使用户对零部件的设计或对文档部分所做的任何改动都可以自动地在其他相关联的部分反映出来。零部件的移动、删除和尺寸的改动所引起的参数变化会使相关构件的参数产生关联的变化，使内部模型的数据发生拓扑变化。任一视图下所发生的变更都能参数化、双向地传播到所有视图，以保证所有图样的一致性，不需要逐一对所有视图进行修改，从而提高了工作效率和工作质量。

5. 模块化设计技术

模块化设计，简单地说就是将产品的某些要素组合在一起，构成一个具有特定功能的子系统，将这个子系统作为通用性的模块与其他产品要素进行多种组合，构成新的系统，产生多种不同功能或相同功能、不同性能的系列产品。模块化设计是绿色设计方法之一，它已经从理念转变为较成熟的设计方法。将绿色设计思想与模块化设计方法结合起来，可以同时满足产品的功能属性和环境属性：一方面可以缩短产品研发与制造周期，增加产品系列，提高产品质量，快速应对市场变化；另一方面，可以减少或消除对环境的不利影响，方便重用、升级、维修和产品废弃后的拆卸、回收和处理。

2.1.3 CAD技术带来的收益

CAD技术带来的收益包括降低了产品开发成本，提高了生产力，提高了产品质量，加快了新产品上市速度。

- 用 CAD 系统来改善最终产品、子装配及零部件的可视化，加快了设计过程，缩短了产品设计周期，可以快速地响应日益变化的市场需求。
- CAD 软件提高了准确性，减少了错误。
- CAD 系统使设计（包括几何形状与尺寸、物料清单等）文档化变得更容易、更稳定，可便捷地记录产品的整个生命周期的相关数据。
- 使用 CAD 软件，很容易重用设计数据进行最佳实践。

2.2 图形生成技术

2.2.1 平面图形生成技术

在计算机数据处理过程中，平面图形根据分类分别对应内部图线算法，按照步长生成从起始点到终止点的像素数据，来进行图形的存储及显示。按照常用图形的分类，主要的图形生成算法如下。

1. 直线的生成

（1）逐点比较法

逐点比较法是绘图仪经常采用的方法，假设要绘制的直线 AB 的两端点为 $A(x_A, y_A)$、$B(x_B, y_B)$，则

$$\begin{cases} x = x_A + (x_B - x_A)t \\ y = y_A + (y_B - y_A)t \end{cases} \tag{2.2.1}$$

令 $t_i = i/n$，$i = (0,1,2,\cdots,n)$，其中 $n = \max(|x_B - x_A|, |y_B - y_A|)$，则可以得到

$$\begin{cases} x_i = x_A + (x_B - x_A)t_i \\ y_i = y_A + (y_B - y_A)t_i \end{cases} \tag{2.2.2}$$

此时，该直线上的第 i 个点的坐标是 $S_i = (x_i, y_i)$，对应的 $n+1$ 个像素点的坐标显示就可以构成直线 AB 的显示。

（2）数值微分法（DDA 法）

直线的微分方程为

$$\frac{\mathrm{d}y}{\mathrm{d}x} = K \tag{2.2.3}$$

假定直线的两端点分别为 $A(x_A, y_A)$，$B(x_B, y_B)$，且都为整数，则

$$K = \frac{y_B - y_A}{x_B - x_A} \tag{2.2.4}$$

因此，直线的方程可以描述为 $y = Kx + C$。

$$\begin{cases} x_{i+1} = x_i + \mathrm{Step_x} \\ y_{i+1} = y_i + \mathrm{Step_y} \end{cases} \tag{2.2.5}$$

当 $K \leqslant 1$ 时，x 的增量为 1，则

2 CHAPTER

$$\begin{cases} x_{i+1}=x_i+1 \\ y_{i+1}=y_i+K \end{cases} \tag{2.2.6}$$

当 $K>1$ 时，y 的增量为 1，则

$$\begin{cases} x_{i+1}=x_i+K \\ y_{i+1}=y_i+1 \end{cases} \tag{2.2.7}$$

所以 x、y 在共同前进时实现了直线上逐像素点的生成 $(x_i,y_i)\rightarrow(x_{i+1},y_{i+1})$。

（3） Bresenham 法

DDA 算法由于在循环中涉及实型数据的加减运算，因此直线的生成速度较慢。Bresenham 在 1965 年提出了 Bresenham 算法。Bresenham 算法是一种基于误差判别式来生成直线的方法。设直线 AB 从起点 $A(x_A, y_A)$ 到终点 $B(x_B, y_B)$，可表示为方程 $y=Kx+b$。这个方程的缺点是无法表示直线 $x=\alpha$，所以在 Bresenham 算法中引入了优化机制。因为即使 x 及 y 皆为整数，也并非每一点 x 所对应的 y 皆为整数，因此没有必要去计算每一点 x 所对应的 y 值。

1） 如果 $x=a$，$x_{i+1}=a$ 不变，只要 $y_{i+1}=y_i+1$；

2） 如果 $K=0$，只需要 $x_{i+1}=x_i+1$，$y_{i+1}=b$ 不变；

3） 如果 $K=1$，则 $x_{i+1}=x_i+1$，$y_{i+1}=x_{i+1}+b$。

4） 如果此线的斜率 K 介于 1~0，只需要找出当 x 变化多少会使 y 上升 1 即可，若 x 尚未到此值，则 y 不变。至于如何找出相关的 x 值，则需依靠斜率。由于 K 值不变，故可于运算前预先计算，减少运算次数。若 K 大于 1，则计算当 x 上升 1 时 y 值的变化量。

此外，此算法引入了每一像素点与该线之间的误差。误差应为对于每一点 x，其相对的像素点的 y 值与该线实际 y 值的差距。每当 x 的值增加 1 时，误差的值就会增加 m。每当误差的值超出 0.5 时，线就会较靠近下一个映像点，因此 y 的值便会加 1，且误差减 1。

2. 圆、圆弧、椭圆的生成

（1） 圆的生成算法

根据圆的中心、半径画法，由圆的方程 $x^2+y^2=R^2$，以及圆上的点关于 x 轴、y 轴及直线 $x=y$ 和 $x=-y$ 对称的知识可知，只要实现 1/8 圆的像素生成就可以利用对称性得到完整的圆。

首先沿 x 轴（x 为 $0\sim\sqrt{2}R/2$）以单位步长根据圆的方程计算对应的 y 值来得到圆周上每点的位置。为了消除不等间距的问题，通常使用极坐标来计算圆周上的点。

（2） 圆弧的生成算法

以原点为圆心，半径为 R，圆弧起始角为 t_s，终止角为 t_e，则参数方程为

$$\begin{cases} x=R\cos t \\ y=R\sin t \end{cases} \tag{2.2.8}$$

选取适当的角度增量 $\mathrm{d}t$（一般取 $\mathrm{d}t=1/R$），令 t 以步长 $\mathrm{d}t$ 从 t_s 到 t_e，总步数为 $n=(t_s-t_e)/\mathrm{d}t$。

则 $t_i=t_s+i\mathrm{d}t$，$i=0, 1, \cdots, n$。

在从 t_s 到 t_e 的范围内算出圆弧上的像素点即可。

（3） 椭圆的生成算法

中点在坐标原点，焦点在坐标轴上（轴对齐）的椭圆的平面集合方程为 $\frac{x^2}{a^2}+\frac{y^2}{b^2}=1$，也可以转换为如下非参数化方程形式

$$F(x,y)=b^2x^2+a^2y^2-a^2b^2 \tag{2.2.9}$$

定义椭圆弧上某点的切线法向量 N 为

$$N(x,y)=\frac{\partial F(x,y)}{\partial x}i+\frac{\partial F(x,y)}{\partial y}j=2b^2xi+2a^2yj \tag{2.2.10}$$

对方程 $N(x, y)$ 分别求 x 偏导数和 y 偏导数，最后得到椭圆弧上（x，y）点处的法向量是（$2b^2x$，$2a^2y$）。$dy/dx=-1$ 的点是椭圆弧上的分界点。如图 2.2.1 所示，此点之上的部分（橙褐色部分），椭圆弧法向量的 y 分量比较大，即 $2b^2(x+1)<2a^2(y-0.5)$；此点之下的部分（蓝紫色部分），椭圆弧法向量的 x 分量比较大，即 $2b^2(x+1)>2a^2(y-0.5)$。在中点之上，y 方向每变化一个单位，x 方向的变化大于一个单位，因此使用该中点算法需要沿着 x 方向步进画点，每次 x 的增量为 1，求 y 的值。同理，对于图 2.2.1 中蓝紫色标识的下部区域，中点算法沿着 y 方向反向步进，y 每次减 1，求 x 的值。只要画出第一象限的 1/4 椭圆，就可以利用椭圆的对称性得到整个椭圆。

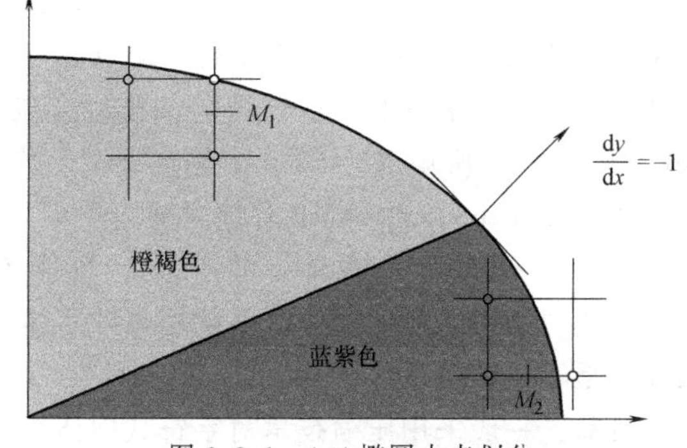

图 2.2.1　1/4 椭圆中点划分

3. 区域填充算法（面的算法）

（1）种子填充算法

种子填充算法是从区域内的任意一个种子像素位置开始，由内向外将填充色扩散到整个多边形区域的填充过程，在碰到边界后，该方向的种子扩散终止。种子填充算法突出的优点是能对具有任意复杂闭合边界的区域进行填充。

（2）扫描线填充算法

扫描线填充算法是在任意不间断区间中只取一个种子像素（不间断区间指在一条扫描线上有一组相邻元素），填充当前扫描线上的该段区间，然后确定与这一区段相邻的上、下两条扫描线上位于区域内的区段，并依次把它们保存起来。反复进行这个过程，直到所保存的各区段都填充完毕，形成整个区域的填充。

4. 字符的生成

在计算机图形学中，字符可以用不同的方式表达和生成，常用的方式有点阵式、轮廓式和编码式。

（1）点阵式字符

在点阵式字符库中，每个字符都被定义成一个称为掩膜的矩阵，矩阵中的元素都是一位二进制数，当该位为 1 时，表示字符的笔画经过此位，对应于此位的像素应置为字符颜色；当该位为 0 时，表示字符的笔画不经过此位，对应于此位的像素应置为背景色或不改变。点阵式字符将字符表示为一个矩形点阵，由点阵中点的不同值表达字符的形状。常用的点阵大小有 5×7、7×9、8×8 和 16×16 等。当点阵比较小时，网格中的字形比较粗糙；但当点阵变

大时，字形可以非常漂亮。

使用点阵式字符时，需将字库中的矩形点阵复制到 buffer 指定的单元中。在复制过程中，可以进行变换，以获得简单的变化。

（2）轮廓式字符

轮廓式字符采用直线或者二/三次 Bezier 曲线的集合来描述一个字符的轮廓线。轮廓线构成一个或若干个封闭的平面区域。定义轮廓线时加上一些指示横宽、竖宽、基点、基线等的控制信息，就构成了字符的压缩数据。这种控制信息用于因字符变倍而引起字符笔画的横宽/竖宽变化时，确保其宽度在任何点阵情况下永远一致。采用适当的区域填充算法，可以根据字符的轮廓线定义产生的字符位图点阵。区域填充算法可以用硬件实现，也可以用软件实现。当对输出字符的要求较高（如排版印刷）时，需要使用高质量的点阵式字符。对于 GB 2312—1980 所规定的 6763 个基本汉字，假设每个汉字是 72×72 点阵，那么一个字库就需要 72×72×6763/8＝4.4MB 存储空间。不但如此，在实际使用时，还需要多种字体（如基本体、宋体、仿宋体、黑体、楷体等），每种字体又需要多种字号。可见，直接使用点阵式字符将耗费巨大的存储空间。因此把每种字体、字号的字符都存储为一个对应的点阵，在一般情况是不可行的。

目前，一般采用压缩技术对字符数据压缩后再存储。使用时，将压缩的数据还原为字符位图点阵。压缩方法有多种，最简单的是黑白段压缩法。这种方法还原快，不失真，但压缩比较小，使用起来也不方便，一般用于低级的文字处理系统中。另一种方法是部件压缩法。这种方法的压缩比大，缺点是字符质量不能保证。还有一种是轮廓压缩法，这种方法的压缩比大，且能保证字符质量，是当今国际上非常流行的一种方法，基本上也被认为是符合工业标准化的方法。

（3）编码式字符

编码式字符根据编码方式对应字符库中的字符样式，如 ASCII 码，从 0X0000 0000 到 0X0111 1111 分别对应计算机常用的 128 个字符。而中国的常用汉字有 6000 多个，一个字节的数据不能一一对应每一个汉字，就采用两个字节表示汉字（字符编码在不同的地方有不同的标准，即每一个数字所对应的字符会不一样），我国大陆的标准为 GBK（GB2312 编码表），而我国港澳台使用繁体字，标准为 BIG5。

为了解决编码方式不同时文件乱码的问题，unicode 编码表就成为世界共用的，它没有规定用几个字节来表示字符，只是给出了数字和各个字符的对应关系。目前，unicode 的位是 3 个字节表示一个字符，但所有的字符都用 3 个字节来表示时，会造成极大的浪费，而且 unicode 只规定了数据的对应关系，并没有规定数据的存储方法。存储方法有 utf-16le（16 位小端）、utf-16be（16 位大端）和 utf-8 等。utf-8 为一种变长的编码格式，应用最为广泛，容错率高，并且节省空间。

5. 曲线的生成

机械产品常常具有一些形状复杂的自由曲线和曲面，如车身、机翼、螺旋桨、汽轮机叶片、模具型腔等。自由曲线和曲面的表示及构建是计算机图形学的重要分支，也是 CAD/CAM 技术中产品结构建模的重要内容。

（1）曲线的数学表示

在数学上，曲线的表示常有如下几种方式。

1）显式表示。例如，一条平面曲线可用函数显式地表示为

$$y=f(x) \tag{2.2.11}$$

显然，y 是自变量 x 的函数曲线。然而，这种显式函数不能表示封闭或多值的曲线，如圆、椭圆等。

2）隐式表示。例如，二维平面曲线和三维空间曲面可用隐式方程分别表示为

$$F(x,y)=0;F(x,y,z)=0 \tag{2.2.12}$$

隐式方程可表示多值的曲线。

3）参数表示。参数表示即用参数方程来表示曲线上点的坐标。例如，三维曲线上的点坐标可表示为参数 u 的函数。

$$\begin{cases}x=\boldsymbol{x}(u)\\y=\boldsymbol{y}(u)\\z=\boldsymbol{z}(u)\end{cases} \tag{2.2.13}$$

实际上，任意曲线均可映射为某参数 u 空间中的一个参数域，曲线上的每个点的坐标 (x,y,z) 都可由一个参数 u 的函数来定义。相应地，任意曲面也可映射为由两个参数 u、v 定义的参数空间中的一个矩形区域，曲面上的每个点的坐标可由二维参数 u、v 的表达式来表示。

（2）参数曲线及其切矢量和法矢量的定义

1）参数曲线定义。如图 2.2.2 所示，一条三维曲线可用一个有界、连续参数的点集矢量定义。该曲线上任一点的位置矢量 $\boldsymbol{P}(u)$ 为

$$\boldsymbol{P}(u)=\begin{cases}\boldsymbol{x}(u)\\\boldsymbol{y}(u)\quad 0\leqslant u\leqslant 1\\\boldsymbol{z}(u)\end{cases} \tag{2.2.14}$$

其中，$\boldsymbol{x}(u)$、$\boldsymbol{y}(u)$、$\boldsymbol{z}(u)$ 分别为该点在 3 个坐标轴方向上的分矢量，曲线两端点分别由 $u=0$、$u=1$ 定义。

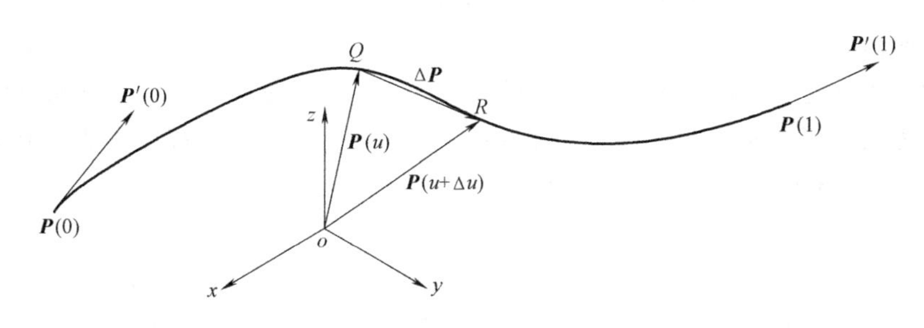

图 2.2.2 参数曲线上的相关矢量

2）曲线某点处的切矢量。设曲线上有 Q、R 两点，其位置矢量分别为 $\boldsymbol{P}(u)$、$\boldsymbol{P}(u+\Delta u)$，则有矢量 $\Delta\boldsymbol{P}=\boldsymbol{P}(u+\Delta u)-P(u)$。若使 R 点沿曲线无限接近 Q 点，即 $\Delta u\to 0$ 时，那么 $\Delta\boldsymbol{P}$ 则为曲线在 Q 点处的切矢量，记为 $\boldsymbol{P}'(u)=\dfrac{\mathrm{d}P}{\mathrm{d}u}$，其切矢方向即为曲线在该点处的切线方向。

3）曲线某点处的法矢量。如果曲线以弧长 s 为参数，则有

$$p'(s)=\frac{\mathrm{d}\boldsymbol{P}}{\mathrm{d}s}=\frac{\mathrm{d}\boldsymbol{P}/\mathrm{d}u}{\mathrm{d}s/\mathrm{d}u}=|\boldsymbol{p}'(s)|=\boldsymbol{T}(s) \tag{2.2.15}$$

可见，将以弧长 s 为参数的曲线某点处的切矢量 $\boldsymbol{T}(s)$ 作为单位切矢量，即 $|\boldsymbol{T}(s)=1|$。对单位切矢量 $\boldsymbol{T}(s)$ 求导，得 $\boldsymbol{T}'(s)$。可以证明 $\boldsymbol{T}'(s)\perp\boldsymbol{T}(s)$。在矢量上，$\boldsymbol{T}'(s)$ 取单位矢量 $\boldsymbol{N}(s)$，即 $\boldsymbol{N}(s)=\dfrac{\boldsymbol{T}'(s)}{|\boldsymbol{T}'(s)|}$则有 $\boldsymbol{T}'(s)=|\boldsymbol{T}'(s)|\boldsymbol{N}(s)=k(s)\boldsymbol{N}(s)$。

其中，$k(s)=|\boldsymbol{T}'(s)|$称为曲线在 Q 点的曲率；$\boldsymbol{N}(s)$ 为曲线在 Q 点的主法线单位矢量，或称为主法矢，$\boldsymbol{N}(s)$ 的正向总是指向曲线凹入的方向。

曲率 $k(s)$ 用于描述曲线在某点处的弯曲程度，是一个数值量。根据其定义有

$$k(s)=|\boldsymbol{T}'(s)|=\left|\frac{\mathrm{d}T}{\mathrm{d}s}\right|=\left|\frac{\mathrm{d}^2p}{\mathrm{d}s^2}\right|$$

即

$$k(s)=\left[\left(\frac{\mathrm{d}^2x}{\mathrm{d}s^2}\right)^2+\left(\frac{\mathrm{d}^2y}{\mathrm{d}s^2}\right)^2+\left(\frac{\mathrm{d}^2z}{\mathrm{d}s^2}\right)^2\right]^{1/2} \tag{2.2.16}$$

曲线上某点的曲率越大，表示曲线在该点处的弯曲程度越大。曲率的倒数称为曲线在该点的曲率半径。

曲线基本平面矢量 $\boldsymbol{B}(s)$ 同时垂直于单位切矢量 $\boldsymbol{T}(s)$ 和单位主法矢 $\boldsymbol{N}(s)$，称 $\boldsymbol{B}(s)$ 为副法线单位矢量。可见，矢量 $\boldsymbol{T}(s)$、$\boldsymbol{N}(s)$、$\boldsymbol{B}(s)$ 三者保持如下关系

$$\boldsymbol{B}(s)=\boldsymbol{T}(s)\times\boldsymbol{N}(s) \tag{2.2.17}$$

(3) 参数曲面的定义

任意一个空间曲面都可视为是由一个平面矩形经拉伸、弯曲、扭转等变形获得的。因而，在数学上可将一般的空间曲面映射为是由两参数 u、v 定义的参数空间中的一个矩形区域。曲面上任一点 S 的位置矢量可表示为

$$S(u,v)=[x(u,v)\quad y(u,v)\quad z(u,v)] \tag{2.2.18}$$

式 (2.2.18) 即为参数曲面的一般定义形式。

在参数曲面上有两个参数轴，一个为参数轴 u，一个为参数轴 v，分别表示参数曲面内两个参数的变化方向。若保持参数曲面上的 v 值不变，则随参数 u 值的变化而形成的一条参数曲线，称为该曲线为 u 向具有相同 v 值的曲线。同理，在曲面上固定参数 u 值不变，随参数 v 值的变化而形成的曲线称为 v 向等参数曲线。

(4) 常见曲线曲面定义

1) Bézier 曲线曲面。Bézier 曲线曲面，又称贝兹曲线曲面或贝济埃曲线曲面，是法国雷诺汽车公司 Bézier 先生于 1962 年提出的一种曲线曲面构造方法。Bézier 曲线是通过特征多边形进行定义的，曲线的起点和终点与多边形的起点和终点重合，曲线的形状是由特征多边形其余顶点控制的。其基函数为

$$P(u)=\sum_{i=0}^{n}P_iB_{i,n}(u)\quad(0\leqslant u\leqslant 1) \tag{2.2.19}$$

① 一次 Bézier 曲线：当 $n=1$ 时，有

$$P(u)=\sum_{i=0}^{n}P_iB_{i,1}(u)=(1-u)P_0+uP_1 \tag{2.2.20}$$

一次 Bezier 曲线的矩阵表达式为

$$P(u)=(u \quad 1)\begin{bmatrix}-1 & 1\\ 1 & 0\end{bmatrix}\begin{bmatrix}P_0\\ P_1\end{bmatrix} \quad (0\leqslant u\leqslant 1) \tag{2.2.21}$$

显然，一次 Bézier 曲线是一条连接起点 P_0 和终点 P_1 的直线，且其等同于线性插值，如图 2. 2. 3a 所示。

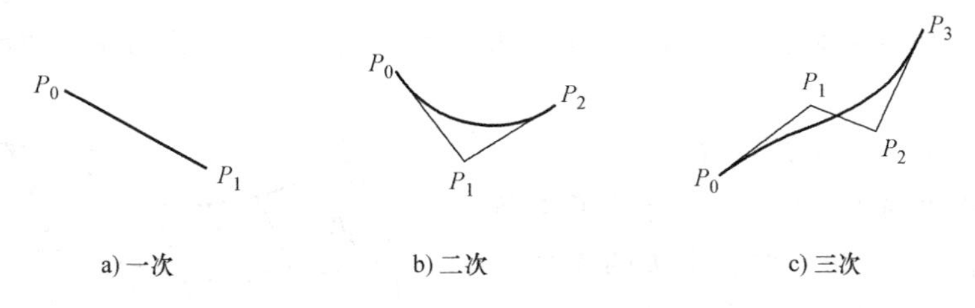

图 2. 2. 3 常见的 Bézier 曲线

② 二次 Bézier 曲线：当 $n=2$ 时，有

$$P(u)=\sum_{i=0}^{n}P_iB_{i,2}(u)=(1-u)^2P_0+u(1-u)P_1+u^2P_2 \tag{2.2.22}$$

可见，二次 Bézier 曲线是一条以 P_1 和 P_2 为端点的抛物线，如图 2. 2. 3b 所示，其矩阵表示为

$$P(u)=(u^2 \quad u \quad 1)\begin{pmatrix}1 & -2 & 1\\ -2 & 2 & 0\\ 1 & 0 & 0\end{pmatrix}\begin{pmatrix}P_0\\ P_1\\ P_2\end{pmatrix} \quad (0\leqslant u\leqslant 1) \tag{2.2.23}$$

③ 三次 Bézier 曲线：当 $n=3$ 时，有

$$P(u)=\sum_{i=0}^{n}P_iB_{i,3}(u)=(1-u)^3P_0+3u(1-u)^2P_1+3u^2(1-u)P_2+u^2P_3 \tag{2.2.24}$$

P_0、P_1、P_2、P_3 这 4 个点在平面或在三维空间中定义了三次 Bézier 曲线，如图 2. 2. 3c 所示。曲线起始于 P_0，走向 P_1，并从 P_2 的方向来到 P_3。一般不会经过 P_1 或 P_2，这两个点只是在那里提供方向资讯。P_0 和 P_1 之间的间距，决定了曲线在转而趋进 P_3 之前走向 P_2 方向的“长度有多长”。其矩阵表示为

$$P(u)=(u^3 \quad u^2 \quad u \quad 1)\begin{pmatrix}-1 & 3 & -3 & 1\\ 3 & -6 & 3 & 0\\ -3 & 3 & 0 & 0\\ 1 & 0 & 0 & 0\end{pmatrix}\begin{pmatrix}P_0\\ P_1\\ P_2\\ P_3\end{pmatrix} \quad (0\leqslant u\leqslant 1) \tag{2.2.25}$$

④ Bézier 曲面。基于 Bézier 曲线的定义，可以很方便地将 Bézier 曲线扩展到 Bézier 曲面的定义。设有控制点 $P_{ij}(i=0,1,2,\cdots,m;\ j=0,\ 1,\ 2,\ \cdots,\ n)$ 为 $(m+1)$ $(n+1)$ 空间点列，则可定义一个 $m\times n$ 次 Bézier 曲面

$$S(u,v)=\sum_{i=0}^{m}\sum_{j=0}^{n}Pi_jB_{i,m}(u)B_{j,n}(v) \quad (u,v\in[0,1]) \tag{2.2.26}$$

Bézier 曲面的矩阵表式为

$$S(u,v)=(B_{0,m}(u) \quad B_{1,m}(u) \quad \cdots \quad B_{m,m}(u))\begin{pmatrix} P_{00} & P_{01} & \cdots & P_{0n} \\ P_{10} & P_{11} & \cdots & P_{1n} \\ \vdots & & & \vdots \\ P_{m0} & P_{m1} & \cdots & P_{mn} \end{pmatrix}\begin{pmatrix} B_{0,n}(v) \\ B_{1,n}(v) \\ \vdots \\ B_{n,n}(v) \end{pmatrix} \tag{2.2.27}$$

假设给定由16个控制顶点组成的特征网格，可定义一个双三次 Bézier 曲面，如图 2.2.4 所示。可以看出，双三次 Bézier 曲面的4个角点与特征网格的4个角点 P_{00}、P_{03}、P_{30}、P_{33} 重合；特征网格边的12个控制点定义了4条 Bézier 曲线，即曲面的边界线，中央的4个控制点 P_{11}、P_{12}、P_{21}、P_{22} 与边界曲线无关，但控制着 Bézier 曲面的形状。

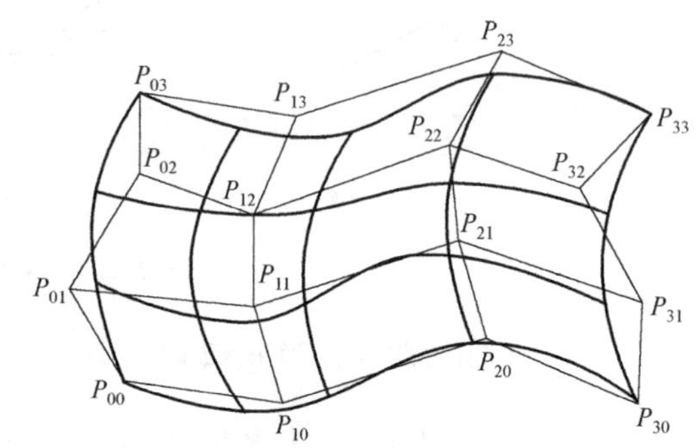

图 2.2.4 双三次 Bézier 曲面

2）B 样条曲线曲面 B 样条曲线的定义：已知 $n+1$ 个控制顶点 P_i（$i=0$, 1, 2, …, n）可定义 k 次 B 样条曲线，其表达式为

$$P(u)=\sum_{i=0}^{n} P_i N_{i,k}(u) \tag{2.2.28}$$

其中，$N_{i,k}(u)$ 为 k 次 B 样条基函数。

① 一次均匀 B 样条曲线。

显然，一次均匀 B 样条曲线是连接两控制顶点的一条直线段，如图 2.2.5a 所示。

② 二次均匀 B 样条曲线。

二次均匀 B 样条曲线为一条通过特征多边形中点并与特征多边形相切的曲线，如图 2.2.5b 所示。

③ 三次均匀 B 样条曲线。

三次均匀 B 样条曲线由相邻的4个顶点定义，由 n 个顶点定义的完整的三次 B 样条曲线是由 $n-3$ 段分段曲线连接而成的，如图 2.2.5c 所示。

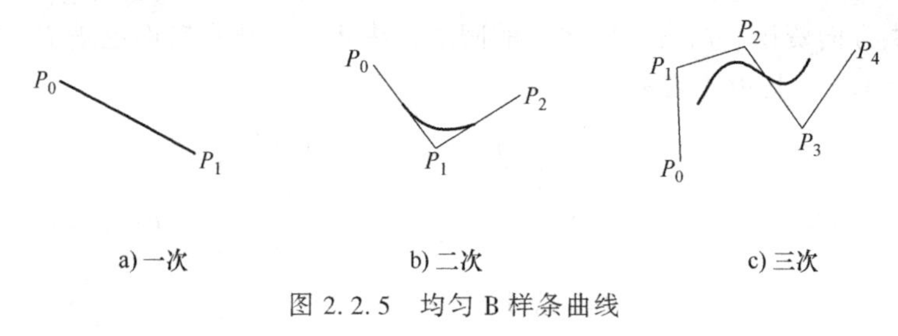

图 2.2.5 均匀 B 样条曲线

④ B 样条曲面。

给定 $(m+1)(n+1)$ 个控制点 $P_{ij}(i=0,1,2,\cdots,m;\ j=0,1,2,\cdots,n)$ 的样条曲面，则可定义 $k\times l$ 次 B 样条曲面，公式为

$$P(u,v)=\sum_{i=0}^{m}\sum_{j=0}^{n} P_{ij}N_{i,k}(u)N_{j,l}(v) \tag{2.2.29}$$

其中，$N_{i,k}(u)$ 和 $N_{j,l}(v)$ 分别为 k 次和 l 次 B 样条基函数，由控制点 P_{ij} 组成的空间网格称为 B 样条曲面的特征网格。$k=l=3$ 时的双三次 B 样条曲面如图 2.2.6 所示。

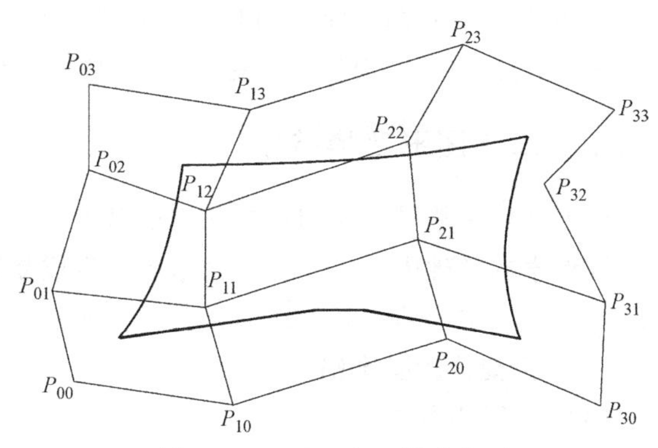

图 2.2.6　双三次 B 样条曲面

3）NURBS 曲线曲面。许多机械零件的外形截面曲线，如叶轮、螺旋桨、模具等，既包含自由曲线，也包含规则的二次曲线和直线。B 样条虽有较强的曲线曲面表达和设计功能，但用于精确表示圆弧、抛物线等规则的曲线曲面却较为困难。而非均匀有理 B 样条（Non Uniform Rational B-Spline，NURBS）由 Versprille 在其博士学位论文中提出，正是为了解决既能表示与描述自由曲线曲面，又能精确表示规则曲线曲面问题而提出的一种 B 样条数学处理方法。NURBS 能够比传统的网格建模方式更好地控制物体表面的曲线度，从而能够创建出更逼真、生动的造型。

① NURBS 曲线的定义。

一条由 $n+1$ 个控制顶点 $P_i(i=0,1,2,\cdots,n)$ 构成的 k 次 NURBS 曲线可以表示为如下分段的有理多项式函数

$$P(u)=\sum_{i=0}^{n}\omega_i P_i(u)N_{i,k}(u)/\sum_{i=0}^{n}\omega_i N_{i,k}(u)=\sum_{i=0}^{n}P_i(u)R_{i,k}(u) \tag{2.2.30}$$

其中，$\omega_i(i=0,1,2,\cdots,n)$ 为权因子，分别与控制顶点 P_i 相关联；$N_{i,k}(u)$ 为由节点矢量决定的 k 次 B 样条基函数。

$\sum_{i=0}^{n}P_i(u)R_{i,k}(u)=\omega_i P_i(u)N_{i,k}(u)/\sum_{i=0}^{n}\omega_i N_{i,k}(u)$ 称为 NURBS 曲线有理基函数。

NURBS 曲线的形状除了可通过控制顶点 P_i 位置坐标进行调节之外，还可通过各顶点所对应的权因子 ω_i 来改变，使曲线调节的自由度更大。

② NURBS 曲面。

在 NURBS 曲线的基础上，NURBS 曲面可定义为

$$P(u,v)=\sum_{i=0}^{m}\sum_{j=0}^{n}\omega_{ij}P_{ij}(u)N_{i,k}(u)N_{j,l}(v)/\sum_{i=0}^{m}\sum_{j=0}^{n}\omega_{ij}N_{i,k}(u)N_{j,l}(v) \tag{2.2.31}$$

其中，$N_{i,k}(u)$、$N_{j,l}(v)$ 分别为 k 次和 l 次 B 样条基函数，ω_{ij} 为与控制顶点相关联的权因子。与 B 样条曲面类似，所定义的这个 NURBS 曲面是由 $(m-k+1)(n-l+1)$ 个小 NURBS 曲面组成的。

③ NURBS 曲线曲面的特点。

- 提供了规则曲线曲面（如二次曲线、二次曲面和平面等）和自由曲线曲面统一的建模方法，便于工程数据库的统一存取和管理。
- 增加了权因子对曲线曲面的调节手段，可更为灵活地改变曲线曲面的形状。
- 便于曲线曲面节点的插入、修改、分割、几何插值等运算处理。
- 具有透视变换、投影变换和仿射变换的不变性。

- 可将 Bézier 曲线曲面和非有理 B 样条曲线曲面作为 NURBS 曲线曲面的特例来表示。
- 与其他曲线曲面表示方法比较，更耗费存储空间和处理时间。

2.2.2 二维图形变换技术

图形变换一般是指对图形的几何信息进行几何变换，从而产生新的图形。图形变换是计算机图形学的基础内容之一。由简单图形生成复杂图形，将空间形体进行平面投影，并用二维图形表示三维形体，都可以通过图形变换来实现。

1. 图形变换的基本知识

(1) 图形基本要素及其表示方法

点是构成图形的基本要素。解析几何中，点用向量表示，如二维空间中用 (x, y) 表示平面上的点，三维空间则用 (x, y, z) 表示空间中的一点。一个平面图形或者三维形体可以用点的集合（简称点集）表示。平面图形的矩阵表示形式为

$$\begin{bmatrix} x_1 & y_1 \\ x_2 & y_2 \\ \vdots & \vdots \\ x_n & y_n \end{bmatrix} \tag{2.2.32}$$

三维形体的矩阵表示形式为

$$\begin{bmatrix} x_1 & y_1 & z_1 \\ x_2 & y_2 & z_2 \\ \vdots & \vdots & \vdots \\ x_n & y_n & z_n \end{bmatrix} \tag{2.2.33}$$

上述两式便建立了平面图形和三维形体的数学模型。

(2) 齐次坐标变换

计算机绘图中，常常对图形进行平移、对称、比例、旋转、投影等各种变换。平面图形和三维形体采用点集表示时，若构成的点集位置发生改变，则图形位置也随之发生改变。因此，对图形进行变换，可以通过点的变换来实现。

由于点集采用矩阵形式表达，因此点的变换可以通过相应的矩阵运算来实现，即（原点集）×变换矩阵=（新点集）。

为有效实现用矩阵运算把二维、三维甚至高维空间中的一个点集从一个坐标系变换到另一个坐标系，在进行图形变换时，一般将二维、三维或高维空间点表示为齐次坐标形式。所谓齐次坐标表示法，就是用 $n+1$ 维向量表示一个 n 维向量。当 n 维空间中点的位置用非齐次坐标表示时，具有 n 个坐标分量 $(P_1, P_2, \cdots, P_n)$，且唯一。采用齐次坐标表示后，该向量有 $n+1$ 个坐标分量 $(hP_1, hP_2, \cdots, hP_n, h)$，其中 h 为不为零的比例因子，因 h 取值的不同，故该坐标向量齐次坐标不唯一。当 $h=1$ 时，空间位置矢量 $[x_1, x_2, \cdots, x_n, 1]$ 称为齐次坐标的规格化形式。

采用齐次坐标表示主要基于：

① 为几何图形的二维、三维甚至高维空间的坐标变换提供统一的矩阵运算方法，可以方便地将它们组合在一起进行组合变换；

② 对无穷远点的处理比较方便。

2. 二维图形几何变换

(1) 二维变换矩阵

二维图形几何变换矩阵可用 T 表示为

$$\boldsymbol{T}=\left[\begin{array}{cc:c} a & d & g \\ b & e & h \\ \hdashline c & f & i \end{array}\right] \tag{2.2.34}$$

根据变换功能，可以把 $\boldsymbol{T}$ 分为4个区，各部分功能分别如下：

$\begin{bmatrix} a & d \\ b & e \end{bmatrix}$：对图形进行缩放、旋转、对称、错切等变换；

$[c \quad f]$：对图形进行平移变换；

$\begin{bmatrix} g \\ h \end{bmatrix}$：对图形进行投影变换；

$[i]$：对图形进行伸缩变换。

若变换前图形中点的坐标为 $[x \quad y \quad 1]$，变换后图形中点的对应坐标为 $[x^* \quad y^* \quad 1]$，则

$$[x \quad y \quad 1]\times\boldsymbol{T}=[x^* \quad y^* \quad 1] \tag{2.2.35}$$

各种典型变换及其变换矩阵见表2.2.1。

表2.2.1 二维图形典型变换及其变换矩阵

图形变换类型	变换矩阵	图例	备注
比例变换	$\boldsymbol{T}=\begin{bmatrix} a & 0 & 0 \\ 0 & e & 0 \\ 0 & 0 & 1 \end{bmatrix}$	y, O, x	a:x方向的比例因子 e:y方向的比例因子
等比例变换	$\boldsymbol{T}=\begin{bmatrix} 1 & 0 & 0 \\ b & 1 & 0 \\ 0 & 0 & i \end{bmatrix}$	y, O, x	i:图形等比例因子
平移变换	$\boldsymbol{T}=\begin{bmatrix} 1 & 0 & 0 \\ 0 & 1 & 0 \\ c & f & 1 \end{bmatrix}$	y, c, f, O, x	c:x方向的平移量 f:y方向的平移量
旋转变换	$\boldsymbol{T}=\begin{bmatrix} \cos\theta & \sin\theta & 0 \\ -\sin\theta & \cos\theta & 0 \\ 0 & 0 & 1 \end{bmatrix}$	y, θ, O, x	θ:旋转角,逆时针方向为正,顺时针方向为负

2 CHAPTER

（续）

图形变换类型	变换矩阵	图例	备注
错切变换	$T=\begin{bmatrix}1&0&0\\b&1&0\\0&0&1\end{bmatrix}$		$b\neq0$：x 方向错切因子
	$T=\begin{bmatrix}1&d&0\\0&1&0\\0&0&1\end{bmatrix}$		$d\neq0$：y 方向错切因子
对称变换	$T=\begin{bmatrix}1&0&0\\0&-1&0\\0&0&1\end{bmatrix}$		对 x 轴进行对称变换
	$T=\begin{bmatrix}-1&0&0\\0&1&0\\0&0&1\end{bmatrix}$		对 y 轴进行对称变换
	$T=\begin{bmatrix}0&1&0\\1&0&0\\0&0&1\end{bmatrix}$		对 45°轴进行对称变换
	$T=\begin{bmatrix}0&-1&0\\-1&0&0\\0&0&1\end{bmatrix}$		对−45°轴进行对称变换
	$T=\begin{bmatrix}-1&0&0\\0&-1&0\\0&0&1\end{bmatrix}$		对坐标原点进行对称变换

（2）组合变换

前面讨论了图形的各种基本变换，如相对原点的等比例变换，相对坐标轴及坐标原点的对称变换，绕坐标原点的旋转变换等。显然，这些点和线都位于特殊位置，而实际应用中的变换经常相对任意位置的点和直线（一般位置），这类变换必须按一定的顺序进行多次的基本变换才能实现，称为组合变换，相应的变换矩阵称为组合变换矩阵。组合变换矩阵是指图形进行一次以上的几何变换，变换的结果是每次变换矩阵的乘积。

例如，求图形相对于任意点（x_0，y_0）进行旋转 θ 的组合变换，如图 2.2.7 所示。

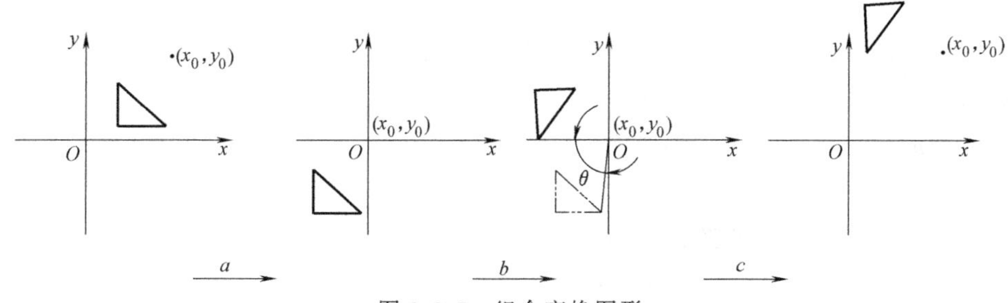

图 2.2.7　组合变换图形

对于任意直线对称的变换矩阵可以由以下步骤完成。

1）平移变换：将图形的旋转中心移动到原点，即：

$$\boldsymbol{T}_{\mathrm{a}}=\begin{bmatrix}1 & 0 & 0\\0 & 1 & 0\\-x_0 & -y_0 & 1\end{bmatrix}$$

2）旋转变换：将图形绕坐标原点旋转角度 θ，即：

$$\boldsymbol{T}_{\mathrm{b}}=\begin{bmatrix}\cos\theta & \sin\theta & 0\\-\sin\theta & \cos\theta & 0\\0 & 0 & 1\end{bmatrix}$$

3）平移变换：将图形的旋转中心移动到点（x_0，y_0），即：

$$\boldsymbol{T}_{\mathrm{c}}=\begin{bmatrix}1 & 0 & 0\\0 & 1 & 0\\x_0 & y_0 & 1\end{bmatrix}$$

4）综合这三种基本变换，所以组合变换矩阵为：

$$\boldsymbol{T}=\boldsymbol{T}_{\mathrm{a}}\boldsymbol{T}_{\mathrm{b}}\boldsymbol{T}_{\mathrm{c}}=\begin{bmatrix}1 & 0 & 0\\0 & 1 & 0\\-x_0 & -y_0 & 1\end{bmatrix}\begin{bmatrix}\cos\theta & \sin\theta & 0\\-\sin\theta & \cos\theta & 0\\0 & 0 & 1\end{bmatrix}\begin{bmatrix}1 & 0 & 0\\0 & 1 & 0\\x_0 & y_0 & 1\end{bmatrix}$$

2.2.3　三维图形变换技术

1. 三维变换矩阵

在工程设计中，三维空间的几何变换与空间显示和造型有关，是计算机图形学中算法内容的重要组成部分。实际上，三维图形的几何变换是二维图形几何变换的简单扩展，与二维图形几何变换一样，也可以用齐次坐标表示法来描述空间点的坐标及各种变换。其原理是把

齐次坐标 $[x \quad y \quad z \quad 1]$ 通过几何变换矩阵转换为新变换的齐次坐标 $[x^* \quad y^* \quad z^* \quad 1]$，其中几何矩阵 $\boldsymbol{T}_{3D}$ 为

$$\boldsymbol{T}_{3D}=\left[\begin{array}{ccc|c} a & b & c & p \\ d & e & f & q \\ h & i & j & r \\ \hline l & m & n & s \end{array}\right] \tag{2.2.36}$$

同样，可以把 $\boldsymbol{T}_{3D}$ 分为4个区，各部分功能分别如下：

$\begin{bmatrix} a & b & c \\ d & e & f \\ h & i & j \end{bmatrix}$：对图形进行缩放、旋转、对称、错切等变换；

$[l \quad m \quad n]$：对图形进行平移变换；

$\begin{bmatrix} p \\ q \\ r \end{bmatrix}$：对图形进行投影变换；

$[s]$：对图形进行整体比例变换。

若变换前图形中点的坐标为 $[x \quad y \quad z \quad 1]$，变换后图形中点的对应坐标为 $[x^* \quad y^* \quad z^* \quad 1]$，则

$$[x \quad y \quad z \quad 1]\times \boldsymbol{T}_{3D}=[x^* \quad y^* \quad z^* \quad 1] \tag{2.2.37}$$

三维图形典型变换及其变换矩阵见表2.2.2。

表 2.2.2 三维图形典型变换及其变换矩阵

图形变换类型	变换矩阵	图例	备注
比例变换	$\boldsymbol{T}_{3D}=\begin{bmatrix} a & 0 & 0 & 0 \\ 0 & e & 0 & 0 \\ 0 & 0 & j & 0 \\ 0 & 0 & 0 & 1 \end{bmatrix}$	z, O, x, y	a:x 方向的比例因子 e:y 方向的比例因子 j:z 方向的比例因子
等比例变换	$\boldsymbol{T}_{3D}=\begin{bmatrix} 1 & 0 & 0 & 0 \\ 0 & 1 & 0 & 0 \\ 0 & 0 & 1 & 0 \\ 0 & 0 & 0 & s \end{bmatrix}$	z, O, x, y	s:图形等比例因子
平移变换	$\boldsymbol{T}_{3D}=\begin{bmatrix} 1 & 0 & 0 & 0 \\ 0 & 1 & 0 & 0 \\ 0 & 0 & 1 & 0 \\ l & m & n & s \end{bmatrix}$	z, O, x, y	l:x 方向的平移量 m:y 方向的平移量 n:z 方向的平移量

(续)

图形变换类型	变换矩阵	图例	备注
旋转变换	$T_{3D}=\begin{bmatrix}1&0&0&0\\0&\cos\theta&\sin\theta&0\\0&-\sin\theta&\cos\theta&0\\0&0&0&1\end{bmatrix}$		θ:绕 x 轴的旋转角,逆时针方向为正,顺时针方向为负
	$T_{3D}=\begin{bmatrix}\cos\theta&0&-\sin\theta&0\\0&1&0&0\\\sin\theta&0&\cos\theta&0\\0&0&0&1\end{bmatrix}$		θ:绕 y 轴的旋转角,逆时针方向为正,顺时针方向为负
	$T_{3D}=\begin{bmatrix}\cos\theta&\sin\theta&0&0\\-\sin\theta&\cos\theta&0&0\\0&0&1&0\\0&0&0&1\end{bmatrix}$		θ:绕 z 轴的旋转角,逆时针方向为正,顺时针方向为负
错切变换	$T_{3D}=\begin{bmatrix}1&0&0&0\\d&1&0&0\\0&0&1&0\\0&0&0&1\end{bmatrix}$		d:沿 x 含 y 方向的错切因子
	$T_{3D}=\begin{bmatrix}1&0&0&0\\0&1&0&0\\h&0&1&0\\0&0&0&1\end{bmatrix}$		h:沿 x 含 z 方向的错切因子
	$T_{3D}=\begin{bmatrix}1&b&0&0\\0&1&0&0\\0&0&1&0\\0&0&0&1\end{bmatrix}$		b:沿 y 含 x 方向的错切因子
	$T_{3D}=\begin{bmatrix}1&0&0&0\\0&1&0&0\\0&i&1&0\\0&0&0&1\end{bmatrix}$		i:沿 y 含 z 方向的错切因子

（续）

图形变换类型	变换矩阵	图例	备注
错切变换	$T_{3D}=\begin{bmatrix}1&0&c&0\\0&1&0&0\\0&0&1&0\\0&0&0&1\end{bmatrix}$	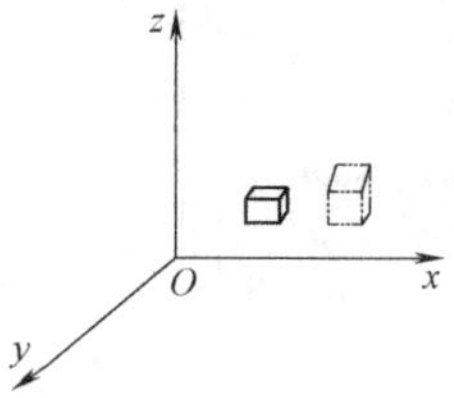	c：沿 z 含 x 方向的错切因子
	$T_{3D}=\begin{bmatrix}1&0&0&0\\0&1&j&0\\0&0&1&0\\0&0&0&1\end{bmatrix}$	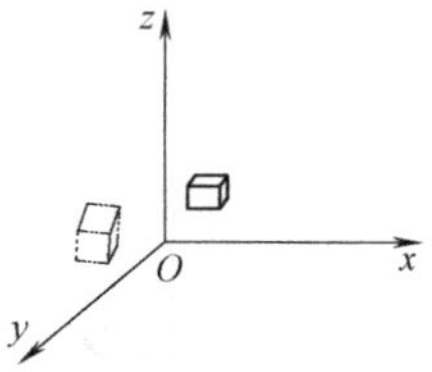	j：沿 z 含 y 方向的错切因子
对称变换	$T_{3D}=\begin{bmatrix}1&0&0&0\\0&1&0&0\\0&0&-1&0\\0&0&0&1\end{bmatrix}$	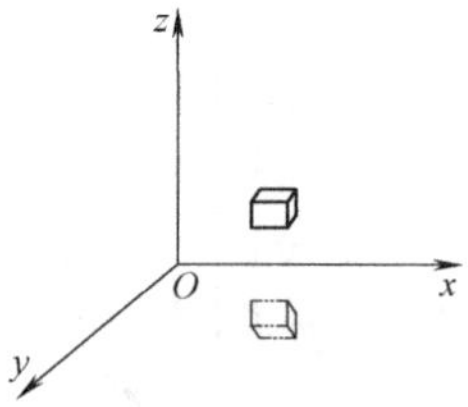	对 x 轴进行对称变换
	$T_{3D}=\begin{bmatrix}1&0&0&0\\0&-1&0&0\\0&0&1&0\\0&0&0&1\end{bmatrix}$	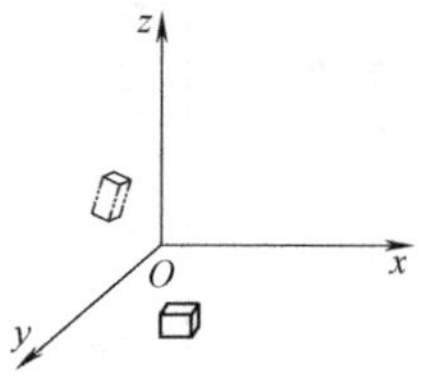	对 y 轴进行对称变换
	$T_{3D}=\begin{bmatrix}-1&0&0&0\\0&1&0&0\\0&0&1&0\\0&0&0&1\end{bmatrix}$	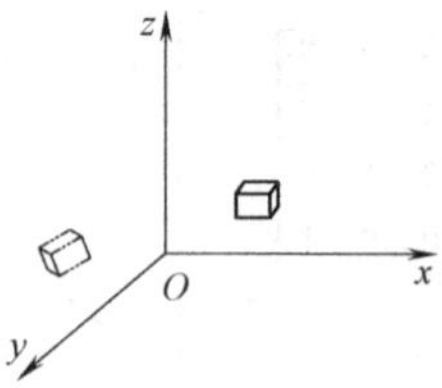	对 z 轴进行对称变换

2. 投影变换

在工程设计中，产品的几何信息通常采用三面投影图来描述，即用二维图形来表达三维物体。投影是把空间物体投射到投影面上而得到的平面图形。投影有平行投影和透视投影之分。前者的投射线是平行的，而后者是从某一点引出投射线。

（1）平行投影变换

平行投影是在一束平行光线照射下形成的投影。在平行投影中，同一时刻改变物体的方向和位置，其投影也跟着发生变化。

主视图：取 xOz 平面上的投影为主视图，由于平行投影与距离没有关系，因此投影变换只需将 Y 坐标的比例因子取零即可。

俯视图：取 xOy 平面上的投影为俯视图，由于平行投影与距离没有关系，因此投影变换只需将 z 坐标的比例因子取零即可。

左视图：取 yOz 平面上的投影为左视图，由于平行投影与距离没有关系，因此投影变换只需将 x 坐标的比例因子取零即可。

此外，为了使俯视图和左视图与主视图保持一定的距离，变换完成后需要将视图平移一定的距离 d。三维图形平行投影变换及其变换矩阵见表 2. 2. 3。

表 2. 2. 3　三维图形平行投影变换及其变换矩阵

图形变换类型	变换矩阵	图例	备注
平行投影变换	$\boldsymbol{T}_{\mathrm{V}}=\begin{bmatrix}1&0&0&0\\0&0&0&0\\0&0&1&0\\0&0&0&1\end{bmatrix}$		主视图投影变换
	$\boldsymbol{T}_{\mathrm{H}}=\begin{bmatrix}1&0&0&0\\0&-1&0&0\\0&0&0&0\\0&0&-d&1\end{bmatrix}$		俯视图投影变换
	$\boldsymbol{T}_{\mathrm{W}}=\begin{bmatrix}0&0&0&0\\0&0&1&0\\-1&0&0&0\\-d&0&0&1\end{bmatrix}$		左视图投影变换

（2）透视投影变换

在三维空间中，当以视点（眼睛的位置）为投射中心将三维物体投射于某投影平面时，便在该平面上产生三维物体的像，称为透视投影或中心投影。透视图是一种与人的视觉所观察物体一致的三维图形，它比轴测图更富有立体感和真实感。由于绘制透视图比绘制轴测图要复杂得多，因此机械设计中一般不采用，而经常在建筑工程中使用。

透视投影的视线（投射线）是从视点（观察点）出发的，视线是不平行的。不平行于投影平面的视线汇聚的一点称为灭点，坐标轴上的灭点称为主灭点。主灭点数和与投影平面相交的坐标轴的数量相对应。按照主灭点的个数，透视投影可分为一点透视、二点透视和三点透视，单位立方体的透视图如图 2. 2. 8 所示。

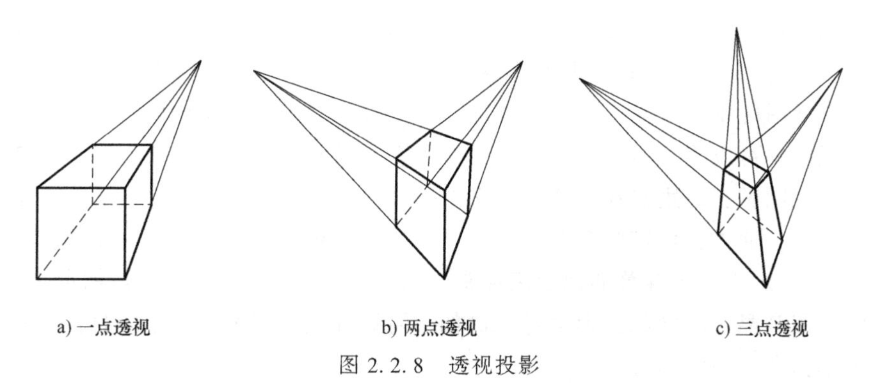

a) 一点透视　　b) 两点透视　　c) 三点透视

图 2. 2. 8　透视投影

2.2.4 图形裁剪技术

裁剪是计算机图形学的基本内容之一。在使用计算机处理图形信息时，计算机内部存储的图形信息往往比较多，而平面显示只是图形的一部分，这时可以采用缩放技术，把图形中的局部区域放大显示，通过定义窗口和视区，即可把图形的某一部分显示在屏幕的指定位置。正确识别图形在窗口内的部分（可见部分）和窗口外的部分（不可见部分），以便把窗口内的图形信息输出，而窗口外的部分则不输出，这种选择可见信息的方法称为裁剪。

1. 坐标系

1）用户坐标系。用户坐标系又称世界坐标系，可用右手定则的三维直角坐标系表示，它是用户在定义一个图形时，用来描述图形中各元素的位置、形状和大小的坐标系。用户坐标系的原点可由用户根据图形的实际情况任意选定，其度量单位可以是任意的长度单位，它的定义域就是整个实数域，从理论上讲这个域是无限连续的，实际应用中常取实数域的某一部分。

2）设备坐标系。设备坐标系是图形输出设备（如显示器、绘图机等）自身具有的坐标设备坐标系。设备坐标系是一个二维平面坐标系，它的度量单位常常是一个步长（绘图机），或者是一个光栅单位（显示器），所以它的定义域是一个不连续的整数域，同时又是有界的。

3）观察坐标系。观察坐标系有两个作用：一是用于指定裁剪空间，即确定物体要显示输出的部分；二是用于通过在观察坐标系中定义观察平面，把三维物体的用户坐标系变换为规格化设备坐标系。它可以定义用户坐标系中的任何位置，是一个符合左手定则的直角坐标系。

4）规格化设备坐标系。规格化设备坐标系是左手定则直角坐标系，可用来定义视图区，是与具体设备无关的规格化的设备坐标系。应用程序可指定它的取值范围，其约定的取值范围是（0.0，0.0，0.0，0.0）~（1.0，1.0，1.0，1.0）。用户的图形数据可转换成为规格化设备坐标系中的值，使应用程序与图形设备隔离，增强了应用程序的可移植性。

2. 图形的输出

（1）窗口与视区

在工程设计中，有时为了突出显示图形的某一部分，而把该部分单独列出。在计算机图形学中，通过引入“窗口”的概念，采用在整图中开“窗口”的方法，把指定的局部图形从整体中正确分离出来。

窗口是在用户坐标系中定义的，用于确定显示内容的一个矩形区域。它是在用户坐标系中开一个子域（称为用户窗口），凡是落在该窗口内的图形信息，都将在图形设备上以设备坐标的形式在视图区中满屏输出。为了处理的方便性，在二维图形中，用户窗口一般设定为一个矩形区域，并可以用该矩形区域左下角点和右上角点的坐标来定义，如图 2.2.9a 所示。

视区，即视图区，是用户在屏幕上定义的一个小于或等于屏幕的区域。视图区是用设备坐标系来定义的，通常也设定为矩形。同样可以用该矩形的左下角点和右上角点来定义，如图 2.2.9b 所示。定义小于屏幕的视图区通常是很有用的，因为这样可以在同一屏幕上定义多个视图区，用来显示不同的图形信息，例如，可以在同一屏幕中显示零件的三视图和轴测图，以及菜单指令、系统信息等。

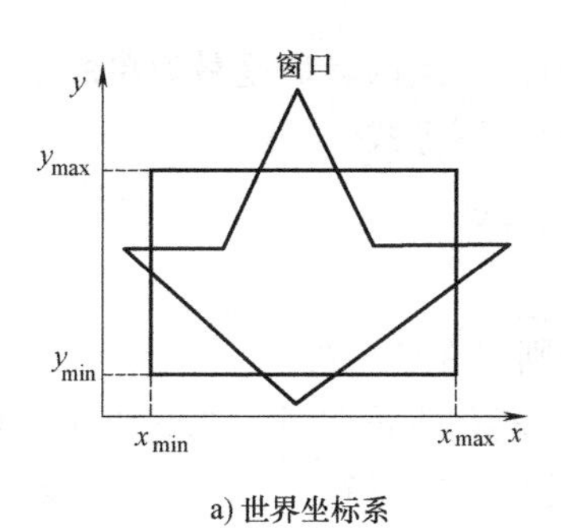

a) 世界坐标系

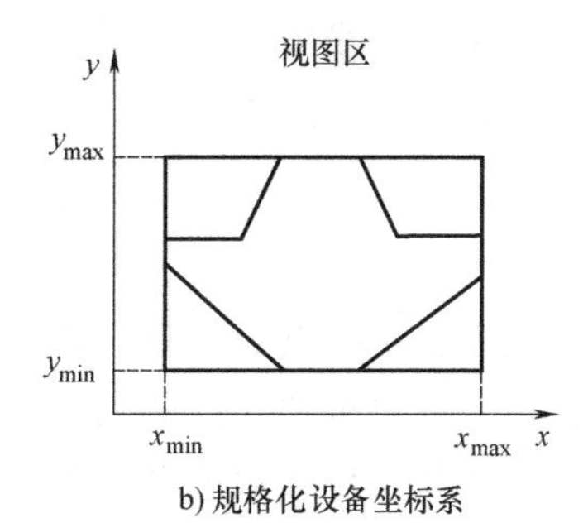

b) 规格化设备坐标系

图 2.2.9 窗口和视区

（2）窗口和视区的坐标变换

由于窗口和视区是在不同的坐标系中定义的，因此要把窗口内的图形信息传送到屏幕视图区，在输出之前必须进行坐标变换。这种把用户坐标系下的一个子域映射到规格化设备坐标系下的一个子域的变换，称为窗视变换。

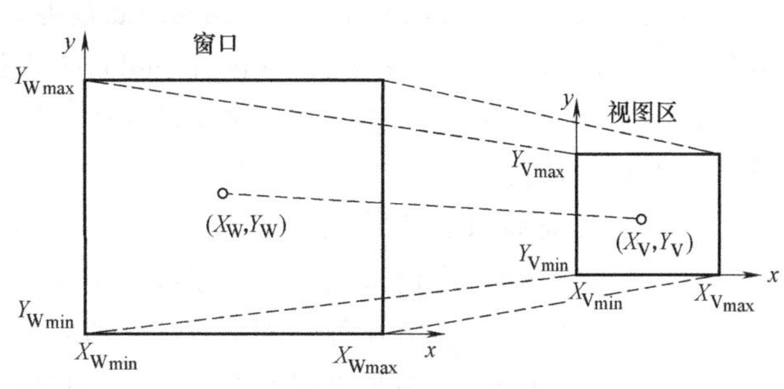

图 2.2.10 窗视变换示意图

如图 2.2.10 所示，窗口中的点（X_W，Y_W）对应屏幕视图区中的点（X_V，Y_V），其变换公式为

$$\begin{cases} X_V = \dfrac{(X_W - X_{W_{min}})(X_{V_{max}} - X_{V_{min}})}{X_{V_{max}} - X_{V_{min}}} + X_{V_{min}} \\ Y_V = \dfrac{(Y_W - Y_{W_{min}})(Y_{V_{max}} - Y_{V_{min}})}{Y_{V_{max}} - Y_{V_{min}}} + Y_{V_{min}} \end{cases} \tag{2.2.38}$$

对于用户定义的一张整图，需要把图中每条线段的端点都用式（2.2.38）进行转换，才能形成屏幕上的相应图形。

从上述变换关系可见：

1）视图区大小不变，窗口缩小或放大时，所显示的图形会相反地放大或缩小；

2）窗口大小不变，视图区缩小或放大时，所显示的图形会相应地放大或缩小；

3）窗口与视图区大小相同时，所显示图形的大小比例不变；

4）视图区纵横比不等于窗口纵横比时，显示的图形会有 x、y 方向的伸缩变化。

利用窗视变换技术，可灵活地在屏幕上显示一景物的不同部分。改变窗口及视图区的大小和位置，可使显示的图形发生变化。例如，改变视图区的位置，可使画面在显示设备的不同位置出现；改变视图区的大小，可使所显示的画面成比例地改变尺寸。此外，改变窗口的大小，可产生变焦距（又称为缩放）效果：窗口变小时，可以观察到物体的细节；窗口变大时，物体相对变小，可观察到景物的全貌。如果窗口的大小不变，只改变其位置，使窗口扫过要观察的物体，则可产生扫视的效果。

3. 图元裁剪

（1）点的裁剪

进行裁剪时一般把窗口定义为矩形，由上、下、左、右 4 条边围成。裁剪实质上就是判断新图形中的哪些点、线段、文字及多边形落在窗口内。点的裁剪是最简单的一种，也是裁剪其他元素的基础。对于点 $P(x, y)$，需要判别下面的不等式

$$\begin{cases} X_{W_{min}} \leqslant x \leqslant X_{W_{max}} \\ Y_{W_{min}} \leqslant y \leqslant Y_{W_{max}} \end{cases} \tag{2.2.39}$$

若不等式成立，说明点 $P(x, y)$ 在窗口内，否则点在窗口外。

从理论上讲，可以将图形离散成点，然后逐点判断是否满足式（2.2.39），再利用逐点比较法裁剪任意复杂图形。裁剪算法的核心问题是速度，在进行点的裁剪时，若裁剪速度太慢，则没有实用价值。

（2）直线段的裁剪

常用的线段裁剪方法有 Cohen-Sutherland 裁剪算法、中点分割算法和参数化算法。这里介绍 Cohen-Sutherland 裁剪算法。Cohen-Sutherland 裁剪算法是早期图形学算法中的一颗明珠，这种算法使用了一种较少使用的编码方法，较好地解决了直线段的裁剪问题，在效率和简便性上均表现良好。

Cohen-Sutherland 裁剪算法的基本思想是，对线段 P_1P_2 分为 3 种情况处理：

1）若 P_1P_2 完全在窗口内，则显示线段 P_1P_2，即“取”该线段；

2）若 P_1P_2 明显在窗口外，则丢弃该线段；

3）若线段 P_1P_2 不满足上述两个条件，则把线段 P_1P_2 分为两部分，其中一段完全在窗口外，则丢弃该线段，然后对另一段重复上述处理。

计算机实现该算法时，将窗口边界延长，把平面分成 9 个区，每个区用 4 位二进制编码表示，如图 2.2.11 所示。

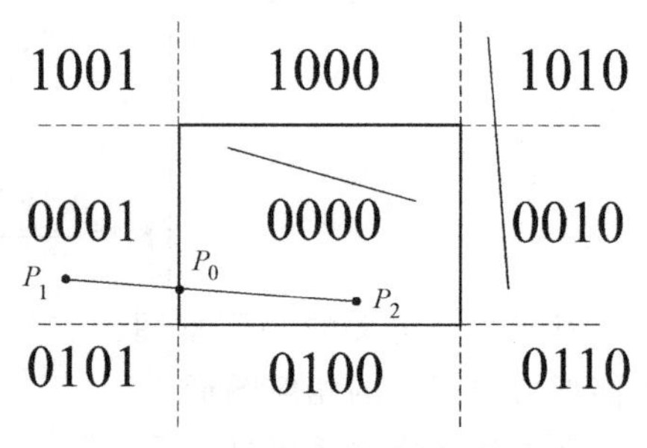

图 2.2.11　Cohen-Sutherland 裁剪算法

4 位编码中每位（按从右向左的顺序）编码的意义如下：

第一位，点在窗口上边界线之上为 1，否则为 0；第二位，点在窗口下边界线之下为 1，否则为 0；第三位，点在窗口右边界线之右为 1，否则为 0；第四位，点在窗口左边界线之左为 1，否则为 0。

由上述编码规则可知：

1）如果两个端点的编码均为“0000”，则线段全部位于窗口内；

2）如果两个端点编码的位逻辑乘不为零，则整条线段必位于窗口外；

3）如果不满足上述两个条件，则必须在分割线段前计算出线段与窗口某一边界的交点，再利用上述两个条件判别分割后的两条线段，从而舍弃位于窗口外的一段。

如图 2.2.11 所示，线段 P_1P_2 的端点 P_1 的编码不为零，但 $\text{code}P_1 \& \text{code}P_2 = 0$，因此该直线属于第三种情况。由 $\text{code}P_1 = 0001$ 知，P_1 在窗口左边。计算出线段与窗口左边界交点 P_0，则 P_1P_0 必在窗口外，舍弃。对线段 P_0P_2 重复上述操作，由于 P_2 的编码 $\text{code}P_2 = 0000$，说明 P_2 在窗口内，则线段 P_0P_2 位于窗口内。

（3）多边形的裁剪

多边形是由若干直线段围成的封闭图形，故可将其看作一个具有封闭轮廓外形的二维图形。裁剪多边形所得到的结果，应该仍是一个多边形，即是一个封闭图形。

Sutherland-Hodgman（S-H）算法的思路：将多边形的各边先相对于窗口的某一条边界线进行裁剪，然后将裁剪结果与另一条边界线进行裁剪，如此重复多次，便可得到最终结果。

具体算法：把整个多边形先相对于窗口的第一条边界线进行裁剪，即首先求出窗口的第一条边界线和多边形各边的交点，然后把这些交点按照一定的原则连成线段，与窗口的第一条边界线不相交的多边形的其他部分保留，则可形成一个新的多边形；然后把这个新的多边形相对于窗口的第二条边界线进行裁剪，再次形成一个新的多边形；接着用窗口的第三、四条边界线依次进行裁剪，最后形成一个经过窗口的 4 条边界线裁剪后的多边形，如图 2.2.12 所示。

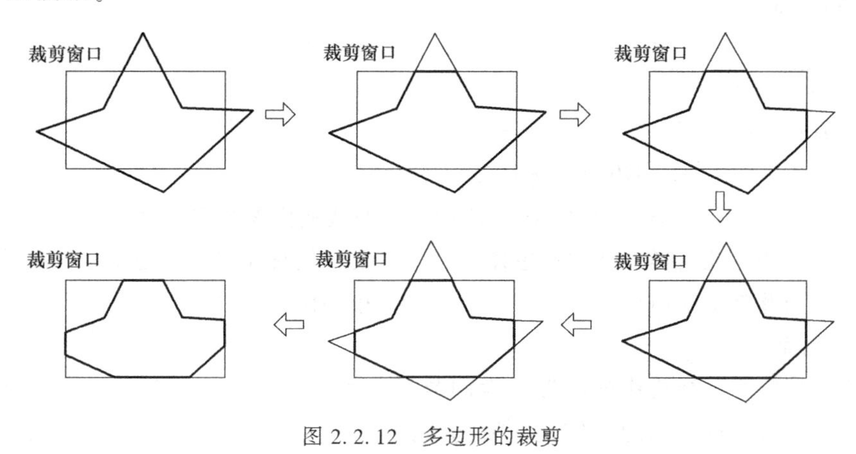

图 2.2.12　多边形的裁剪

2.3　三维建模技术

机械产品的三维建模是 CAD/CAM 系统的核心技术，也是进行产品设计创新的过程。机械产品的 CAD/CAM 建模是对现实产品进行数字化重组并优化，以便于传输和存储，即利用计算机技术对产品进行数字化的过程。建立产品模型不仅使产品的设计过程更为直观、方便，同时也为后续的产品设计和制造过程，如产品物性计算、工程分析、工程图绘制、工艺规程设计、数控加工编程、力学性能仿真、生产过程管理等，提供了有关产品的信息描述与表达方式，对保证产品数据的一致性和完整性提供了有力的技术支持。

图 2.3.1 所示为机械产品建模流程。首先设计者对所设计的零件结构进行解析，将零件结构以点、线、面、体等几何元素按照一定的拓扑关系和转换算法进行组织；然后选择合适的建模策略进行零件数字化建模；最后根据建模策略创建模型，从而形成计算机内部的产品数字化存储模型。

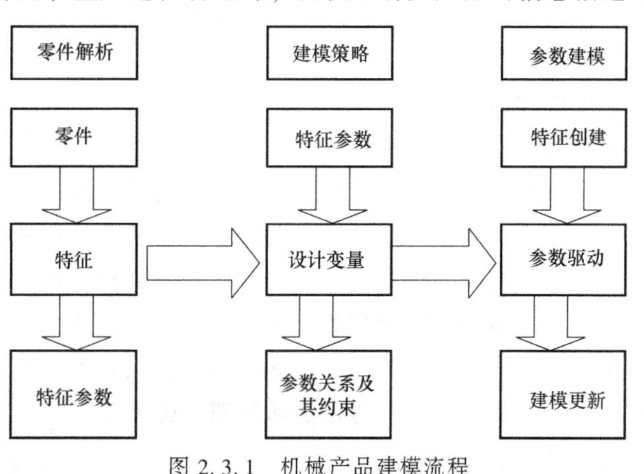

图 2.3.1　机械产品建模流程

2 CHAPTER

2.3.1 CAD/CAM 建模基本知识

CAD/CAM系统对计产品的建模过程实际上是对现实产品及其属性的描述过程，因而机械产品模型应包含产品结构的几何信息、拓扑信息，以及制图语言、工艺、管理等其他非几何信息。

1. 几何信息

以数字形式表示的存在于三维空间中的要素的位置和形状，按其几何特征可以抽象地分为点、线、面、体4种类型。例如，机械产品结构的基本图形信息如下。

点：(x_0, y_0, z_0)。

直线：$\frac{x-x_0}{a}=\frac{y-y_0}{b}=\frac{z-z_0}{c}$。

平面：$ax+by+cz+k=0$。

二次曲面：$ax^2+by^2+cz^2+dxy+exz+fyz+gx+hy+iz+k=0$。

自由曲线面：可用Bézier、B样条、NURBS等曲线曲面参数方程表示。

几何信息是描述几何形体结构的主体信息。但是，仅有几何信息还难以准确地描述产品的形状特征，因此除了几何信息外，还需要一定的拓扑信息加以补充。

2. 拓扑信息

拓扑信息反映产品结构中各图形元素的数量及其相互间的连接关系。任何形体都是由点、线、面、体等各种不同的几何元素所构成的，各元素之间的连接关系可能是相交、相切、相邻、垂直、平行等。根据图形元素的不同、数量及其连接关系，可组成不同的拓扑关系，从而形成不同的形体。

对于图形元素完全相同的两个形体，若各自的拓扑关系不同，则由这些相同图形元素构造的形体可能完全不同。

3. 制图语言

制图语言是指除几何信息和拓扑信息外的其他非几何信息，包括尺寸、几何公差、表面粗糙度、技术要求等的物理属性和工艺属性。为了满足CAD/CAM集成信息的需要，非几何信息的描述和表示在产品建模技术中显得越来越重要。

CAD/CAM建模技术始于20世纪60年代。在建模技术发展初期，采用顶点和棱边来构建三维形体模型，因此称其为线框模型。线框模型结构简单、操作简便，但存在不能消隐和无法生成剖面等不足。为此，20世纪70年代，在线框模型的基础上增加了形体表面信息，构建为表面模型。该模型具有消隐、生成剖面及着色处理等功能。随之，在表面模型基础上引出了曲面模型，用于各种曲面形体的表示、构造和求交运算，这类曲面模型的处理技术至今仍是CAD/CAM技术和计算机图形学领域探索及研究较为活跃的分支之一。线框模型和表面模型均没有体的信息，不能进行物性计算和分析，于是以此为基础在20世纪70年代末至80年代初，推出了实体模型，并逐渐成熟。所谓实体模型，是将一系列简单体素经并、交、差集合运算构建成的各种复杂形体模型，能够表达形体较为完整的几何信息和拓扑信息，不仅适用于各种三维图形的显示和处理，还可应用于各种物性计算、运动仿真、有限元分析等产品设计作业。

2.3.2 几何建模技术

线框模型、表面模型和实体模型被业界统称为产品结构的几何模型，是描述和表达形体几何信息和拓扑信息的数据模型。由于几何模型可完整地描述产品结构丰富的几何信息，因而在机械产品的设计、加工装配及工程分析等领域得到广泛了的应用。由于线框模型、表面模型和实体模型这三者对信息的描述方法及采用的数据结构不同，所占用的计算机资源及数据处理工作差别较大，具有不同的特点并存在不足之处，因而现代 CAD/CAM 系统中还保留着这三种不同几何模型的表示形式，以保证不同应用场合的使用需要。

1. 线框建模原理

线框模型（Wire Frame Mode）是 CAD/CAM 系统最早用来表示形体结构的几何模型，是利用棱边和顶点来表示形体结构的。由于线框模型仅包含形体的棱边和顶点信息，因而可用棱边表和顶点表两表数据结构进行模型组织及描述。

如图 2.3.2a 所示的三棱锥，由 4 个顶点和 6 条棱边组成，其线框模型可以利用一个数据结构表来表述，图 2.3.2b 所示为记载形体棱边和顶点的顺序、数量及相关顶点连接的拓扑关系。可见，线框模型的构建较为简单，存储空间极小。

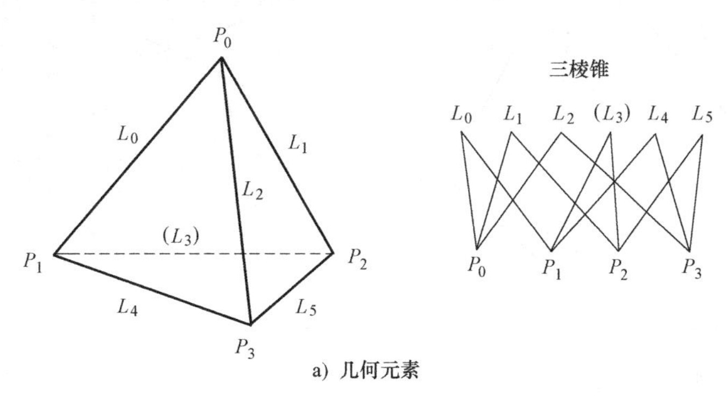

a）几何元素

棱边	可见性	顶点	可见性	坐标		
				x	y	z
L_0	Y	P_0	Y	x_0	y_0	z_0
		P_1	Y	x_1	y_1	z_1
L_1	Y	P_0	Y	x_0	y_0	z_0
		P_2	Y	x_2	y_2	z_2
L_2	Y	P_0	Y	x_0	y_0	z_0
		P_3	Y	x_3	y_3	z_3
L_3	N	P_1	Y	x_1	y_1	z_1
		P_2	Y	x_2	y_2	z_2
L_4	Y	P_1	Y	x_1	y_1	z_1
		P_3	Y	x_3	y_3	z_3
L_5	Y	P_2	Y	x_2	y_2	z_2
		P_3	Y	x_3	y_3	z_3

b）数据结构

图 2.3.2 线框建模模型

线框模型仅包含形体的棱边和顶点信息，具有数据结构简单、信息量少、操作快捷等特点。利用线框模型所包含的三维形体数据，可生成任意投影视图，如三视图、轴测图及任意视点的透视图等。

由于线框模型只有棱边和顶点信息，没有面、体等相关信息，所包含的信息有限，因而在形体的描述方面存在较多缺陷。例如，难以表达曲面形体的轮廓线，由于没有面的信息，不能进行消隐，因此不能产生剖视图；由于没有体的信息，因此不能进行物性计算和求交计算，无法检验实体的碰撞和干涉；无法生成数控加工刀具轨迹。

2. 平面建模

有些形体表面具有平面构成特征，因此可将几何形体用平面体来描述。三维几何模型通过表面、棱边及顶点信息来构建形体的三维数据模型。如图 2.3.3a 所示，有 4 个组成面，每个面由若干条棱边构成其封闭的边界，每条棱边又由两点作为其端点。平面模型的数据结构是在线框模型基础上添加了一个面表，从而使用数据结构表示几何形体的几何信息和拓扑信息，如图 2.3.3b 所示。

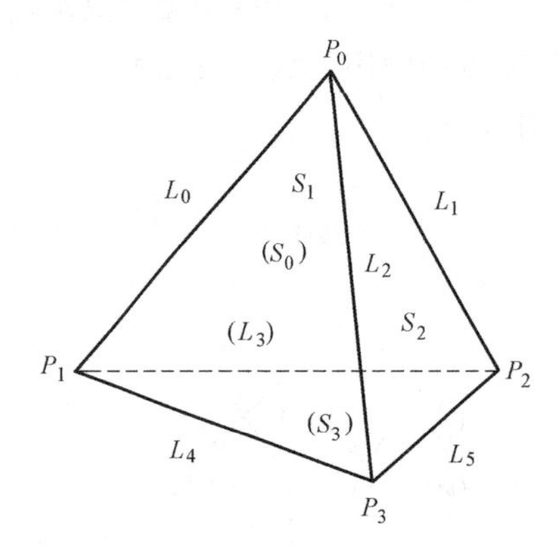

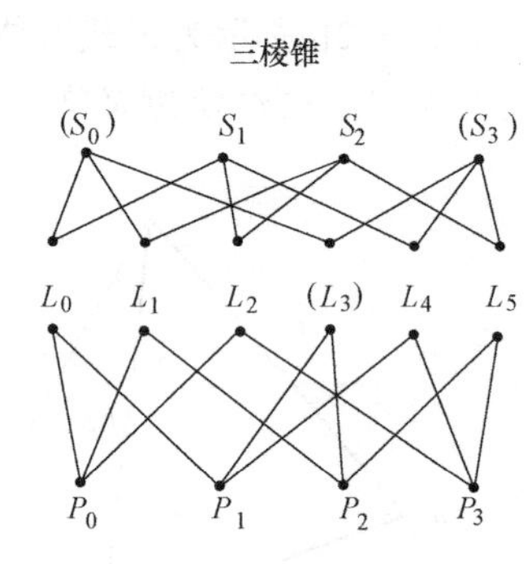

a) 几何元素

面	可见性	组成	棱边	可见性	顶点	可见性	坐标		
							x	y	z
S_0	N	L_0	L_0	Y	P_0	Y	x_0	y_0	z_0
		L_1			P_1	Y	x_1	y_1	z_1
		L_3	L_1	Y	P_0	Y	x_0	y_0	z_0
S_1	Y	L_0			P_2	Y	x_2	y_2	z_2
		L_2	L_2	Y	P_0	Y	x_0	y_0	z_0
		L_4			P_3	Y	x_3	y_3	z_3
S_2	Y	L_1	L_3	N	P_1	Y	x_1	y_1	z_1
		L_2			P_2	Y	x_2	y_2	z_2
		L_5	L_4	Y	P_1	Y	x_1	y_1	z_1
S_3	N	L_3			P_3	Y	x_3	y_3	z_3
		L_4	L_5	Y	P_2	Y	x_2	y_2	z_2
		L_5			P_3	Y	x_3	y_3	z_3

b) 数据结构

图 2.3.3 平面建模模型

平面模型的特点：平面棋型清楚地描述了形体的面、边信息，以及平面与棱边、棱边与顶点之间的拓扑关系，较线框模型的几何信息更丰富。它所包含的形体面、各面棱边、平面渲染及求交计算，可生成完整、严密的刀具轨迹。然而，平面模型仍缺少形体的信息及体与面之间的拓扑关系，仍不方便进行产品结构的物性计算与工程分析。

3. 曲面建模

曲面模型是由规则曲线或系列参数曲面片通过拼接、裁剪、光顺处理而构建的三维模型。之前所述的Bázier、B样条、NURBS等各类参数曲面建模通常先构建满足设计要求的二维参数曲线，然后对这些二维参数曲线进行拉伸、回转、扫描、混合等，形成一个个曲面片，然后对所生成的曲面片进行拼接、裁剪、过渡、光顺等处理，最终完成形体的曲面模型。曲面建模技术已广泛应用于汽车、船舶、飞机、模具等产品的曲面设计。目前，CAD/CAM系统提供了多种不同的曲面建模方法供用户选用。

1）拉伸曲面：使一条曲线沿某一直线方向移动，便可生成一个以拉伸方式创建的曲面，如图2.3.4a所示。

2）回转曲面：将给定平面内的曲线段绕某一轴线旋转所生成的曲面，如图2.3.4b所示。

3）扫描曲面：用一条封闭或非封闭曲线沿一条空间轨迹滑动形成的曲面，该曲线可以是不变的或变化的，如图2.3.4c所示。

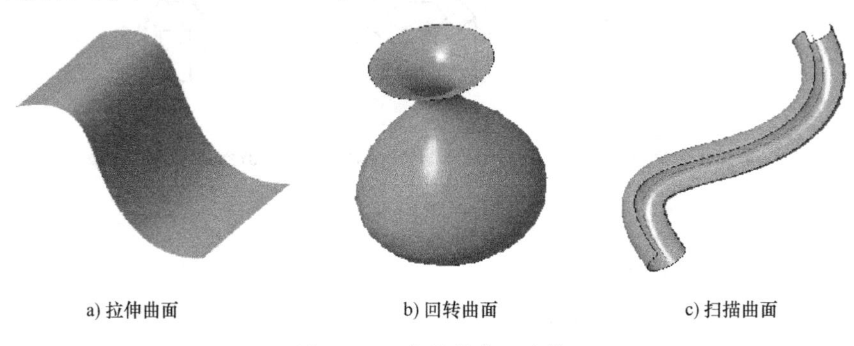

a) 拉伸曲面　　b) 回转曲面　　c) 扫描曲面

图2.3.4　常见的曲面建模

4. 实体建模

实体模型（Solid Model）是通过一系列基本体素，如矩形体、圆柱体、球体及扫描体、旋转体、拉伸体等，经布尔运算构建的任意复杂形体的几何模型。实体建模包括两方面内容：一是基本体的定义；二是布尔运算。

（1）基本体的定义

实体建模的基本体定义有参数体素法和扫描体素法两种不同的定义方法。

1）参数体素法是使用少量几个参数对一些简单的基本体素进行定义。例如，长方体用两个顶点进行定义，圆柱体用圆柱半径和圆柱高度表示等。常见的基本体如图2.3.5所示。

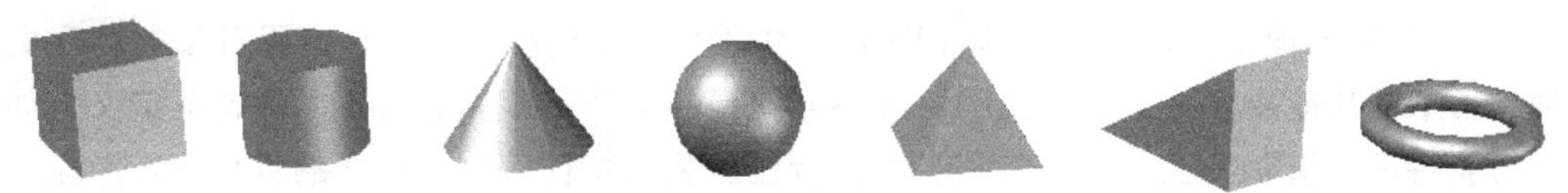

图2.3.5　常见的基本体

2）扫描体素法通过二维封闭平面沿给定的轨迹扫描来生成实体模型中的基本体。如图 2.3.6 所示，首先定义一个二维封闭平面，使之绕某固定轴线旋转扫描或沿给定直线进行平移扫描，便得到所需的回转体。由此可见，扫描体素法有两个要素：一是封闭平面；二是扫描轨迹。

图 2.3.6　扫描体

（2）布尔运算

布尔运算是在基本体定义后，将两个或多个基本体进行并、交、差运算后，构建成各种不同的形体。如图 2.3.7 所示，将一个圆柱体与一个球体分别进行并（图 2.3.7b）、差（图 2.3.7c）、交（图 2.3.7d）运算后，得到的不同形状的新形体。

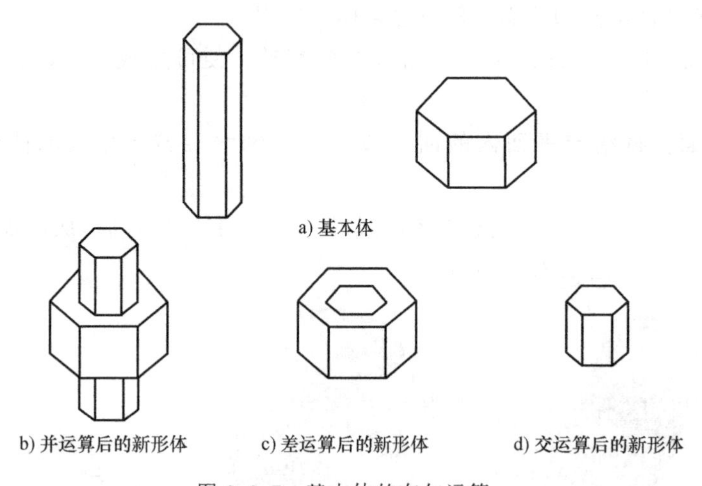

图 2.3.7　基本体的布尔运算

实体建模的特点如下：

由实体建模原理可知，实体模型全面定义了形体的点、边、面、体几何参数和相互的拓扑关系，包含了形体所有的几何信息和拓扑信息。在实体模型中，面是有界的、不自交的连通表面，具有方向性，其外法线方向可根据右手定则，由该面的外环走向确定。由于实体模型拥有形体完整的几何信息和拓扑信息，因此可处理实体的计算，如各种不同的 CAD/CAM 分析、数控加工、形体着色、光照及纹理等的处理。

2.3.3　特征建模

随着信息技术的快速发展和计算机应用领域的扩大，对 CAD/CAM 系统的要求也越来越高。在机械产品设计与制造过程中，仅仅有产品结构的几何信息远远不够，还要有产品设计和制造过程中所需的大量产品功能信息、工艺信息和管理信息，如产品功能、组成材料、公差、表面粗糙度、装配配合及工艺管理等大量非几何信息。为满足产品信息集成的需求，20 世纪 80 年代末出现了特征建模技术（Feature Model）。所谓特征，是从工程对象中高度概括和抽象出来的功能要素，包含了工程语义不同的产品生产阶段，有着不同的特征定义，如产品的功能特征、形状特征、加工特征、工艺特征、装配特征等。用这样的特征进行产品建模更符合产品和工程设计的习惯，也更利于系统的高度集成。特征建模即通过特征及其集合来定义、描述实体模型的方法和过程。可以说，特征建模技术的出现和发展是CAD/CAM技术发展的一个新的里程碑。

基于特征的产品零件建模，可使产品设计能够在更高层次上进行，建模操作对象不再是实体模型中的线条和体素，而是具有特定工程语义的功能特征要素，如柱、块、槽、孔、壳、凹槽、凸台、倒角、倒圆等，产品的设计过程可描述为对具体特征的引用与操作，特征的引用可直接体现设计者的设计意图。同时，产品功能特征包含丰富的产品几何信息和非几何信息，如材料、尺寸公差和几何公差、表面粗糙度、热处理等。这些信息不仅能够完整地描述零件或产品结构的几何信息和拓扑信息，还包含了产品制造过程的工艺信息，使产品设计意图能够为后续的分析、评估、加工、检测等生产环节所理解。

为此，特征建模是在实体几何模型的基础上，抽取作为结构功能要素的“特征”，以对设计对象进行更为丰富的描述和操作，弥补实体建模不足的一种建模方法。目前，商业化的CAD/CAM系统普遍采用特征建模技术。

1. 基于零件信息模型的特征分类

特征的含义和表达形式不尽相同，应用领域也不同。特征的分类与具体工程应用有关，从不同的应用角度研究特征，必然引起特征定义的不统一。根据产品生产过程中的阶段不同而将特征分为设计特征、制造特征、检验特征、装配特征等。根据描述信息内容的不同而将特征分为形状特征、技术特征、材料特征、精度特征、装配特征和管理特征等。零件信息模型一般包含如下主要特征。

1）形状特征。这是零件信息模型的基础特征，属于零件的几何特征，一般作为主特征，是精度特征、材料特征等非几何特征的载体，包括功能形状、工艺形状及装配形状等组成零件结构形状的基本要素。形状特征应能反映零件的特征功能，应能够提取零件形体结构的点、边、面、体等几何信息和拓扑信息。

2）技术特征。它为技术分析、性能试验、应用操作提供相关信息，包括设计要求、设计约束、外观要求、运行工况、作用载荷等。

3）材料特征。它用于描述与零件材料及热处理要求相关的信息，包括零件材料牌号、性能、硬度、热处理要求、表面处理、检验方式等。

4）精度特征。它用于描述零件公称几何形状的允许范围，是检验零件质量的主要依据，包括尺寸公差、几何公差和表面粗糙度等。

5）装配特征。它用于描述零件在装配过程中的相关信息，包括位置关系、配合关系、连接关系、装配尺寸、装配技术要求等。

6）管理特征。它用于描述与管理有关的零件信息，包括零件名、零件图号、设计者、设计日期、零件材料、零件数量等。

技术特征、材料特征、精度特征、装配特征均表示了零件加工工艺的相关内容和要求，有时为了便于信息处理，常常将其统称为工艺特征。

2. 特征间的关系

组成零件的所有特征不是孤立的，它们之间存在着各种相互依存的关系。设计零件时，从毛坯基础特征开始，随着设计过程的展开，有序地添加各类特征，新添加的特征会被已有特征所约束，并与已有特征保持着各种不同的约束关系。

特征建模系统往往有如下的特征间约束关系。

1）邻接关系。邻接关系反映形状特征的凸台和凹槽之间的相互位置关系，是特征的一种外部约束，主要表现为形状特征的面贴合。

2）从属关系。从属关系反映形状特征之间存在的主从关系，其依赖于主特征而存在。例如，回转体零件某轴段为主特征，附着于该轴段上的键槽、退刀槽、倒角等为辅特征，辅特征与轴段主特征之间保持着一种从属关系。

3）分布关系。它表示某些形状特征在空间位置上是按照特定形式排列的，如孔特征的圆周分布、阵列分布等。

4）引用关系。它反映某特征与另一特征作为关联属性存在着引用的关系，这种引用关系主要存在于形状特征对精度特征、材料特征等特征的引用。

3. 特征建模的基本步骤

一个由粗至精的形体造型过程，往往先构建一个基础特征再进行细化，逐步获得一个完整的零件特征模型。其建模过程通过不断增加或减去一些必要特征或步骤来完成，归纳如下。

1）分析特征与特征之间的关系等。该步骤需要从总体上排列零件特征构建顺序，规划特征建模方案。同一个零件可能有多种不同的特征，进行零件特征的分解，确定基础特征、分解方法，应以符合设计思想为原则，确定最佳的零件特征建模方案。

2）创建基础特征。从众多零件特征中选择一个作为基础特征。零件基础特征最能反映零件的体积和结构形状。进行零件特征建模时应先创建基础特征，只有创建好基础特征，才能快捷、方便地创建其他特征。

3）创建其余特征。按照建模方案逐一创建其他特征，包括辅特征。具有规则截面的形状特征，可以通过拉伸成形；具有回转体特征，可以通过旋转成形；具有阵列或镜像结构特征，应尽可能通过阵列和镜像成形；具有倒圆、倒角等修饰性辅特征，则最好在建模最后阶段进行。

4）特征的编辑修改。在建模过程中，可以随时修改各个特征，包括特征的形状、尺寸、位置及特征间的邻接关系，也可以删除已经构建的特征。

5）利用创建完成的三维零件特征模型，根据三维投影图形变换矩阵自动转换并生成二维工程图。

2.3.4 装配建模技术

产品往往由若干不同零件和部件装配而成。产品功能是由这些零部件相对运动、相互约束来实现的。所以要全面反映产品的结构族及各组成零部件间的关系，需要将零件模型提到产品装配层次上来。所谓装配模型，是包含产品结构组成、组件几何结构，以及各组成零件之间相互连接、配合、约束等装配关系的产品模型。装配模型全面表达了产品的结构组成和装配体的装配关系，能完整、准确地传递装配体的设计参数、装配层次和装配配合等信息，可对产品的设计、制造过程提供全面的支持，可用于产品快速变形设计、装配工艺规划、干涉检验、运动学及动力学仿真、产品数据管理等后续作业环节。

1. 装配模型信息

装配模型主要有两部分信息内容：一是产品实体结构信息，即产品所包含的零部件几何结构信息；二是产品各组成件间的相互关系信息，即产品结构的层次关系和装配关系等。

产品结构的装配关系可反映产品、部件和零件之间的从属关系，一般可以用装配树表示。图 2.3.8 所示的产品结构装配树，其根结点为产品，叶结点为单个零件，枝结点为部件（或组件）。产品结构装配树可直观地表示产品各组成零部件间的层次关系。

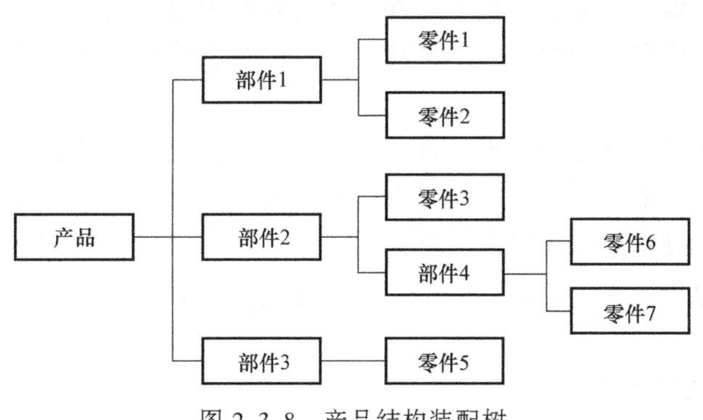

图 2.3.8　产品结构装配树

2. 装配关系

任何一个形体在自由空间中都有 6 个自由度，即沿 x、y、z 轴向的移动，以及绕 x、y、z 轴的转动。在装配过程中，零部件之间的约束配合实际上就是对零部件自由度的限制，通过约束来确定两个或多个零部件之间的相对位置及相互运动的关系，约束越多，则位置越确定，其运动限制越多；若自由度完全被约束，则两个零部件将固连为一体，没有相互间的运动。

产品的装配关系反映产品零部件间的相对位置的连接关系和相互配合的约束关系，产品零部件之间的装配关系是装配建模的重要基础。图 2.3.9 所示为装配关系和约束关系的内容（以 Creo 为例）。

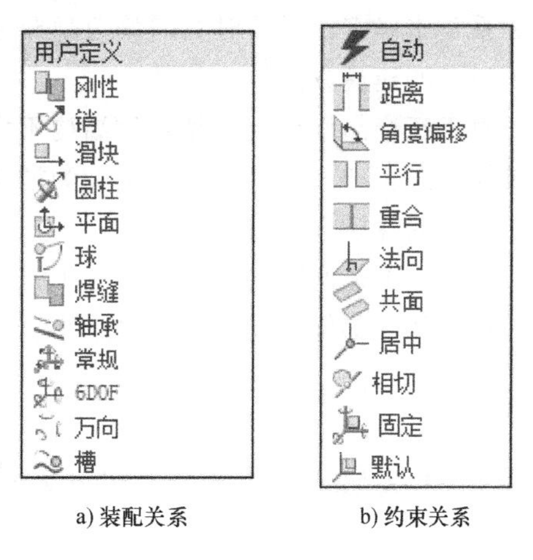

a) 装配关系　　b) 约束关系

图 2.3.9　装配关系和约束关系的内容

3. 装配建模方法

装配模型有两种不同的建模方法，即自下而上和自上而下的装配建模方法。

（1）自下而上的装配建模

自下而上（Bottom Up）的装配建模是一种传统装配设计方法。首先设计产品的零部件，然后定义零部件间的装配关系，最终创建完成产品的装配模型。若在装配过程中发现事先设计的零部件不能满足装配要求，则需要修改零部件的设计，重新进行装配设计，如此反复，直至满足装配要求为此。

自下而上的装配建模方法的优点：方便使用现有零件进行装配体设计；设计人员可以专注于零件设计；零部件相互独立，模型重建过程中的计算更为简单；单个零件的特征和尺寸是单独定义的，方便将完整的尺寸插入到工程图中。

自下而上的装配建模方法的缺点：由于事先没有很好地进行装配规划和全局考虑，在零部件设计时如果未能考虑其他零部件的影响，装配过程中极易出现不满足装配要求等问题。例如，由于零部件间存在干涉而导致无法装配，则需要对零部件重新进行设计，然后装配，因此这种建模方法的反复工作多，建模效率较低。

(2) 自上而下的装配建模

自上而下（Top Down）的装配建模，首先是制订好满足功能要求的产品初步结构方案，绘制产品装配草图，确定产品各组成零部件之间的装配和约束关系，完成装配层次的概念设计，并根据装配关系把产品分解成若干零部件，然后在总装配关系的约束下完成零部件的详细设计。

自上而下的装配建模方法的优点：设计快速、高效；更加专注于产品整体设计，而不是独立的零件细节；减少了由于人为的疏忽而造成的设计错误；零件之间具有关联性，参考的实体变换时将自动完成其他参考零件的修改。

自上而下的装配建模方法的缺点：在大型系统建模时缺乏对细节的考虑，各个系统之间的协调开发难度较大。

4. 装配建模方法的选用

上述两种装配建模方法各有特点，可根据具体产品建模要求选择合适的建模方法。

在进行系列产品设计或产品改进设计时，产品结构清晰，零部件的组成及其相互间的装配关系基本确定，设计时只需修改部分零部件结构或补充少量零部件即可，这种情况下采用自下而上的建模方法较为合适。

对于新产品设计，产品具体结构不太清晰，零部件组成不确定，零部件结构细节也不可能具体，进行产品设计时需要从较为抽象的装配模型开始，逐步细分、逐步求精，这时采用自上而下的建模方法较为合适。

当然，上述两种装配建模方法不是截然分开的，可以根据实际情况，综合运用这两种建模方法，如在部件级设计建模时采用自上而下的建模方法，而在产品级设计建模中采用自下而上的建模方法。

2.4 真实感显示及虚拟现实技术

真实感图形的绘制是计算机辅助设计的一个重要研究领域，也是三维实体造型系统和产品造型展示的重要组成部分。三维实体在计算机显示屏上可以有三种不同的表现形式：线框显示、着色显示与光照显示等。线框显示包括简单线框图、线框消隐图。简单线框图能够粗略表达实体的形状，但由于简单线框图的二义性，线框消隐图可以更好地反映实体各表面间的相互遮挡关系。但是，线框消隐图和简单线框图一样，只能反映实体的几何形状和实体间的相互关系，不能反映实体表面的特性，如表面的颜色、材质、纹理等。通过设计模型颜色库与纹理库，可将这些信息附着于实体的表面，从而更好地表现实体图形真实感的特性。此外，在三维实体造型系统中，生成三维实体的光照模型，进行实体的真实感渲染与显示占有重要的地位。进一步地，使用现代虚拟现实技术进行产品环境模拟，可以使人产生身临其境的感觉，成为真实感显示技术的制高点。

2.4.1 图形消隐技术

1. 消隐概念

在用显示设备描述物体的图形时，三维信息必须经过某种投影变换后在二维的显示表面上绘制出来。这时，由于投影变换失去了深度信息，因此往往产生图形的异义性（图2.4.1）。要消除异义，就必须在绘制时消除被遮挡的不可见的线或面，习惯上称为消除隐藏线和隐藏面，即消隐。经过消隐得到的投影图称为物体的真实图形。

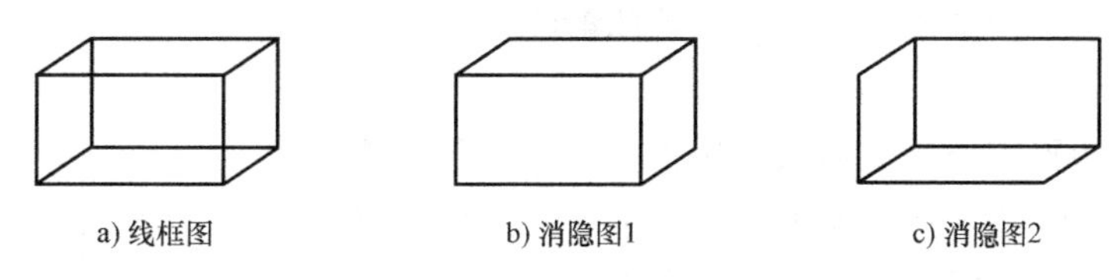

图 2.4.1 图形的异义性

2. 消隐分类

（1）根据消隐对象分类

1）线消隐。消隐对象是物体上的边，消除的是物体上不可见的边。

2）面消隐。消隐对象是物体上的面，消除的是物体上不可见的面。

（2）根据消隐空间分类

1）物体空间的消隐算法。将场景中的每一个面与其他每个面进行比较，求出所有点、边、面的遮挡关系，如光线投射算法、Roberts 算法。

2）图像空间的消隐算法。对屏幕上的每个像素进行判断，决定哪个多边形在该像素可见，如 Z-Buffer 算法、扫描线算法、Warnock 算法。

3）物体空间和图像空间的消隐算法。在物体空间中预先计算面的可见性和优先级，再在图像空间中生成消隐图，如油画算法。

3. 常见消隐算法

（1）线消隐

线消隐的处理对象为线框模型，是以场景中的物体为处理单元，将一个物体与其余的 $k-1$ 个物体逐一比较，仅显示可见的表面线条，以达到消隐的目的。此类算法通常用于消除隐藏线。

1）凸多面体的隐藏线消隐。

凸多面体是由若干个平面围成的物体。假设这些平面的方程为

$$a_i x+b_i y+c_i z+d_i=0,\quad i=1,2,3,\cdots,n。\tag{2.4.1}$$

其中，物体内点 $P_0(x_0,y_0,z_0)$ 满足 $a_i x_0+b_i y_0+c_i z_0+d_i<0$，平面法向量 (a_i,b_i,c_i) 指向物体外部。此凸多面体在以视点为顶点的视图四棱锥内，视点与第 i 个面上一点连线的方向为 (l_i,m_i,n_i)。那么第 i 个面为自隐藏面的判断方法为

$$(a_i,b_i,c_i)\times(l_i,m_i,n_i)>0\tag{2.4.2}$$

对于任意凸多面体，可先求出所有隐藏面，然后检查每条边，若相交于某条边的两个面均为自隐藏面，则根据任意两个自隐藏面的交线为自隐藏线可知该边为自隐藏边（自隐藏线应该用虚线输出）。

2）凹多面体的隐藏线消隐。

凹多面体的隐藏线消隐比较复杂。假设凹多面体用它表面的多边形的集合表示，消除隐藏线的问题可归结为：一条空间线段 P_0P_1 和一个多边形 a，判断线段是否被多边形遮挡。如果被遮挡，求出隐藏部分。以视点为投射中心，把线段与多边形顶点投射到屏幕上，将各

2 CHAPTER

对应投射点连线的方程联立求解，即可求得线段与多边形投影的交点。

如果线段与多边形的任何边都不相交，则有两种可能：线段投影与多边形投影分离和线段投影在多边形投影之中。前一种情况，线段完全可见。后一种情况，线段完全隐藏或完全可见。接着通过线段中点向视点延伸，若此射线与多边形相交，则相应线段被多边形隐藏，否则线段完全可见。

若线段与多边形有交点，那么多边形的边把线段投影的参数区间［0,1］分割成若干子区间，每个子区间对应一条子线段，如图2.4.2所示，每条子线段上的所有点具有相同的隐藏性。为进一步判断各子线段的隐藏性，首先要判断该子线段是否落在该多边形投影内。子线段与多边形的隐藏关系的判定方法与上述整条线段与多边形无交点时的判定方法相同。

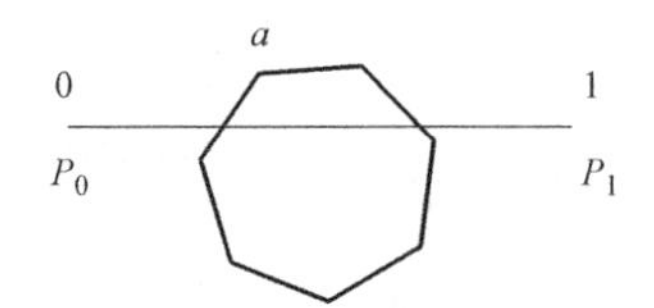

图2.4.2　线段投影被分为若干子线段

对上述线段与所有需要比较的多边形依次进行隐藏性判断，记下各条边隐藏子线段的位置，最后对所有这些区域进行求并集运算，此时即可确定总的隐藏子线段的位置，余下的则是可见子线段。

（2）面消隐

用线框图来表达形体，显得过于原始和单调。人们希望能得到色彩丰富和逼真的图形，这首先要从线框图发展到面图，即用不同的颜色或灰度来表示立体的各表面，于是也就引出了对隐藏面消去算法的研究。

1）油画算法。所谓油画算法，就是先将屏幕设置成背景色，再将物体的各表面按其距离视点的远近进行排序，由远及近地绘制物体的各表面，同时也消除了隐藏面。这一过程与画家作油画的过程类似，先画选景，再画中景，最后画近景，因此习惯上称这种算法为油画算法或画家算法。

油画算法的具体做法是，离视点最远的表面排在表头，离视点最近的表面排在表尾，构成深度优先级表，然后从表头至表尾取出多边形，将其投射到屏幕上，显示多边形所包含的实心区域。

油画算法的优点是简单易行，且可作为实现复杂算法的基础。它的缺点是不能处理多个面相交和重叠的情况。当出现网面相交或重叠时，用任何排序法都不能排出正确的顺序，只能把有关的面进行分解后再排序。

2）Z 向深度缓冲区算法。在油画算法中，有关保存排序的计算量很大，尤其在多边形相交或循环重叠时，还必须进行多边形分解。为了避免这一系列复杂的运算，人们找到了另一种算法——Z 向深度缓冲区算法。如图2.4.3所示，在这种新的算法中需要两个缓冲器：帧缓冲器（颜色缓冲器），存储各像素的颜色值；Z缓冲器（深度缓冲器），存储各像素的深度值。它的基本原理是记录整个显示屏中各点的深度数据与显示数据，把它们分别放在Z缓冲器和帧缓冲器中。对于每一个要处理的点，仅当它比已记录点的深度更浅（即距观察点更近）时，才显示该点（即置换该点的显示数据），同时置换该点的深度数据。当每一个要显示的有界表面都用上述方法处理完毕之后，就达到了消除隐藏面及显示各可见表面的目的。

Z 向深度缓冲区算法简单稳定，便于硬件实现。但它需要一个额外的Z缓冲器，在每个多边形占据的每个像素处都要计算深度值，计算量大，而且在处理斜直线的阶梯效应、透明与半透明效果等问题时存在较大的困难。

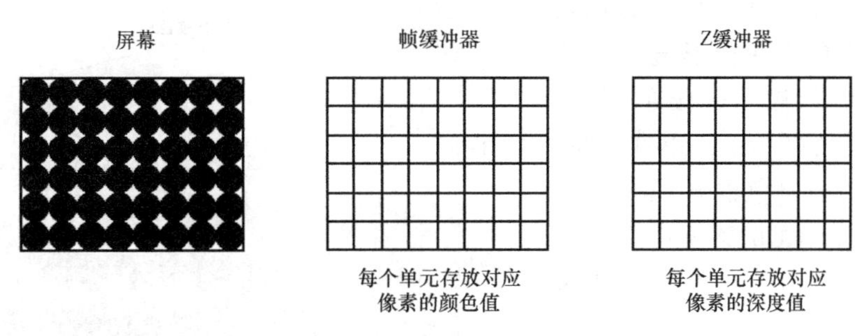

图 2.4.3 Z 向深度缓冲区算法示意图

3）扫描线算法。扫描线算法是对 Z 向深度缓冲区算法进行改进而派生出来的消隐算法。为了克服 Z 向深度缓冲区算法需要分配与屏幕上像素点个数一致的存储单元而消耗巨大内存空间这一缺点，可以将整个屏幕分成若干区域，再一个区一个区地进行处理，这样可以将 Z 向深度缓冲区的单元个数减少为屏幕上一个区域的像素点的个数。若将屏幕的某一行作为这样的区域，便得到了扫描线算法，又称为扫描线 Z 向缓冲区算法。此时，Z 向深度缓冲区的单元个数仅为屏幕上一行的像素点个数。

扫描线算法是将 Z 向深度缓冲区算法记录的整屏深度数据改为只记录当前扫描线所在行的各点深度数据，在计算出一条扫描线上的所有多边形的各点深度并填充其像素值之后才刷新行深度缓存数组，以便计算下一行扫描线上对应的图形。这样循环处理之后，即一次性地逐行显示出整个画面上的图形，克服了 Z 向深度缓冲区算法占用存储单元太多的问题，减少了占用的存储空间。扫描线算法的一个主要优点是缩小了 Z 向深度缓存数组，便于用软件实现。

2.4.2 颜色与纹理

1. 颜色

要产生具有高度真实感的图形，颜色是非常重要的部分。颜色是外来的光刺激作用于人的视觉器官而产生的主观感觉。因而，物体的颜色不仅取决于物体本身，还与光源、周围环境的颜色及观察者的视觉系统等有关。

物理学对光与颜色的研究发现，颜色具有恒常性，即人们可以根据物体的固有颜色来感知它们，而不会受外界条件变化的影响。颜色之间的对比效应能够使人区分不同的颜色。颜色还具有混合性，牛顿在 17 世纪后期用棱镜把太阳光分散成光谱上的颜色光带，用实验证明了白光是由多种颜色的光混合而成的。19 世纪初，英国物理学家 Thomas Young 提出了一种假设，某一种波长的光可以通过 3 种不同波长的光混合而复现出来，且红（R）、绿（G）、蓝（B）3 种单色光可以作为基本的颜色——原色，把这 3 种光按照不同的比例混合就能准确地复现其他任意波长的光，它们等量混合就可以产生白光。后来，Maxwell 用旋转圆盘所做的颜色混合实验验证了 Thomas Young 的假设。在此基础上，1862 年，德国科学家 Helmhouz 进一步提出颜色视觉机制学说，即三色学说，也称为三刺激理论。目前，用 3 种原色能够产生各种颜色的三色原理已经成为当今颜色科学中最重要的原理和学说。

三色学说是真实感图形学的生理视觉基础，本章所采用的 RGB 颜色模型，以及计算机图形学中采用的其他颜色模型，都是根据这个学说提出来的。

RGB颜色模型通常用于彩色阴极射线管等彩色光源图形显示设备中，它是使用非常多的颜色模型。它采用三维直角坐标系，以红、绿、蓝为原色，各个原色混合在一起可以产生复合色。RGB颜色模型通常采用图2.4.4所示的单位立方体来表示，在正方体的主对角线上，各原色的强度相等，产生由暗到明的白色，也就是不同的灰度值，(0,0,0)为黑色，(1,1,1)为白色。正方体的其他6个角点分别为红、黄、绿、青、蓝和品红。需要注意的是，RGB颜色模型所覆盖的颜色域取决于显示设备荧光点的颜色特性，与硬件密切相关。

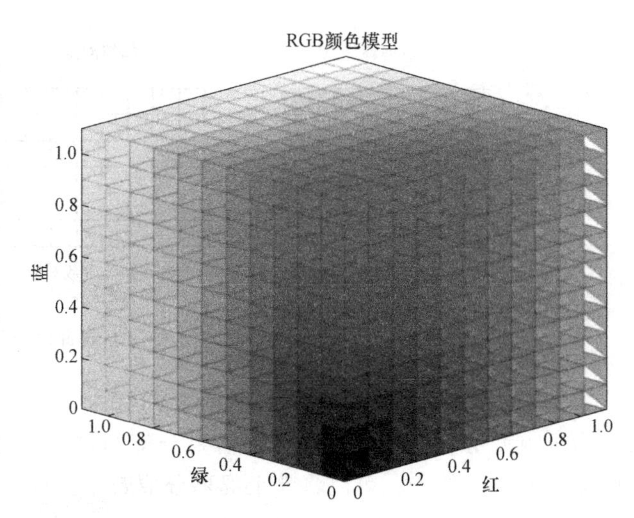

图2.4.4　单位立方体

从理论上讲，任何一种颜色都可用3种基本颜色按不同的比例混合得到。3种颜色的光强越强，到达人们眼睛的光就越多；它们的比例不同，人们看到的颜色也就不同；没有光到达眼睛，就是一片漆黑。当三原色按不同强度相加时，总的光强增强，并可得到任何一种颜色。某一种颜色和这3种颜色之间的关系可用下面的比例来描述：

颜色=R(红色的百分比)+G(绿色的百分比)+B(蓝色的百分比)。

2. 纹理

在颜色的基础上构造模型材质特性的表面纹理，也能大大提高模型的真实感。

(1) 纹理的概念

纹理一般是指物体表面的花纹或纹理，即使物体表面呈现凹凸不平的沟纹，同时也包括物体光滑表面上的花纹或图案。对于花纹而言，就是在物体表面绘制出彩色花纹或图案，产生了纹理后的物体表面依然光滑。对于沟纹而言，实际上也是要在表面绘出彩色花纹或图案，同时要求视觉上给人以凹凸不平之感。凹凸不平的图案一般是不规则的。

(2) 纹理映射

纹理映射又称纹理贴图，是将纹理空间中的纹理像素映射到屏幕空间中的像素的过程。简单来说，就是把一幅图像贴到三维物体的表面上来增强真实感，可以和光照计算、图像混合等技术结合起来形成非常漂亮的效果，如图2.4.5所示。

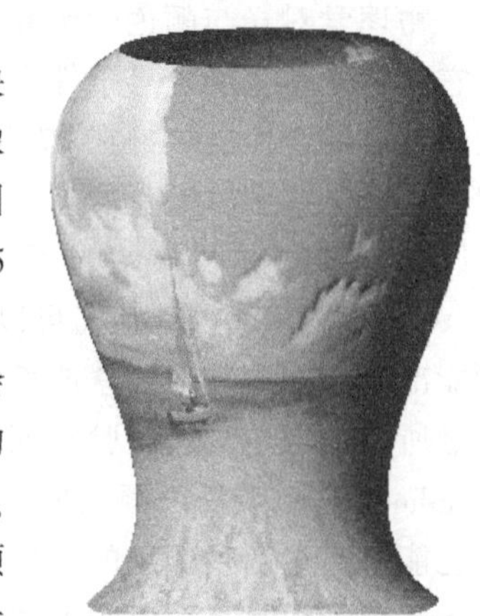

图2.4.5　纹理映射

纹理映射能够保证在变换多边形时多边形上的纹理也会随之变化。例如，用透视投影模式观察墙面时，离视点远的墙壁的砖块尺寸就会缩小，而离视点近的砖块尺寸就会大些，这是符合视觉规律的。此外，纹理映射也被用在其他一些领域。例如，飞行仿真中常把一大片植被的图像映射到一些大多边形上来用于表示地面，或者用大理石、木材等自然物质的图像作为纹理映射到多边形上来表示相应的物体。

纹理映射是真实感图像制作的一个重要部分，运用它可以方便地制作出极具真实感的图形，而不必花过多时间来考虑物体的表面细节。然而纹理加载的过程可能会影响程序运行速度，当纹理图像非常大时，这种情况尤为明显。如何妥善地管理纹理，以及减少不必要的开销，是系统优化时必须考虑的一个问题。

2.4.3　光照处理

当光照射到物体表面上时，光线可能被吸收、反射和透射。被物体吸收的部分转化为热，被反射、透射的光进入人的视觉系统，使人们能看见物体。为模拟这一现象，将建立一些数学模型来替代复杂的物理模型，这些模型称为明暗效应模型或光照模型。三维形体的图形经过消隐后进行明暗效应的处理，可以进一步提高图形的真实感。

1. 光照显示

正常情况下，光沿着直线传播。当光遇到介质不同的表面时，会产生反射和折射现象，并遵循反射定律和折射定律。当光照射到物体表面上时，物体对光会产生不同程度的反射、透射与吸收。简单光照模型只考虑物体对直接光照的反射作用，物体间的光反射作用采用环境光来表示。

当光源来自一个方向时，漫反射光均匀地向各方向传播，与视点无关，它是由于表面粗糙不平引起的，因而漫反射光的空间分布是均匀的，如图 2.4.6 所示。根据 Lambert 余弦定律，漫反射光强为

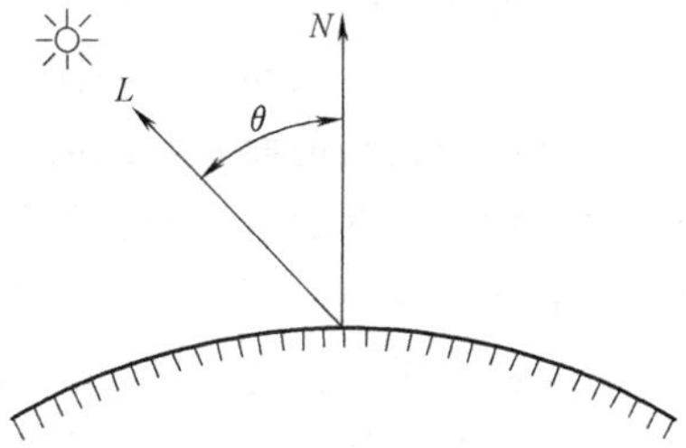

图 2.4.6　漫反射

$$\text{diffuse} = I\cos\theta \tag{2.4.3}$$

式中　I——点光源的亮度；

θ——入射角。

对于许多物体，使用式（2.4.3）计算其反射光是可行的，但对于有些物体（如擦亮的金属、光滑的塑料等）是不适用的，原因是这些物体还会产生镜面反射。

对于理想的镜面，反射光集中在一个方向，并遵守反射定律。对于一般的光滑表面，反射光集中在一个范围内，且由反射定律决定的反射方向光强最大。因此，对于同一点来说，从不同位置所观察到的镜面反射光强是不同的。如图 2.4.7 所示，镜面反射光强可表示为

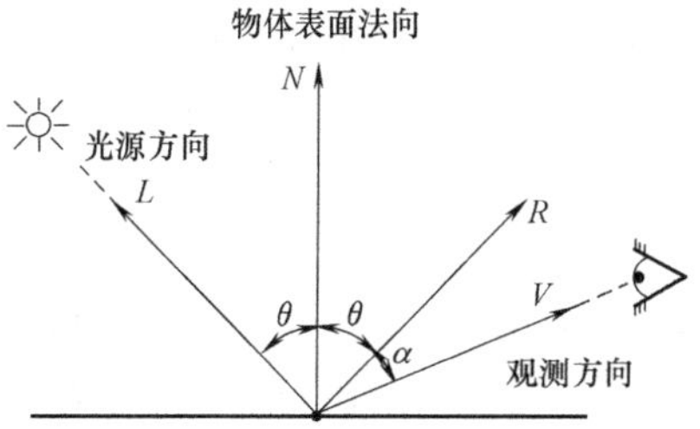

图 2.4.7　镜面反射

$$I_v = kI\text{dot}(R, V)^n \tag{2.4.4}$$

式中　I——点光源的亮度；

k——与物体有关的镜面反射系数；

n——高光指数。

镜面反射光会在反射方向附近形成很亮的光斑，称为高光现象。环境光是指光源间接对物体产生影响，是在物体和环境之间多次反射后最终达到平衡时的一种光。环境光在空间中

近似均匀分布，即在任何位置、任何方向上的强度一样。

一般情况下，只需考虑光源的漫反射和镜面反射，此时所得到的光照模型称为局部光照模型。若考虑景物之间的相互影响、光在景物之间的多重吸收、反射和透射，则所得到的光照模型为整体光照模型。整体光照模型比局部光照模型复杂得多，它能使景物的光照效果得以更好的体现，与实际情况非常吻合，但它需要的计算量庞大，生成时间非常长，制造成本高，目前在微机中很少采用。

局部光照模型是一个经验模型，但能在较短时间内获得县有一定真实感的图形，能较好地模拟光照效果和镜面高光，且计算简单，所涉及的参数量易于获得，因此在实际中得到了广泛的应用和推广，是目前三维图形真实感处理技术所采用的主要方法。

2. 阴影形成

阴影是现实生活中一个很常见的光照现象，是由于光源被物体遮挡而在该物体后面产生的较暗区域。在真实感图形中，通过阴影可以反映出物体之间的相互关系，增加图形的立体效果和真实感。当知道了物体的阴影区域以后，就可以把它与前面介绍的简单光照模型结合。对于物体表面的多边形，如果在阴影区域内部，那么该多边形的光强就只有环境光一项，后面的几项光强均为零，否则就用正常的模型计算光强。使用这种方法可以方便地把阴影引入简单光照明模型中，使产生的真实感图形更具层次感，如图 2.4.8 所示。

图 2.4.8　物体的阴影

2.4.4　虚拟现实技术

虚拟现实（Virtual Reality，VR）技术是一种可以创建和体验虚拟世界的计算机仿真技术，它利用计算机生成一种模拟环境，是一种多源信息融合的、交互式的三维动态视景和实体行为的系统仿真，可使用户沉浸到该环境中。目前，虚拟现实技术是图形真实感显示的最高层次的技术。

虚拟现实技术主要包括模拟环境、感知、自然技能和传感设备等方面。模拟环境是由计算机生成的、实时动态的三维立体逼真图像。感知是指理想的 VR 应该具有一切人所具有的感知，除计算机图形技术所生成的视觉感知外，还有听觉、触觉、力觉、运动等感知，甚至还包括嗅觉和味觉等，也称为多感知。自然技能是指人的头部转动、眼睛转动、手势或其他人体行为动作，由计算机来处理与参与者的动作相适应的数据，对用户的输入做出实时响应，并分别反馈到用户的五官。

虚拟现实技术的基本特征包括：

1）多感知性。多感知性是指除了一般计算机技术所具有的视觉感知之外，还有听觉感知、力觉感知、触觉感知、运动感知等。

2）浸没感。浸没感又称临场感，指用户感到的作为主角存在于模拟环境中的真实程度。理想的模拟环境应该使用户难以分辨图像的真假。

3）交互性。交互性指用户对模拟环境内物体的可操作程度和从环境得到反馈的自然程度（包括实时性）。例如，用户可以用手去直接抓取模拟环境中虚拟的物体，这时手有握着东西的感觉，并可以感觉物体的重量，视野中被抓的物体也能立刻随着手的移动而移动。

4）构想性。构想性强调虚拟现实技术应具有广阔的可想象空间，可拓宽人类的认知范围，不仅可再现真实存在的环境，也可以随意构想客观不存在的甚至是不可能发生的环境。

2.5　基于 Creo 的 CAD 设计软件

计算机辅助图形设计操作应用主要包括草绘平面图、创建实体模型、组件装配、设计零件工程图等。本节以 Creo 3.0 软件为例讲解 CAD 技术的实践操作方法。

2.5.1　草绘基础

草绘基础

草绘属于二维图形设计，主要是通过点线的组合绘制几何图形，形成草绘截面，为后面的实体特征建模打下基础，即在草绘图的基础上生成零件实体。进入草绘环境有 3 种方法。第一种方法是通过选择菜单“文件”→“新建”命令（或单击工具栏中的“新建”按钮，再或者通过按 Ctrl+N 组合键），打开图 2.5.1 所示的对话框。在该对话框中，选择文件类型“草绘”，输入文件名，并可以选择是否使用默认模板，进入草绘环境。第二种方法是通过打开任意的一个 *.sec 文件进入草绘环境。第三种方法是在特征建模时，单击特征草绘定义进入草绘界面。

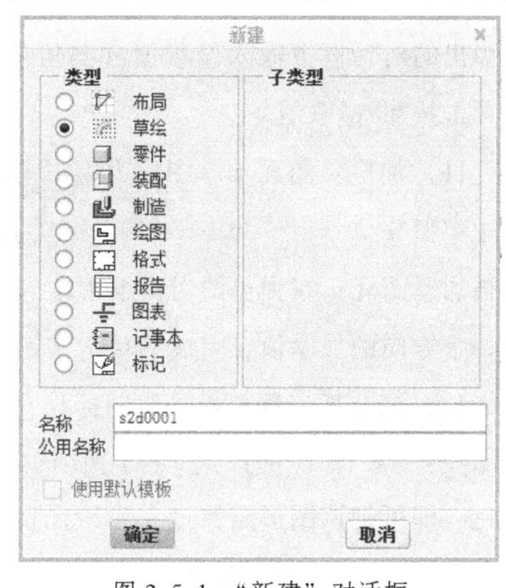

图 2.5.1　“新建”对话框

进入草绘环境后，“草绘”菜单如图 2.5.2 所示。可以通过单击“草绘”菜单中的多个图标进行图形绘制。草绘图形一般不要求特别精确，在基本形状的基础上，可通过对基本图形进行修改、添加约束、定义尺寸等形成精确的平面几何图形。

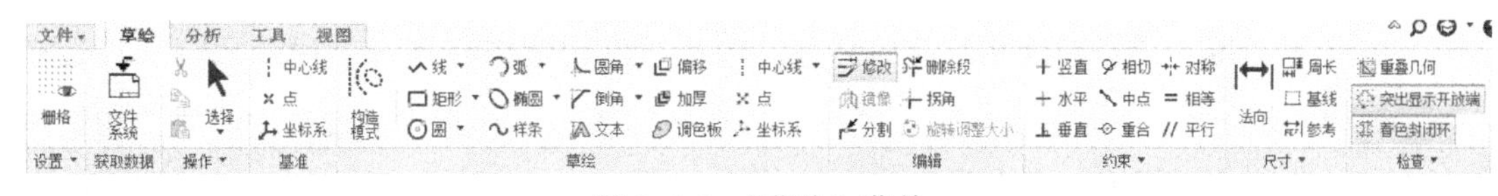

图 2.5.2　“草绘”菜单

1. 基本草绘

1）线：包括单击两点的线链直线和可以选中两图元的相切直线。

2）矩形：包括拐角矩形、斜角矩形、中心矩形和平行四边形。

3）圆：包括圆心和半径画圆、同心圆、三点画圆和相切圆。

4）弧：包括三点圆弧、圆心和起终点圆弧、图元相切圆弧、同心圆弧和圆锥弧。

5）椭圆：包括长短轴端点画椭圆和中心与轴端点画椭圆。

6）样条：离散点的样条曲线图标为、依次单击绘图区中的多个点后，由样条曲线算法拟合出连续曲线，单击鼠标中键结束离散点绘图操作。在选择状态下，使用鼠标左键拖动离散点可改变曲线曲率。

7）圆角：包括圆形圆角、圆形带修剪圆角、椭圆形圆角和椭圆形修剪圆角。选择好圆角类型后，通过选择待修剪圆角的两条相交边线即可实现相应圆角操作。

8）倒角：包括平角倒角和倒角修剪。选择好倒角类型后，选择待修剪的两相交边线即可实现倒角操作。

9）文本：文本编辑图标为。单击“文本”图标后，在绘图区的两点单击，起点作为文本位置，两点的垂直距离作为文本高度，在弹出的对话框中输入文本，并选择字体类型即可。

10）偏移：图形偏移图标为。单击“偏移”图标后，在弹出的类型子菜单中选择偏移边类型 单一(S) 链(H) 环(L)、然后选择被偏移的图元，并使用黄色箭头指示偏移方向，在弹出的对话框中输入偏移值（其值的正负决定了偏移方向），完成后单击按钮确定，或单击按钮取消。

11）加厚：图元加厚图标为。单击“加厚”图标后，在弹出的类型子菜单中选择加厚边类型 单一(S) 链(H) 环(L)、并选择端封闭类型 开放(O) 平整(F) 圆形(C)，然后选择被加厚图元，在弹出的对话框中输入单边厚度，单击按钮确定后，按照箭头方向输入另一个方向的加厚值，完成后单击按钮确定，或单击按钮取消。

12）调色板：调色板绘制图标为。单击“调色板”图标后，弹出调色板子菜单，选择 多边形 轮廓 形状 星形 中的一个选项卡，对应地列出其下的一些调色板图形轮廓，按住鼠标左键，即可把该图形整体拖动到绘图区。在打开的“旋转调整大小”操控板下输入旋转角度 0.000000、放大倍率 1.186024 等，可旋转图元或缩放图元，其中，单击鼠标右键拖动可改变参考点的位置。完成后单击按钮确定，或单击按钮取消。

13）图形基准：图形基准是基准的总称，包括两点构造中心线、两图元相切构造中心线，以及创建一个构造点，创建一个构造坐标系。构造点、构造中心线、构造坐标系在草绘绘图区对图形起参考作用。

2. 图形编辑

1）修改：包括修改样条图元、文本与尺寸。

2）镜像：对选中的图元以构造中心线为基准进行镜像操作。

3）分割：对选中的图元按鼠标点选的分界点的位置进行打断分割。

4）删除段：单击该图标后，按下鼠标左键拖动，划过的图元将被快速删除。

5）拐角：单击该图标后，对选中的两相交图元进行拐角修剪，且鼠标点选位置的图元段被保留。

6）旋转调整大小：单击该图标后，对选中的图元通过弹出的操控面板进行旋转角度与缩放的调整。

3. 常见约束

1）竖直：单击该图标后，单击图线，图线以起点为基准变为竖直方向，并在直线旁增加竖直约束符号。

2）水平：单击该图标后，单击图线，图线以起点为基准变为水平方向，并在直线旁增加水平约束符号。

3）垂直：单击该图标后，单击两条相交图线，以第一点为基准，两图线相互垂直，并在图线垂直位置出现垂直约束符号。

4）相切：单击该图标后，单击曲线与直线或曲线与曲线，以第一点为基准，两图线相切，并在图线相切位置出现相切约束符号。

5）中点：单击该图标后，单击直线段与直线上的一点，该点将移至直线段的中间位置，并在中点位置出现中点约束符号。

6）重合：单击该图标后，单击两点与两直线端点，这两点将合并为一点，并在该合并位置出现重合约束符号。

7）对称：该约束需要以构造中心线为基准进行点的对称。单击该图标后，单击两点与构造中心线，这两点将在中心线两侧对称，并在该对称位置出现对称约束符号。

8）相等：单击该图标后，单击两直线，则两直线以第一条直线为基准长度相等，并在两直线的旁边位置出现相等约束符号。此约束符号随着相等约束的增多而顺序编号。

9）平行：单击该图标后，单击两直线，则两直线调整为平行方向，并在两直线的旁边位置出现平行约束符号。此约束符号随着平行约束的增多而顺序编号。

注：在使用约束时需注意以下几点。

① 当对同一点或同一直线使用多个约束时，可能会出现约束冲突，弹出“解决草绘”对话框，如图 2.5.3 所示。此时需选择其中的一个约束，单击“删除”按钮，或者重新定义其中的一个约束类型以解决冲突。

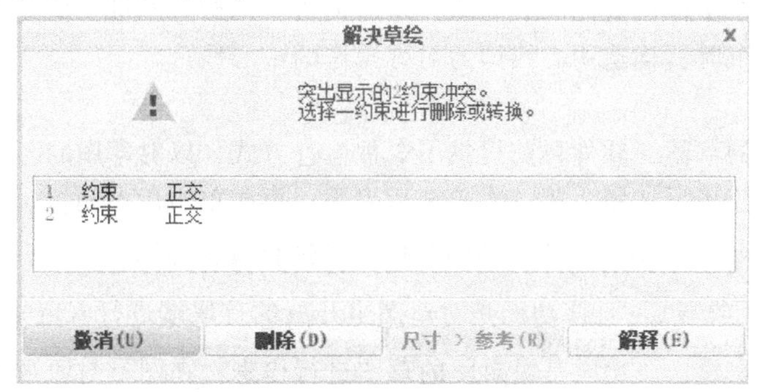

图 2.5.3 “解决草绘”对话框

2 CHAPTER

② 当按住鼠标左键划过约束符号时，约束符号高亮显示，此时单击鼠标右键会弹出快捷菜单，可以删除该约束。

4. 尺寸标注

对于参数化绘图软件，其图形控制主要通过尺寸进行定义，尺寸单位根据绘图模板确定，可以为英制或公制单位。如图 2.5.4 所示的图形截面，其中尺寸有 3 类：强尺寸、弱尺寸、参照尺寸。强尺寸是进行过标注的尺寸，如图中的“15.00”“6.00”。弱尺寸是画图后软件自动标注的尺寸，如图中的“5.24”“4.46”，其颜色较浅。弱尺寸随着强尺寸的标注而更新或消失。参照尺寸是尺寸存在冲突时定义的显示尺寸数字的参考尺寸，如图 2.5.4 中左上角的“6.00 参考”（因为在 L_2 约束下，两段直线长度相等而再次标注该尺寸，从而产生尺寸冲突，该尺寸转为参照尺寸）。

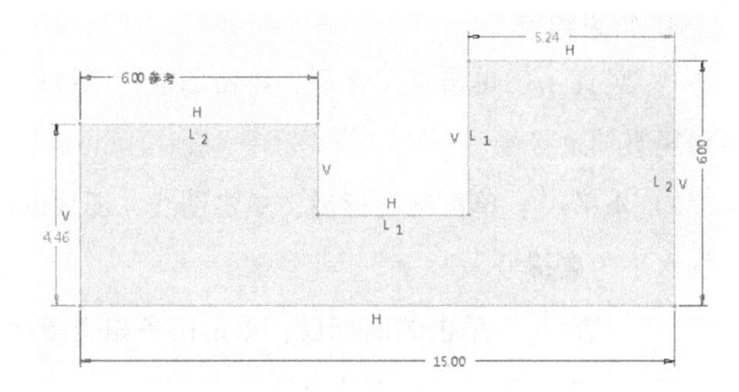

图 2.5.4　尺寸标注

1）法向：属于智能尺寸标注，单击此图标后，对选择的两点或一条直线单击鼠标中键后标注尺寸，在尺寸数字修改状态下可以输入新的尺寸值。

2）周长：对多边形图形标注周长，单击此图标后，选择多边形的任一边尺寸（或者圆的直径尺寸）会自动提取为变量，然后算法计算该多边形的周长并自动标注于多边形边缘。

3）基线：基线标注是对连续尺寸进行标注时以基线为基准进行的标注。选择其中一条边线作为基准，其余直线段自动以相对基线的增量标注方式标注。

5. 几何基准

几何基准包括点、中心线、坐标系。

1）点：单击该图标后，在绘图区由选择的一点创建一个基本几何点。

2）中心线：单击该图标后，在绘图区由选择的两点创建一条几何中心线。

3）坐标系：单击该图标后，在绘图区由选择的一点创建一个几何坐标系。

注：几何基准主要是为实体特征服务的，例如，在草绘中创建的几何中心线可提取为旋转特征的旋转轴，在实体创建完成后即为实体的轴线。而构造基准主要是为草图服务的，例如，在创建对称约束时，构造中心线即为对称操作的中心线。

6. 草图检查

对于创建完成的草图，软件目前提供了 3 种检查方式，以对草图的各种情况进行着色显示。检查的图标属于正反按钮，第一次单击后启用，再次单击后关闭。

1）重叠几何：该功能是使重叠的几何图形进行着色显示。

2）突出显示开放端：该功能是对草图中开放的首尾端进行着色标记。

3）着色封闭环：该功能是对封闭的草图进行检查，在图形封闭区着色显示。

草绘完成后，若要对草绘文件进行保存，可保存为 .sec 文件。若为特征内部草绘，单击按钮✓确定，或单击按钮✗取消草绘。

零件建模

2.5.2 零件建模

在草绘图形的基础上进行零件设计，通常称为实体建模。进入零件建模环境有两种方法。第一种方法是通过选择菜单“文件”→“新建”命令（或单击工具栏中的“新建”按钮，再或者按 Ctrl+N 组合键），打开图 2.5.5 所示的对话框。在该对话框下，选择文件类型“零件”，输入文件名，并可以选择是否使用默认模板，如图 2.5.5 所示，单击“确定”按钮进入零件建模环境。第二种方法是通过打开任意的一个 *.prt 文件进入零件建模环境。

如果不勾选“使用默认模板”复选框，则打开图 2.5.6 所示的对话框，选择模板类型，一般选择 mmns_part_solid 模板。进入零件建模环境后，“模型”菜单如图 2.5.7 所示。可以通过单击“模型”菜单中的图标进行零件特征建模与编辑。

图 2.5.5 新建零件文件

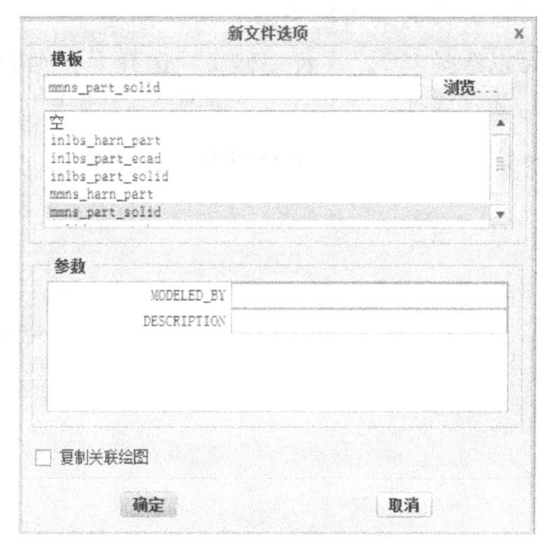

图 2.5.6 “新文件选项”对话框

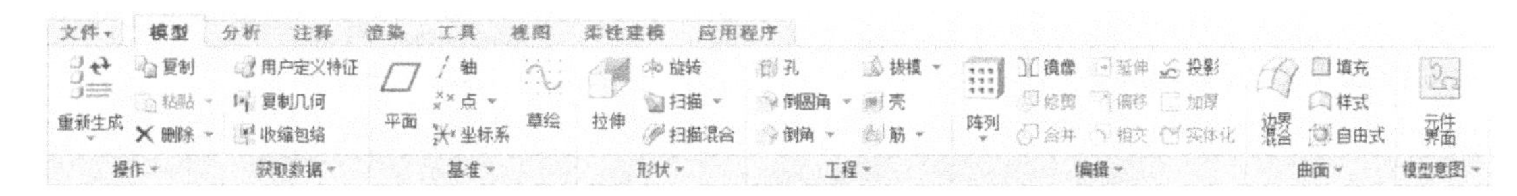

图 2.5.7 “模型”菜单

1. 形状特征

1）拉伸：拉伸特征是在草绘截面的基础上，以一定的方向和深度平直拉伸截面而形成实体的方法。选择拉伸特征后，打开“拉伸”操控面板，如图 2.5.8 所示。

拉伸特征对应 3 个选项卡，即“放置”“选项”“属性”，如图 2.5.8 所示。

- “放置”选项卡：切换至“放置”选项卡，如图 2.5.9 所示。如果已有外部草绘的拉伸截面，直接选择“选择 1 个项”选项即可；如果没有外部草绘，单击“定义”按钮，打开“草绘”对话框，如图 2.5.10 所示，分别选择当前坐标系下的 TOP、FRONT、RIGHT 中之一作为草绘平面，并指定其中一个面作为参考方向，以此决定草绘的平面方位。选择完

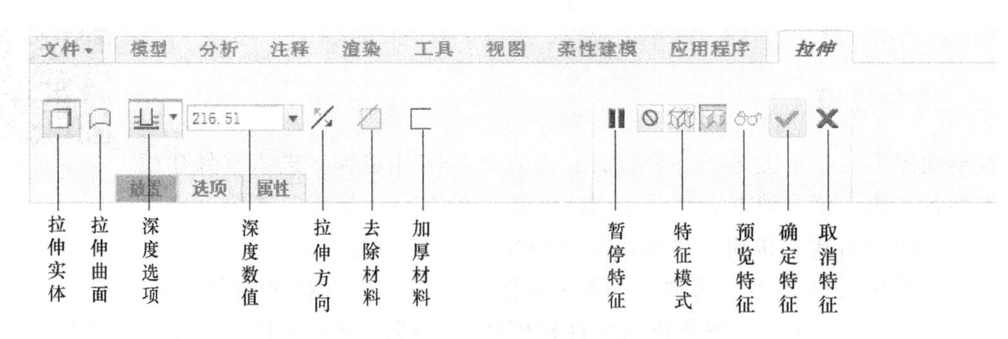

图 2.5.8 “拉伸”操控面板

成后，单击“草绘”按钮进入草绘界面。

- “选项”选项卡：切换至“选项”选项卡，如图 2.5.11 所示，从中可指定拉伸的深度方式，可以指定“侧 1”的深度方式，分为“盲孔”“对称”“到选定项”等深度方式，并可在旁边的编辑框中输入对应的指定深度值。“侧 2”的深度方式可以与“侧 1”相同，也可以选择“无”。若“侧 2”选择无，则为单侧拉伸。
- “属性”选项卡：“属性”选项卡如图 2.5.12 所示，用来对特征进行重命名。单击 i 按钮，可在浏览器中查看有关当前特征的信息。

草绘

选择 1 个项　定义...

图 2.5.9 “放置”选项卡

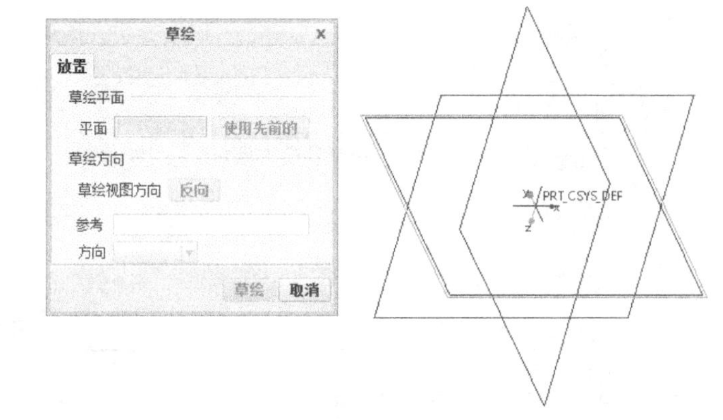

图 2.5.10 草绘平面设置

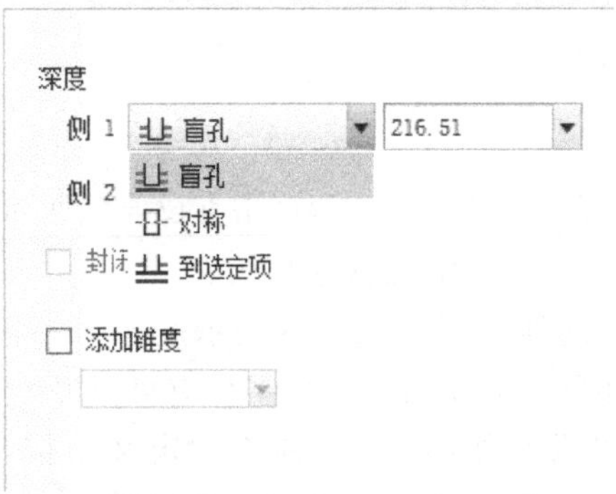

深度

侧 1　盲孔　216.51

侧 2　盲孔

对称

封闭　到选定项

添加锥度

图 2.5.11 “选项”选项卡

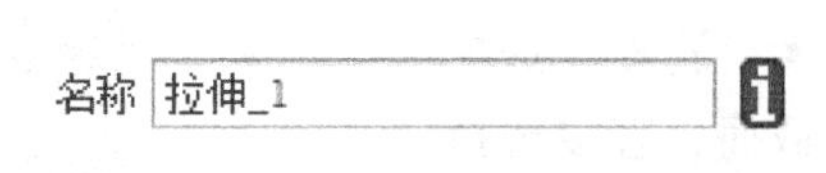

图 2.5.12 “属性”选项卡

拉伸操作步骤：首先在“模型”菜单中单击“拉伸”图标，在“拉伸”操控面板下，选择拉伸类型（实体/曲面），指定拉伸深度，选择拉伸方向，并指定去除材料方式；然后在“放置”选项卡中新建内部草绘或选择已有草绘，草绘选择完成后单击“确定”按钮；再次核对或输入拉伸深度，单击“预览特征”按钮，观察生成的特征，无误后单击操控面板中的“确定”按钮，完成拉伸特征。

2）旋转：旋转特征是在草绘旋转截面的基础上，绕几何中心线旋转一定角度而生成实体的特征建模方法。选择旋转特征后，打开“旋转”操控面板，如图 2.5.13 所示。

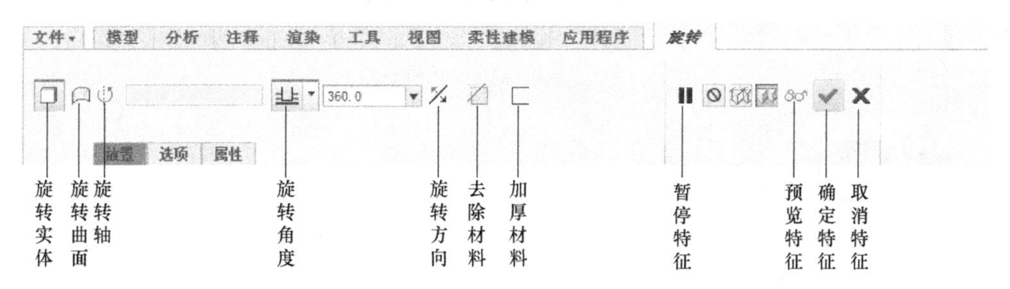

图 2.5.13 “旋转”操控面板

旋转特征对应 3 个选项卡，即“放置”“选项”“属性”，如图 2.5.13 所示。其设置方法与拉伸特征相类似，不再赘述。

旋转操作步骤：首先在“模型”菜单中单击“旋转”图标，在“旋转”操控面板下，选择旋转类型（实体/曲面），指定旋转轴、旋转角度（0°～360°），选择旋转方向，并指定去除材料方式；然后在“放置”选项卡中新建内部草绘或选择已有草绘来确定旋转截面，草绘选择完成后单击“确定”按钮；单击“预览特征”按钮，观察生成的特征，无误后单击操控面板中的“确定”按钮，完成旋转特征。

3）扫描：扫描特征是不变的截面或可变的截面沿着扫描轨迹扫描来生成实体的建模方法。扫描分为不变截面扫描和可变截面扫描两种方式。选择扫描特征后，打开“扫描”操控面板，如图 2.5.14 所示。

图 2.5.14 “扫描”操控面板

扫描特征对应 4 个选项卡，即“参考”“选项”“相切”“属性”，如图 2.5.14 所示。

• “参考”选项卡：“参考”选项卡如图 2.5.15 所示，在“轨迹”区域选择一个已有草图作为扫描轨迹。

另外，“截平面控制”有“垂直于轨迹”“垂直于投影”“恒定法向”等方式。“水平/竖直控制”选择自动方式。

注：①扫描轨迹必须在选择特征前已经做好，可单击“模型”菜单中的 按钮创建。②不变截面扫描需要选择一条轨迹线，可变截面扫描需要选择两条及以上的轨迹线。

- “选项”选项卡：“选项”选项卡如图 2.5.16 所示，主要用于设置端面，可将轨迹两端的几何与零件合并，还可设置草绘的放置点。在轨迹线上单击起始点箭头，可调整草绘点的放置位置。
- “相切”选项卡：“相切”选项卡如图 2.5.17 所示，用于指定轨迹与图元相切的方式及参考。

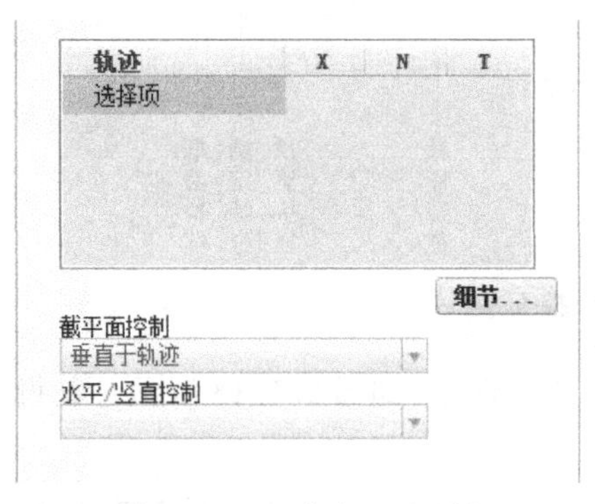

图 2.5.15 “参考”选项卡

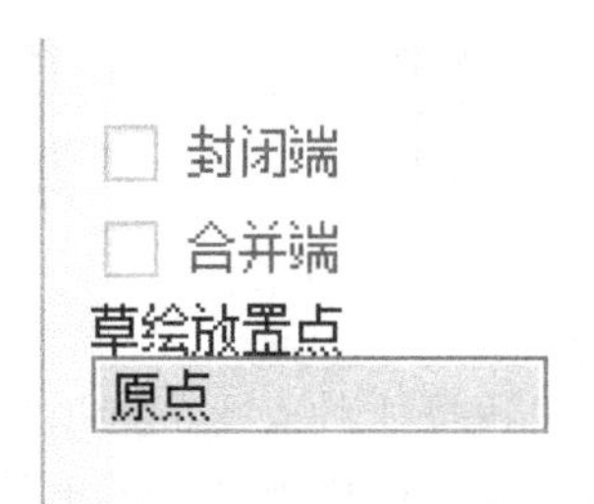

图 2.5.16 “选项”选项卡

- “属性”选项卡：“属性”选项卡如图 2.5.18 所示，可以修正扫描特征的名称，显示特征信息等。

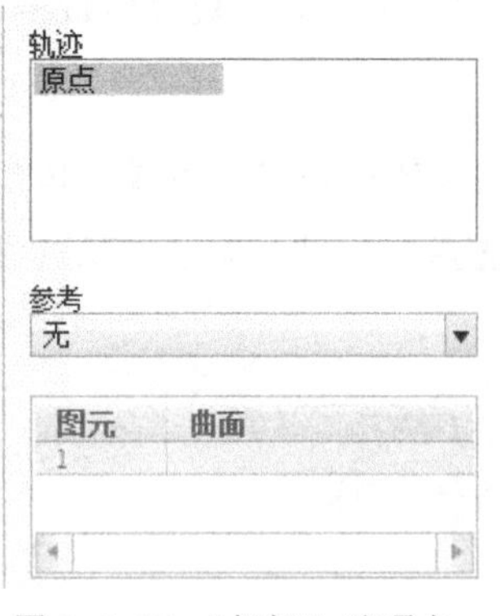

图 2.5.17 “相切”选项卡

图 2.5.18 “属性”选项卡

扫描操作步骤：首先在“模型”菜单中单击“扫描”图标，在“扫描”操控面板下，选择扫描类型（实体/曲面），在“参考”选项卡中选择扫描轨迹（不变截面扫描需要选择一条轨迹，可变截面扫描需要选择多条轨迹），然后定义扫描截面，完成截面定义后单击“确定”按钮，并指定去除材料方式；然后在“选项”选项卡中定义“截平面控制”方式，在“相切”选项卡中定义原点位置等，单击“预览特征”按钮，观察生成的特征，无误后单击操控面板中的“确定”按钮，完成扫描特征。

注：螺旋扫描与普通扫描方式相类似，其主要特征点在于：首先扫描轨迹变为“螺旋扫描轮廓”，并在轨迹草绘中绘制距离螺旋扫描轮廓一定距离（其距离即为螺旋件的公称半径）的几何中心线作为旋转轴；其次需要指定螺距（可分段变螺距），以及选择螺旋左右旋方式。

4）混合 ：混合特征是将一个截面按照顶点数量及其顺序混合到另一个相同数量和顺序顶点的截面以形成实体的建模方法。单击“模型”菜单中的“混合”图标后，其操控面板如图 2.5.19 所示。

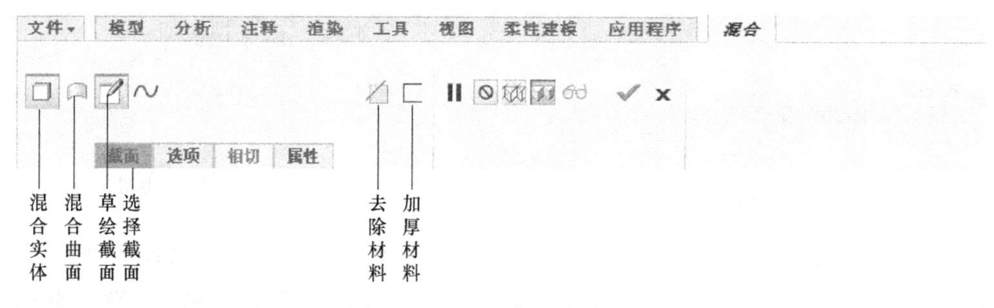

图 2.5.19 “混合”操控面板

其操控面板有 4 个选项卡，即“截面”“选项”“相切”“属性”，如图 2.5.19 所示。

- “截面”选项卡：“截面”选项卡如图 2.5.20 所示，有两种指定截面的方法，“草绘截面”和“选定截面”。选择“草绘截面”单选按钮后单击“定义”按钮，进入草绘操作步骤，草绘确定后加载为截面 1。若选择“选定截面”单选按钮，单击“选择项”按钮选取外部草绘图作为混合截面，这样可以依次草绘或选择两个以上的截面，如截面 2、截面 3 等。

a) 草绘截面　　a) 选定截面

图 2.5.20 “截面”选项卡

- “选项”选项卡：该选项卡如图 2.5.21 所示，主要指定混合曲面的过渡方式，可选择直线式平直过渡或相切式平滑过渡，并可指定起始截面和终止截面是否封闭。
- “相切”选项卡：该选项卡如图 2.5.22 所示，主要指定开始截面与终止截面的过渡方式，有“自由”“相切”“垂直”3 种选择。
- “属性”选项卡：该选项卡的功能与如前述特征功能相同，主要是对特征进行重命名或显示特征属性。

注：在使用混合特征时应注意以下内容。

① 相混合的截面顶点个数必须一致，若不一致，可以在草绘中单击“分割”图标来增

加顶点个数。

② 顶点的顺序影响混合后实体的形式，若改变顶点的顺序，可在截面草绘图中选中顶点，高亮显示后，单击鼠标右键，在弹出的快捷菜单中选择“起点”命令，从而更改起点的位置，再次设置该点为“起点”，可使截面顶点顺时针或逆时针排序。

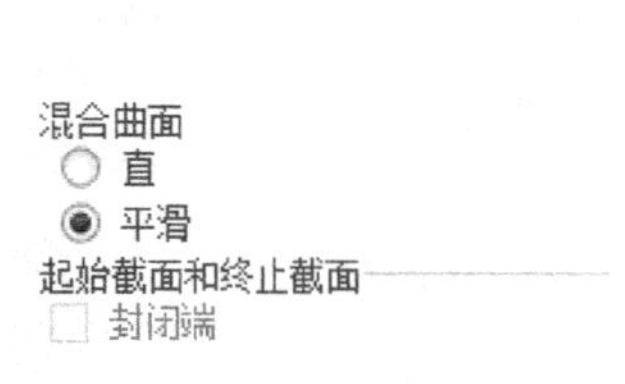

图 2.5.21 “选项”选项卡

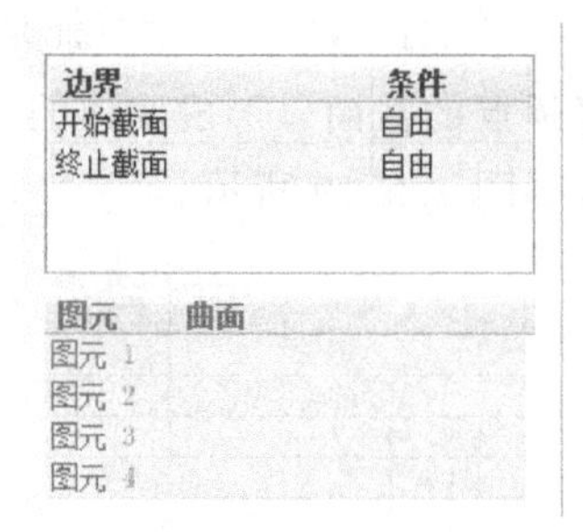

图 2.5.22 “相切”选项卡

混合操作步骤：在“模型”菜单中单击“混合”图标，在“混合”操控面板中，选择混合类型（实体/曲面），在“截面”选项卡中选择混合截面方式（“草绘截面”或“选定截面”）。若为草绘，进入“截面”选项卡，然后单击“草绘”按钮定义混合截面1，完成截面定义后单击“确定”按钮，指定截面距离，并再次创建截面 2、截面 3 等，指定去除材料方式；然后在“选项”选项卡中选择混合控制方式，在“相切”选项卡中选择开始截面与终止截面的过渡方式，单击“预览特征”按钮，观察生成的特征，无误后单击操控面板中的“确定”按钮，完成混合特征。

5）旋转混合：旋转混合是在外部草绘旋转轴的基础上，在一个截面旋转的同时将其混合到另一个截面，可以继续增加截面数量并混合到多个截面而成形的方法。单击“旋转混合”图标后，其操控面板如图 2.5.23 所示，相比于基本混合特征仅增加了旋转轴图标。

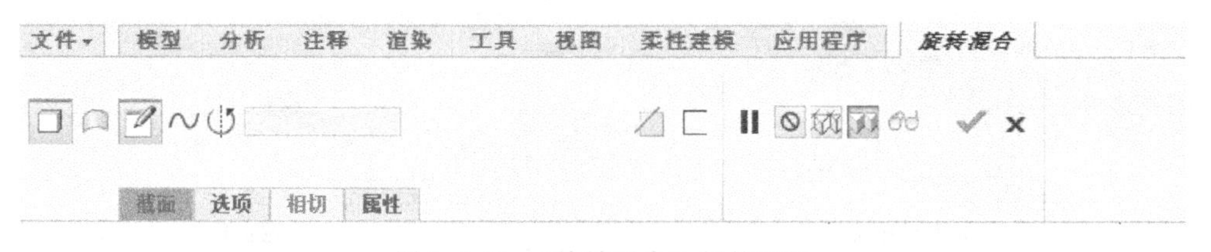

图 2.5.23 “旋转混合”操控面板

其操控面板有 4 个选项卡，即“截面”“选项”“相切”“属性”，各功能与混合特征相近，不同之处是，仅在“截面”选项卡中增加了对“旋转轴”的指定，可以选择外部草绘创建的“几何轴”或基准轴来创建旋转轴。

6）扫描混合：扫描混合是在外部草绘扫描轨迹的基础上，在一个截面沿轨迹扫描的同时将其混合到另一个截面，可以继续增加截面数量并混合到多个截面而成形的方法。单击“扫描混合”图标后，其操控面板如图 2.5.24 所示。

其操控面板有 5 个选项卡，即“参考”“截面”“相切”“选项”“属性”，其“参考”选项卡与扫描特征中此选项卡的功能相同，用来指定轨迹及其轨迹控制方式。其余 4 个选项

图 2.5.24 “扫描混合”操控面板

卡的功能与混合特征相同，此处不再赘述。

2. 工程特征

当对基本实体的零件建模后，可对基本实体进行相关工程特征操作。其主要工程特征如下。

1）孔：孔特征是在基本实体上创建各种孔的特征操作。单击“孔”图标后，打开“孔”操控面板，如图 2.5.25 所示。

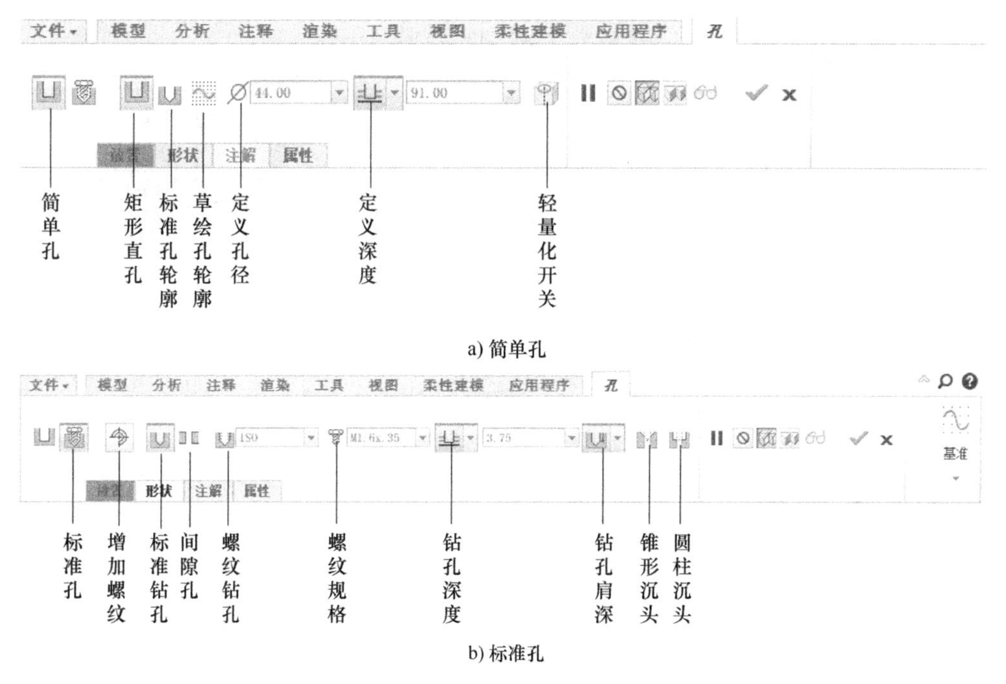

图 2.5.25 “孔”操控面板

在该操控面板下，有简单孔和标准孔。简单孔有矩形直孔、标准孔轮廓、草绘孔轮廓等几种模式。标准孔有标准钻孔、间隙孔、螺纹钻孔（增加沉头）等几种模式。其操控面板对应有 4 个选项卡，即“放置”“形状”“注解”“属性”。

- “放置”选项卡：该选项卡如图 2.5.26 所示，主要是对选择的类型孔在基本实体上进行“放置”设置，可以直接在基本实体上单击进行放置。其“偏移参考”可以在绘图区拖动两个定位框进行“线性”类型设置。
- “形状”选项卡：在简单孔模式下，该选项卡如图 2.5.27a 所示，包括孔的直径、深度、深度模式的定义等。在标准孔模式下，该选项卡如图 2.5.27b 所示。
- “注解”选项卡：该选项卡如图 2.5.28 所示，主要是对当前实体创建的各个孔添加

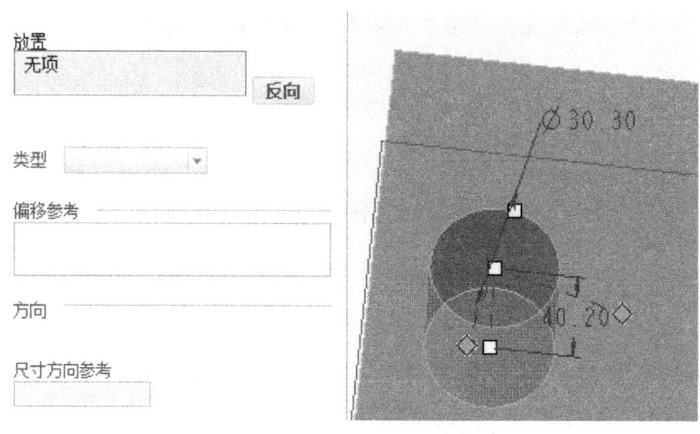

图 2.5.26 “放置”选项卡

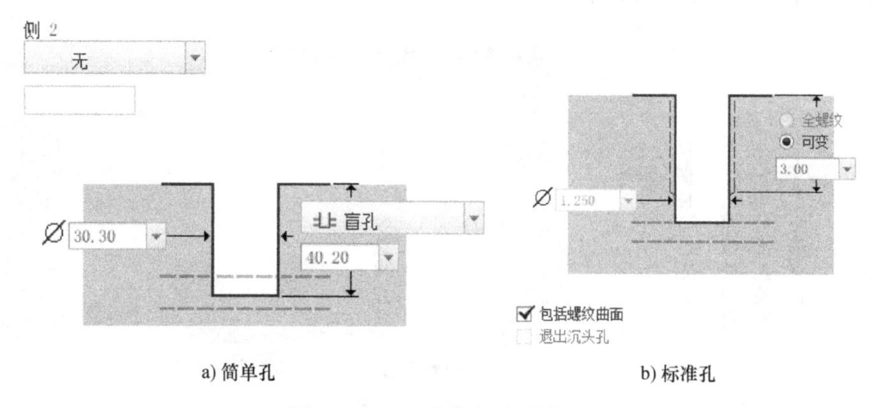

图 2.5.27 “形状”选项卡

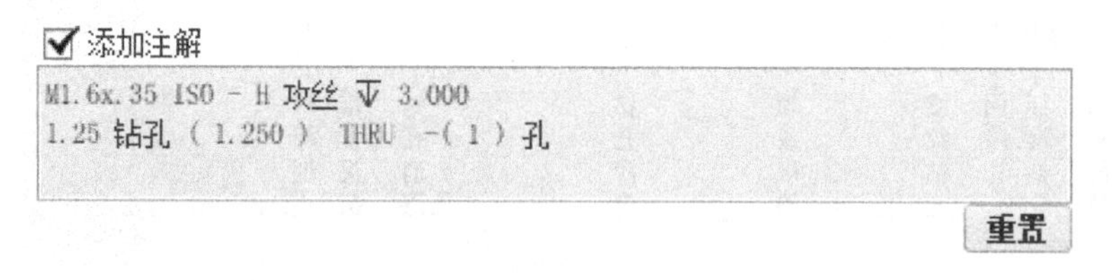

图 2.5.28 “注解”选项卡

孔的信息注解。

• “属性”选项卡：该选项卡如图 2.5.29 所示，可以对孔的名称重命名，并且显示孔的参数列表。

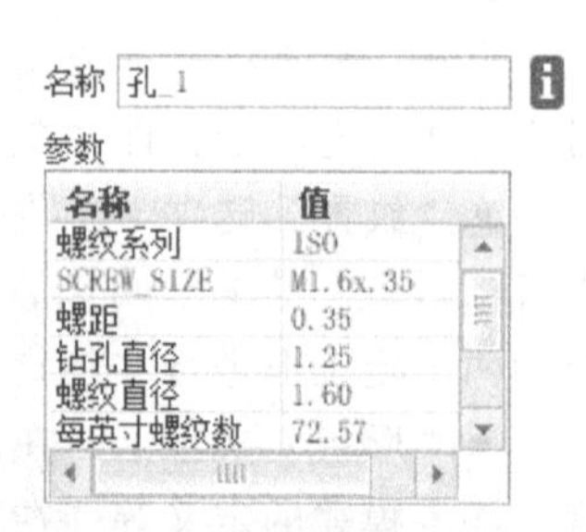

图 2.5.29 “属性”选项卡

注：孔特征下有多种孔的创建模式，用户可根据设计要求选择基本孔类型及其相匹配的孔模式的辅助特征，如沉头方式等。

2）倒圆角 ：倒圆角特征是在基本实体的棱线或面与面的交线上倒圆角。单击“倒圆角”图标后，打开“倒圆角”操控面板，如图 2.5.30 所示。

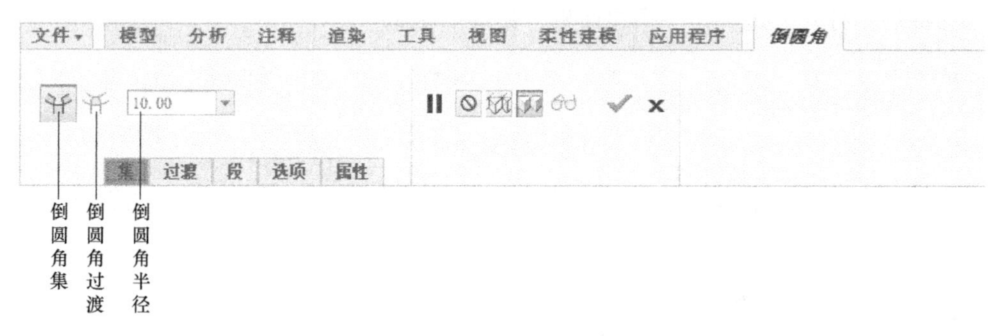

图 2.5.30　“倒圆角”操控面板

其操控面板有 5 个选项卡，即“集”“过渡”“段”“选项”“属性”。

- “集”选项卡：该选项卡如图 2.5.31 所示，主要是对倒圆角的参考边或面与面的交线进行选择，并指定倒圆角半径。在该选项卡中还可以新建倒圆角集合，将相同圆角半径的边线定义为一个集合。在“半径”处可以增加半径值，成为多圆角参数倒圆角。
- “过渡”选项卡：该选项卡如图 2.5.32 所示，可以实现在一条边上倒圆角，只倒中间某一段的圆角，而两端不倒圆角。该选项卡只有切换至过渡模式下才被激活。
- “段”选项卡：该选项卡如图 2.5.33 所示，主要是对集合进行分类管理。
- “选项”选项卡：该选项卡如图 2.5.34 所示。该选项卡可对圆角的连接属性选择实体连接或曲面连接。

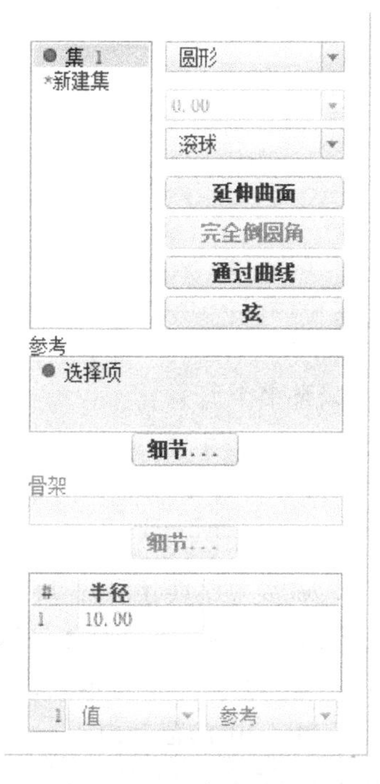

图 2.5.31　“集”选项卡

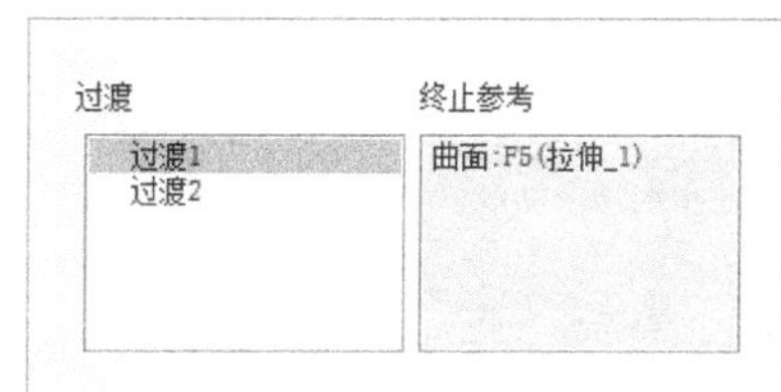

图 2.5.32　“过渡”选项卡

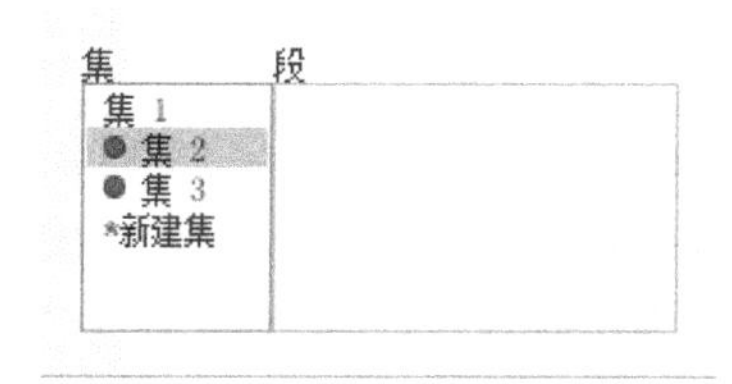

图 2.5.33　“段”选项卡

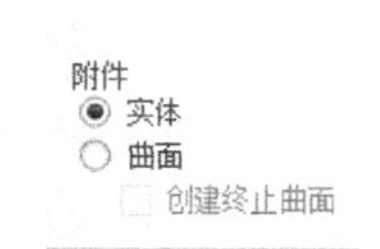

图 2.5.34　“选项”选项卡

- “属性”选项卡：该选项卡可为本特征重命名及显示特征信息属性。

3）边倒角：边倒角特征是在基本实体的棱线或面与面的交线上倒平角。单击“边倒角”图标后，打开“边倒角”操控面板，如图 2.5.35 所示。

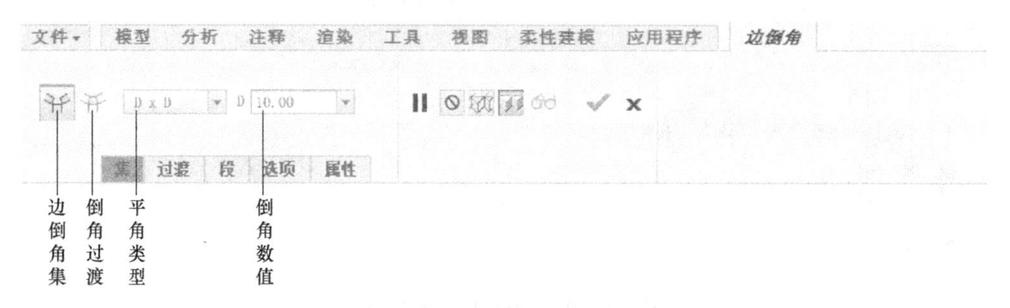

图 2.5.35 “边倒角”操控面板

其操控面板对应 5 个选项卡，与“倒圆角”操控面板中的一致，操作方法也一样，此处不再赘述。只是边倒角是对边线或交线倒平角，且平角类型可定义为 D×D、D1×D2 或角度×D 等形式。

4）拔模：创建拔模特征实际上就是向单独曲面或一系列曲面中添加一个介于-30°～30°的拔模角度。注意：仅当曲面是由列表圆柱面或平面形成的时才可拔模，而曲面边的边界周围有圆角时不能拔模，但可以先进行拔模设计再对边进行圆角过渡。拔模特征主要考虑到铸造脱模等工艺性需求，在基本实体的外沿增加拔模斜度，以利于成形件的脱模。单击“拔模”图标后，打开“拔模”操控面板，如图 2.5.36 所示。

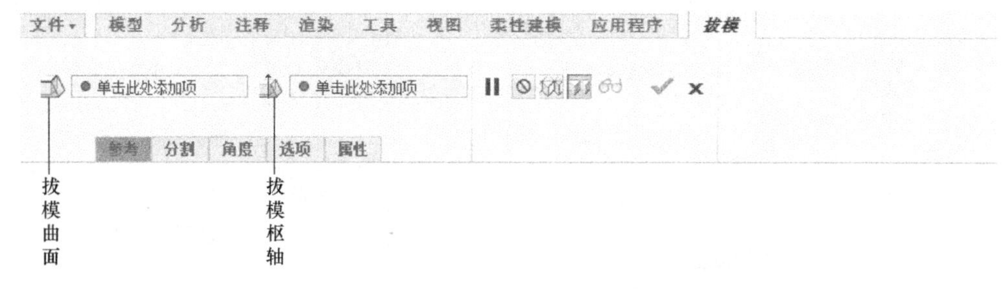

图 2.5.36 “拔模”操控面板

拔模曲面：是指被拔模的平面，可以是一个面，也可以是多个面集。

拔模枢轴：曲面围绕其旋转的拔模曲面上的线或曲线（也称作中立曲线）。可以通过选取平面（在此情况下，拔模曲面围绕它们与此平面相交旋转）或拔模曲面上的单个曲线链来定义拔模枢轴。

拖拉方向：也称拔模方向，用来测量拔模角度的方向，通常为模具开模的方向，可以通过选取平面（在这种情况下，拖拉方向垂直于此平面）、直边、基准轴或坐标系轴来定义。

拔模角度：指拔模方向与生成的拔模曲面之间的角度。如果拔模曲面被分割，那么可以为拔模曲面的每侧定义两个独立的角度。拔模角度必须在-30°～30°的范围内。

其操控面板有 5 个选项卡，即“参考”“分割”“角度”“选项”“属性”。

- “参考”选项卡：该选项卡如图 2.5.37 所示。该选项卡对拔模的主要参数拔模曲面、拔模枢轴、拖拉方向进行定义。
- “分割”选项卡：该选项卡如图 2.5.38 所示。在该选项卡中，可按照拔模曲面上的拔模枢轴或不同的曲线来对拔模曲面进行分割，以将不同的拔模角度应用于曲面的不同部分。

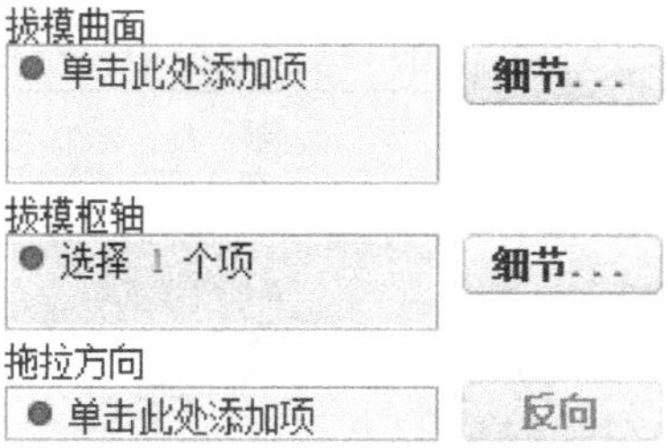

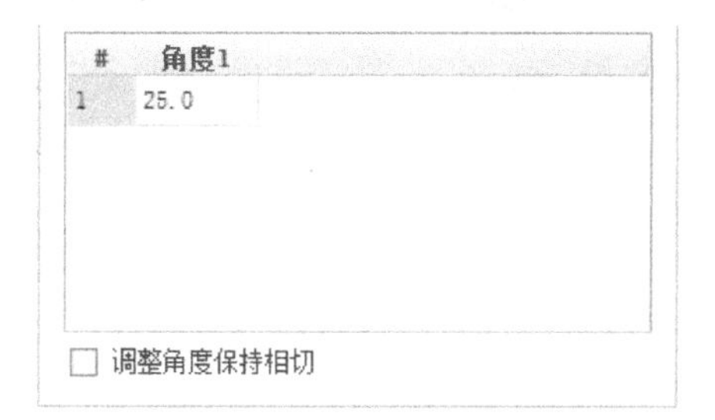

图 2.5.37 “参考”选项卡

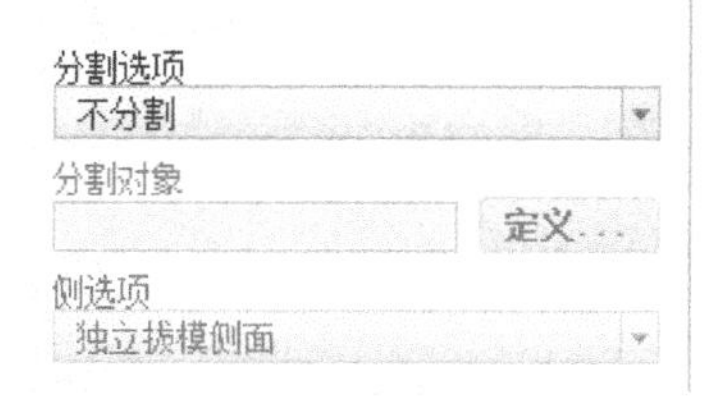

图 2.5.38 “分割”选项卡

- “角度”选项卡：该选项卡如图 2.5.39 所示。该选项卡指定拔模角度值。
- “选项”选项卡：该选项卡如图 2.5.40 所示。该选项卡可对排除环进行设置。

图 2.5.39 “角度”选项卡

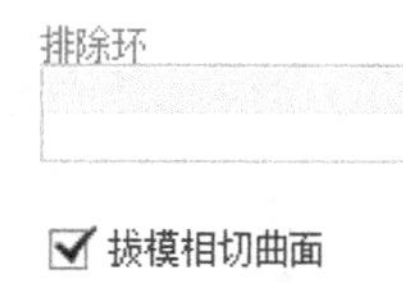

图 2.5.40 “选项”选项卡

- “属性”选项卡：该选项卡可为本特征重命名及显示特征信息属性。

注：对于可变拖拉方向的拔模，可通过指定拔模枢轴上的控制点，拖动圆形控制滑块来手动改变拔模的角度。如果需要精确控制拔模角度，则可在“参考”选项卡最下面的选项区域中设置角度，这样可创建各种锥形拔模特征。可变拖拉方向拔模与基本拔模不同的是，拔模曲面不仅仅是平面，而且包括曲面，此外不用选择拔模曲面，而是定义其边，即拔模枢轴（拔模枢轴是拔模曲面的固定边）。

5）壳：壳特征是在实体中间抽出材料形成具有一定壁厚的零件的成形方法。单击“壳”图标后，打开“壳”操控面板，如图 2.5.41 所示。

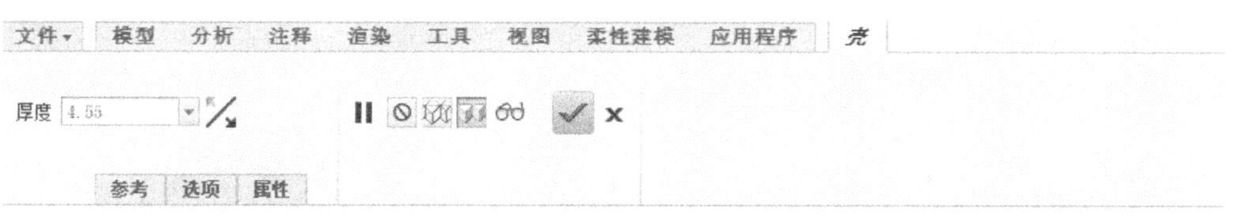

图 2.5.41 “壳”操控面板

其操控面板有 3 个选项卡，即“参考”“选项”“属性”。

- “参考”选项卡：该选项卡如图 2.5.42 所示。该选项卡在抽壳的同时可以选择需要移除的曲面，并且可以指定各保留面处的厚度。
- “选项”选项卡：该选项卡如图 2.5.43 所示。该选项卡可对排除的曲面及曲面延伸方式、拐角处的穿透性进行设置。

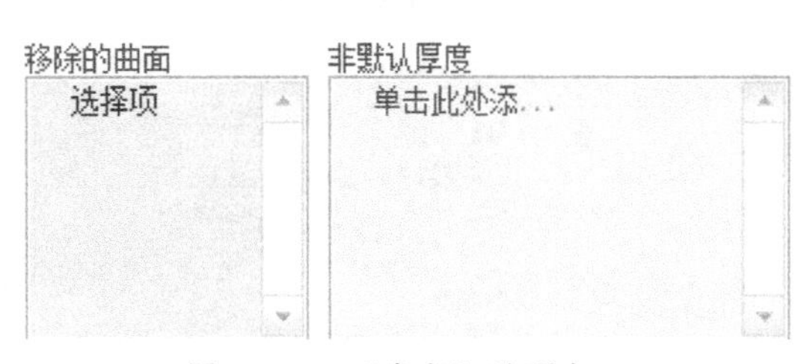

图 2.5.42 “参考”选项卡

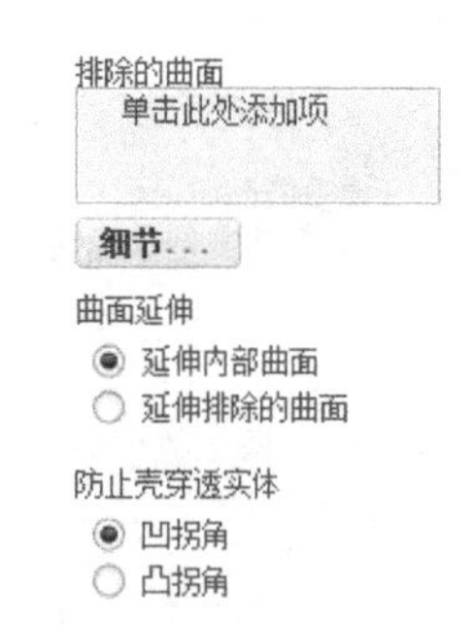

图 2.5.43 “选项”选项卡

- “属性”选项卡：该选项卡可为本特征重命名及显示特征信息属性。

6）轨迹筋：轨迹筋特征是对薄壁实体添加具有一定轨迹的壁厚的支撑以增强薄壁零件强度的方法。单击“轨迹筋”图标后，打开“轨迹筋”操控面板，如图 2.5.44 所示。

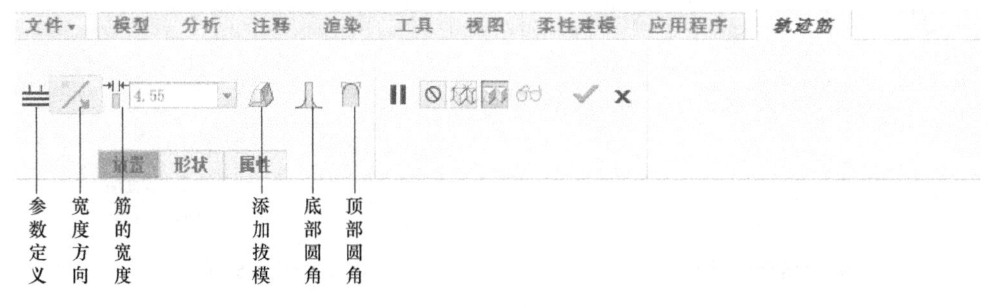

图 2.5.44 “轨迹筋”操控面板

其操控面板有 3 个选项卡，即“放置”“形状”“属性”。

- “放置”选项卡：该选项卡如图 2.5.45 所示，是对轨迹筋的轨迹线进行草绘定义的选项卡。轨迹线一般位于零件的开口面上，向着底部封闭的方向生成筋的特征。
- “形状”选项卡：该选项卡如图 2.5.46 所示，是对轨迹筋的截面尺寸进行定义的选项卡。筋的宽度与操控面板上的宽度相同，还可以增加拔模角度设置。

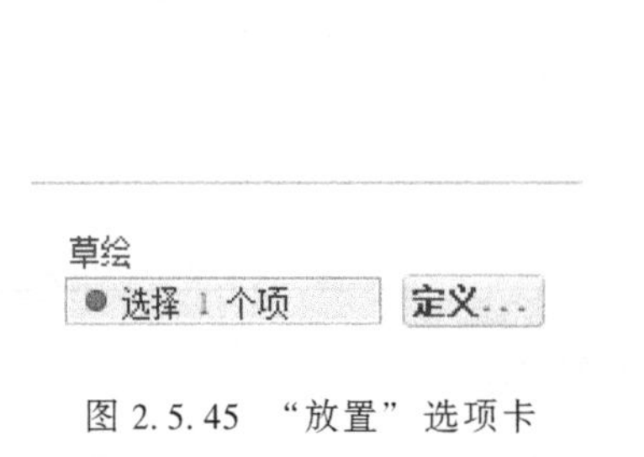

图 2.5.45 “放置”选项卡

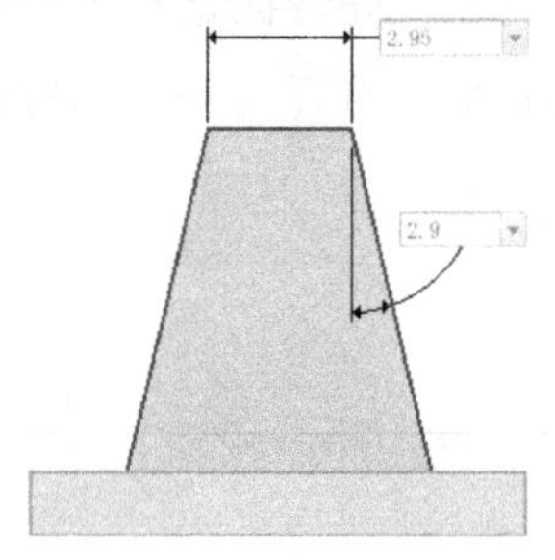

图 2.5.46 “形状”选项卡

- “属性”选项卡：该选项卡可为本特征重命名及显示特征信息属性。

7）轮廓筋：轮廓筋特征是在受力实体轮廓外添加具有一定壁厚的支撑筋以增强零件强度的方法。单击“轮廓筋”图标后，打开“轮廓筋”操控面板，如图 2.5.47 所示。

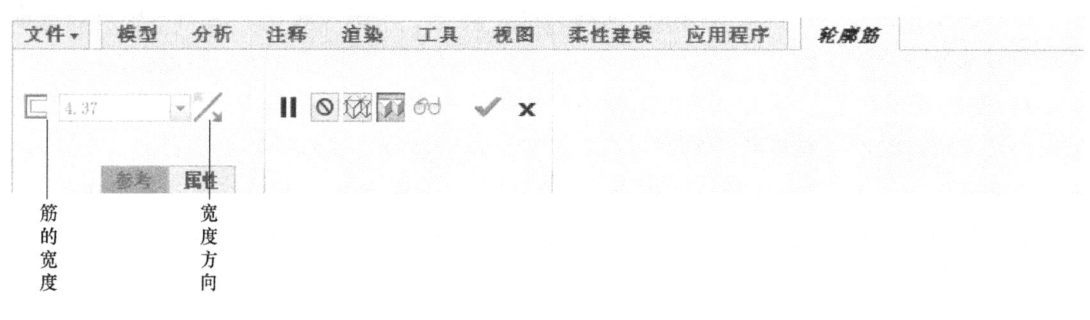

图 2.5.47 “轮廓筋”操控面板

其操控面板有两个选项卡，即“参考”“属性”。

- “参考”选项卡：该选项卡如图 2.5.48 所示，是对轨迹筋的轨迹线进行草绘定义的选项卡。

图 2.5.48 “参考”选项卡

- “属性”选项卡：该选项卡可为本特征重命名及显示特征信息属性。

3. 特征基准

1）基准点 ：单击“基准点”图标，弹出“基准点”对话框，如图 2.5.49 所示。在此对话框中可对基准点的“放置”进行设置。在“放置”选项卡中，能设置以点、线、面、基准等作为“参考”，在中心、线上、相交、偏距点等处都可以创建基准点。其“属性”选项卡可为基准点命名，并显示特征信息。

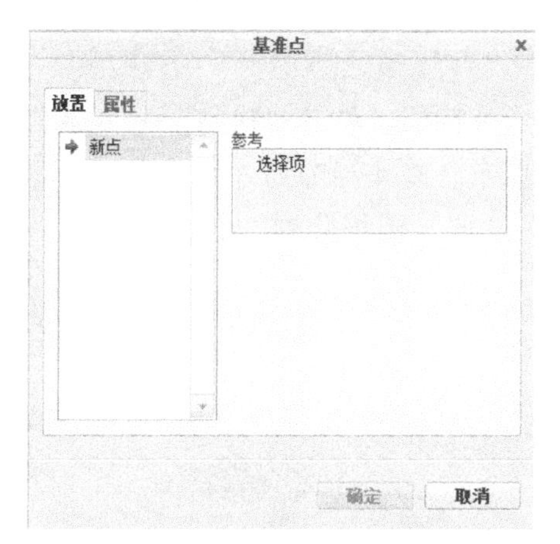

图 2.5.49 “基准点”对话框

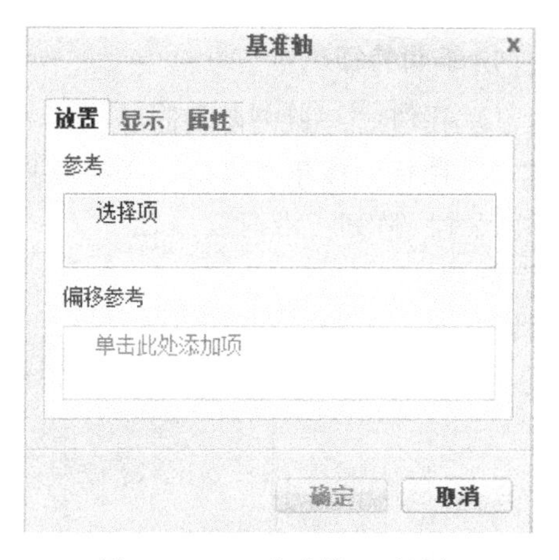

图 2.5.50 “基准轴”对话框

2）基准轴 ：单击“基准轴”图标，弹出“基准轴”对话框，如图 2.5.50 所示，在此对话框中可对基准轴的“放置”进行设置。在“放置”选项卡中，能设置以点、线、面、基准等作为“参考”，在两点、线上、相交、偏距点等处都可以创建基准轴。在“显示”选项卡中可为基准轴设置长度、大小，在“属性”选项卡中可为基准轴命名及显示特征信息。

3）基准平面 ：单击“基准平面”图标，弹出“基准平面”对话框，如图 2.5.51 所示，在此对话框中可对基准面的“放置”进行设置。在“放置”选项卡中，能设置以点、线、面、基准等作为“参考”，在三点、过两线、面上、线面偏距点等处都可以创建基准平面。在“显示”选项卡中可设置基准平面的宽度、高度等，在“属性”选项卡中可为基准平面命名及显示特征信息。

4）基准坐标系 ：单击“基准坐标系”图标，弹出“坐标系”对话框，如图 2.5.52 所示，从中可对基准坐标系的“原点”进行设置。在“原点”选项卡中，能设置以点、线、面、基准等作为“参考”，在顶点、中点、线面交点、偏距点等处都可以创建基准坐标系。在“方向”选项卡中可为基准坐标系设置方向，在“属性”选项卡中可为基准坐标系命名及显示特征信息。

图 2.5.51 “基准平面”对话框

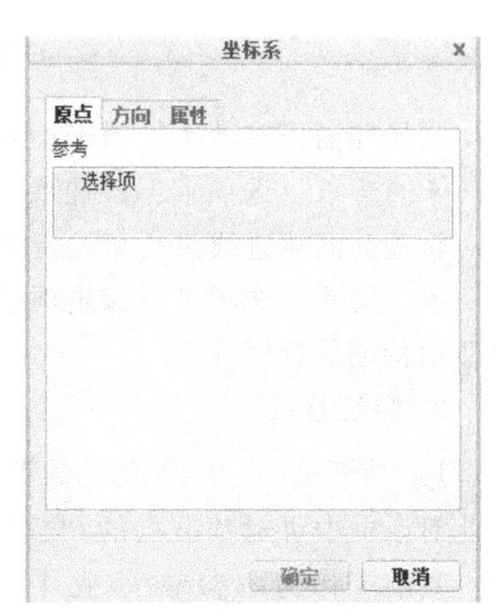

图 2.5.52 “坐标系”对话框

4. 编辑特征

1）阵列 ：阵列是对特征沿某种规律复制出多个该特征。单击“模型”→“编辑”→“阵列”图标，打开“阵列”操控面板，如图 2.5.53 所示。有 4 种阵列方式，分别为沿两个“尺寸”阵列、沿两线或面“方向”阵列、沿某一“轴”圆周阵列、沿草绘区域“填充”阵列。

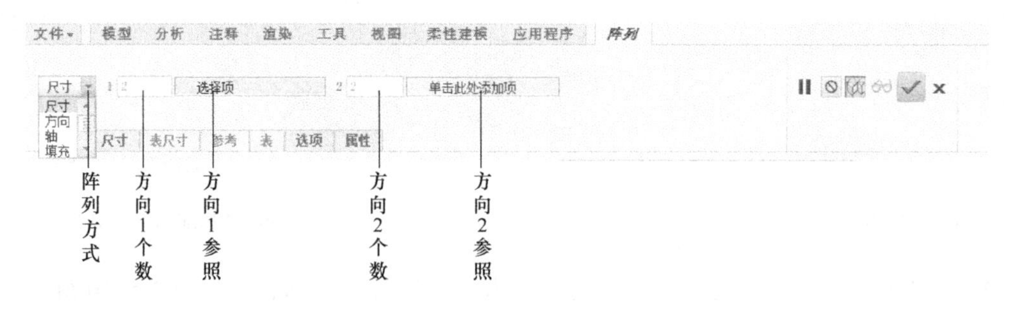

图 2.5.53 “阵列”操控面板

其操控面板有 6 个选项卡，即“尺寸”“表尺寸”“参考”“表”“选项”“属性”。

- “尺寸”选项卡：在“尺寸”和“方向”阵列方式下该选项卡被激活。在该选项卡中可对方向 1、方向 2 的尺寸进行选择，沿阵列方向分别选取尺寸即可。尺寸一般为特征中的定位尺寸。

• “表尺寸”选项卡：在“表”阵列方式下该选项卡被激活，可选取需要阵列特征中的定位尺寸。

• “参考”选项卡：在“填充”阵列方式下该选项卡被激活，是对填充区域进行草绘定义的选项卡。

• “表”选项卡：在“表”阵列方式下该选项卡被激活，可使用表格参数设定阵列特征的空间尺寸和本体尺寸。

• “选项”选项卡：该选项卡是对重生的特征进行选项定义，包括跟随引线位置或跟随曲面形状等。

• “属性”选项卡：该选项卡可为本特征重命名及显示信息属性。

2）镜像：镜像是对某特征进行以基准面为参考的对称复制。单击“模型”→“编辑”→“镜像”图标，打开“镜像”操控面板，如图 2.5.54 所示。

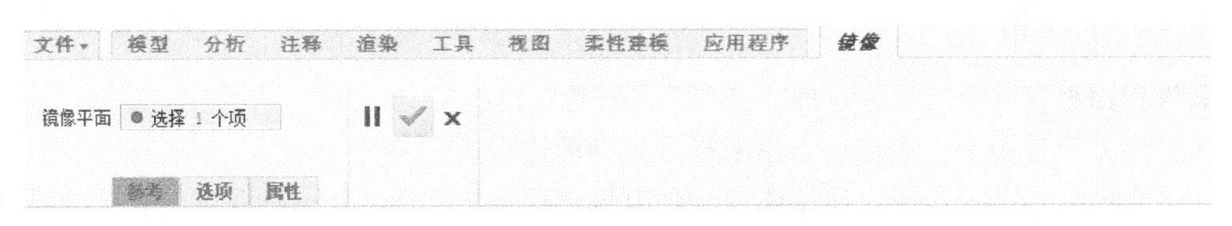

图 2.5.54 “镜像”操控面板

其操控面板有 3 个选项卡，即“参考”“选项”“属性”。

• “参考”选项卡：是对镜像平面进行选择操作的选项卡。

• “选项”选项卡：该选项卡可对镜像特征从属关系进行指定。

• “属性”选项卡：该选项卡可为本特征重命名及显示信息属性。

3）修剪：修剪命令可用来切削或分割面组，或者从面组中移除材料。单击“模型”|“编辑”|“修剪”图标，打开“曲线修剪”操控面板，如图 2.5.55 所示。

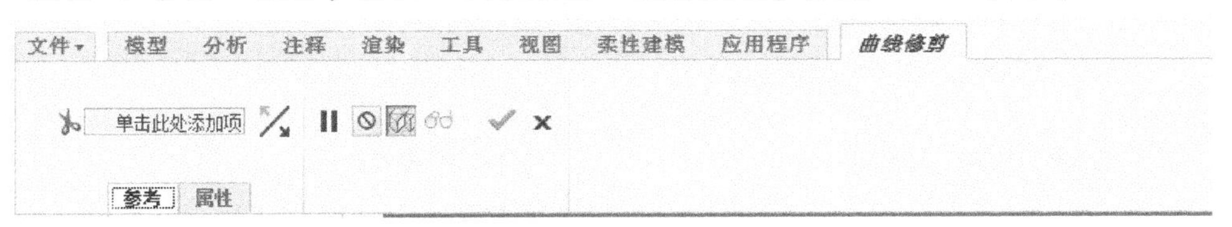

图 2.5.55 “曲线修剪”操控面板

其操控面板有两个选项卡，即“参考”“属性”。

• “参考”选项卡：是用于选择修剪的曲线和修剪对象的选项卡。

• “属性”选项卡：该选项卡可为本特征重命名及显示信息属性。

4）合并：合并命令可用来将两个面组或两条曲线合并在一起。单击“模型”→“编辑”→“合并”图标，打开“合并”操控面板，如图 2.5.56 所示。

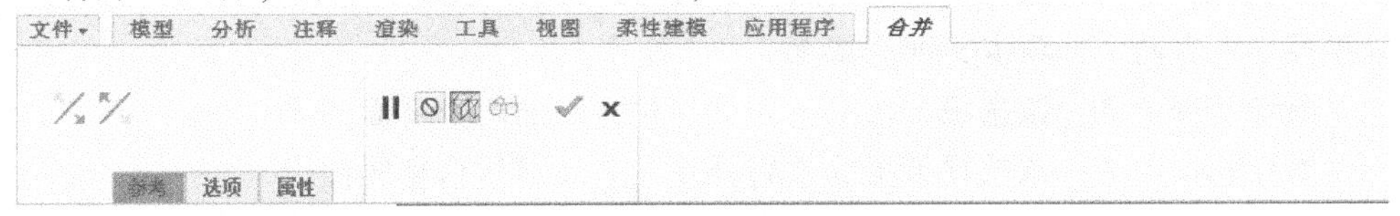

图 2.5.56 “合并”操控面板

其操控面板有3个选项卡，即“参考”“选项”“属性”。

- “参考”选项卡：该选项卡用来收集要合并的面组或曲线。
- “选项”选项卡：该选项卡可指定面组或曲线的合并方式为相交或连接。
- “属性”选项卡：该选项卡可为本特征重命名及显示信息属性。

5）延伸：延伸命令用来延伸面组的邻接单侧边到指定的距离或延伸到指定平面。单击“模型”→“编辑”→“延伸”图标，打开“延伸”操控面板，如图2.5.57所示。

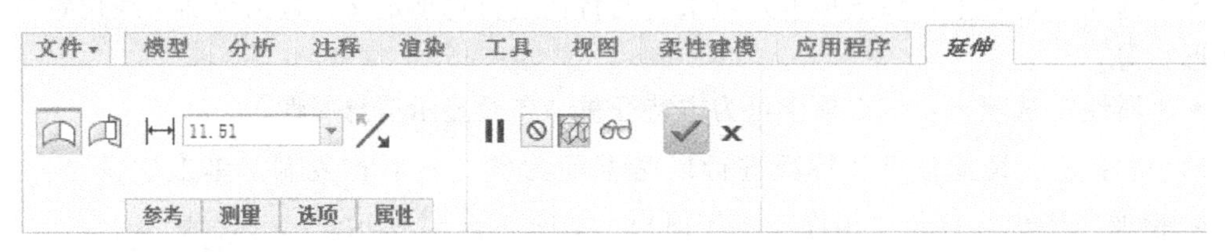

图2.5.57 “延伸”操控面板

其操控面板有4个选项卡，即“参考”“测量”“选项”“属性”。

- “参考”选项卡：该选项卡用来指定延伸的边界边。
- “测量”选项卡：在沿原始曲面延伸时该选项卡被激活，用来测量参考曲面中或选定平面中的延伸距离。
- “选项”选项卡：在沿原始曲面延伸时该选项卡被激活，指定边缘原始曲面延伸的方式。
- “属性”选项卡：该选项卡可为本特征重命名及显示信息属性。

6）偏移：偏移命令使用恒定或可变距离偏移曲线或曲面。单击“模型”→“编辑”→“偏移”图标，打开“偏移”操控面板，如图2.5.58所示。

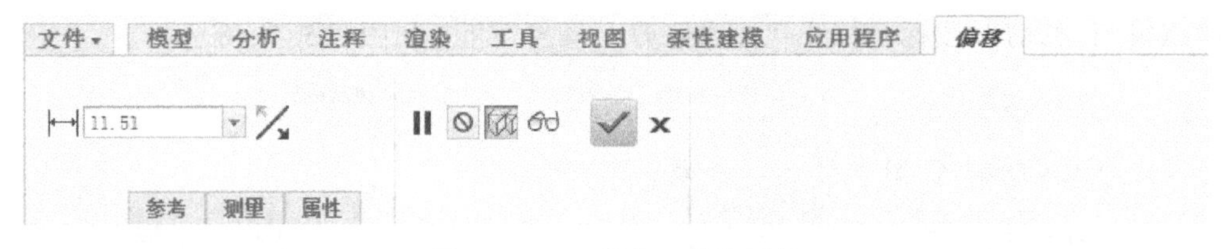

图2.5.58 “偏移”操控面板

其操控面板有3个选项卡，即“参考”“测量”“属性”。

- “参考”选项卡：该选项卡用来指定偏移的边界边。
- “测量”选项卡：该选项卡用来指定偏移距离的方式。
- “属性”选项卡：该选项卡可为本特征重命名及显示信息属性。

7）相交：相交命令用来通过两个相交平面创建构造线。单击“模型”→“编辑”→“相交”图标，打开“曲面相交”操控面板，如图2.5.59所示。

其操控面板有两个选项卡，即“参考”“属性”。

- “参考”选项卡：该选项卡用来指定创建构造线的两个平面。
- “属性”选项卡：该选项卡可为本特征重命名及显示信息属性。

8）投影：投影是对已有实体表面曲线或曲线链向一个指定面进行投射以得到指定面

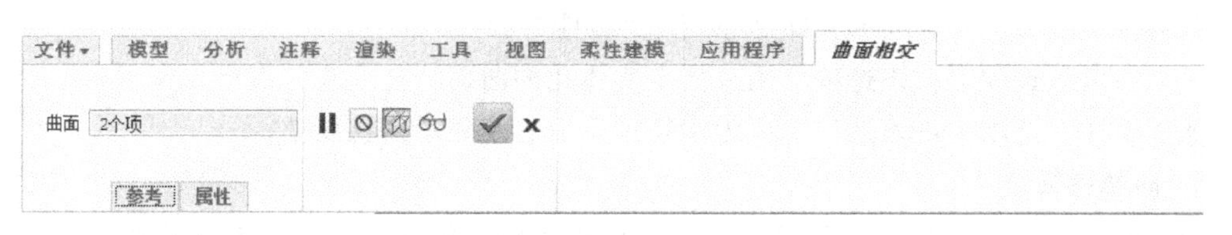

图 2.5.59 “曲面相交”操控面板

上轮廓的方法。单击“模型”→“编辑”→“投影”图标，打开“投影曲线”操控面板，如图 2.5.60 所示。

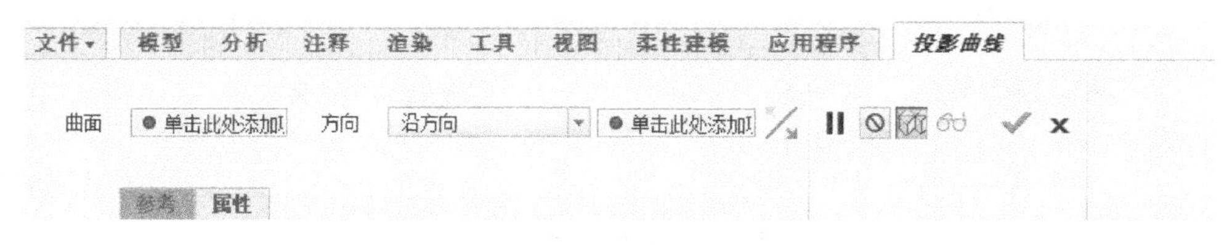

图 2.5.60 “投影曲线”操控面板

其操控面板有两个选项卡，即“参考”“属性”。

- “参考”选项卡：列出了操控面板上的投射到的指定面的定义，被投射的曲线链（包括直线，可以多条）的定义，以及投射方向参考的指定。
- “属性”选项卡：该选项卡可为本特征重命名及显示信息属性。

9）加厚 ：加厚命令用来给曲面或平面添加材料厚度。单击“模型”→“编辑”→“加厚”图标，打开“加厚”操控面板，如图 2.5.61 所示。

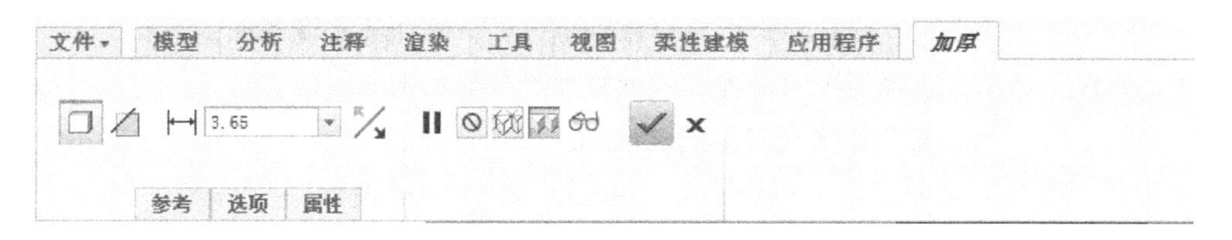

图 2.5.61 “加厚”操控面板

其操控面板有 3 个选项卡，即“参考”“选项”“属性”。

- “参考”选项卡：该选项卡用来指定需要加厚的曲面或平面。
- “选项”选项卡：该选项卡用来指定材料加厚的方向。
- “属性”选项卡：该选项卡可为本特征重命名及显示信息属性。

10）实体化 ：实体化命令可将曲面特征或几何面组转化成实体。单击“模型”→“编辑”→“实体化”图标，打开“实体化”操控面板，如图 2.5.62 所示。

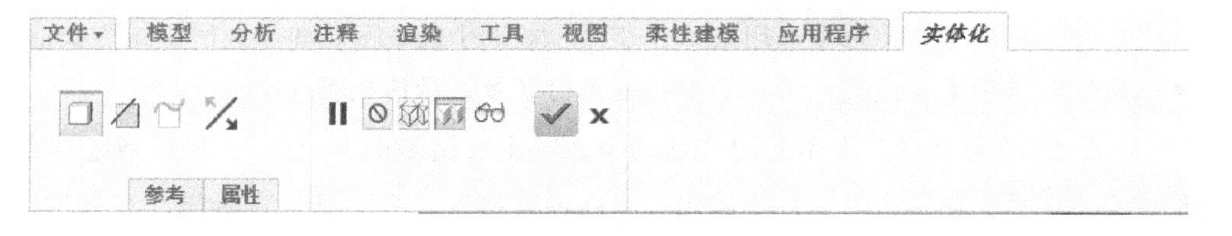

图 2.5.62 “实体化”操控面板

其操控面板有两个选项卡，即“参考”“属性”。

- “参考”选项卡：该选项卡用来指定实体化的曲面特征或几何面组。
- “属性”选项卡：该选项卡可为本特征重命名及显示信息属性。

5. 曲面特征

1）边界混合：通过边界混合，可以做出光顺、复杂的曲面。大部分造型曲面都是用边界混合完成的。单击“模型”→“曲面”→“边界混合”图标，打开“边界混合”操控面板，如图 2.5.63 所示。

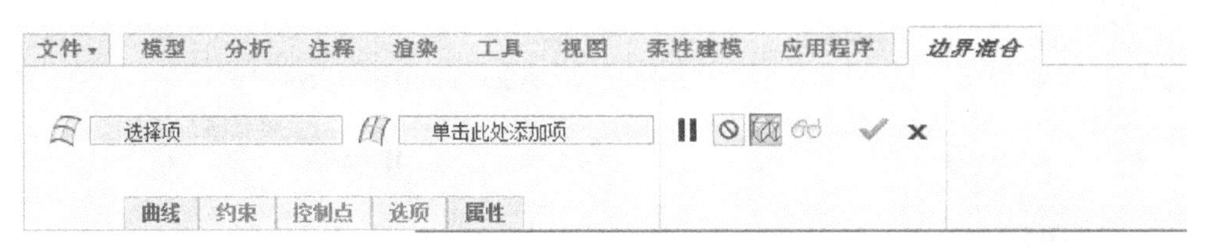

图 2.5.63 “边界混合”操控面板

其操控面板有 5 个选项卡，即“曲线”“约束”“控制点”“选项”“属性”。

- “曲线”选项卡：该选项卡可用来选择混合的边界，包括第一方向曲线与第二方向曲线。
- “约束”选项卡：可以在该选项卡中设置面的第一方向曲线与第二方向曲线的边界条件。
- “控制点”选项卡：如果边界由多组具有相同段数的曲线组成，在该选项卡中可设置合适的控制点以减少生成面的面片数目。
- “选项”选项卡：在该选项卡中可以添加额外的影响曲线来调整面的形状。
- “属性”选项卡：该选项卡可为本特征重命名及显示信息属性。

2）填充：填充命令用来通过其边界定义一种平整曲面封闭环特征，主要用于与其他面组合并、修剪，或者用于加厚曲面等。单击“模型”→“曲面”→“填充”图标，打开“填充”操控面板，如图 2.5.64 所示。

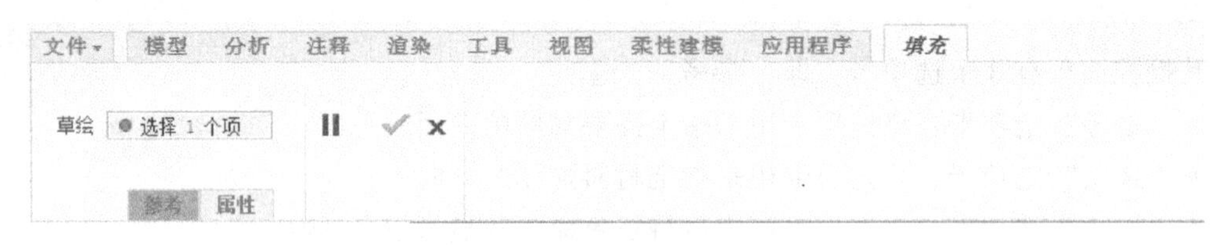

图 2.5.64 “填充”操控面板

其操控面板有两个选项卡，即“参考”“属性”。

- “参考”选项卡：该选项卡用来填充草图，被选中的草图其封闭曲线被填充为曲面。
- “属性”选项卡：该选项卡可为本特征重命名及显示信息属性。

3）样式：样式通过在不同的“活动平面”上绘制多条“曲线”，然后通过“曲面”按钮形成自由曲面，还可通过“曲面编辑”“曲面连接”“曲面修剪”等操作来修改曲面。单击“模型”→“曲面”→“样式”图标，打开“样式”子菜单，如图 2.5.65 所示。

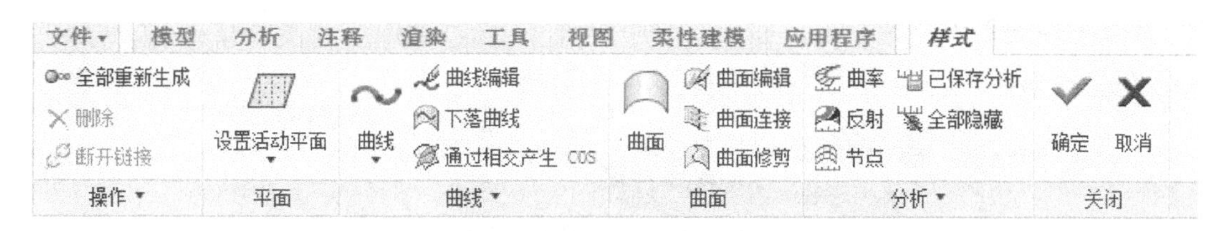

图 2.5.65　“样式”子菜单

4）自由式 ：通过在打开的子菜单中选择基元图形，然后通过基元图形的“变换”“比例”“拉伸”“连接”等形成自由创建的曲面图形。单击“模型”→“曲面”→“自由式”图标，打开“自由式”子菜单，如图 2.5.66 所示。用户可对基元图形进行相关子菜单中的操作，形成自由曲面图形。

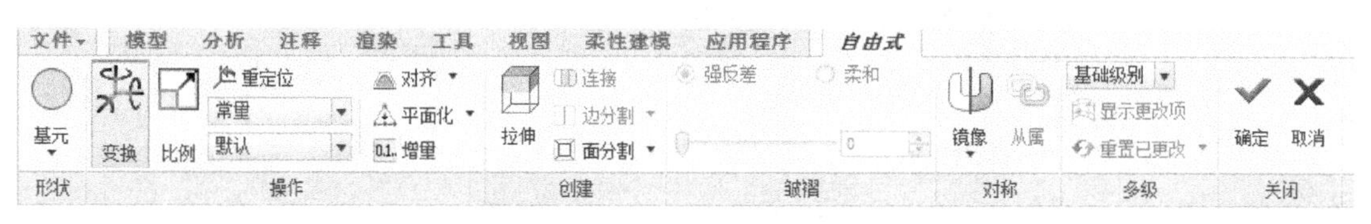

图 2.5.66　“自由式”子菜单

2.5.3　装配设计

装配设计

对设计的零件按照连接关系进行组装，即为产品装配。进入装配设计环境有两种方法。第一种方法是通过选择菜单“文件”→“新建”命令（或单击工具栏中的“新建”按钮，再或者通过按 Ctrl+N 组合键），打开图 2.5.67 所示的对话框。在该对话框下，选择文件类型“装配”，输入文件名，并选择是否使用默认模板，进入装配设计环境。第二种方法是打开任意的一个 *.asm 文件进入装配设计环境。

如果不勾选“使用默认模板”复选框，则打开图 2.5.68 所示的对话框，选择模板类型，根据一般的绘图标准，多采用 mmns_asm_design 模板。进入装配设计环境后，装配“模

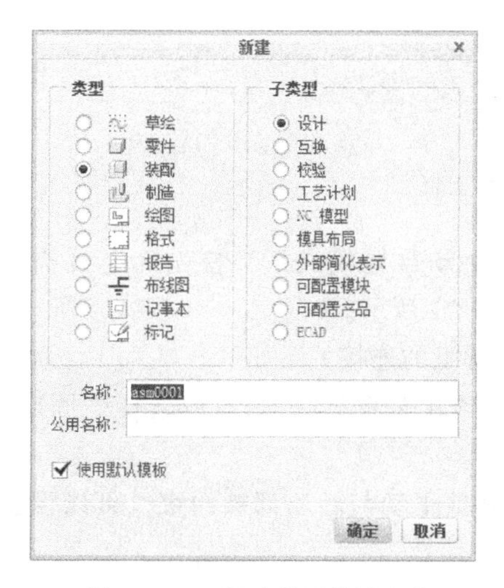

图 2.5.67　新建装配设计文件

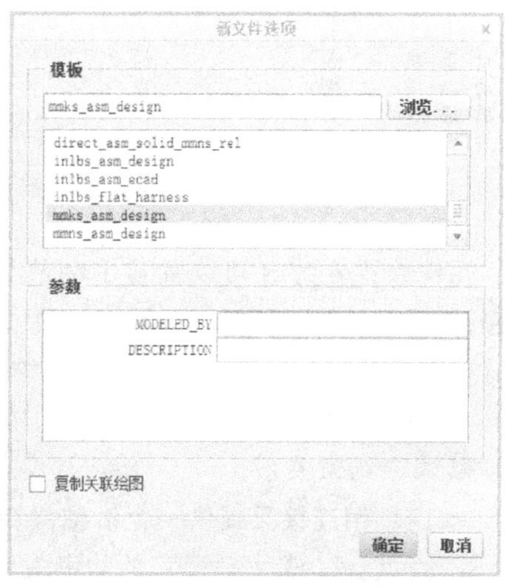

图 2.5.68　新文件模板参数选项

型”菜单如图 2.5.69 所示。

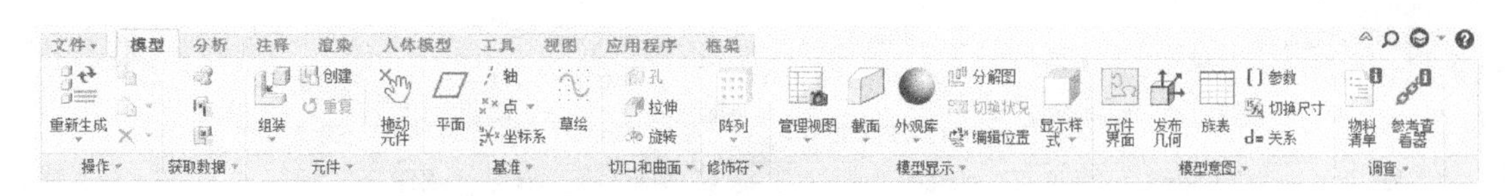

图 2.5.69　装配“模型”菜单

1. 元件

1）组装：组装是在完成零件的基础上，将零件导入，按照相互关系装配为组件，或组件与组件、零件进一步装配为更大的组件。单击“模型”→“组装”图标后，打开“打开”对话框，可以从零件保存目录中选择要组装的零件进行导入，如图 2.5.70 所示。

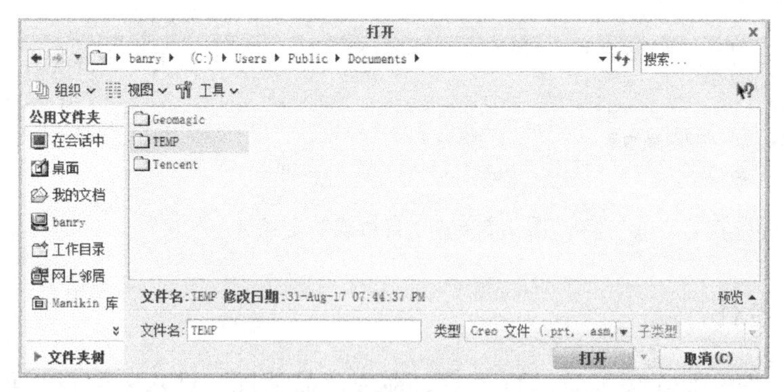

图 2.5.70　“打开”对话框

选择要打开的零件，单击“打开”按钮，打开“元件放置”操控面板，如图 2.5.71 所示。

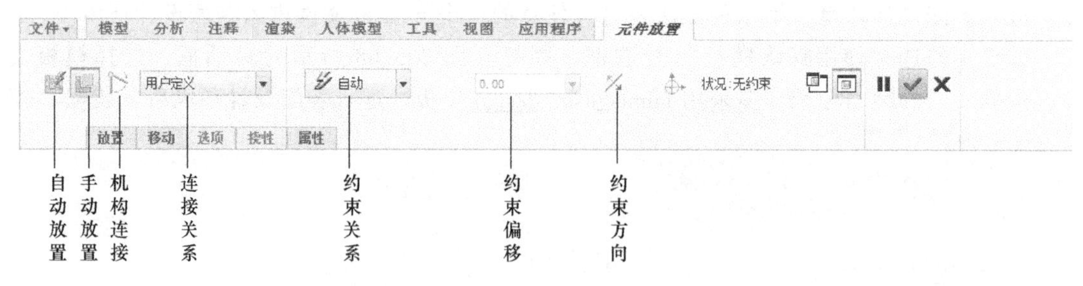

图 2.5.71　“元件放置”操控面板

元件放置分为自动放置与手动放置两种模式，在手动放置模式下，首先确定机构的“连接关系”，再设置与之匹配的“约束关系”，如图 2.5.72 所示。

根据直角坐标系有 6 个自由度的约束与自由情况，常见的连接关系如下。

- 刚性：元件在空间中 6 个自由度全部被约束的“连接关系”，一般对应选择“固定”或“默认”约束关系。
- 销：销连接只提供一个沿轴线转动的自由度，其他平动与转动都被约束，可以设置“距离”“重合”或“平行”的约束关系。
- 滑块：滑块连接保留沿某一轴线移动的自由度，即沿直线相对附着元件滑动的自由度，其他自由度通过“距离”“重合”或“平行”等进行约束。

• 圆柱：圆柱连接的连接元件既可以绕轴线相对于附着元件转动，也可以沿轴线平移。创建圆柱连接只需要一个轴对齐“重合”约束。圆柱连接提供一个旋转自由度和一个平移自由度。

• 平面：平面连接保留两个方向的自由度，即在平面范围内可以平动。通过其他 4 个方向的自由度的约束关系来保证此连接关系。

• 球：球连接提供 3 个旋转自由度，没有平移自由度。球连接的元件在约束点上可以 360° 相对于附着元件旋转。球连接只能是一个点对齐约束。

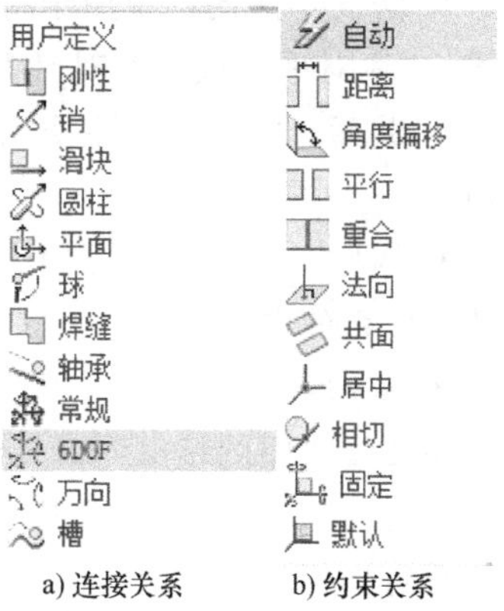

a) 连接关系　b) 约束关系

图 2.5.72　连接关系与约束关系

• 焊缝：焊缝连接不提供平移自由度和旋转自由度。焊缝连接将两个元件粘接在一起，所以连接元件和附着元件间没有任何相对运动。焊缝连接的约束只能是坐标系对齐约束。

• 轴承：轴承连接提供一个平移自由度和 3 个旋转自由度。轴承连接是球连接和滑块连接的组合，在这种类型的连接中，连接元件既可以在约束点上沿任何方向相对于附着元件旋转，也可以沿对齐的轴线移动。轴承连接需要的约束是一个点与边线（或轴）的对齐约束。

• 常规：常规连接是向元件中施加一个或数个约束，然后根据约束的结果来判断元件的自由度及运动状况。在创建常规连接时，可以在元件中添加“距离”法向”和“重合”等约束，根据约束的结果，可以实现元件间的旋转、平移、滑动等相对运动。

• 6DOF：6DOF 连接的元件具有 3 个平移轴和 3 个旋转轴，共 6 个自由度。创建此连接时，需要选择两个基准坐标系作为参考，并能在元件中指定 3 组点参考来约束 3 个平移轴的运动。

• 万向：万向连接一般指定一组坐标系为参考，元件可以绕坐标系的原点自由旋转。

• 槽：槽连接可以使元件上的一点始终在另一元件中的一条曲线上运动。点可以是基准点或元件中的顶点，曲线可以是基准曲线或 3D 曲线。创建槽连接约束时，需要选取一个点和一条曲线对齐的约束关系。

可见，在上述不同的机构连接关系下，对应地需要进行 6 个自由度的开放与约束要求的设置，对应的约束关系如下。

• 距离：距离约束用于将元件参考定位在距装配参考要素的设定距离处。该约束的参考可以为点对点、点对线、线对线、平面对平面、平面曲面对平面曲面、点对平面、线对平面。

• 角度偏移：角度偏移约束用来将选定的元件参考以某一角度定位到选定的装配参考。该约束的一对参考可以是线对线（共面的线）的一对参考，也可以是线对平面或平面对平面的一对参考。

• 平行：平行约束主要用于平行于装配参考放置元件参考，其参考可以是线对线、线对平面或平面对平面。

• 重合：重合约束用于将元件参考定位与装配参考重合。该约束的参考可以为点、线、平面，或平面曲面、圆柱、圆锥、曲线上的点，以及这些参考的任何组合。

• 法向：法向约束用于将元件参考定位与装配参考垂直，其参考可以是线对线（共面的线）、线对平面或平面对平面。

• 共面：共面约束主要用于将元件边、轴、目的基准轴或曲面定位与类似的装配参考共面。

• 居中：居中约束可用来使元件中的坐标系或目标坐标系的中心与装配中的坐标系或目的坐标系的中心对齐。

• 相切：相切约束用于控制两个曲面在切点的接触，该约束的一个应用实例为凸轮与其传动装置之间的接触面或接触点。

• 固定：固定约束用于固定被移动或封装的元件的当前位置，其约束参考一般选择某坐标系对坐标系。

• 默认：使用“默认”约束可以将系统创建的元件的默认坐标系与系统创建的装配的默认坐标系对齐。其参考可以为坐标系对坐标系，或者点对坐标系。

“元件放置”操控面板下有5个选项卡，分别为“放置”“移动”“选项”“挠性”“属性”。下面对部分选项卡进行介绍。

• “放置”选项卡：该选项卡如图2.5.73所示，从中可对相应约束关系下的相关约束要素“点”“线”“平面”进行指定。

• “移动”选项卡：该选项卡如图2.5.74所示，从中可以调节要在装配中放置的元件的位置，是对约束参考进行移动距离设定的选项卡。

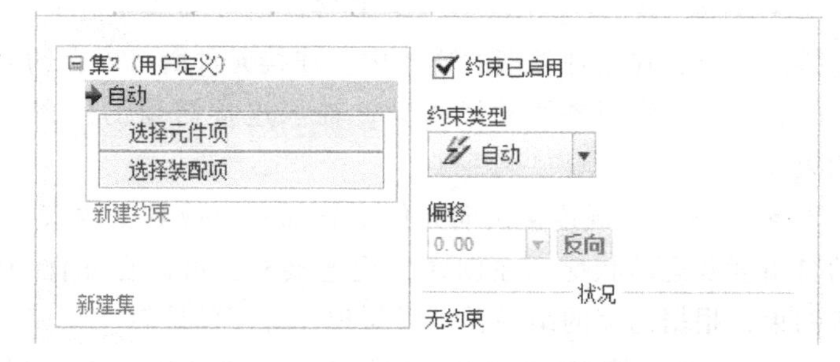

图 2.5.73 “放置”选项卡

• “挠性”选项卡：该选项卡可在设置挠性元件时被激活，从中可设置挠性元件的相关工作参数。

• “属性”选项卡：该选项卡可为本特征重命名，以及备份、编辑信息属性。

2）创建：在组装组件的过程中，如果有个别零件并没有在前期创建，可以重新新建零件。单击“模型”→“创建”图标后，打开“元件创建”对话框，如图2.5.75所示。打开或激活零件可进行零件建模设计，类似于新建零件建模的过程（参见2.5.2小节）。

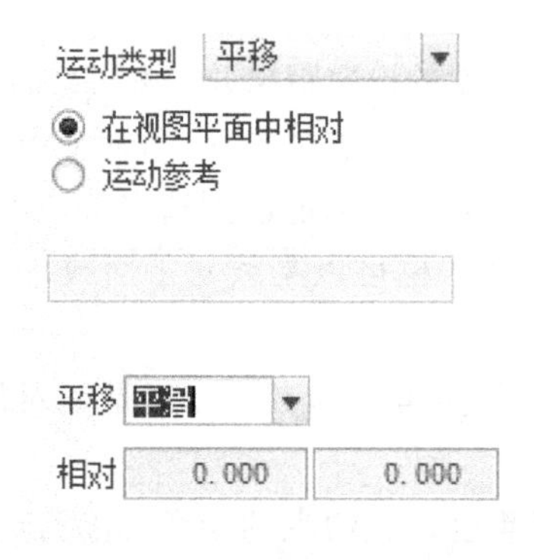

图 2.5.74 “移动”选项卡

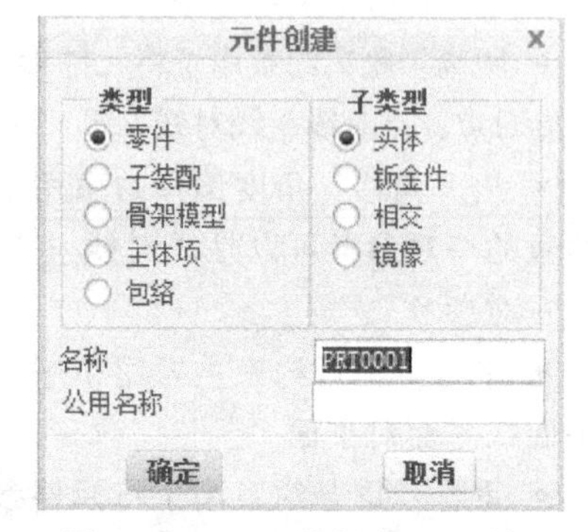

图 2.5.75 “元件创建”对话框

2 CHAPTER

2. 基准

在装配环境下，仍然可以选择创建基准的操作，包括基准点、基准轴、基准平面、基准坐标系、基准曲线等，其创建方法与2.5.2小节介绍的“特征基准”相同，此处不再赘述。此外，在装配设计环境下，也可以创建草绘，以及拉伸、旋转等形状特征与相关工程特征，可以在当前组件上进行补充修饰，其特征操作方法也与2.5.2小节中的“形状特征”“工程特征”相同，此处不再赘述。

3. 修饰符

在组件装配设计环境下，也有阵列、镜像、相交、合并等修改编辑操作，可对特征进行编辑操作，也可对组装元件进行编辑操作，例如组装一个螺钉后，可沿圆周阵列出其他位置相同的螺钉。

4. 模型显示

1）管理视图：在视图管理器中可对模型建立不同的观察方式，单击“模型”→“模型显示”→“管理视图”图标后，打开的对话框如图2.5.76所示。

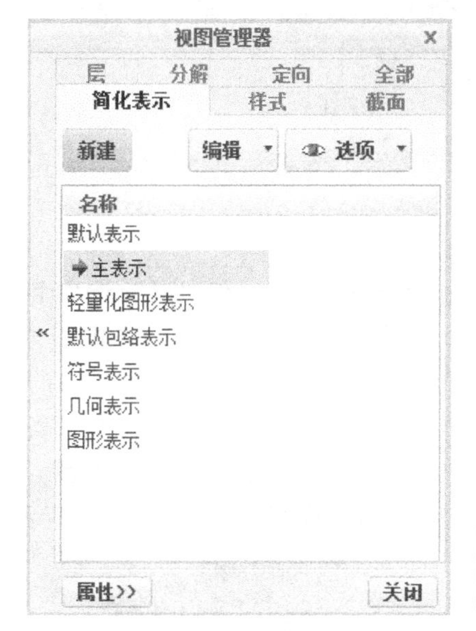

图2.5.76　“视图管理器”对话框

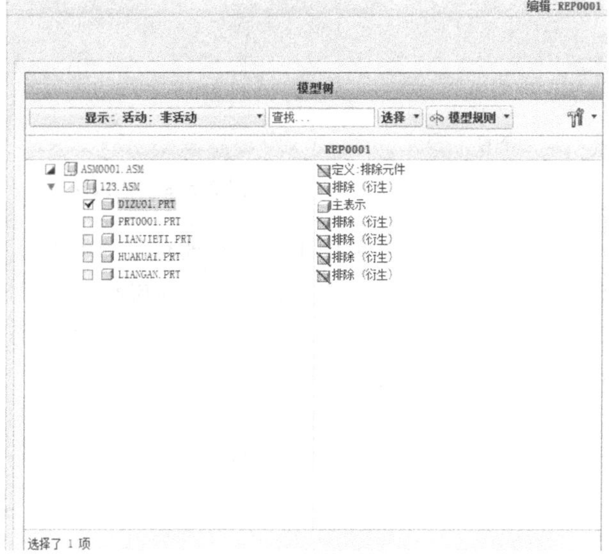

图2.5.77　简化表示编辑对话框

- “简化表示”选项卡：从中可以对组件设置简化表示，即某些零件可以在显示时加以排除，从而对主要关键的零件组件进行显示，如图2.5.76所示。单击“新建”按钮后，弹出简化表示编辑对话框，如图2.5.77所示。在此对话框中选择复选框即可选择主要显示的零件。
- “样式”选项卡：从中可对显示样式进行设置。在图2.5.78所示的“样式”选项卡中单击“新建”按钮后，弹出样式编辑对话框，如图2.5.79所示。在此对话框中可以选择被遮蔽的元件。
- “截面”选项卡：从中可以设置截面的显示模式，即创建剖视的显示方式。在图2.5.80所示的“截面”选项卡中，单击“新建”按钮后，弹出“截面”操控面板，如图2.5.81所示。在此操控面板中可以进行剖面位置“参考”、剖面颜色、剖面线等的编辑。

图 2.5.78 “样式”选项卡

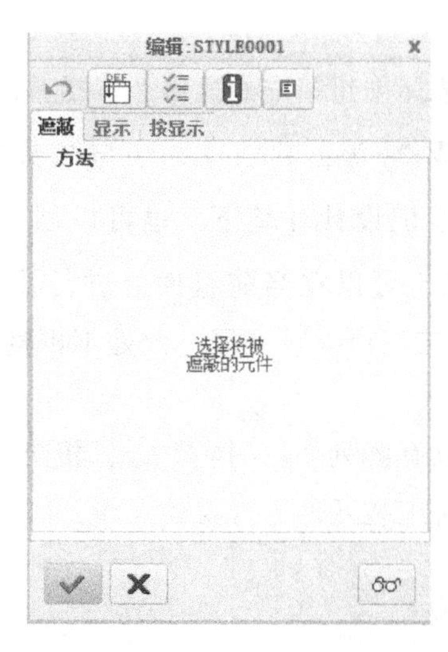

图 2.5.79 “样式”编辑对话框

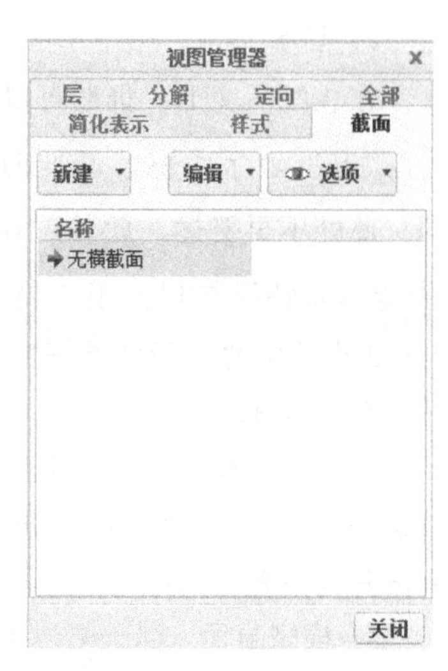

图 2.5.80 “截面”选项卡

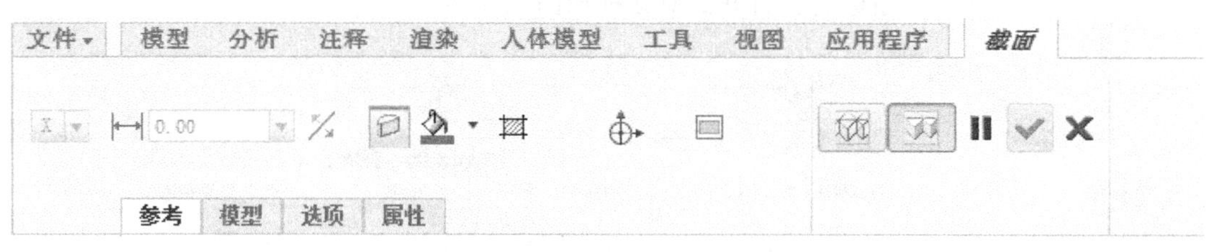

图 2.5.81 “截面”操控面板

- “层”选项卡：从中可以存储现有层的状态，如图 2.5.82 所示，在“层”选项卡中创建并保存一个或多个层状态，就可以在层状态之间进行切换，以更改组件显示方式。
- “分解”选项卡：装配体的“分解”显示状态也称爆炸状态，就是将装配体中的各零部件沿着直线或坐标轴移动或旋转，使各个零件从装配体中分解出来。分解状态对于表达各元件的相对位置十分直观，因而常常用于表达装配体的装配过程及装配体的构成关系。如图 2.5.83 所示，单击“新建”按钮后，弹出“分解工具”操控面板，如图 2.5.84 所示。

图 2.5.82 “层”选项卡

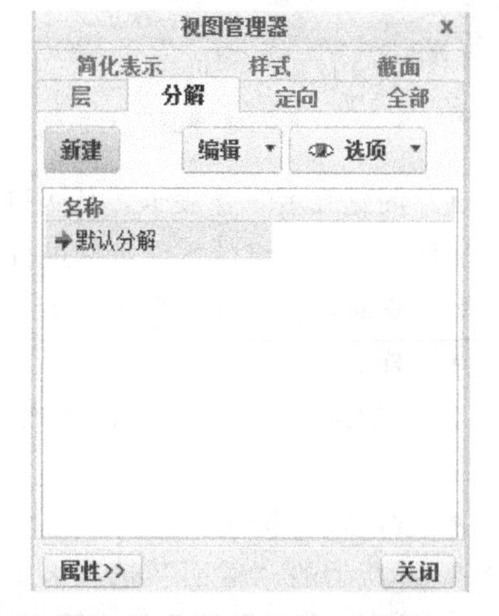

图 2.5.83 “分解”选项卡

在此操控面板中，“参考”选项卡可以设置分解元件，“选项”选项卡可设置分解位置增量，“分解线”选项卡可设置分解元件间的编辑线。

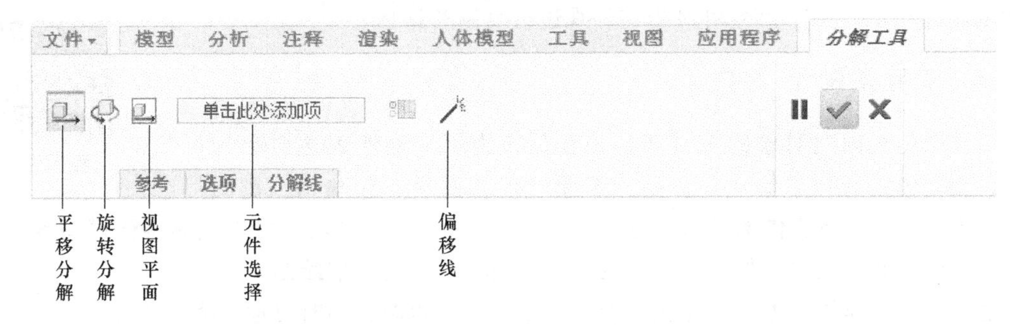

图 2.5.84 “分解工具”操控面板

• “定向”选项卡：定向视图功能可以将组件以指定的方位进行摆放，以便观察模型或为将来生成工程图做准备。如图 2.5.85 所示，可以直接选取已有的视图方向，也可以新建视图方向。

2）外观库：为特征或部件进行着色时，需要使用外观库中的颜色。在 Creo 3.0 的外观库中进行设置，可以编辑照片级逼真渲染的模型。单击“外观库”图标后，打开“外观库”对话框，如图 2.5.86 所示，其中包括“我的外观”（其中为常用的模型外观）、当前“模型”的外观颜色，以及当前“库”中的颜色等。

图 2.5.85 “定向”选项卡

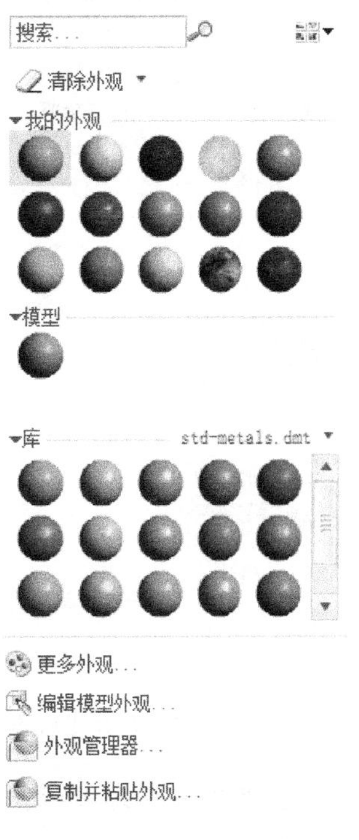

图 2.5.86 “外观库”对话框

在外观库中选择“更多外观”命令可以对外观的强度、光照等进行调整；选择“编辑模型外观”命令可以对外观重新进行编辑；选择“外观管理器”命令可以创建新的颜色外观，并可在右侧的颜色属性上指定自定义颜色。然后选择“文件”→“另存为”命令，将外观库文件 *.dmt 另存到软件启动目录中，在下次打开 Creo 时将自动加载自定义外观库。选择“复制并粘贴外观”命令可对当前外观进行复制和粘贴。

2.5.4 工程图设计

工程图设计

工程图是在创建对象的三维实体模型后，为了准确地表达对象的形状、大小、相对位置和技术要求等内容，按照一定的投影方式和相关制图标准，以二维方式表达三维实体的图形。通过 Creo 提供的工程图模块，可以绘制实体模型或装配体的工程图，并且能够添加标注完成的零部件或装配图的标准绘制。

通过工程图模块，可以创建相应的三维模型的工程图，同时可通过表、注释、草绘等模块来对工程图进行注解、编辑尺寸，以及使用图层来管理不同项目的显示等。工程图中的所有视图和三维模型都是强相关的。如果改变三维模型的特征，相应的工程图将自动更新。工程图模块支持多个页面，允许定制带有草绘几何尺寸的工程图及其相应的格式等。另外，还可以利用相关的命令接口，使工程图文件在工程图模块与其他设备或系统之间转化。

进入工程图设计环境有两种方法。第一种方法是选择菜单“文件”→“新建”命令（或单击工具栏中的“新建”按钮，再或者通过按 Ctrl+N 组合键），打开图 2.5.87 所示的对话框。在该对话框中选择文件类型“绘图”，输入文件名，并可以选择是否使用默认模板，若不选择“使用默认模板”复选框，则打开图 2.5.88 所示的对话框，选择模板后进入工程图设计环境。第二种方法是打开任意的一个 *.drw 文件进入工程图设计环境。

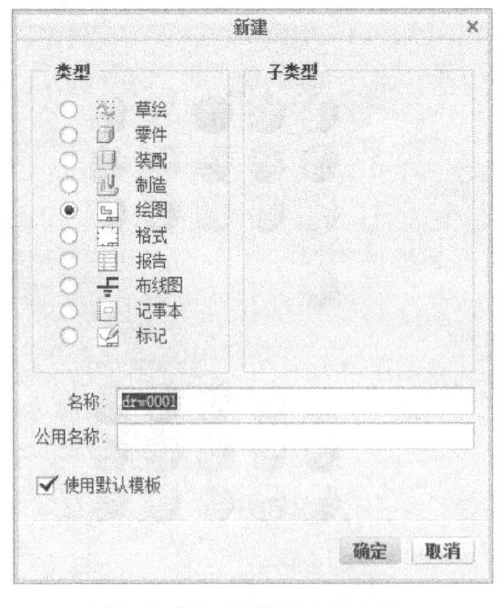

图 2.5.87　新建工程图文件

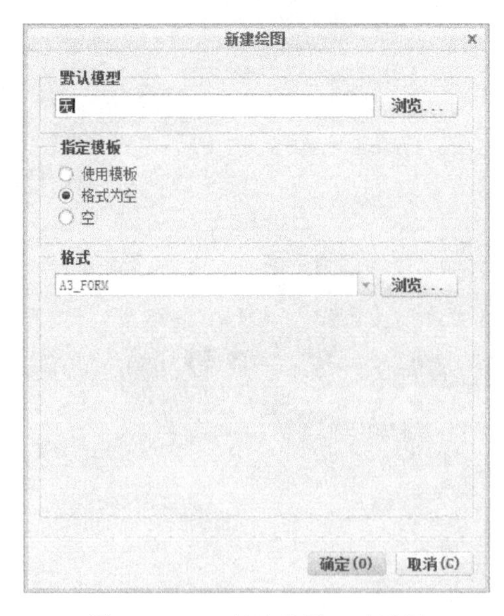

图 2.5.88　“新建绘图”对话框

进入工程图设计环境后，视图“布局”菜单如图 2.5.89 所示。

1. 创建视图

1）绘图模型 ：用来管理创建工程图的三维模型。单击“布局”→“模型视图”→“绘图模型”图标，打开绘图模型控制菜单，如图 2.5.90 所示。

2 CHAPTER

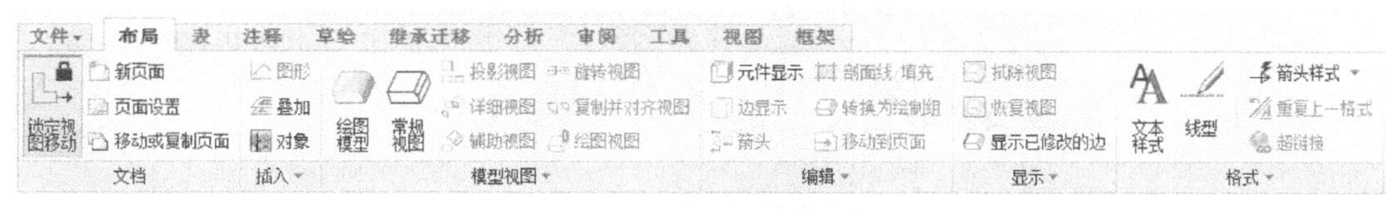

图 2.5.89 “布局”菜单

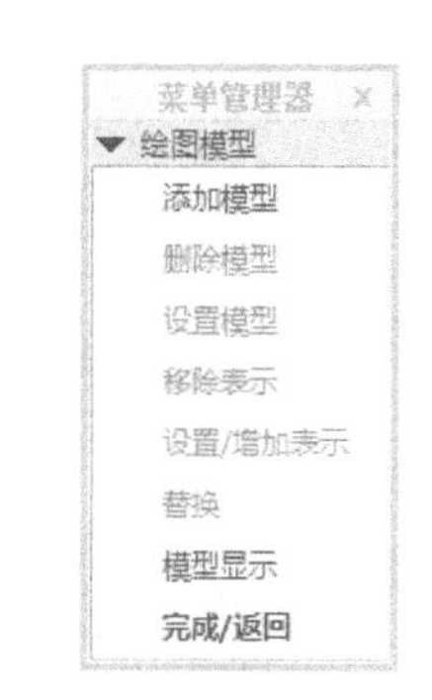

图 2.5.90 绘图模型控制菜单

- “添加模型”选项：向绘图模型中添加新的零件或装配体。
- “删除模型”选项：从绘图模型中删除绘图模型。
- “设置模型”选项：激活绘图模型中的零件或装配体并进行修改。
- “移除表示”选项：从绘图模型中移除简化表示。
- “设置/增加表示”选项：激活绘图模型中的简化表示。
- “替换”选项：用同族中的另一绘图模型替换当前的绘图模型。
- “模型显示”选项：设置当前绘图模型的显示。
- “完成/返回”选项：完成当前设置，返回上一级菜单。

2）常规视图：用来选择创建工程图一般视图的三维模型。单击“布局”→“模型视图”→“常规视图”图标，打开“打开”对话框，如图 2.5.91 所示。

之后选择视图的组合状态，如图 2.5.92 所示。其中，“无组合状态”选项代表导入的零件各自独立地显示图框线。“全部默认”选项代表零件的原始组合状态。如果不需要以后提醒该设置，可以勾选“不要提示组合状态的显示”复选框。

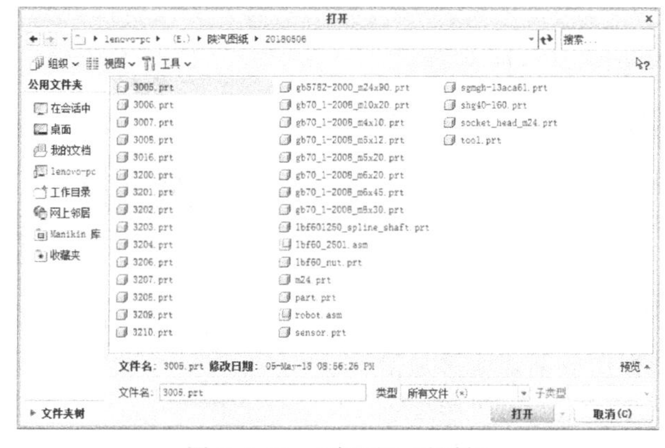

图 2.5.91 “打开”对话框

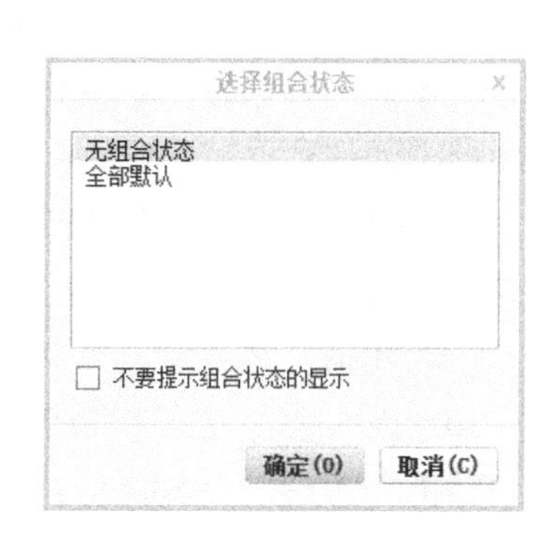

图 2.5.92 “选择组合状态”对话框

3）绘图视图：用来设置投影视图的比例、剖面、类型、状态、显示等信息。打开“绘图视图”对话框的方式有 3 种：一是，插入视图时选择“无组合状态”选项；二是，选择视图后单击鼠标右键，在弹出的快捷菜单中选择“属性”命令；三是，双击视图。“绘图视图”对话框如图 2.5.93 所示。

4）投影视图：用来创建一般的投影视图。单击“布局”→“模型视图”→“投影视图”

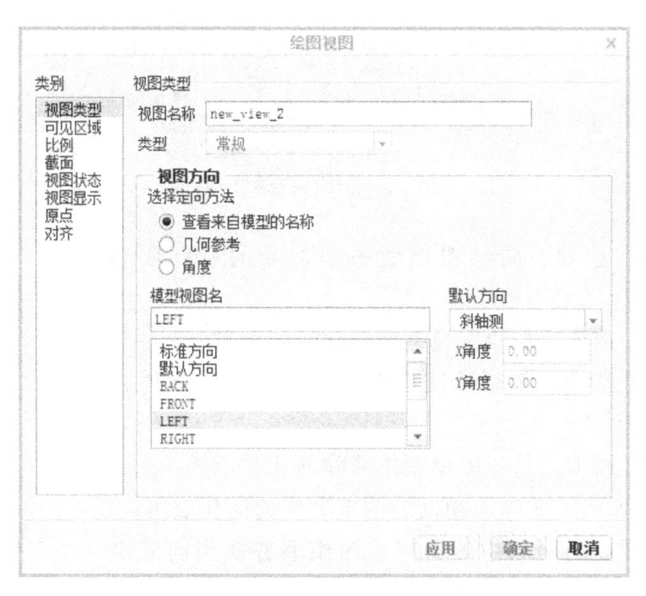

图 2.5.93 “绘图视图”对话框

图标，即可选择参考视图和投影位置。

5）详细视图：用来创建局部放大图。单击“布局”→“模型视图”→“详细视图”图标，圈选需要局部放大的位置，即可设置局部放大图。

6）辅助视图：用来创建斜视图。单击“布局”→“模型视图”→“辅助视图”图标，旋转平面积聚线，在合适的位置单击即可设置对应的斜视图。

7）旋转视图：用来创建旋转视图。单击“布局”→“模型视图”→“旋转视图”图标，可创建旋转视图。

8）元件显示：在绘图视图中修改装配元件的显示。单击“布局”→“编辑”→“元件显示”图标，可打开图 2.5.94 所示的“元件显示”控制菜单。

图 2.5.94 “元件显示”控制菜单

9）边显示：在绘图视图中修改零件或装配中的边的显示。单击“布局”→“编辑”→“边显示”图标，可打开图 2.5.95 所示的“边显示”控制菜单。

10）箭头：在绘图视图中为投影视图或剖切面添加箭头。单击“布局”→“编辑”→“箭头”图标，先选择投影视图或剖视图，然后选择需要添加箭头的视图。

11）剖面线/填充：在绘制剖视图时，在图元或曲面边界界定的区域内填充剖面线或填充颜色。单击“布局”→“编辑”→“剖面线/填充”图标，输入剖切面的名称，弹出控制菜单，如图 2.5.96 所示。

12）转换为绘制组：在绘图视图中可以通过将视图转换为绘制组的方式使其可以编辑。选择需要转换的视图，再单击“布局”→“编辑”→“转换为绘制组”图标进行转换。

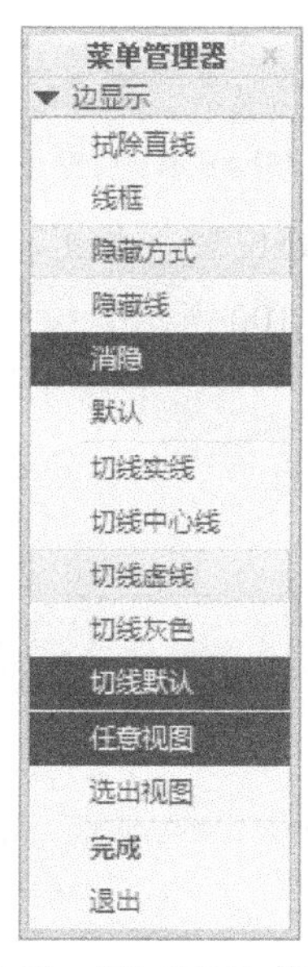

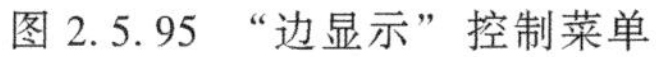
图 2.5.95 “边显示”控制菜单

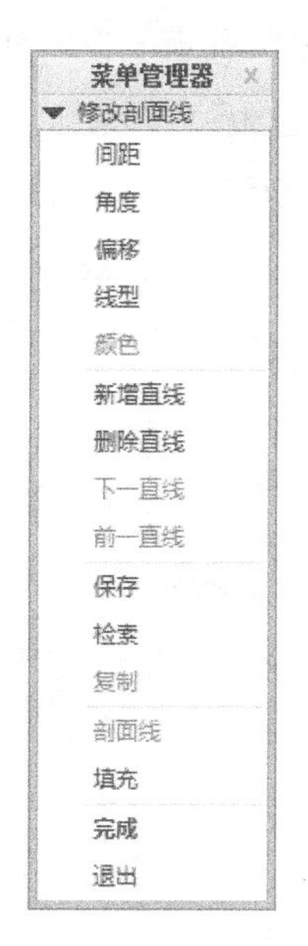

图 2.5.96 剖面线/填充控制菜单

13）拭除视图：用来在绘图视图中拭除视图。单击“布局”→“显示”→“拭除视图”图标，可选取需要拭除的视图。

14）恢复视图：用来在绘图视图中恢复已经被拭除的视图。单击“布局”→“显示”→“恢复视图”图标，选择需要恢复的视图可完成恢复。

2. 工程图草绘

1）绘制栅格：用来为草绘界面设置栅格。单击“草绘”→“设置”→“绘制栅格”图标，打开“绘制栅格”控制菜单，如图 2.5.97 所示。

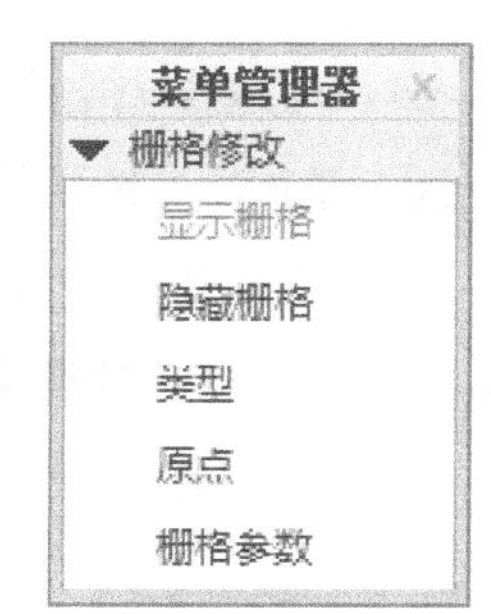

图 2.5.97 “绘制栅格”控制菜单

- “显示栅格”选项：在工程图草绘状态下显示栅格。
- “隐藏栅格”选项：隐藏在工程图草绘状态下显示的栅格。
- “类型”选项：选择栅格类型是笛卡儿坐标还是极坐标。
- “原点”选项：通过鼠标选取或通过坐标值定义栅格的原点。
- “栅格参数”选项：设置栅格属性，包括笛卡儿坐标下的间距和角度，极坐标下的角间距、线数、径向间距和角度。

2）草绘首选项：用来设置草绘捕捉环境。单击“草绘”→“设置”→“草绘首选项”图标，打开草绘首选项控制菜单，如图 2.5.98 所示。

- “水平/竖直”选项：选择该项后，在光标接近水平方向或竖直方向时会出现 H 和 V。
- “栅格交点”选项：捕捉栅格的交点。
- “栅格角度”选项：捕捉栅格的角度。
- “顶点”选项：可以捕捉直线、圆、圆弧的端点、中心或圆心。
- “图元上”选项：可以捕捉顶点以外的位置点，但需要选取捕捉图元参照。
- “角度”选项：设定捕捉的角度值。

- “半径”选项：设定捕捉的半径值。

3）绝对坐标：在草绘时通过绝对坐标值控制输入点的位置。单击“草绘”→“控制”→“绝对坐标”图标，打开“绝对坐标”对话框，如图 2.5.99 所示。

4）相对坐标：在草绘时通过相对坐标值控制输入点的位置。单击“草绘”→“控制”→“相对坐标”图标，打开“相对坐标”对话框，如图 2.5.100 所示。

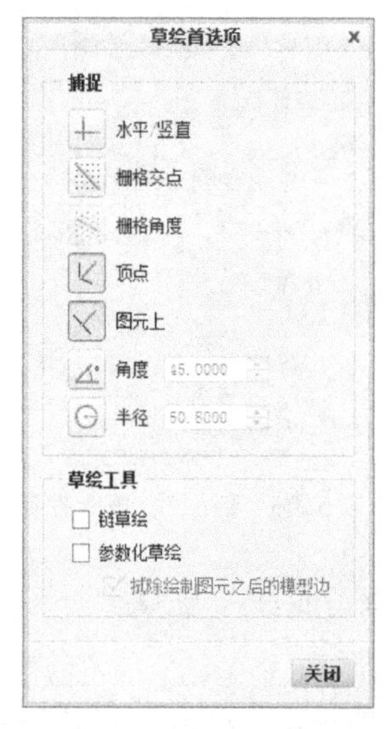

图 2.5.98 “草绘首选项”控制菜单

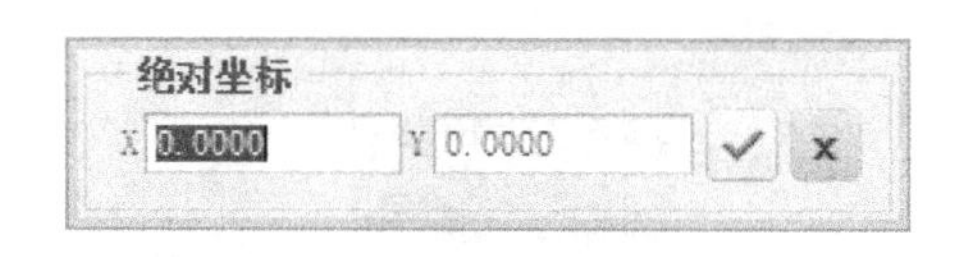

图 2.5.99 “绝对坐标”对话框

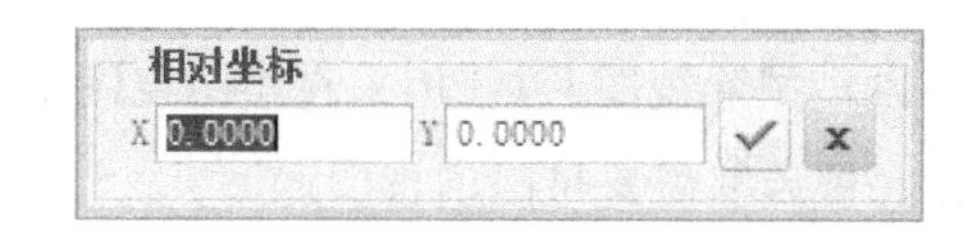

图 2.5.100 “相对坐标”对话框

5）构造线：用来在草绘时绘制辅助线或中心线。单击“草绘”→“草绘”→“构造线”图标，可通过点选、使用绝对坐标和相对坐标控制构造线的输入坐标。

6）构造圆：用来在草绘时绘制分布圆或辅助圆。单击“草绘”→“草绘”→“构造圆”图标，可通过点选、使用绝对坐标和相对坐标控制构造圆的输入坐标。

7）相交点：用来一次创建两条相互垂直的构造线。单击“草绘”→“草绘”→“相交点”图标，可通过点选、使用绝对坐标和相对坐标控制构造线的输入坐标。

8）线：用来在草绘时绘制直线。单击“草绘”→“草绘”→“线”图标，可通过点选、使用绝对坐标和相对坐标控制直线的输入坐标。

移动绘制后的直线的操作步骤如下。

① 选中待移动的直线，将指针移动到需要移动的端点，单击鼠标右键，弹出快捷菜单，如图 2.5.101 所示。

② 选择“移动特殊”命令，弹出“移动特殊”对话框，如图 2.5.102 所示。用户可通过绝对坐标、相对坐标、捕捉参考点及捕捉顶点来控制移动后的位置。

9）圆：用来在草绘时绘制圆。单击“草绘”→“草绘”→“圆”图标，可通过点选、使用绝对坐标和相对坐标控制圆的输入坐标。

修改已绘制圆的直径的方法如下。

方法一：选中需要修改的圆，拖动绘制圆的象限点改变圆的直径。

方法二：

① 选中需要修改的圆，将指针移动到需要移动的端点，单击鼠标右键，弹出快捷菜单，如图 2.5.103 所示。

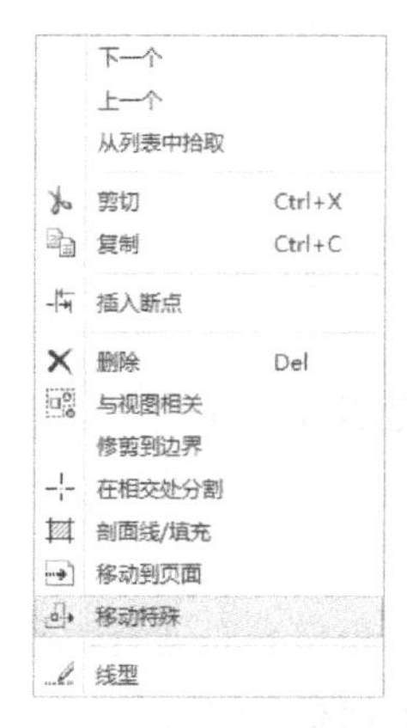

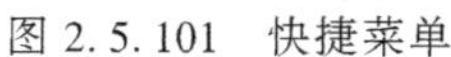

图 2.5.101　快捷菜单

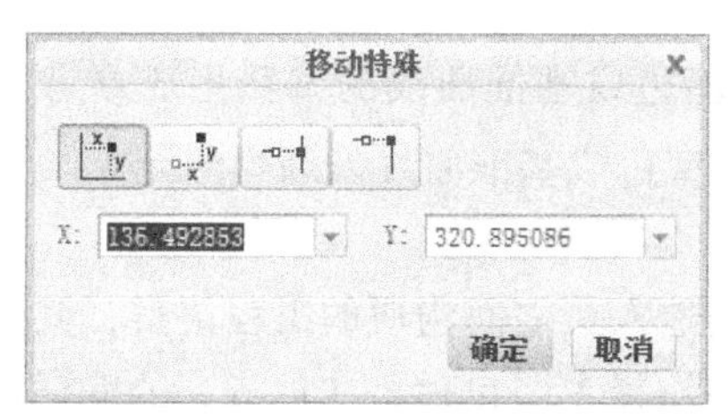

图 2.5.102　“移动特殊”对话框

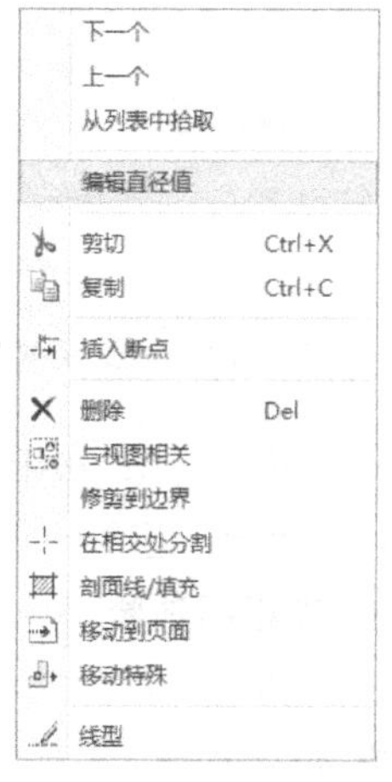

图 2.5.103　快捷菜单

② 选择“编辑直径值”命令，弹出“输入直径的值”对话框，如图 2.5.104 所示，输入新的直径值，然后确定即可。

图 2.5.104　“输入直径的值”对话框

10）弧：通过圆心和端点、3 点/相切端输入圆弧。单击“草绘”→“草绘”→“弧”图标，可通过点选、使用绝对坐标和相对坐标输入圆弧的控制点坐标。

11）椭圆：通过中心和轴、轴端点输入圆弧。单击“草绘”→“草绘”→“椭圆”图标，可通过点选、使用绝对坐标和相对坐标输入椭圆的控制点坐标。

12）样条：用来在草绘状态下绘制样条曲线。单击“草绘”→“草绘”→“样条”图标，可通过点选、使用绝对坐标和相对坐标输入样条的控制点坐标。

13）点：用来在草绘状态下创建构造点。单击“草绘”→“草绘”→“点”图标，可通过点选、使用绝对坐标和相对坐标输入点的控制点坐标。

14）倒角：用来在草绘状态下创建倒角。单击“草绘”→“草绘”→“倒角”图标，选择绘制图元或模型边以用于倒角参考，弹出“倒角属性”对话框，如图 2.5.105 所示。其中，修剪样式对模型边无效。

15）倒圆：用来创建一个与两边或三边相切的圆角。单击“草绘”→“草绘”→“倒圆”图标，选择绘制图元或模型边以用于倒圆参考，弹出“圆角属性”对话框，如图 2.5.106 所示。

其中，修剪样式对模型边无效，只对两边相切的圆角有效。

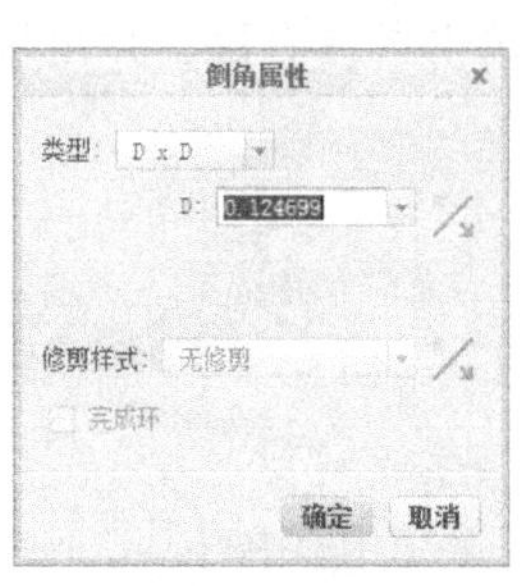

图 2.5.105 “倒角属性”对话框

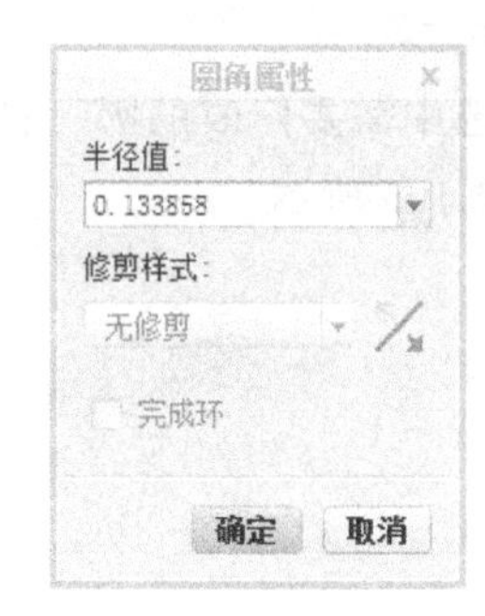

图 2.5.106 “圆角属性”对话框

16）边：用来从模型边或基准曲线的偏移生成参考来创建图元。单击“草绘”→“草绘”→“边”图标，选择模型边或基准曲线来创建图元。

3. 工程图注释

工程图作为设计人员和制造人员之间沟通的工程语言，其绝大部分信息是通过工程图中的注释来反映的。工程图中的注释主要包括尺寸标注、公差标注、表面粗糙度标注、注解标注等。

1）显示模型注释：用来在工程图中显示三维模型中的驱动尺寸、几何公差、三维注释、表面粗糙度、参考基准等。单击“注释”→“注释”→“显示模型注释”图标，打开“显示模型注释”对话框，如图 2.5.107 所示，从中可选择需要显示的模型注释。

2）尺寸：用来在工程图中创建公称尺寸。单击“注释”→“注释”→“尺寸”图标，打开“选择参考”对话框，如图 2.5.108 所示，可选择需要标注的图元。

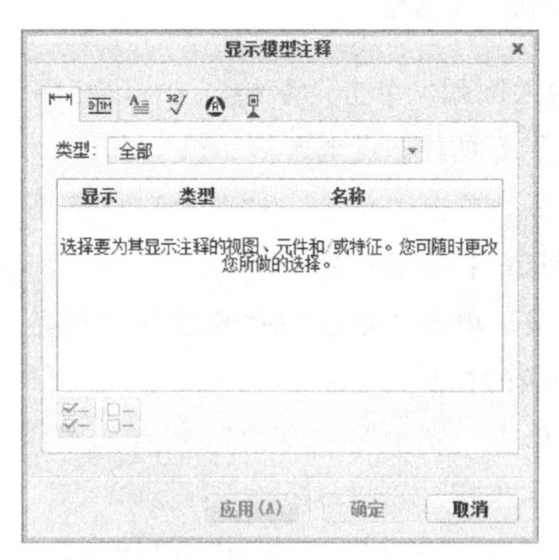

图 2.5.107 “显示模型注释”对话框

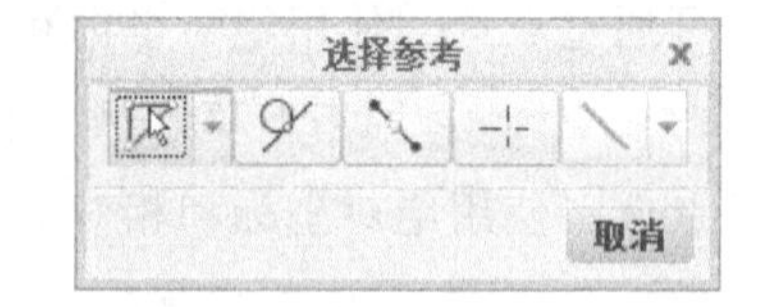

图 2.5.108 “选择参考”对话框

修改已标注的尺寸的操作如下：

选中需要修改的尺寸，单击鼠标右键，选择“尺寸属性”命令，弹出“尺寸属性”对话框，如图 2.5.109 所示，从中可修改已标注的尺寸。

- “属性”选项卡：该选项卡用于设置公称尺寸值及公差等属性。
- “显示”选项卡：该选项卡用于设置尺寸显示前缀、后缀、方向、箭头等属性。
- “文本样式”选项卡：该选项卡用于设置尺寸显示的字体、颜色、大小等属性。

3）坐标尺寸：用来在工程图中标注坐标尺寸。单击“注释”→“注释”→“坐标尺寸”图标，打开“选择参考”对话框，如图 2.5.108 所示。首先选择标注的参考零点，然后选择需要标注的图元，即可标注坐标尺寸。

注：若标注的坐标尺寸不显示尺寸线，则需要修改工程图参数 ord_dim_standard 为 std_ansi。

4）参考尺寸：用来在工程图中标注参考尺寸。单击“注释”→“注释”→“参考尺寸”图标，打开“选择参考”对话框，如图 2.5.108 所示，选择需要标注参考尺寸的图元即可标注参考尺寸。

5）注解：用来在工程图中创建解释性说明，如技术要求、指示说明等。单击“注释”→“注释”→“注解”图标，然后选择需要创建注解的位置或图元即可。注解的种类有 6 种，如图 2.5.110 所示。

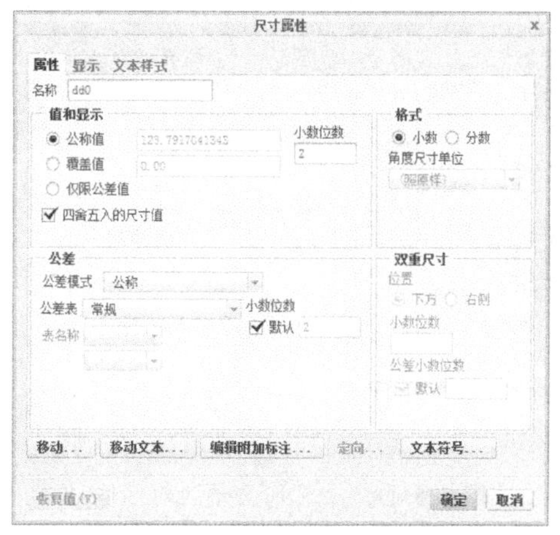

图 2.5.109 “尺寸属性”对话框

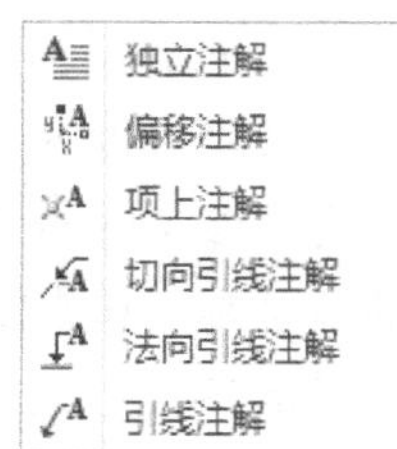

图 2.5.110 注解菜单

- 独立注解：创建一个未附加到任何参考、尺寸或图元的新注解。
- 偏移注解：创建一个相对于选定参考、尺寸或图元偏移位置的新注解。
- 项上注解：创建一个放置在选定参考上的新注解。
- 切向引线注解：创建一个带有切向引线的新注解。
- 法向引线注解：创建一个带有法向引线的新注解。
- 引线注解：创建一个带引线的新注解。

6）表面粗糙度：用来在工程图中创建表面粗糙度。表面粗糙度模板有 3 种类型：一般表面粗糙度、加工表面的表面粗糙度和非机械加工表面粗糙度。单击“注释”→“注释”→“表面粗糙度”图标，弹出“打开”对话框，如图 2.5.111 所示。

在“打开”对话框中选取合适的模板，单击“打开”按钮进入“表面粗糙度”对话框，如图 2.5.112 所示。

“表面粗糙度”对话框中有 3 个选项卡。

- “常规”选项卡：该选项卡用来设置表面粗糙度符号、放置类型、符号大小等。
- “分组”选项卡：用于为表面粗糙度设置分组。

- “可变文本”选项卡：用于为表面粗糙度添加数值及符号。

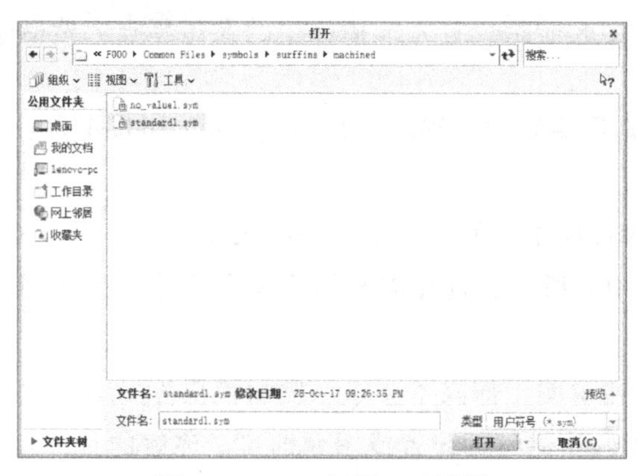

图 2.5.111 “打开”对话框

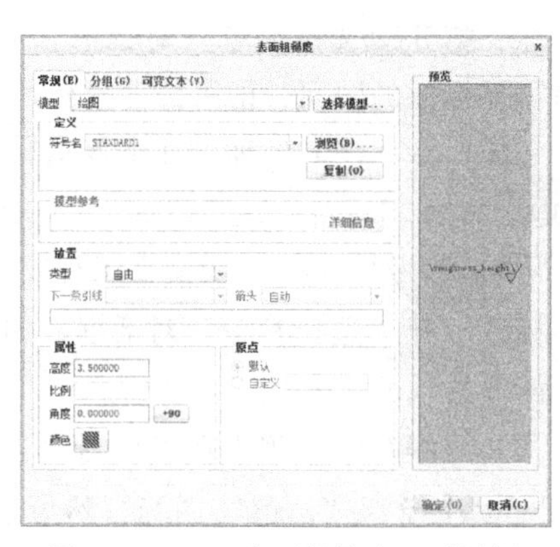

图 2.5.112 “表面粗糙度”对话框

7）几何公差：用来在工程图中创建几何公差。单击“注释”→“注释”→“几何公差”图标，弹出“几何公差”对话框，如图 2.5.113 所示。

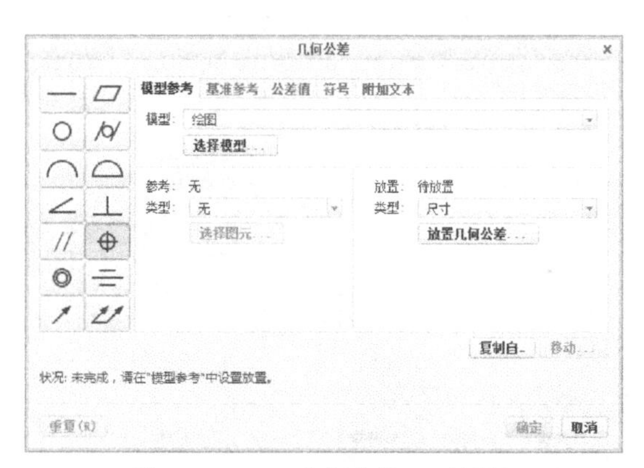

图 2.5.113 “几何公差”对话框

其左侧列出了常用的几种公差类型，每一种几何公差类型都需要设置。“几何公差”对话框中有以下 5 个选项卡。

- “模型参考”选项卡：用于设置几何公差的模型参考和放置类型等。
- “基准参考”选项卡：用于为几何公差设置参考基准，该选项卡只对位置公差有效。
- “公差值”选项卡：为几何公差设定公差值和材料条件。
- “符号”选项卡：为几何公差设定符号和修饰符。
- “附加文本”选项卡：为几何公差添加附加说明。

4. 创建明细栏

装配体的工程图明细栏一般放在标题栏上方，并与标题栏对齐，用于填写组成零件的序号、名称、材料、数量、标准件规格及零件热处理要求等。

明细栏可以制作成格式文件，在使用的时候通过选用模板导入即可。

进入工程图模板设计环境，打开图 2.5.114 所示的对话框。在该对话框中选择文件类型“格式”，输入文件名，并可以选择是否使用默认模板，进入工程图设计环境。或者打开任意的一个 *.frm 文件进入工程图模板设计环境。

在“新建”对话框中单击“确定”按钮后，进入图 2.5.115 所示的对话框，设置模板文件的格式后进入工程图模板设计环境，其“表”菜单如图 2.5.116 所示。

1）：通过指定列和行尺寸创建一个表。单击“表”→“表”→“表”图标，打开插入表菜单，如图 2.5.117 所示。

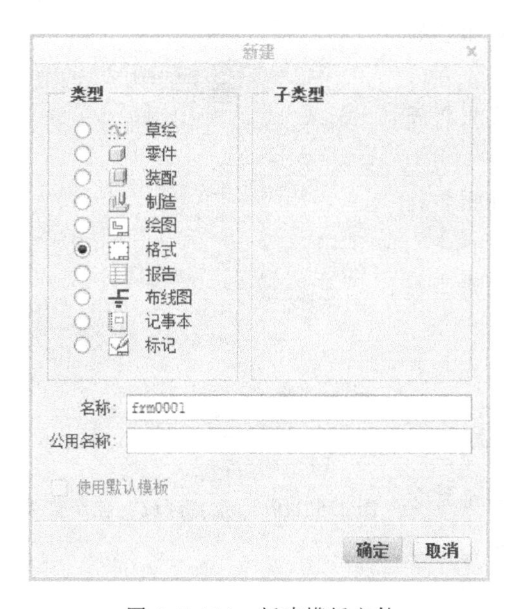

图 2.5.114　新建模板文件

图 2.5.115　“新格式”对话框

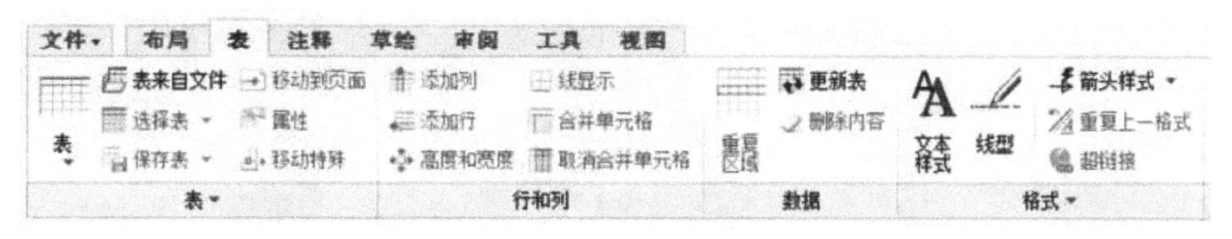

图 2.5.116　“表”菜单

插入一个 2 行 7 列的表格，并在表格中输入内容，如图 2.5.118 所示。

2）重复区域 ：将选定区域设置为执行重复的区域。单击“表”→“数据”→“重复区域”图标，弹出“重复区域”控制菜单，如图 2.5.119 所示。

选择“表域”→“添加”→“简单”命令，选取重复区域的第一个单元格和最后一个单元格，则整个重复区域显示红色框。双击重复区域中“序号”所在列的单元格，在图 2.5.120 所示的“报告符号”中选择 rpt|&index。

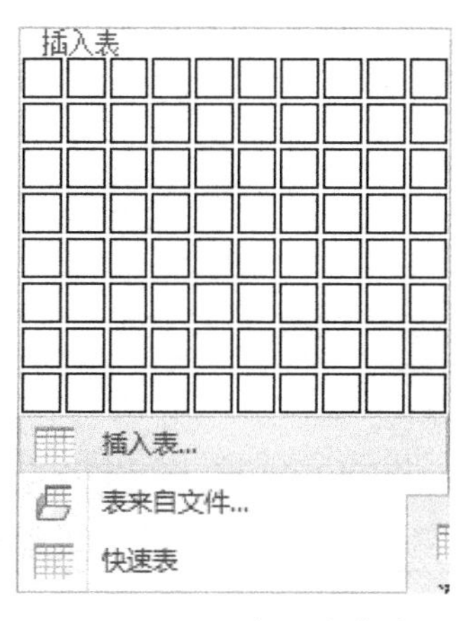

图 2.5.117　插入表菜单

双击重复区域中“代号”所在列的单元格，在报告符号中选择 mbr|User Defined，输入 pcode。

双击重复区域中“名称”所在列的单元格，在报告符号中选择 mbr|User Defined，输入 pname。

序号	代号	名称	数量	材料	重量	备注

图 2.5.118　插入表并输入内容

双击重复区域中“数量”所在列的单元格，在报告符号中选择 rpt|qty。

双击重复区域中“重量”所在列的单元格，在报告符号中选择 mbr|User Defined，输入 pmass。

双击重复区域中“备注”所在列的单元格，在报告符号中选择 mbr|User Defined，输入 pmark。

双击重复区域中“材料”所在列的单元格，在报告符号中选择 mbr|User Defined，输入 materials。

其中，pcode、pname、pmass、pmark 等参数为用户在三维模型中自定义的参数。

添加重复区域后的表格如图 2.5.121 所示。

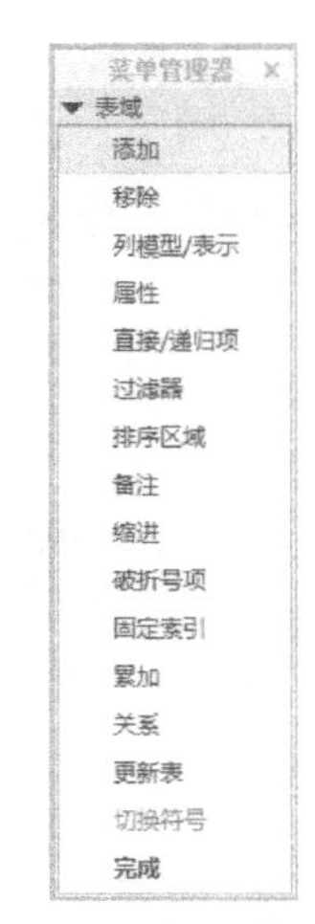

图 2.5.119 “重复区域”控制菜单

3）创建球标：在工程图环境下为装配体明细栏创建球标。单击“表”→“球标”→“创建球标”图标，打开创建球标下拉菜单，如图 2.5.122 所示。

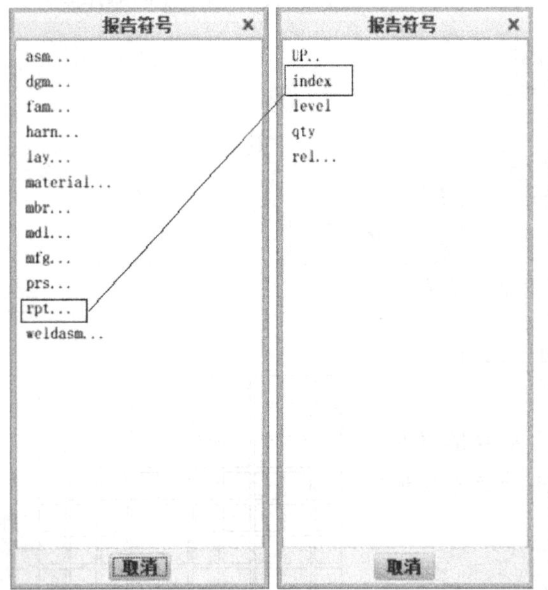

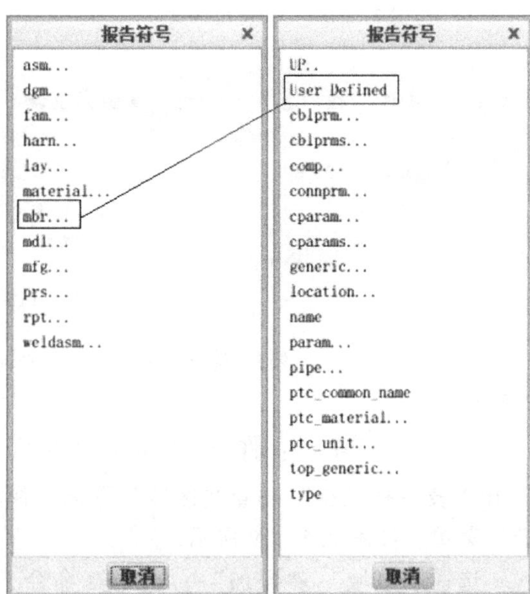

图 2.5.120 报告符号

&rpt.index	&mbr.pcode	&mbr.pname	&rpt.qty	&mbr.pmateri	&mbr.pmass	&mbr.pmark
序号	代号	名称	数量	材料	重量	备注

图 2.5.121 添加重复区域后的表格

- 创建球标-全部：在绘图中显示选定区域的 BOM 球标。
- 创建球标-按视图：在绘图中显示选定视图的选定区域的 BOM 球标。
- 创建球标-按元件：在绘图中显示选定元件的选定区

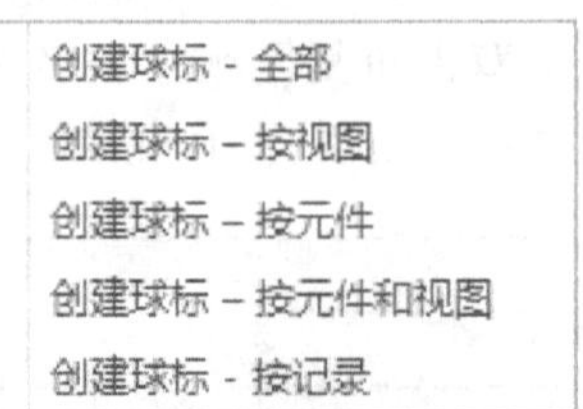

图 2.5.122 创建球标下拉菜单

域的 BOM 球标。

- 创建球标-按元件和视图：在绘图中显示选定元件和选定视图的选定区域的 BOM 球标。
- 创建球标-按记录：在绘图中显示选定记录的选定区域的 BOM 球标。

练 习 题

1. 简述 CAD 的关键技术。
2. 简述计算机图形学中字符的生成方式。
3. 简述图 2.6.1 所示的图形变换过程，从四边形 $abcd$ 到四边形 $a'b'c'd'$，写出复合变换矩阵。

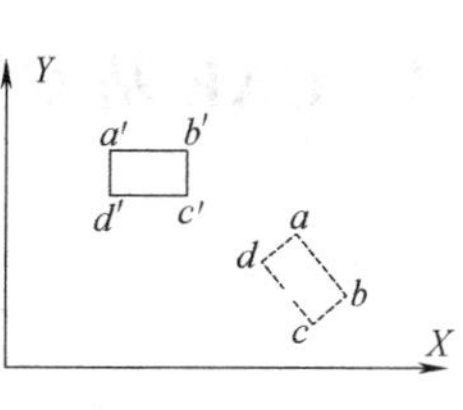

图 2.6.1 题 3 图

4. 如何实现图形变换中的三视图的生成方法？
5. 分析窗口与视区的变换方式。
6. 简述常用图形裁剪技术。
7. 常用 CAD 的建模技术有哪些？何为几何建模？何为特征建模？

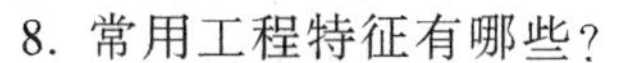

8. 常用工程特征有哪些？
9. 简述自上而下和自下而上两种不同装配方式的应用场合。
10. 目前可用的图形消隐技术有哪些？
11. 如何在 Creo 中实现参数化设计？
12. 如何在 Creo 中自定义装配图明细栏。

第3章

计算机辅助工程（CAE）

3.1 CAE基本知识

3.1.1 CAE的基本概念

计算机辅助工程（Computer Aided Engineering，CAE）是用计算机辅助进行复杂结构的力学性能分析、工程问题多场作用与安全可靠性分析，以及结构性能的优化设计等的一种近似数值分析方法。CAE分析的应用领域包括计算机辅助求解复杂工程产品结构强度、刚度、稳定性、动力响应、热传导、三维多接接触、弹塑性等性能的分析计算以及结构优化设计等。CAE具有以下特征。

1）涉及内容多，跨学科性明显。CAE与产品和信息技术相结合，在各项先进技术（如生物技术、微电子技术、复合材料技术等）中，都可以找到CAE应用的领域。

2）不同于基础科学，CAE面向的对象是工程产品；不同于CAD对产品表象的认知，CAE是对产品本质属性的表征。

3）CAE与新产品机理、先进可靠性和功能密切相关。CAE创造的价值越来越高，在产品研发中的地位日益提高。

典型的CAE分析包括的主要技术有有限元分析技术、运动学仿真技术、动力学仿真技术、模态分析技术、边界元分析技术、优化设计方法、工作环境场分析等。

有限元分析是非常成熟、应用非常广泛的CAE分析技术。有限元分析直接对结构进行离散化，根据力学、传热及热变形特性分析，建立相应的线性方程组，对问题进行数值求解。国内外已有比较成熟的用于商业工程分析的有限元分析软件，比较著名的有ANSYS、MSC/NASTRAN、ABAQUS、JFEX95（大连理工大学）。

CAE现已成为工程和产品结构分析中（如航空、航天、机械、土木结构等领域）必不可少的数值计算工具，同时也是分析连续力学各类问题的一种重要手段。CAE技术的应用，使许多过去受条件限制无法分析计算的复杂问题，通过计算机数值模拟得到了满意的解答。另一方面，计算机辅助分析使大量繁杂的工程分析问题简单化，使复杂的过程层次化，节省了大量的时间，避免了低水平重复的工作，使工程分析更快、更准确。总之，CAE在产品的设计、分析、新产品的开发等方面发挥了重要作用，同时CAE技术的发展又推动了许多相关的基础学科和应用科学的进步。

通常情况下，计算机辅助工程分析主要分为前处理、计算分析和后处理3个主要阶段。其中，前处理主要是建立问题的几何模型，进行网格划分，建立用于计算分析的数值模型，确定模型的边界条件和初始条件等；计算分析是对所建立的数值模型进行求解，经常需要求解大型的线性方程组。这个过程是 CAE 分析中计算量最大、对硬件性能要求最高的部分。后处理则以图、表、曲线等方式对所得的计算结果进行检查和处理。

3.1.2　CAE 软件简介

企业的生命力在于产品的创新，而对于工程师来说，实现创新的关键除了设计思想和概念之外，采用先进可靠的 CAE 软件是非常重要的技术手段。CAE 软件是计算力学、计算数学、相关的工程科学、工程管理学与现代计算机科学和技术相结合而形成的一种综合型、知识密集型信息产品，是 CAE 理论和工程应用之间的桥梁。

实用的 CAE 软件诞生于 20 世纪 70 年代初期，1970 年到 1985 年是 CAE 软件的功能及算法的扩充和完善期，并逐步形成了商品化的 CAE 软件。CAE 软件大体可以分为专用和通用两大类。

专用软件是针对特定类型的对象所开发的用于性能分析、预测和优化的软件。从广义上讲，设计人员根据实际功能需求开发的计算程序都可以认为是专用 CAE 软件。

通用软件是可以对多种类型对象的物理、力学性能进行分析、模拟、预测、评价和优化，以实现产品技术创新的软件。通用 CAE 软件主要指大型通用商业化软件，如 NASTRAN、ADAMS、ANSYS、MARC、ADINA 及 ABAQUS 等。通用 CAE 软件主要由有限元分析软件、优化设计软件、计算流体软件、电磁场计算软件、最优控制软件和其他专业性的计算模块组成。

现行 CAE 软件的结构基本相同，主要包含算法、软件模块两大部分，又可简单分类如下。

1）前处理模块：包括实现实体建模与参数化建模、构件的布尔运算、单元自动剖分、节点自动编号与节点参数自动生成、荷载与材料参数直接输入与公式参数化导入、节点荷载自动生成、有限元模型信息自动生成等部分。

2）有限元分析模块：包括有限单元库、材料库及相关算法，约束处理算法，有限元系统组装模块，静力、动力、振动、线性与非线性解法库等。大型通用 CAE 软件在实施有限元分析时，大都根据工程问题的物理、力学和数学特征，分解成若干个子问题，由不同的有限元分析子系统完成。一般有如下子系统：线性静力分析子系统、动力分析子系统、振动模态分析子系统、热分析子系统等。

3）后处理模块：包括有限元分析结果的数据平滑、各种物理量的加工与显示、针对工程或产品设计要求的数据检验与工程规范校核、设计优化与模型修改等部分。

4）用户界面模块：包括交互式图形界面、弹出式下拉菜单、对话框、数据导入与导出宏命令，以及相关的 GUI 图符等。

5）数据管理系统与数据库：不同的 CAE 软件所采用的数据管理技术差异较大，有文件管理系统、关系型数据库管理系统及面向对象的工程数据库管理系统。其数据库应该包括构件与模型的图形和特性数据库，标准、规范及有关知识库等。

6）共享的基础算法模块：如图形云图算法、数据平滑算法等。

目前，CAE 软件的主要功能如下。

1）静力和拟静力的线性与非线性分析：包括各种单一和复杂组合结构的弹性、弹塑性、塑性、蠕变、膨胀、几何大变形、大应变、疲劳、断裂、损伤，以及多体弹塑性接触在内的变形与应力应变分析。

2）线性与非线性动力学分析：包括各种动荷载、爆炸与冲击载荷作用下的时程分析，派动模态分析，交变载荷与谐波响应分析，随机地震载荷及随机振动分析，屈曲与稳定性分析等。

3）稳态与瞬态热传导与热—力耦合分析：包括热传导分析、对流和辐射状态下的热分析、相变分析、热/结构耦合分析等。

4）电磁场和电流场分析：包括静态和交变态的电磁场分析，电流与压电行为分析，电磁/结构耦合分析等。

5）流体计算：包括常规的管内和外场的层流与湍流分析、热/流耦合分析、流/固耦合分析等。

6）声场与波的传播计算：包括静态和动态声场及噪声计算，固体、流体和空气中波的传播计算等。

CAE 软件对工程和产品的分析、模拟能力，主要决定于单元库和材料库的丰富及完善程度。单元库所包含的单元类型越多，材料库所包括的材料特性种类越全，CAE 软件对工程或产品的分析、仿真能力就越强。知名的 CAE 软件的单元库一般都有百余种单元，并拥有一个比较完善的材料库，使得其对工程和产品的物理、力学特征具有较强的分析模拟能力。

CAE 软件的计算效率和计算结果的精度，主要决定于解法库。如果解法库包含了多种不同类型的高性能求解算法，就会对不同类型、不同规模的困难问题以较快的速度和较高的精度给出计算结果。先进高效的求解算法与常规的求解算法在计算效率上可能有几倍、几十倍，甚至几百倍的差异，特别是在并行计算机环境下运行时，这种现象就更加明显。

CAE 软件已经处在商品化时代，它们与 CAD、CAPP、CAM、PDM/ERP 等软件一起，已经成为支撑工程行业和制造企业信息化的主要信息技术，并且已经形成包括研究、开发、营销、咨询、培训服务在内的应用软件产业，它已经并会继续对国民经济发展做出重要贡献。

3.1.3 CAE 的发展概况

1. CAE 技术的发展过程

CAE 的诞生与高科技产业的发展密切相关。作为 CAE 的组成部分并发挥重要作用的有限元法于 20 世纪 50 年代后期诞生。当时正值飞机由螺旋桨式向喷气式转变，为了确定高速飞行的喷气式飞机的机翼结构，必须对其动态特性进行高精度分析计算，而以往的计算手段满足不了这个要求。1956 年，美国波音飞机公司的 Turner、Clough、Martin. Topp 等人发明了有限元法。这个方法的通用性使得它在土木、航空航天、机械工业中迅速得到了广泛应用，人们可以较准确地预测出摩天大楼、跨海大桥、汽车、飞机和火箭的力学特性，模拟很多高速碰撞、爆炸和复杂的流动现象。有限元法的通用性使得它可以把固体力学、流体力学和一般力学这几个不同的力学分支中的问题的求解统一在一个框架中，组织在一个程序中，使耦合（流/固耦合、刚柔体耦合）及系统分析成为可能。

除有限元法外，还发展了边界元、有限差分等方法，可对波动、断裂、接触及流场问题进行有效分析。结合这些算法开发的前后处理程序，为 CAE 的可视化、交互式、智能化奠定了基础。

经过半个世纪的发展，在信息、计算力学、控制等技术的推动下，CAE 技术日渐成熟，已经超出了简单的计算范畴，向仿真和虚拟分析方向迈进。CAE 逐渐发展成为涵盖多项主力学科（计算力学、信息、控制等），由各方面专家（包括算法设计师、软件设计师、产品研发工程师等）普遍参与的综合性工程，成为工程与科学技术之间的连接纽带。

2. CAE 的发展趋势

先进、智能、集成是 CAE 的目标。学科发展的交叉性，各门实用科学的突飞猛进，使 CAE 走出原有的数值分析框架，给工程研发带来了广度和深度上的影响。

复杂的工程和产品大都在多物理场与多相多介质及非线性耦合状态下工作，其行为绝非是多个单问题的简单叠加。对于多物理场耦合问题、多相多介质耦合问题，目前尚没有成熟可靠的理论，还处于基础性前沿研究阶段，它们已经成为国内外科学家主攻的目标。由于其强大的工业背景，基础研究的任何突破都会被迅速纳入 CAE 软件，以支持新兴工程和产品的技术创新。

CAE 软件是一个多学科交叉的、综合性的知识密集型产品，它由数百到数千个算法模块组成，其数据库存放着众多的设计方案、标准构件、行业标准及规范，以及判定设计和计算结果正确与否的知识性规则。其智能化的用户界面支持用户有效地使用 CAE 软件的专家系统，可对设计和计算结果的正确与否做出判断。

另外，将 CAD、CAM 和 CAE 有机地集成在一起，能实现最佳效率；在设计阶段就分析和考虑设计、加工、管理等的相互作用及影响，效率大大提高；各分系统工程数据之间的传递采用统一的交换数据标准，并朝着统一产品信息模型的方向发展。

总之，伴随着 CAE 的全面进步和人工智能、计算机集成制造系统（Computer Integrated Manufacturing System，CIMS）等项目的实施，现代设计越来越具有高可靠性，现代企业进入了新的发展阶段。

3.2 有限元法概述

3.2.1 有限元法的概念

1. 发展概况

有限元法基本思想的提出，始于 1943 年，Richard Courant 第一次尝试应用三角形区域的分片连续函数和最小势能原理求解圣维南（St. Venant）扭转问题。但由于当时没有计算机这一工具，没能用来分析工程实际问题，因而未得到重视和发展。

现代有限元法的第一个成功尝试，是将刚架位移法推广应用于弹性力学平面问题，这是 Turner、Clough 等人在分析飞机结构时于 1956 年得到的成果。他们第一次给出了用三角形单元求平面应力问题的正确解答，他们的研究打开了计算机求解复杂问题的新局面。1960 年，美国人 Ray W. Clough 教授在美国土木工程学会（ASCE）之计算机会议上，发表了一篇处理平面弹性问题的论文，名为 *The Finite Element in Plane Stress Analysis*，将应用范围扩展到飞机以外的土木工程上，同时有限元法（Finite Element Method，FEM）的名称也第一次被正式提出。

1963—1964 年，Besseling、Melosh 和 Jones 等人证明了有限元法是基于变分原理的里兹（Ritz）法的另一种形式，从而使使用里兹法分析的所有理论基础都适用于有限元法，确认了有限元法是处理连续介质问题的一种普遍方法。利用变分原理建立有限元方程和经典里兹法的主要区别是，有限元法假设的近似函数不是在全求解域上规定的，而是在单元上规定的，而且事先不要求满足任何边界条件，因此它可以用来处理很复杂的连续介质问题。

有限元法在工程中应用的巨大成功，引起了数学界的关注。20世纪60—70年代，数学工作者对有限元的误差、解的收敛性和稳定性等方面进行了卓有成效的研究，从而巩固了有限元法的数学基础。我国数学家冯康在20世纪60年代研究变分问题的差分格式时，也独立地提出了分片插值的思想，为有限元法的创立做出了贡献。

几十年来，有限元法的应用已由弹性力学平面问题扩展到空间问题、板壳问题，由静力平衡问题扩展到稳定问题、动力问题和波动问题。其分析的对象从弹性材料扩展到塑性、黏弹性、黏塑性和复合材料等，从固体力学扩展到流体力学、传热学等连续介质力学领域，在工程分析中的作用已从分析和校核扩展到优化设计，并与计算机辅助设计技术相结合。可以预计，随着现代力学、计算数学和计算机技术等学科的发展，有限元法作为一个具有巩固理论基础和广泛应用效力的数值分析工具，必将在国民经济建设和科学技术发展中发挥更大的作用，其自身也将得到进一步的发展和完善。

2. 有限元法的基本思想

有限元法是目前CAE工程分析系统中使用非常多、分析计算能力非常强、应用领域非常广的一种方法。有限元法是求解数理方程的一种数值计算方法，是解决工程实际问题的一种有力的数据计算工具。起初，这种方法被用来研究复杂的飞机结构中的应力问题，是将弹性理论、计算数学和计算机软件有机地结合在一起的一种数值分析技术。后来，由于这一方法具有灵活、快速和有效性，使其迅速发展成为求解各领域的数理方程的一种通用的近似计算方法。目前，它在许多学科领域和实际工程问题中得到了广泛的应用，因此在工科院校和工业界受到普遍的重视。

在求解工程技术领域的实际问题时，建立基本方程和边界条件还是比较容易的，但是由于其几何形状、材料特性和外部载荷的不规则性，使得求得解析解非常困难。因此，寻求近似解法就成了求解实际问题近似解的必由之路。经过多年的探索，尽管近似解法有许多种，但常用的数值分析方法就是差分法和有限元法。

差分法计算模型可给出其基本方程的逐点近似值（差分网格上的点）。但对于不规则的几何形状和不规则的特殊边界条件，差分法就难以应用了。

有限元法把求解区域看作由许多小的在节点处相互连接的子域（单元）所构成，其模型给出基本方程的分片（子）近似解。由于单元可以被分成各种形状和大小不同的尺寸，所以它能很好地适应复杂的几何形状、复杂的材料特性和复杂的边界条件，再加上有成熟的大型软件系统支持，使其逐渐成为一种非常受欢迎的、应用极广的数值计算方法。

3. 有限元法分类

（1）线弹性有限元法

线弹性有限元法以理想弹性体为研究对象，所考虑的变形建立在小变形假设的基础上。在这类问题中，材料的应力与应变呈线性关系，满足广义胡克定律，即应变与位移也是线性关系。线弹性有限元问题归结为求解线性方程组问题，所以只需要较少的计算时间。如果采用高效的代数方程组求解方法，则有助于降低有限元分析的时间。

线弹性有限元一般包括线弹性静力分析与线弹性动力分析两个主要内容。学习这些内容需具备材料力学、弹性力学、结构力学、数值方法、矩阵代数、算法语言，振动力学、弹性动力学等方面的知识。

（2）非线性有限元法

非线性有限元问题与线弹性有限元问题有很大不同，主要表现在如下 3 个方面：

① 非线性问题的方程是非线性的，因此一般需要迭代求解；

② 非线性问题不能采用叠加原理；

③ 非线性问题不是总有一致解，有时甚至没有解。

以上 3 方面的因素使非线性问题的求解过程比线弹性问题更加复杂、费用更高、更具有不可预知性。

有限元法所求解的非线性问题可以分为如下 3 类。

1）材料非线性问题。材料的应力与应变是非线性关系，但当应变与位移很微小时，可以认为应变与位移呈线性关系，这类问题属于材料非线性问题。由于从理论上还不能提供被普遍接受的本构关系，因此，一般来说，材料的应力与应变之间的非线性关系要基于试验数据，有时非线性特性可用数学模型进行模拟，尽管这些模型总是有它们的局限性。

在实际工程中较为重要的材料非线性问题有非线性（包括分段线弹性）、弹塑性、粘连性及蠕变等。

2）几何非线性问题。几何非线性是由于位移之间存在非线性关系而引起的。当物体的位移较大时，应变与位移的关系是非线性关系，这意味着结构本身会产生大位移或大转动，而单元中的应变却可大可小。研究这类问题时，一般都假定材料的应力与应变呈线性关系。这类问题包括大位移大应变问题及大位移小应变问题，例如，结构的弹性弯曲问题属于大位移小应变问题，橡胶部件形成过程为大应变问题。

3）边界非线性（接触）问题。在加工、密封、撞击等问题中，接触和摩擦的作用不可忽视，接触边界属于高度非线性边界。平时遇到的一些接触问题，如齿轮传动、冲压成形、轧制成形、橡胶减振器、紧配合装配等，当一个结构与另一个结构或外部边界相接触时，通常要考虑非线性边界条件。

实际的非线性问题可能同时出现上述两种或 3 种非线性问题。

3.2.2　有限元法的描述

有限元法的通用性使得它可以把固体力学、流体力学、动力学与控制等不同分支中课题的求解统一在一个框架、组织在一个分析系统中。基于数理模型，有限元分析系统一般由前处理器、模型求解器、后处理器 3 个部分组成。其中前/后处理器是算法与空间模型的接口，进行相应数据的前期准备与后期整理，完成算式表达和结果显示。模型求解器部分实现数理方程的解算。对于线性化模型，目前的算法已趋于成熟，当前数理方法的主要研究方向是非线性问题和多系统耦合分析。

有限元法可将连续的变形固体离散成有限个单元组成的结构，单元与单元之间仅在节点处以铰链连接（节点不传递力矩），利用变分原理或其他方法建立联系节点位移和节点载荷的代数方程组，求解这些方程组，可得到未知节点位移，再求得各单元内的其他物理量。一般来说，有限元解题过程可分为如下 6 个步骤。

（1）连续体的离散化

将有关连续体离散成若干个单元，单元之间由节点相连接，由新的单元集合体取代原来的连续变形体进行变形分析。当求解出各个单元的节点参量（位移、速度等）后，即可得到各个单元的物理量，从而实现对整个连续体的求解。

（2）位移模式的选择

连续体离散化后，要对典型单元进行特性分析。为了能用节点位移（速度）来表示单元体的位移、应变和应力，必须对单元中的位移分布做出假定，即假定一种位移模式（形函数）来近似地模拟其真实位移。其矩阵形式为

$$\{\delta\}=[N]\{d\}^{e} \tag{3.2.1}$$

式中　$\{\delta\}$ ——单元中任一点位移列阵；

$[N]$ ——形函数矩阵；

$\{d\}^{e}$——单元节点位移列阵。

位移模式选定以后，就可以进行单元力学特征分析。根据几何方程确定的应变与单元节点位移的关系为

$$\{\varepsilon\}=[B]\{d\}^{e} \tag{3.2.2}$$

式中　$\{\varepsilon\}$ ——应变列阵；

$[B]$ ——几何矩阵。

利用物理方程给出的单元体内任一点的应力状态为

$$\{\sigma\}=[D][B]\{d\}^{e} \tag{3.2.3}$$

式中　$\{\sigma\}$ ——单元体内任一点应力列阵；

$[D]$ ——与单元材料相关的本构矩阵。

（3）建立单元刚度矩阵

利用虚功原理建立作用于单元上的节点力和节点位移之间的关系式，即确定单元刚度方程 $\{F\}$ 为

$$\{F\}^{e}=[k]\{d\}^{e} \tag{3.2.4}$$

式中　$\{F\}^{e}$——单元荷载向量；

$[k]$ ——单元刚度列阵，且

$$[k]=\iiint[B]^{\mathrm{T}}[D][B]\mathrm{d}\nu \tag{3.2.5}$$

（4）计算等效节点力

（5）组装单元刚度矩阵形成整体刚度矩阵

根据连续体平衡条件，建立联系整体节点位移和节点载荷的一个大型线性（或非线性）方程组，求解这个方程组，得到节点位移值为

$$[K]\{d\}=\{F\} \tag{3.2.6}$$

式中　$[K]$——总体刚度矩阵；

$\{d\}$——整个连续体节点位移列阵；

$\{F\}$——节点载荷矩阵。

（6）求解未知节点位移，计算节点力

有限元求解可以分为力法和位移法两种。

1）力法。以力为未知量，在建立的整体刚度矩阵基础上可以求得整体节点位移矩阵。利用单元化后的节点位移矩阵，通过几何矩阵即可求出单元应变矩阵及单元应力矩阵。

2）位移法。以位移为未知量，在给定载荷下，同样可以通过单元刚度矩阵、几何矩阵、本构矩阵求得应变矩阵和应力矩阵。

3.3　多体系统动力学分析

3.3.1　多体系统动力学概述

多体系统动力学是研究多体系统（一般由若干个柔性和刚性物体相互连接所组成）运动规律的科学。多体系统动力学包括多刚体系统动力学和多柔体系统动力学。

虽然经典力学方法原则上可用于建立任意系统的微分方程，但随着系统内分体数和自由度的增多，以及分体之间约束方式的复杂化，方程的推导过程变得极其烦琐。为适应现代计算技术的飞速发展，要求将传统的经典力学方法针对多体系统的特点加以发展和补充，从而形成多体系统动力学的新分支。为建立多体系统动力学的数学模型，已经发展了多种方法，其共同特点是将经典力学原理与现代计算技术结合。目前，主流的 CAE 软件基本都包括了多体运动学仿真功能。

3.3.2　多体系统动力学基础

下面以高等数学和线性代数为基础来描述多体系统动力学的运动行为。

1. 矢量的坐标阵和坐标方阵

对矢量进行运算可以借助于它的坐标阵和坐标方阵。

设某坐标系的 3 个单位矢量分别为 $\hat{x}$、$\hat{y}$ 和 $\hat{z}$，矢量 $\vec{a}$ 在该坐标系的各方向上有 3 个投影，为 a_x、a_y 和 a_z，则由平行四边形法则知 $\vec{a}$ 可表示为

$$\vec{a}=a_x\hat{x}+a_y\hat{y}+a_z\hat{z} \tag{3.3.1}$$

$\vec{a}$ 在该坐标系内的坐标阵定义为

$$\underline{a}=\begin{bmatrix} a_x \\ a_y \\ a_z \end{bmatrix} \tag{3.3.2}$$

坐标方阵定义为

$$\tilde{\underline{a}}=\begin{bmatrix} 0 & -a_z & a_y \\ a_z & 0 & -a_x \\ -a_y & a_x & 0 \end{bmatrix} \tag{3.3.3}$$

同样，对于矢量 $\vec{b}$，在同一坐标系内也有

$$\vec{b}=b_x\hat{x}+b_y\hat{y}+b_z\hat{z} \tag{3.3.4}$$

$$\underline{b}=\begin{bmatrix} b_x \\ b_y \\ b_z \end{bmatrix} \tag{3.3.5}$$

$$\tilde{\underline{b}}=\begin{bmatrix} 0 & -b_z & b_y \\ b_z & 0 & -b_x \\ -b_y & b_x & 0 \end{bmatrix} \tag{3.3.6}$$

于是

$$\vec{a}\cdot\vec{b}=(a_x\hat{x}+a_y\hat{y}+a_z\hat{z})\cdot(b_x\hat{x}+b_y\hat{y}+b_z\hat{z})=a_xb_x+a_yb_y+a_zb_z=\underline{a}^{\mathrm{T}}\underline{b}=\underline{b}^{\mathrm{T}}\underline{a} \tag{3.3.7}$$

式（3.3.7）是用坐标阵计算矢量点乘的关系式。由于一个矢量在不同的坐标系内会有不同的坐标阵，所以进行两个矢量点乘运算时，必须使用其在同一个坐标系内的坐标阵。

按定义，两个矢量$\vec{a}$和$\vec{b}$的叉积为另一矢量$\vec{d}$，即

$$\begin{aligned}\vec{d}&=\vec{a}\times\vec{b}=(a_x\hat{x}+a_y\hat{y}+a_z\hat{z})\times(b_x\hat{x}+b_y\hat{y}+b_z\hat{z})\\&=\begin{vmatrix}\hat{x}&\hat{y}&\hat{z}\\a_x&a_y&a_z\\b_x&b_y&b_z\end{vmatrix}=(-a_zb_y+a_yb_z)\hat{x}+(a_zb_x-a_xb_z)\hat{y}+(-a_yb_x+a_xb_y)\hat{z}\end{aligned} \tag{3.3.8}$$

则$\vec{d}$在同一坐标系内的坐标阵为

$$\underline{d}=\begin{bmatrix}d_x\\d_y\\d_z\end{bmatrix}=\begin{bmatrix}-a_zb_y & +a_yb_z\\a_zb_x & -a_xb_z\\-a_yb_x & +a_xb_y\end{bmatrix} \tag{3.3.9}$$

而按矩阵相乘有

$$\begin{bmatrix}0&-a_z&a_y\\a_z&0&-a_x\\-a_y&a_x&0\end{bmatrix}\begin{bmatrix}b_x\\b_y\\b_z\end{bmatrix} \tag{3.3.10}$$

$$=\begin{bmatrix}-a_zb_y & +a_yb_z\\a_zb_x & -a_xb_z\\-a_yb_x & +a_xb_y\end{bmatrix}-\begin{bmatrix}0&-b_z&b_y\\b_z&0&-b_x\\-b_y&b_x&0\end{bmatrix}\begin{bmatrix}a_x\\a_y\\a_z\end{bmatrix} \tag{3.3.11}$$

$$=\begin{bmatrix}-a_zb_y & +a_yb_z\\a_zb_x & -a_xb_z\\-a_yb_x & +a_xb_y\end{bmatrix}$$

于是

$$\underline{d}=\underline{\tilde{a}b}=-\underline{\tilde{b}a} \tag{3.3.12}$$

式（3.3.12）用坐标阵表示的叉乘关系式。需要强调的是，进行两个矢量叉乘运算时，必须使用其在同一个坐标系内的坐标阵或坐标方阵。

规定零矢量的坐标阵和坐标方阵均用零矩阵 **0** 表示。

同一个矢量在不同坐标系内的坐标阵不同，但二者可以通过方向余弦矩阵进行转换。

2. 方向余弦矩阵

设有两个坐标系，其单位矢量分别为$\hat{x}^r$、$\hat{y}^r$、$\hat{z}^r$和$\hat{x}^b$、$\hat{y}^b$、$\hat{z}^b$，且分别称为 r 坐标系和 b 坐标系，如图 3.3.1 所示。

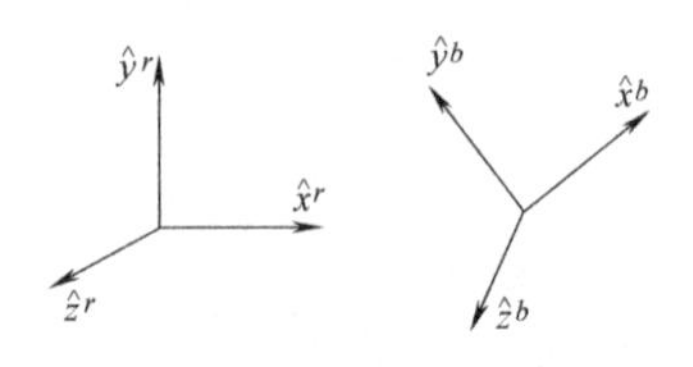

图 3.3.1 r 坐标系和 b 坐标系

利用 b 坐标系各单位矢量在 r 坐标系内的 9 个方向余弦可以构造出以下式中的 3×3 矩阵：

3 CHAPTER

$$\underline{A}^{rb}=\begin{bmatrix}\hat{x}^b\cdot\hat{x}^r & \hat{y}^b\cdot\hat{x}^r & \hat{z}^b\cdot\hat{x}^r\\ \hat{x}^b\cdot\hat{y}^r & \hat{y}^b\cdot\hat{y}^r & \hat{z}^b\cdot\hat{y}^r\\ \hat{x}^b\cdot\hat{z}^r & \hat{y}^b\cdot\hat{z}^r & \hat{z}^b\cdot\hat{z}^r\end{bmatrix} \tag{3.3.13}$$

式（3.3.13）称为 b 坐标系相对 r 坐标系的方向余弦矩阵。同样可以构造出 r 坐标系相对 b 坐标系的方向余弦矩阵：

$$\underline{A}^{br}=\begin{bmatrix}\hat{x}^r\cdot\hat{x}^b & \hat{y}^r\cdot\hat{x}^b & \hat{z}^r\cdot\hat{x}^b\\ \hat{x}^r\cdot\hat{y}^b & \hat{y}^r\cdot\hat{y}^b & \hat{z}^r\cdot\hat{y}^b\\ \hat{x}^r\cdot\hat{z}^b & \hat{y}^r\cdot\hat{z}^b & \hat{z}^r\cdot\hat{z}^b\end{bmatrix} \tag{3.3.14}$$

并且有

$$\underline{A}^{rb}=(\underline{A}^{br})^{\mathrm{T}} \tag{3.3.15}$$

常用的坐标系有总体坐标系（Global Coordinate System，GCS）和局部坐标系。总体坐标系又称 G 坐标系，用于确定几何结构的空间位置，是绝对参考系；局部坐标系是在总体坐标系中创建的固定坐标系，可以指定为某单元或节点的坐标系。很多情况下，用户必须创建自己的局部坐标系来创建部件。当 r 坐标系为总体坐标系，b 坐标系为局部坐标系时，式（3.3.15）对应于 b 坐标系和 G 坐标系之间的变换关系如图 3.3.2 所示。

3. 欧拉角

欧拉角用 3 个角度描述 b 坐标系相对 r 坐标系的姿态，如图 3.3.3 所示。

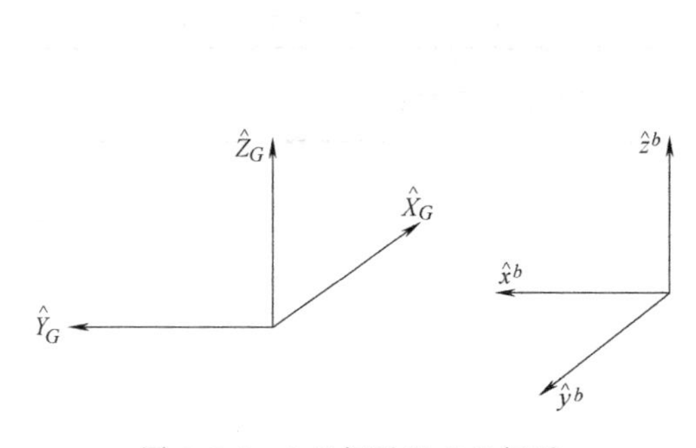

图 3.3.2　b 坐标系和 G 坐标系

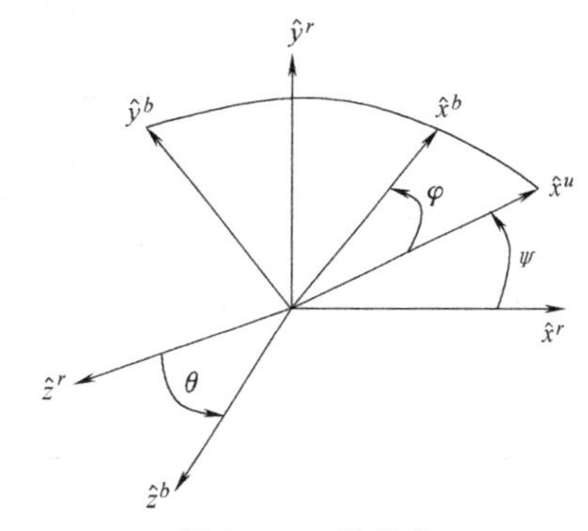

图 3.3.3　欧拉角

$\hat{x}^u$ 沿 $\hat{x}^b\hat{y}^b$ 平面与 $\hat{x}^r\hat{y}^r$ 平面交线的方向，ψ 为 $\hat{x}^r$ 与 $\hat{x}^u$ 的夹角，θ 为 $\hat{z}^r$ 与 $\hat{z}^b$ 的夹角，φ 为 $\hat{x}^b$ 与 $\hat{x}^u$ 的夹角。给定 3 个角度 ψ、θ 和 φ，怎样使 b 坐标系具有相应的姿态呢？可以通过 3 次规范的转动到达目标姿态，如图 3.3.4 所示。首先使 b 坐标系从与 r 坐标系重合的姿态绕 $\hat{z}^r$ 转 ψ 角，到达中间姿态，用 u 坐标系表示，相应的单位矢量为 $\hat{x}^u$、$\hat{y}^u$ 和 $\hat{z}^u$；然后使 u 坐标系绕 $\hat{x}^u$ 转 θ 角，到达另一中间姿态，用 v 坐标系表示，相应的单位矢量为 $\hat{x}^v$、$\hat{y}^v$ 和 $\hat{z}^v$，最后使 v 坐标系绕 $\hat{z}^v$ 转 φ 角，到达 b 坐标系的目标姿态。

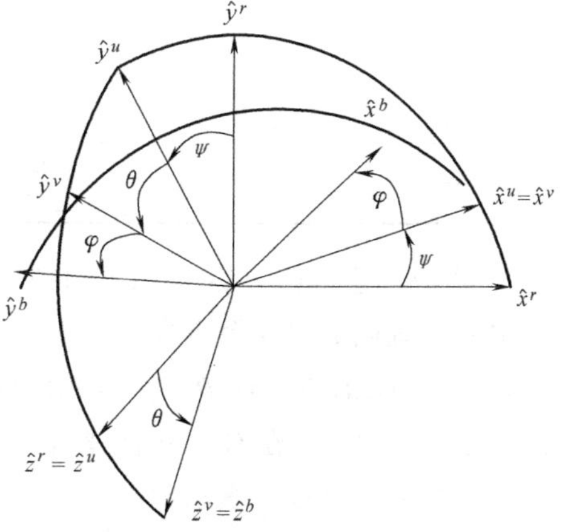

图 3.3.4　欧拉角的 3 次转动

3.3.3 几个位置和姿态函数

为了实现模型的参数化，即将一些数据与基本数据建立联系，需要用到位置和姿态函数。另外，可以通过硬点等简单的几何位置或姿态确定坐标系的复杂姿态，因为有时直接给出坐标系的单位矢量的方向或欧拉角的大小不方便，所以姿态函数可以起到一个桥梁的作用。

在模板制作过程中，很多场合需要确定坐标系的位置和姿态。例如，在建立物体模型时，需要确定物体坐标系（Body Coordinate System，BCS）在总体坐标系（Global Coordinate System，GCS）下的位置和姿态，其原点位置的确定方式见表3.3.1，其姿态确定方式见表3.3.2，其他场合下的位置和姿态确定方式与这两个表给出的大同小异。

表3.3.1 物体坐标系（BCS）原点位置的确定方式

确定位置方式选项	确定位置方式
User-entered location	直接给定BCS原点在GCS内的位置坐标
Delta location from coordinate	给定相对一点的在GCS内的绝对坐标或相对一个坐标系的相对坐标，利用LOC_RELATIVE_TO函数来确定BCS原点的位置
Centered between coordinates	给定两点、3点或4点，利用LOC_CENTERED函数来确定BCS原点的位置
Located along an axis	给定沿某坐标系一轴的坐标，利用LOC_ON_AXIS函数来确定BCS坐标系原点的位置
Located on a line	给定两点和一个比例系数（到第一点的距离与给定两点间距离之比），利用LOC_ALONG_LINE函数来确定BCS原点的位置
Location input communicator	利用从其他模板传来的在GCS中的位置坐标数据来确定BCS原点的位置

表3.3.2 物体坐标系（BCS）姿态的确定方式

确定姿态方式选项	确定姿态方式
Delta orientation from coordinate	给定相对一个坐标系的欧拉角，利用ORI_RELATIVE_TO函数来确定BCS的姿态
Parallel to axis	给定一个坐标系，利用ORI_ALIGN_AXIS函数来确定BCS的姿态
Oriented in plane	给定3点，利用ORI_IN_PLANE函数来确定BCS的姿态
Oriented to zpoint-xpoint	给定两点，利用ORI_IN_PLANE函数来确定BCS的姿态（BCS的原点充当第一点）
Orient axis along line	给定两点，利用ORI_ALONG_AXIS函数来确定BCS的姿态
Orient axis to point	给定一点，利用ORI_ALONG_AXIS函数来确定BCS的姿态（BCS的原点充当第一点）
User entered values	直接给定BCS相对GCS的欧拉角
Orientation input communicators	利用从其他模板传来的相对GCS的欧拉角数据来确定BCS的姿态
Toe/Camber	给定车轮前束角和外倾角，利用ORI_RELATIVE_TO函数来确定BCS的姿态（主要用于车轮或轮毂）

1. 中心位置函数（LOC_ CENTERED）

中心位置函数以n个点在总体坐标系内坐标的平均值作为待确定点的坐标，其调用形式为LOC_CENTERED（点P_1在GCS内的坐标$\{x_1, y_1, z_1\}$，点P_2在GCS内的坐标$\{x_2, y_2, z_2\}$，…，点P_n在GCS内的坐标$\{x_n, y_n, z_n\}$）。

此函数可用坐标阵表示为

$$\underline{r}=(\underline{r}_1+\underline{r}_2+...+\underline{r}_n)/n \tag{3.3.16}$$

其中，$\underline{r}$ 代表所要确定的点 P 在 GCS 内的 3 个位置坐标列阵，即矢量$\vec{r}=\overrightarrow{OP}$ 在 GCS 内的坐标阵，O 为 GCS 的原点，而

$$\underline{r}_i=\begin{bmatrix}x_i\\y_i\\z_i\end{bmatrix}(i=1,2,\cdots,n)\tag{3.3.17}$$

2. 线上位置函数（LOC_ALONG_LINE）

线上位置函数通过两点确定一条直线，并在直线上确定一点的位置，其调用形式为 LOC_ALONG_LINE（点 P_1 或坐标系 M_1，点 P_2 或坐标系 M_2，距离 d）

此函数可用坐标阵表示为

$$\underline{r}=\underline{r}_1+d\cdot(\underline{r}_2-\underline{r}_1)/l\tag{3.3.18}$$

$$l=\sqrt{(\underline{r}_2-\underline{r}_1)^{\mathrm{T}}(\underline{r}_2-\underline{r}_1)}\tag{3.3.19}$$

其中，$\underline{r}$ 代表所要确定的点 P 在 GCS 内的 3 个位置坐标列阵，即矢量$\vec{r}=\overrightarrow{OP}$ 在 GCS 内的坐标阵，O 为 GCS 的原点，d 代表给定的距离，即待定点 P 到点 P_1 或坐标系 M_1 原点的距离，$\underline{r}_1$ 代表点 P_1 或坐标系 M_1 的原点在 GCS 内的坐标阵，$\underline{r}_2$ 代表点 P_2 或坐标系 M_2 的原点在 GCS 内的坐标阵，l 为点 P_1 或坐标系 M_1 的原点到点 P_2 或坐标系 M_2 的原点的长度。

3. 相对位置函数（LOC_RELATIVE_TO）

LOC_RELATIVE_TO 函数有两种形式。其第一种形式为 LOC_RELATIVE_TO（相对位置坐标 $\{x, y, z\}$，点 P_1）。

相对位置坐标为这样一个坐标系中的坐标，即其原点为给定点 P_1，其姿态与 GCS 相同。此函数可用坐标阵表示为

$$\underline{r}=\underline{r}_1+\underline{\rho}\tag{3.3.20}$$

其中，$\underline{r}$ 代表所要确定的点 P 在 GCS 内的 3 个位置坐标列阵，即矢量$\vec{r}=\overrightarrow{OP}$ 在 GCS 内的坐标阵，O 为 GCS 的原点，$\underline{r}_1$ 代表给定点 P_1 在 GCS 内的 3 个位置坐标列阵，即矢量$\vec{r}_1=\overrightarrow{OP_1}$ 在 GCS 内的坐标阵，而

$$\underline{\rho}=\begin{bmatrix}x\\y\\z\end{bmatrix}\tag{3.3.21}$$

LOC_RELATIVE_TO 函数的第二种形式为 LOC_RELATIVE_TO（相对位置坐标 $\{x, y, z\}$，坐标系 M），相对位置坐标为给定坐标系 M 中的坐标，此函数可用坐标阵表示为

$$\underline{r}=\underline{r}_M+\underline{A}^{GM}\underline{\rho}\tag{3.3.22}$$

其中 $\underline{r}$ 和 $\underline{\rho}$ 同上，$\underline{r}_M$ 代表坐标系 M 的原点 M 在 GCS 内的 3 个位置坐标列阵，即矢量$\vec{r}_M=\overrightarrow{OM}$ 在 GCS 内的坐标阵，$\underline{A}^{GM}$ 代表从坐标系 M 到 GCS 的坐标变换矩阵。

4. 相对姿态函数（ORI_RELATIVE_TO）

这个姿态函数的调用形式为 ORI_RELATIVE_TO（相对欧拉角，坐标系 M_1）。

设待定坐标系用 M 表示，则上面的相对欧拉角为待定坐标系 M 相对给定坐标系 M_1 的欧拉角，通过此函数可以计算出待定坐标系 M 相对 GCS 的欧拉角。设待定坐标系 M 相对 GCS 的方向余弦矩阵为 $\underline{A}^{GM}$，则

3 CHAPTER

$$\underline{A}^{GM}=\underline{A}^{GM_1}\underline{A}^{M_1M} \tag{3.3.23}$$

其中 $\underline{A}^{GM_1}$ 为给定坐标系 M_1 相对 GCS 的方向余弦矩阵，$\underline{A}^{M_1M}$ 为待定坐标系 M 相对给定坐标系 M_1 的方向余弦矩阵，可由给定的相对欧拉角求出。有了 $\underline{A}^{GM}$，即可计算出待定坐标系 M 相对 GCS 的欧拉角。

3.3.4 力

1. 弹簧力

如图 3.3.5 所示，设一对不记质量的滑筒通过圆柱铰相连，内筒通过球铰与物体 B 在 J 点相连，外筒通过球铰与物体 A 在 I 点相连，弹簧安装在内筒的 Q 点和外筒的 P 点之间。

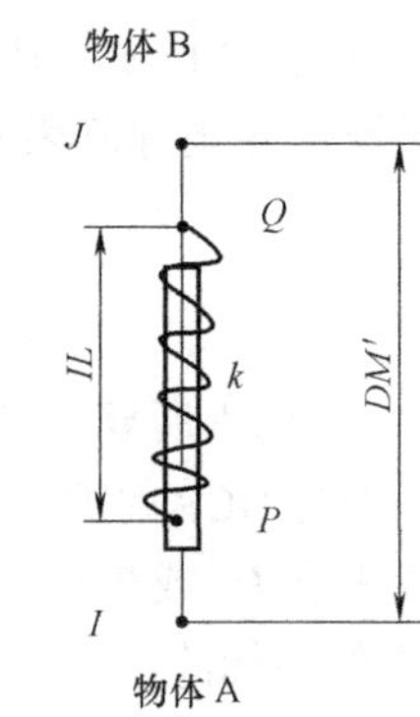

图 3.3.5 连接两个物体的弹簧

在安装位置下，Q 点和 P 点间的长度用 IL 表示，称为安装长度（Installed Length）；在安装位置下，J 点和 I 点间的长度用 DM'表示，弹簧的自由长度用 FL 表示，若用 Δ_0 表示弹簧在安装位置下的压缩变形，则

$$\Delta_0=FL-IL \tag{3.3.24}$$

后继的压缩变形为 Q 点和 P 点相对靠近的距离，由于 Q 点和 P 点位于滑筒上，所以后继的压缩变形也等于 J 点和 I 点相对靠近的距离。若用 Δ_1 表示后继的压缩变形，则

$$\Delta_1=DM'-DM \tag{3.3.25}$$

其中，DM 表示 J 点和 I 点之间的瞬时长度，在安装位置下与 DM'相等，从而弹簧的总压缩量为

$$\Delta=\Delta_0+\Delta_1=FL-IL+DM'-DM \tag{3.3.26}$$

令

$$C=FL-IL+DM' \tag{3.3.27}$$

则又有

$$\Delta=C-DM \tag{3.3.28}$$

若为线性弹簧且刚度为 k，则弹簧对物体 A 在 I 点和对物体 B 在 J 点沿 J 和 I 连线方向的压力为

$$F=k\Delta \tag{3.3.29}$$

若为非线性弹簧，且压力与压缩变形的函数关系用 f 表示，则

$$F=f(\Delta) \tag{3.3.30}$$

令在安装位置下弹簧的初始压缩力用 preload 表示，称为预载荷，则对线性弹簧有

$$\text{preload}=k\Delta_0=k(FL-IL) \tag{3.3.31}$$

对非线性弹簧有

$$\text{preload}=f(\Delta_0)=f(FL-IL) \tag{3.3.32}$$

2. 阻尼力（Dampers）

设有一阻尼器连接在物体 B 的 J 点和物体 A 的 I 点之间，用 V_r 表示 J 和 I 两点之间长度的变化率，即伸长时为正，缩短时为负，则黏性阻尼器对物体 A 在 I 点和对物体 B 在 J 点沿 J 和 I 连线方向的压力为

$$F=-cV_r \quad (3.3.33)$$

其中，c 为黏性阻尼系数，若力与 V_r 的关系为非线性函数 f，则

$$F=f(V_r) \quad (3.3.34)$$

其中，当 V_r 为正时，f 函数给出负力，即其符号与 V_r 相反。

3.3.5 约束

约束为机构中两个物体间的连接方式，如门与墙之间的旋转铰。在软件中，将两个坐标系，即 J 标记（Jmarker）坐标系和 I 标记（Imarker）坐标系，分别固连在两个物体上，并令其位置和姿态满足一定的关系（即约束方程）来实现各种各样的约束。所以约束的实质是其对应的约束方程。

建立机构的模型，就是确定机构在初始安装位置下的拓扑结构，主要是建立机构中的物体、力和约束，而约束的建立关键是确定以下内容。

- 约束所连接的两个物体。
- J 标记坐标系和 I 标记坐标系在两个物体上的初始位置及姿态。

J 标记坐标系和 I 标记坐标系在两个物体上的初始位置及姿态当然也要满足约束方程，下面叙述其确定方法。相应的标记方法也可在表 3.3.3 和表 3.3.4 中查到。

表 3.3.3 J 标记坐标系原点位置的确定方式

确定位置方式选项	确定位置方式
Delta location from coordinate	给定相对一点的在 GCS 内的绝对坐标或相对一个坐标系的相对坐标，利用 LOC_RELATIVE_TO 函数来确定 J 标记坐标系原点的位置
Centered between coordinates	给定两点、3 点或 4 点，利用 LOC_CENTERED 函数来确定 J 标记坐标系原点的位置
Located along an axis	给定沿某坐标系一轴的坐标，利用 LOC_ON_AXIS 函数来确定 J 标记坐标系原点的位置
Located on a line	给定两点和一个比例系数（到第一点的距离与给定两点间距离之比），利用 LOC_ALONG_LINE 函数来确定 J 标记坐标系原点的位置
Location input communicator	利用从其他模板传来的在 GCS 中的位置坐标数据来确定 J 标记坐标系原点的位置

表 3.3.4 J 标记坐标系姿态的确定方式

确定姿态方式选项	确定姿态方式
Delta orientation from coordinate	给定相对一个坐标系的欧拉角，利用 ORI_RELATIVE_TO 函数来确定 J 标记坐标系的姿态
Parallel to axis	给定一个坐标系，利用 ORI_ALIGN_AXIS 函数来确定 J 标记坐标系的姿态
Oriented in plane	给定 3 点，利用 ORI_IN_PLANE 函数来确定 J 标记坐标系的姿态
Oriented to zpoint-xpoint	给定两点，利用 ORI_IN_PLANE 函数来确定 J 标记坐标系的姿态（J 标记坐标系的原点充当第一点）
Orient axis along line	给定两点，利用 ORI_ALONG_AXIS 函数来确定 J 标记坐标系的姿态
Orient axis to point	给定一点，利用 ORI_ALONG_AXIS 函数来确定 J 标记坐标系的姿态（J 标记坐标系的原点充当第一点）
User entered values	给定相对 GCS 的欧拉角，利用 ORI_RELATIVE_TO 函数（以 GCS 为参照坐标系）来确定 J 标记坐标系的姿态
Orientation input communicators	利用从其他模板传来的相对 GCS 的欧拉角数据来确定 J 标记坐标系的姿态
Toe/Camber	给定车轮前束角和外倾角，利用 ORI_RELATIVE_TO 函数来确定 J 标记坐标系的姿态（主要用于车轮或轮毂处的旋转铰）

1. 滑移铰（Translational）

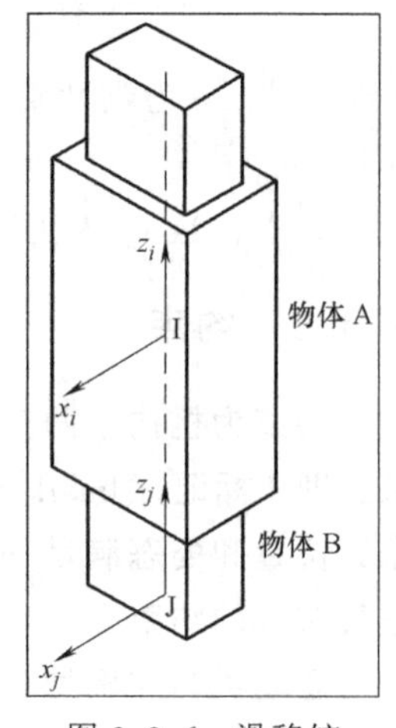

图 3.3.6　滑移铰

滑移铰只允许两个物体间有一个沿着滑移轴方向的相对移动，如图 3.3.6 所示。在物体 B 上固定一个 J 标记坐标系，其原点位于滑移轴线上，其单位矢量 $\hat{z}_j$ 沿滑移轴线方向，其他两个单位矢量的方向可视方便而定；在物体 A 上固定一个 I 标记坐标系，初始时与 J 标记坐标系完全重合。令 $\vec{h}$ 表示由 J 标记坐标系原点到 I 标记坐标系原点的位置矢量，如果使

$$\vec{h} \cdot \hat{x}_j = 0 \qquad (3.3.35)$$

$$\vec{h} \cdot \hat{y}_j = 0 \qquad (3.3.36)$$

$$\hat{z}_i \cdot \hat{x}_j = 0 \qquad (3.3.37)$$

$$\hat{z}_i \cdot \hat{y}_j = 0 \qquad (3.3.38)$$

$$\hat{x}_i \cdot \hat{y}_j = 0 \qquad (3.3.39)$$

则 I 标记坐标系与 J 标记坐标系姿态永远相同，I 标记坐标系原点在 J 标记坐标系的 x、y 方向无位移，在 z 方向可以有位移，从而保证两个物体间只有一个沿着滑移轴线方向的移动。上述 5 个方程即为滑移铰的约束方程。

建立滑移铰模型时，按表 3.3.3 确定 J 标记坐标系的初始位置，使其原点位于滑移轴线的一点上；按表 3.3.4 确定 J 标记坐标系的姿态，使其单位矢量 $\hat{z}_j$ 沿滑移轴线方向，另两个单位矢量的方向可视方便性指定，也可由 Adams/Car 自动确定，如通过表 3.3.4 中的 Orient axis along line 或 Orient axis to point 方式。对于 I 标记坐标系，使其初始位置和姿态与 J 标记坐标系完全相同，从而满足约束方程。

2. 旋转铰（Revolute）

旋转铰只允许两个物体间有一个绕着旋转轴的相对转动，如图 3.3.7 所示。在物体 B 上固定一个 J 标记坐标系，其原点位于旋转轴线上，其单位矢量 $\hat{z}_j$ 沿旋转轴线方向，其他两个单位矢量的方向可视方便性而定；在物体 A 上固定一个 I 标记坐标系，初始时与 J 标记坐标系完全重合。令 $\vec{h}$ 表示由 J 标记坐标系原点到 I 标记坐标系原点的位置矢量，如果使 I 标记坐标系与 J 标记坐标系的原点位置永远相同，I 标记坐标系相对 J 标记坐标系在 x、y 方向无转动，在 z 方向可以有转动，从而保证两个物体间只有一个绕着旋转轴线方向的转动。以下 5 个方程即为旋转铰的约束方程。

$$\vec{h} \cdot \hat{x}_j = 0 \qquad (3.3.40)$$

$$\vec{h} \cdot \hat{y}_j = 0 \qquad (3.3.41)$$

$$\vec{h} \cdot \hat{z}_j = 0 \qquad (3.3.42)$$

$$\hat{z}_i \cdot \hat{x}_j = 0 \qquad (3.3.43)$$

$$\hat{z}_i \cdot \hat{y}_j = 0 \qquad (3.3.44)$$

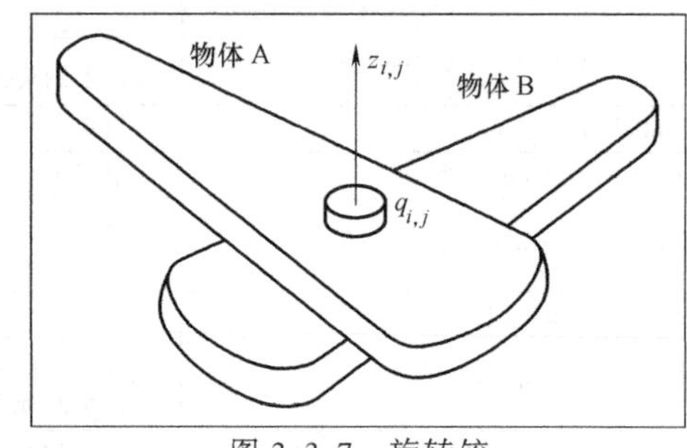

图 3.3.7　旋转铰

建立旋转铰模型时，按表 3.3.3 确定 J 标记坐标系的初始位置，使其原点位于旋转轴线的一点上；按表 3.3.4 确定 J 标记坐标系的姿态，使其单位矢量 $\hat{z}_j$ 沿旋转轴线方向，另两个单位矢量的方向可视方便性指定，也可由 Adams/Car 自动确定，如通过表 3.3.4 中的 Orient axis along line 或 Orient axis to point 方式。对于 I 标记

坐标系，使其初始位置和姿态与 J 标记坐标系完全相同，从而满足约束方程。

3. 圆柱铰（Cylindrical）

圆柱铰允许两个物体间沿着轴向既有移动又有转动，如图 3.3.8 所示。

在物体 B 上固定一个 J 标记坐标系，其原点位于轴线上，其单位矢量 $\hat{z}_j$ 沿轴线方向，其他两个单位矢量的方向可视方便性而定；在物体 A 上固定一个 I 标记坐标系，初始时与 J 标记坐标系完全重合。令 $\vec{h}$ 表示由 J 标记坐标系原点到 I 标记坐标系原点的位置矢量，如果使

$$\vec{h}\cdot\hat{x}_j=0 \tag{3.3.45}$$

$$\vec{h}\cdot\hat{y}_j=0 \tag{3.3.46}$$

$$\hat{z}_i\cdot\hat{x}_j=0 \tag{3.3.47}$$

$$\hat{z}_i\cdot\hat{y}_j=0 \tag{3.3.48}$$

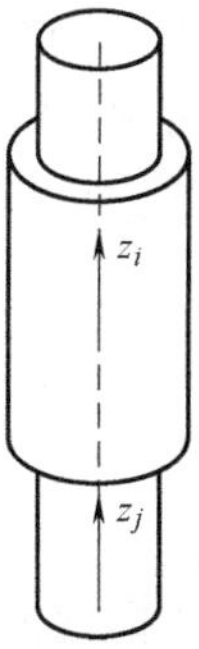

图 3.3.8　圆柱铰

则 I 标记坐标系原点在 J 标记坐标系的 x、y 方向无位移，在 z 方向可以有位移，I 标记坐标系相对 J 标记坐标系在 x、y 方向无转动，在 z 方向可以有转动，从而保证两个物体间的相对运动为沿轴线方向的移动或转动，式（3.3.45）~式（3.3.48）所示的 4 个方程即为圆柱铰的约束方程。

建立圆柱铰模型时，按表 3.3.3 确定 J 标记坐标系的初始位置，使其原点位于轴线的一点上；按表 3.3.4 确定 J 标记坐标系的姿态，使其单位矢量 $\hat{z}_j$ 沿轴线方向，另两个单位矢量的方向可视方便性指定，也可由软件自动确定，如通过表 3.3.4 中的 Orient axis along line 或 Orient axis to point 方式。对于 I 标记坐标系，使其初始位置和姿态与 J 标记坐标系完全相同，从而满足约束方程。

4. 球铰（Spherical）

球铰使两个物体有一点永远重合，这样两个物体间只能有 3 个方向的相对转动，如图 3.3.9 所示。

在物体 B 上固定一个 J 标记坐标系，其原点位于两个物体的共同点上，其 3 个单位矢量的方向可视方便性而定；在物体 A 上固定一个 I 标记坐标系，初始时与 J 标记坐标系完全重合。令 $\vec{h}$ 表示由 J 标记坐标系原点到 I 标记坐标系原点的位置矢量，如果使

$$\vec{h}\cdot\hat{x}_j=0 \tag{3.3.49}$$

$$\vec{h}\cdot\hat{y}_j=0 \tag{3.3.50}$$

$$\vec{h}\cdot\hat{z}_j=0 \tag{3.3.51}$$

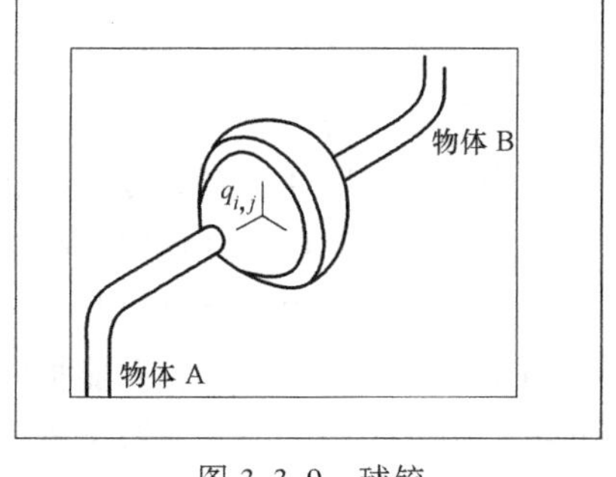

图 3.3.9　球铰

则 I 标记坐标系原点与 J 标记坐标系原点永远重合，相对姿态无限制，从而可保证两个物体间永远有一个共同点，而相对转动任意。式（3.3.49）~式（3.3.51）所示的 3 个方程即为球铰的约束方程。

建立球铰模型时，按表 3.3.3 确定 J 标记坐标系的初始位置，其初始姿态与 GCS 相同。对于 I 标记坐标系，使其初始位置和姿态与 J 标记坐标系完全相同，从而满足约束方程。

5. 平面铰（Planar）

平面铰使两个物体中的一个平面永远保持重合，这样两个物体间只能有沿平面的两个方

向的移动和绕平面法线方向的一个转动，如图 3.3.10 所示。

在物体 B 上固定一个 J 标记坐标系，其原点位于公共面上，其单位矢量 $\hat{z}_j$ 沿公共面法线方向，其他两个单位矢量的方向可视方便性而定；在物体 A 上固定一个 I 标记坐标系，初始时与 J 标记坐标系完全重合。令 $\vec{h}$ 表示由 J 标记坐标系原点到 I 标记坐标系原点的位置矢量，如果使

$$\vec{h} \cdot \hat{z}_j = 0 \tag{3.3.52}$$

$$\hat{z}_i \cdot \hat{x}_j = 0 \tag{3.3.53}$$

$$\hat{z}_i \cdot \hat{y}_j = 0 \tag{3.3.54}$$

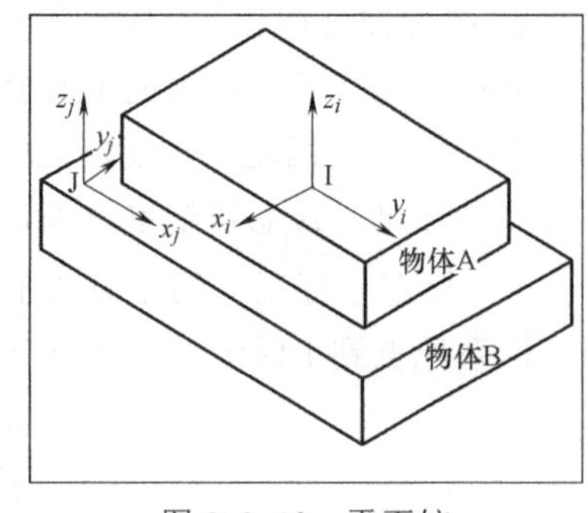

图 3.3.10　平面铰

则 I 标记坐标系原点在 J 标记坐标系的 z 方向无位移，在 x、y 方向可以有位移，I 标记坐标系相对 J 标记坐标系在 x、y 方向无转动，在 z 方向可以有转动，从而保证两个物体间的相对运动为沿平面的移动或绕平面法线的转动。式（3.3.52）~式（3.3.54）所示的 3 个方程即为平面铰的约束方程。

建立平面铰模型时，按表 3.3.3 确定 J 标记坐标系的初始位置，使其原点位于公共面的一点上；按表 3.3.4 确定 J 标记坐标系的姿态，使其单位矢量 $\hat{z}_j$ 沿公共面法线方向，另两个单位矢量的方向可视方便性指定，也可由 Adams/Car 自动确定，如通过表 3.3.4 中的 Orient axis along line 或 Orient axis to point 方式。对于 I 标记坐标系，使其初始位置和姿态与 J 标记坐标系完全相同，从而满足约束方程。

3.4　产品工作环境分析

3.4.1　产品工作环境的流体对流换热

流动与热交换现象大量地出现在自然界及各个工程领域中，其具体的表现形式多种多样。从现代楼宇的暖通空调过程到自然界中风霜雨雪的形成，从航天飞机重返大气层时壳体的保护到微电子器件的有效冷却，从现代汽车流线外形的确定到紧凑式换热器中翅片形状的选取，都与流动和传热过程密切相关。另外，各种生产电力的方法几乎都是以流体流动及传热作为其基本过程的。所有这些变化万千的流动与传热过程都受最基本的 3 个物理规律的支配，即质量守恒、动量守恒和能量守恒。本小节从数值传热学的角度，向读者介绍流动与传热问题中的这些守恒定律的数学表达式——偏微分方程（又称为控制方程，Governing Equations），即使一个过程区别于另一个过程的单值性条件（初始条件及边界条件，Initial and Boundary Conditions）。另外，本小节还介绍了不同形式的控制方程对数值计算结果的影响，以及用数值方法对控制方程进行求解的基本思想和常用的数值方法。

下面介绍描写流动与传热问题的控制方程。

设在图 3.4.1 所示的三维直角坐标系中有一对流换热过程，流体的速度矢量 $\boldsymbol{U}$ 在 3 个坐标上的分量分别为 u、v、ω，压力为 p，流体的密度为 ρ。这里，为一般化起见，u、v、ω、p 及 ρ 都是空间坐标及时间的函数。对图中所示的微元体 $dxdydz$，应用质量守恒定律、动量守恒定律和能量守恒定律，可得出 3 个守恒定律的数学表达式。

（1）质量守恒方程

对于图 3.4.1 所示的固定的空间位置的微元体，质量守恒定律可表示为［单位时间内微元体中流体质量的增加］=［同一时间间隔内流入该微元体的净质量］。

据此，可以得出以下质量守恒方程（又称连续性方程，Continuity Equation）

$$\frac{\partial\rho}{\partial t}+\frac{\partial(\rho u)}{\partial x}+\frac{\partial(\rho v)}{\partial y}+\frac{\partial(\rho\omega)}{\partial z}=0 \tag{3.4.1}$$

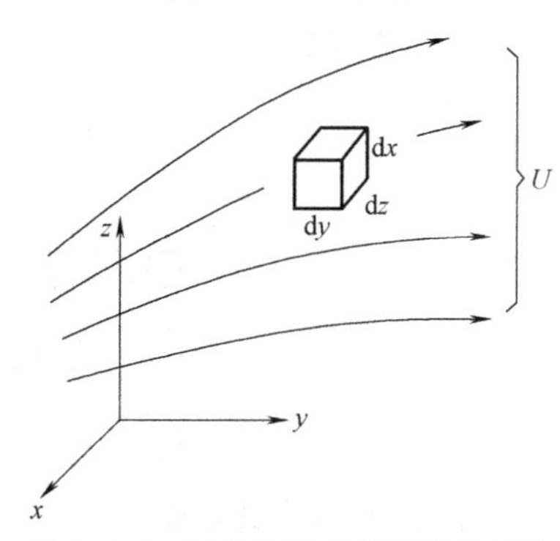

图 3.4.1　三维直角坐标系及微元体

式（3.4.1）中的第 2、3、4 项是质量流密度（单位时间内通过单位面积的流体质量）的散度，可用矢量符号写为

$$\frac{\partial\rho}{\partial t}+\mathrm{div}(\rho\boldsymbol{U})=0 \tag{3.4.2}$$

对于不可压缩流体，其流体密度为常数，连续性方程简化为

$$\mathrm{div}(\boldsymbol{U})=0 \tag{3.4.3}$$

（2）动量守恒方程

对于图 3.4.1 所示的微元体，分别在 3 个坐标方向上应用牛顿第二定律（$F=ma$），在流体流动中的表现形式为［微元体中流体动量的增加率］=［作用在微元体上的各种力之和］，并引入牛顿切应力公式及 Stokes 的表达式，可得 3 个速度分量的动量方程，分别如下。

u—动量方程为

$$\begin{aligned}&\frac{\partial(\rho u)}{\partial t}+\frac{\partial(\rho uu)}{\partial x}+\frac{\partial(\rho vu)}{\partial y}+\frac{\partial(\rho\omega u)}{\partial z}\\&=-\frac{\partial p}{\partial x}+\frac{\partial}{\partial x}\left(\bar{\lambda}\,\mathrm{div}\boldsymbol{U}+2\eta\frac{\partial u}{\partial x}\right)+\\&\quad\frac{\partial}{\partial y}\left[\eta\left(\frac{\partial v}{\partial x}+\frac{\partial u}{\partial y}\right)\right]+\frac{\partial}{\partial z}\left[\eta\left(\frac{\partial u}{\partial z}+\frac{\partial\omega}{\partial x}\right)\right]+\rho F_x\end{aligned} \tag{3.4.4}$$

v—动量方程为

$$\begin{aligned}&\frac{\partial(\rho v)}{\partial t}+\frac{\partial(\rho uv)}{\partial x}+\frac{\partial(\rho vv)}{\partial y}+\frac{\partial(\rho\omega v)}{\partial z}\\&=-\frac{\partial p}{\partial y}+\frac{\partial}{\partial x}\left[\eta\left(\frac{\partial u}{\partial y}+\frac{\partial v}{\partial x}\right)\right]+\frac{\partial}{\partial y}\left(\bar{\lambda}\,\mathrm{div}\boldsymbol{U}+2\eta\frac{\partial v}{\partial y}\right)+\\&\quad\frac{\partial}{\partial z}\left[\eta\left(\frac{\partial v}{\partial z}+\frac{\partial\omega}{\partial x}\right)\right]+\rho F_y\end{aligned} \tag{3.4.5}$$

ω—动量方程为

$$\begin{aligned}&\frac{\partial(\rho\omega)}{\partial t}+\frac{\partial(\rho u\omega)}{\partial x}+\frac{\partial(\rho v\omega)}{\partial y}+\frac{\partial(\rho\omega\omega)}{\partial z}\\&=-\frac{\partial p}{\partial z}+\frac{\partial}{\partial x}\left[\eta\left(\frac{\partial u}{\partial z}+\frac{\partial\omega}{\partial x}\right)\right]+\frac{\partial}{\partial y}\left[\eta\left(\frac{\partial v}{\partial z}+\frac{\partial\omega}{\partial y}\right)\right]+\\&\quad\frac{\partial}{\partial z}\left(\bar{\lambda}\,\mathrm{div}\boldsymbol{U}+2\eta\frac{\partial\omega}{\partial z}\right)+\rho F_z\end{aligned} \tag{3.4.6}$$

式中　η——流体的动力黏度；

$\overline{\lambda}$——流体的第 2 分子黏度，气体可取为-2/3。

在数值传热学中常常将式（3.4.4）~式（3.4.6）等号后的分子黏性作用项进行变化，以 u—动量方程为例：

$$\begin{aligned}&\frac{\partial}{\partial x}\left(\lambda\operatorname{div}\boldsymbol{U}+2\eta\frac{\partial u}{\partial x}\right)+\frac{\partial}{\partial y}\left[\eta\left(\frac{\partial v}{\partial x}+\frac{\partial u}{\partial y}\right)\right]+\frac{\partial}{\partial z}\left[\eta\left(\frac{\partial u}{\partial z}+\frac{\partial \omega}{\partial x}\right)\right]\\&=\frac{\partial}{\partial x}\left(\eta\frac{\partial u}{\partial x}\right)+\frac{\partial}{\partial y}\left(\eta\frac{\partial u}{\partial y}\right)+\frac{\partial}{\partial z}\left(\eta\frac{\partial u}{\partial z}\right)+\frac{\partial}{\partial x}\left(\eta\frac{\partial u}{\partial x}\right)+\frac{\partial}{\partial y}\left(\eta\frac{\partial v}{\partial x}\right)+\\&\quad\frac{\partial}{\partial z}\left(\eta\frac{\partial \omega}{\partial x}\right)+\frac{\partial}{\partial x}(\lambda\operatorname{div}\boldsymbol{U})\\&=\operatorname{div}(\eta\,\mathbf{grad}u)+S_u\end{aligned}\tag{3.4.7}$$

据此，上述动量方程可以进一步写成以下矢量形式：

$$\frac{\partial(\rho u)}{\partial t}+\operatorname{div}(\rho u\boldsymbol{U})=\operatorname{div}(\eta\,\mathbf{grad}u)+S_u-\frac{\partial p}{\partial x}\tag{3.4.8}$$

$$\frac{\partial(\rho v)}{\partial t}+\operatorname{div}(\rho v\boldsymbol{U})=\operatorname{div}(\eta\,\mathbf{grad}v)+S_v-\frac{\partial p}{\partial y}\tag{3.4.9}$$

$$\frac{\partial(\rho \omega)}{\partial t}+\operatorname{div}(\rho \omega\boldsymbol{U})=\operatorname{div}(\eta\,\mathbf{grad}\omega)+S_\omega-\frac{\partial p}{\partial z}\tag{3.4.10}$$

其中，S_u、S_v、S_ω 为 3 个动量方程的广义源项，其表达式可对照式（3.4.7）得出，即

$$S_u=\frac{\partial}{\partial x}\left(\eta\frac{\partial u}{\partial x}\right)+\frac{\partial}{\partial y}\left(\eta\frac{\partial v}{\partial x}\right)+\frac{\partial}{\partial z}\left(\eta\frac{\partial \omega}{\partial x}\right)+\frac{\partial}{\partial x}(\lambda\operatorname{div}\boldsymbol{U})\tag{3.4.11}$$

$$S_v=\frac{\partial}{\partial x}\left(\eta\frac{\partial u}{\partial y}\right)+\frac{\partial}{\partial y}\left(\eta\frac{\partial v}{\partial y}\right)+\frac{\partial}{\partial z}\left(\eta\frac{\partial \omega}{\partial y}\right)+\frac{\partial}{\partial y}(\lambda\operatorname{div}\boldsymbol{U})\tag{3.4.12}$$

$$S_\omega=\frac{\partial}{\partial x}\left(\eta\frac{\partial u}{\partial z}\right)+\frac{\partial}{\partial y}\left(\eta\frac{\partial v}{\partial z}\right)+\frac{\partial}{\partial z}\left(\eta\frac{\partial \omega}{\partial z}\right)+\frac{\partial}{\partial z}(\lambda\operatorname{div}\boldsymbol{U})\tag{3.4.13}$$

对于黏性为常数的不可压缩流体，$S_u=S_v=S_\omega=0$，于是式（3.4.6）简化为

$$\frac{\partial u}{\partial t}+\operatorname{div}(u\boldsymbol{U})=\operatorname{div}(v\,\mathbf{grad}u)-\frac{1}{\rho}\frac{\partial p}{\partial x}\tag{3.4.14}$$

$$\frac{\partial v}{\partial t}+\operatorname{div}(v\boldsymbol{U})=\operatorname{div}(v\,\mathbf{grad}v)-\frac{1}{\rho}\frac{\partial p}{\partial y}\tag{3.4.15}$$

$$\frac{\partial \omega}{\partial t}+\operatorname{div}(\omega\boldsymbol{U})=\operatorname{div}(v\,\mathbf{grad}\omega)-\frac{1}{\rho}\frac{\partial p}{\partial z}\tag{3.4.16}$$

式中　v——流体的运动黏度。

式（3.4.14）~式（3.4.16）称为 Navier-Stokes 方程。

（3）能量守恒方程（Energy Conservation Equation）

对图 3.4.1 所示的微元体应用能量守恒定律：

[微元体内热力学能的增长率]=[进入微元体的净热流量]+[体积力与表面力对微元体做的功]

再引入傅里叶导热定律，可得出用流体比焓 h 及温度 T 表示的能量方程，即

$$\begin{aligned}&\frac{\partial(\rho h)}{\partial t}+\frac{\partial(\rho uh)}{\partial x}+\frac{\partial(\rho vh)}{\partial y}+\frac{\partial(\rho\omega h)}{\partial z}\\&=-p\operatorname{div}\boldsymbol{U}+\operatorname{div}(\lambda\,\mathbf{grad}T)+\Phi+S_h\end{aligned}\tag{3.4.17}$$

式中 λ——流体的导热系数；

S_h——流体的内热源；

Φ——由于黏性作用机械能转换为热能的部分，称为耗散函数（Dissipation Function）。

Φ 的计算式如下：

$$\Phi=\eta\left\{2\left[\left(\frac{\partial u}{\partial x}\right)^2+\left(\frac{\partial v}{\partial y}\right)^2+\left(\frac{\partial \omega}{\partial z}\right)^2\right]+\left(\frac{\partial u}{\partial y}+\frac{\partial v}{\partial x}\right)^2+\left(\frac{\partial u}{\partial z}+\frac{\partial \omega}{\partial x}\right)^2+\left(\frac{\partial v}{\partial z}+\frac{\partial \omega}{\partial y}\right)^2\right\}+\lambda\,\mathrm{div}\boldsymbol{U} \tag{3.4.18}$$

式（3.4.17）中的 $p\mathrm{div}\boldsymbol{U}$ 是表面力对流体微元体所做的功，一般可以忽略；同时，对理想气体、液体及固体，可以取 $h=c_pT$，进一步取 c_p 为常数，并把耗散函数 Φ 纳入源项 S_T 中（$S_T=S_h+\Phi$），于是可得

$$\frac{\partial(\rho T)}{\partial t}+\mathrm{div}(\rho \boldsymbol{U}T)=\mathrm{div}\left(\frac{\lambda}{c_p}\mathbf{grad}T\right)+S_T \tag{3.4.19}$$

对不可压缩流体，有

$$\frac{\partial T}{\partial t}+\mathrm{div}(\boldsymbol{U}T)=\mathrm{div}\left(\frac{\lambda}{\rho c_p}\mathbf{grad}T\right)+\frac{S_T}{\rho} \tag{3.4.20}$$

式（3.4.2）、式（3.4.4）~式（3.4.6）、式（3.4.19）中包含 6 个未知量，u、v、ω、p、T 及 ρ，还需要一个补充联系 p 和 ρ 的状态方程，方程组才能封闭：

$$\rho=f(p,T) \tag{3.4.21}$$

对理想气体

$$p=\rho RT \tag{3.4.22}$$

式中 R——摩尔气体常数。

以上即为流体对流传热问题的描述。

3.4.2 产品工作环境的结构热传导

1. 概述

在变温条件下工作的结构和部件，通常都存在温度应力，有的是稳定的温度应力，有的是随时间变化的瞬态温度应力。这些应力在结构应力中经常占有相当大的比重，甚至成为设计结构或部件的控制应力。要计算这些应力，首先要确定结构或构件工作的稳态或瞬态的温度场。

由于结构的形状及变温条件的复杂性，依靠传统的解析方法精确地确定温度场往往是不可能的，有限元法是解决上述问题的方便和有效的工具。

稳态或瞬态温度场问题，即稳态或瞬态热传导问题，在空间域的离散与弹性力学问题类似，采用 C_0 型的插值函数，弹性力学问题中的单元和相应的位移模式在这里都可以使用。其主要的不同在于场变量，在弹性力学问题中，场变量是位移，是向量场；在热传导问题中，场变量是温度，是标量场。对于瞬态温度场，除了空间域的离散外，还有时间域的离散。

2. 热传导微分方程及边界条件

（1）传导

定义：传导是在没有任何材料质量纯运动的情况下，热通过材料的传递。

沿 x 方向传导的热流速率为

$$q=-k_x A \frac{\partial T}{\partial x} \tag{3.4.23}$$

式中　k_x——x方向上材料的导热系数；

A——垂直于x方向热流通过的面积；

T——温度。

（2）对流

定义：对流是固体与周围物体之间进行热能传递的过程。

对流的热流速率可表示为

$$q=hA(T-T_{\infty}) \tag{3.4.24}$$

式中　h——热传导系数；

A——热流通过物体表面的面积；

T——物体表面的温度；

T_{∞}——环境介质的温度。

（3）辐射

定义：辐射是在服从电磁学定律的两个表面之间的热能交换过程。

辐射热流速率由下述关系确定：

$$q=\sigma\varepsilon A(T-T_{\infty}) \tag{3.4.25}$$

式中　σ——斯特芬-波尔兹曼（Stefen-Baltzmann）常数；

ε——表面的放射率；

A——热流通过物体表面的面积；

T——物体表面的绝对温度；

T_{∞}——环境介质的绝对温度。

（4）固体中产生的能量

当其他形式的能量（如化学能、核能或电能）转换为热能时，在固体中就会产生能量。生成热的速率由下述方程确定：

$$\dot{E}_g=\dot{q}V \tag{3.4.26}$$

式中　$\dot{q}$——热流的强度（单位时间内单位体积生成热的速率）；

V——物体的体积。

（5）固体中储存的能量

当固体中的温度升高时，热能将会储存在固体中。描述这种现象的方程为

$$\dot{E}_s=\rho cV\frac{\partial T}{\partial t} \tag{3.4.27}$$

式中　$\dot{E}_s$——固体中能量储存的速率；

ρ——材料的密度；

c——材料的比热；

V——物体的体积；

T——物体的温度；

t——时间参数。

分析物体微元，由能量平衡可得三维物体中热传导的控制微分方程为

$$\frac{\partial}{\partial x}\left(k_x \frac{\partial T}{\partial x}\right)+\frac{\partial}{\partial y}\left(k_y \frac{\partial T}{\partial y}\right)+\frac{\partial}{\partial z}\left(k_z \frac{\partial T}{\partial z}\right)+\dot{q}=\rho c \frac{\partial T}{\partial t} \tag{3.4.28}$$

式（3.4.28）是控制正交各向异性体中的热传导微分方程。假设 x、y 和 z 方向的热传导率相同，即 $k_x=k_y=k_z=k$，则上式可写成

$$\frac{\partial^2 T}{\partial x^2}+\frac{\partial^2 T}{\partial y^2}+\frac{\partial^2 T}{\partial z^2}+\frac{\dot{q}}{k}=\frac{1}{\alpha}\frac{\partial T}{\partial t} \tag{3.4.29}$$

其中，常数 $\frac{1}{\alpha}\frac{\partial T}{\partial t}$ 称为放热系数。如果物体中没有热源，式（3.4.29）可进一步简化为傅里叶方程：

$$\frac{\partial^2 T}{\partial x^2}+\frac{\partial^2 T}{\partial y^2}+\frac{\partial^2 T}{\partial z^2}=\frac{1}{\alpha}\frac{\partial T}{\partial t} \tag{3.4.30}$$

如果物体处于稳定状态（有热源），则式（3.4.29）可简化为泊松方程：

$$\frac{\partial^2 T}{\partial x^2}+\frac{\partial^2 T}{\partial y^2}+\frac{\partial^2 T}{\partial z^2}+\frac{\dot{q}}{k}=0 \tag{3.4.31}$$

如果物体处于没有任何热源的稳定状态，则式（3.4.29）可简化为拉普拉斯方程：

$$\frac{\partial^2 T}{\partial x^2}+\frac{\partial^2 T}{\partial y^2}+\frac{\partial^2 T}{\partial z^2}=0 \tag{3.4.32}$$

由于式（3.4.28）或式（3.4.29）所示的微分方程是二阶的，所以需要规定两个边界条件。可能的边界条件如下。

在 Γ_1（Γ_1 是温度值规定为 $T_0(t)$ 的边界）上：

$$T(x,y,z,t)=T_0 \tag{3.4.33a}$$

在 Γ_2（Γ_2 是热流量规定为 q 的边界）上：

$$k_x \frac{\partial T}{\partial x}l_x+k_y \frac{\partial T}{\partial y}l_y+k_z \frac{\partial T}{\partial z}l_z+q=0 \tag{3.4.33b}$$

在 Γ_3（Γ_3 是对流热损耗规定为 $h(T_\infty-T)$ 的边界）上：

$$k_x \frac{\partial T}{\partial x}l_x+k_y \frac{\partial T}{\partial y}l_y+k_z \frac{\partial T}{\partial z}l_z+q=h(T_\infty-T) \tag{3.4.33c}$$

式中　q——边界上的热流；

h——对流热传导系数；

l_x、l_y、l_z——垂直于边界向外的方向余弦。

此外，由于微分方程（3.4.28）或（3.4.29）在时间 t 内是一阶的，因而要求一个初始条件，通常在 V（V 表示固体的区域或体积）内所用的初始条件为

$$\overline{T}(x,y,z,t=0)=\overline{T}_0(x,y,z) \tag{3.4.33d}$$

式中　$\overline{T}_0$——在时间为零时所规定的温度分布。

求固体内温度分布的问题，就是在满足边界条件（式（3.4.33a）~式（3.4.33c））及初始条件（式（3.4.33d））的情况下，解式（3.4.28）或式（3.4.29）。

为了求解上述热传导问题的数值解，可以将三维热传导问题用等价的变分形式来描述，

然后导出求解此类问题的有限元方程。求固体内的温度分布 $T(x, y, z, t)$，该分布应使下述泛函取极小值：

$$\Pi = \frac{1}{2}\iiint_V \left[k_x \left(\frac{\partial T}{\partial x}\right)^2 + k_y \left(\frac{\partial T}{\partial y}\right)^2 + k_z \left(\frac{\partial T}{\partial z}\right)^2 - 2\left(\dot{q} - \rho c \frac{\partial T}{\partial \tilde{t}}\right)\right] \mathrm{d}V \tag{3.4.34}$$

温度分布还应满足边界条件方程（式（3.4.33a）~式（3.4.33c））及初始条件（式（3.4.33d））。可以证明式（3.4.28）是对应于式（3.4.34）的欧拉-拉格朗日方程。一般在假定温度分布时，不难满足式（3.4.33a）所示的边界条件，而满足式（3.4.33b）和式（3.4.33c）所示的边界条件会有困难。为了克服这种困难，可以把式（3.4.33b）和式（3.4.33c）所示的积分形式引入式（3.4.34）中，组成新的泛函。式（3.4.33b）和式（3.4.33c）的积分之和为

$$-\iint_{S_2} qT\mathrm{d}S_2 + \iint_{S_3} \frac{1}{2}qh(T_\infty - T)^2 \mathrm{d}S_3$$

因此，组成的新泛函为

$$\Pi = \frac{1}{2}\iiint_V \left[k_x \left(\frac{\partial T}{\partial x}\right)^2 + k_y \left(\frac{\partial T}{\partial y}\right)^2 + k_z \left(\frac{\partial T}{\partial z}\right)^2 - 2\left(\dot{q} - \rho c \frac{\partial T}{\partial \tilde{t}}\right)\right] \mathrm{d}V - \iint_{S_2} qT\mathrm{d}S_2 + \iint_{S_3} \frac{1}{2}qh(T_\infty - T)^2 \mathrm{d}S_3 \tag{3.4.35}$$

3. 有限元方程的推导

步骤1：将空间域离散成 E 个有限单元体，每个单元有 p 个节点。

步骤2：在每个单元内，各点的温度 T 可以近似地用单元的节点温度插值表示为

$$T = \sum_{i=1}^{p} N_i(x,y,z)T_i^e = [N]\{T\}^{(e)} \tag{3.4.36}$$

步骤3：由于近似场函数是构造在单元中的，因此式（3.4.35）可改写为对单元积分的总和，即

$$\Pi = \sum_{e=1}^{E} \Pi^e = \frac{1}{2}\iiint_{V^e} \left[k_x \left(\frac{\partial T^{(e)}}{\partial x}\right)^2 + k_y \left(\frac{\partial T^{(e)}}{\partial y}\right)^2 + k_z \left(\frac{\partial T^{(e)}}{\partial z}\right)^2 - 2\left(\dot{q} - \rho c \frac{\partial T^{(e)}}{\partial \tilde{t}}\right)\right] \mathrm{d}V - \iint_{S_2^{(e)}} qT^{(e)}\mathrm{d}S_2 + \iint_{S_3^{(e)}} \frac{1}{2}qh(T^{(e)} - T_\infty)^2 \mathrm{d}S_3 \tag{3.4.37}$$

为了使泛函取极值，利用必要条件：

$$\frac{\partial \Pi}{\partial T_i} = \sum_{e=1}^{E} \frac{\partial \Pi^e}{\partial T_i} = 0, (i = 1,2,\cdots,M) \tag{3.4.38}$$

其中，M 是节点温度未知数的总个数。

将泛函式（3.4.37）代入式（3.4.38），并由式（3.4.36），对于每个单元可得

$$\frac{\partial \Pi^e}{\partial T_i} = [K_1^{(e)}]\{T\}^{(e)} + [K_2^{(e)}]\{T\}^{(e)} + [K_3^{(e)}]\{T\}^{(e)} - \{P\}^{(e)} = 0 \tag{3.4.39}$$

式中 $[K_1^{(e)}]$——各单元对热传导矩阵的贡献；

$[K_2^{(e)}]$——热交换边界条件对热传导矩阵的修正；

$[K_3^{(e)}]$——非稳态导致的附加项，称为单元的热容量矩阵；

3 CHAPTER

$\{P\}^{(e)}$ ——温度载荷列阵。

它们的元素可由以下各式给出：

$$K_{1ij}^{(e)} = \iiint_{V^e}\left(k_x \frac{\partial N_i}{\partial x}\frac{\partial N_j}{\partial x} + k_y \frac{\partial N_i}{\partial x}\frac{\partial N_j}{\partial x} + k_z \frac{\partial N_i}{\partial x}\frac{\partial N_j}{\partial x}\right)\mathrm{d}V \tag{3.4.40a}$$

$$K_{2ij}^{(e)} = \iint_{S_3^{(e)}} hN_iN_j\mathrm{d}S_3 \tag{3.4.40b}$$

$$K_{3ij}^{(e)} = \iiint_{V^e}\rho cN_iN_j\mathrm{d}V \tag{3.4.40c}$$

$$P_i^{(e)} = \iiint_{V^e}\dot{q}N_i\mathrm{d}V + + \iint_{S_2^{(e)}} qN_i\mathrm{d}S_2 + \iint_{S_3^{(e)}} hT_\infty\,\mathrm{d}S_3 \tag{3.4.40d}$$

式（3.4.40d）中的3项分别为热源、给定热流（第二边界条件）和热交换（第三边界条件）引起的温度载荷。

步骤4：根据式（3.4.37）组集各单元，可以得到

$$[K_3]\{\dot{\overline{T}}\} + [K]\{\overline{T}\} = \{\overline{P}\} \tag{3.4.41}$$

式中　$\{\overline{T}\}$——系统所有节点温度未知数向量；

$\{\overline{P}\}$——系统所有节点的温度载荷向量。

步骤5：式（3.4.40a）~式（3.4.40d）就是热传导问题的有限元方程，当引入在Γ_1上的边界条件（式（3.4.33a））和初始条件（式（3.4.33d））后，就可求解式（3.4.40a）~式（3.4.40d）。

以下以最简单而十分有用的3节点三角形单元为例，推导稳态二维热传导和瞬态二维热传导的有限元列式。

4. 稳态二维热传导

根据有限元部分的相关公式，3节点有限元的插值函数为

$$N_i = \frac{1}{2A}(a_i + b_ix + c_iy) \qquad (i,j,m)$$

对于任一单元 ijm，可将插值函数求导代入式（3.4.40a），得到热传导矩阵元素：

$$K_{1ij}^{(e)} = \frac{k_x}{4A}b_ib_j + \frac{k_y}{4A}c_ic_j \tag{3.4.42}$$

热传导矩阵为

$$[K_1^{(e)}] = \frac{k_x}{4A}\begin{bmatrix} b_ib_i & b_ib_j & b_ib_m \\ b_ib_j & b_jb_j & b_jb_m \\ b_ib_m & b_jb_m & b_mb_m \end{bmatrix} + \frac{k_y}{4A}\begin{bmatrix} c_ic_i & c_ic_j & c_ic_m \\ c_ic_j & c_jc_j & c_jc_m \\ c_ic_m & c_jc_m & c_mc_m \end{bmatrix} \tag{3.4.43}$$

对于具有第三类边界条件的单元，如 rsp 单元，除按式（3.4.43）计算单元热传导矩阵外，还应计算由第三类边界条件引起的对热传导矩阵的修正。修正项可将插值函数代入式（3.4.40b），得到

$$K_{2sr}^{(e)} = K_{2rs}^{(e)} = \int_l hN_rN_s\mathrm{d}l = \frac{1}{6}hL$$

$$K_{2ss}^{(e)} = K_{2rr}^{(e)} = \int_l hN_rN_r\mathrm{d}l = \frac{1}{3}hL \tag{3.4.44}$$

式中　L——对流边界 r-s 的边长。

如果单元只有 r-s 边为对流换热边界，则单元对热传导矩阵的修正为

$$[K_2^{(e)}]=\frac{1}{6}hL\begin{bmatrix}2&1&0\\1&2&0\\0&0&0\end{bmatrix} \tag{3.4.45}$$

单元的温度载荷可由式（3.4.40d）求得，假设单元厚度为 1，则

$$\{P\}_1^{(e)}=\iiint_{V^e}\dot{q}[N]^{\mathrm{T}}\mathrm{d}V=q_0\iint_A\begin{Bmatrix}L_1\\L_2\\L_3\end{Bmatrix}\mathrm{d}A=\frac{q_0A}{3}\begin{Bmatrix}1\\1\\1\end{Bmatrix} \tag{3.4.46a}$$

如果 ij 边位于对流边界 Γ_2 上，则有 $N_3=L_3=0$，$\mathrm{d}S_2=t\mathrm{d}s=\mathrm{d}s$，从而

$$\{P\}_2^{(e)}=q\int_{s=si}^{s_j}\begin{Bmatrix}L_1\\L_2\\0\end{Bmatrix}\mathrm{d}s=\frac{hT_\infty S_{ij}}{2}\begin{Bmatrix}1\\1\\0\end{Bmatrix} \tag{3.4.46b}$$

与此类似，如果 ij 边位于对流交换边界 Γ_3 上，可得

$$\{P\}_2^{(e)}=\int_{s=si}^{s_j}hT_\infty\begin{Bmatrix}L_1\\L_2\\0\end{Bmatrix}\mathrm{d}s=\frac{hT_\infty S_{ij}}{2}\begin{Bmatrix}1\\1\\0\end{Bmatrix} \tag{3.4.46c}$$

所以，稳态二维热传导的有限元求解方程为

$$[K]\{\overline{T}\}=\{\overline{P}\} \tag{3.4.47}$$

其中，热传导矩阵 $[K]$ 由各单元的子矩阵叠加而成，即式（3.4.43）和式（3.4.45）叠加；温度载荷向量 $\{\overline{P}\}$ 由各单元的温度载荷叠加而成，即式（3.4.46a）~式（3.4.46c）叠加。

5. 瞬态二维热传导

在热传导中，时间相关或非稳态问题是很普遍的。这种瞬态热传导问题的控制方程由式（3.4.28）给定，有关的边界条件和初始条件由式（3.4.33a）~式（3.4.33d）给定。全部参数 k_x、k_y、k_z、$\dot{q}$ 和 ρc 通常都与时间有关。由这个问题的有限元解可导出一阶线性微分方程组式（3.4.41）。以二维 3 节点三角形单元为例，可以看出其与稳态二维热传导不同的是，有限元求解方程组多出了由于非稳态导致的附加项，有关的单元矩阵定义为

$$[K_3^{(e)}]=\iiint_{V^e}\rho c[N]^{\mathrm{T}}[N]\mathrm{d}V \tag{3.4.48}$$

式（3.4.48）也可称为单元热容量矩阵。平面 3 节点有限元的插值函数为

$$N_i=\frac{1}{2A}(a_i+b_ix+c_iy)\qquad(i,j,m)$$

当单元厚度为 1 时，可以求得单元热容量矩阵为

$$[K_1^{(e)}]=(\rho c)^{(e)}\iint_A\begin{bmatrix}N_1^2&N_1N_2&N_1N_3\\N_1N_2&N_2^2&N_2N_3\\N_1N_3&N_2N_3&N_3^2\end{bmatrix}\mathrm{d}A=\frac{(\rho c)^{(e)}A^{(e)}}{12}\begin{bmatrix}2&1&1\\1&2&1\\1&1&2\end{bmatrix} \tag{3.4.49}$$

至此，已将时间域和空间域的瞬态热传导微分方程问题在空间域离散为 n 个节点温度的常微分方程的初值问题，对于只有一阶导数的常微分方程，即式（3.4.41），时间域的离散可以采用简单的两点循环公式。

6. 热应力的计算

当物体各部分温度发生变化时，物体将由于热变形而产生线应变 αT，其中 α 是材料的线膨胀系数，T 是弹性体内任一点的温度改变值。如果物体各部分的热变形不受任何约束，则物体上有变形而不引起应力。但是，由于约束或各部分温度变化不均匀，热变形不能自由进行时，则会在物体中产生应力。物体由于温度变化而引起的应力称为“热应力”或“温度应力”。当弹性体的温度场已经求得时，可以进一步求出弹性体各部分的热应力。

物体热膨胀只产生线应变，而剪切应变为零。这种由于热变形产生的应变可以看作物体的初应变，计算热应力时需要首先算出热变形引起的初应变 ε_0，然后求得初应变引起的相应的等效节点载荷 $\{P_{\varepsilon_0}^{(e)}\}$（简称温度载荷），接着按通常求解应力的方法解得由于热应变而引起的节点位移，最后由节点位移求得热应力。也可以将热应变引起的等效节点载荷与其他载荷项合在一起，求得包括热应力在内的综合应力。计算应力时应包括初应变项：

$$\{\sigma\}=[D](\{\varepsilon\}-\{\varepsilon_0\}) \tag{3.4.50}$$

下面以平面应力问题三角形单元为例，具体说明温度载荷的计算。热应变产生的初应变为

$$\{\varepsilon_0\}=\begin{Bmatrix}\varepsilon_x\\ \varepsilon_y\\ \varepsilon_z\end{Bmatrix}=\alpha T\begin{Bmatrix}1\\1\\0\end{Bmatrix} \tag{3.4.51}$$

单元热载荷可由下式确定：

$$\{P_{\varepsilon_0}^{(e)}\}=\iint[B]^{\mathrm{T}}[D]\alpha T\begin{Bmatrix}1\\1\\0\end{Bmatrix}t\mathrm{d}x\mathrm{d}y \tag{3.4.52}$$

式中　t——单元厚度。

对于不同的单元，只需代入相应的应变矩阵［B］及 T 的插值表达式，就可求得单元的热载荷。

3 节点三角形单元的［B］矩阵为

$$\{P_{\varepsilon_0}^{(e)}\}=\frac{E\alpha T}{2A(1-\upsilon)}\begin{Bmatrix}b_i\\c_i\\b_j\\c_j\\b_m\\c_m\end{Bmatrix}\iint T\mathrm{d}x\mathrm{d}y \tag{3.4.53}$$

T 由下式插值得到

$$T=N_iT_i+N_jT_j+N_mT_m \tag{3.4.54}$$

式中　T_i、T_j、T_m——单元的节点温度；

N_i、N_j、N_m——插值函数，等于面积坐标。

温度在三角形单元内的积分为

$$\iint T\mathrm{d}x\mathrm{d}y = \iint (N_i T_i + N_j T_j + N_m T_m)\mathrm{d}x\mathrm{d}y \tag{3.4.55}$$

因此式（3.4.53）转换为

$$\{P_{\varepsilon_0}^{(e)}\} = \frac{E\alpha T}{6(1-v)}(N_i+N_j+N_m)\begin{Bmatrix} b_i \\ c_i \\ b_j \\ c_j \\ b_m \\ c_m \end{Bmatrix} \tag{3.4.56}$$

根据单元节点位移，按式（3.4.50）可以计算单元的应力：

$$\{\sigma\} = [D](\{\varepsilon\}-\{\varepsilon_0\}) = [S]\{\delta\}^{(e)} - \frac{E\alpha}{(1-v)}\begin{Bmatrix} 1 \\ 1 \\ 0 \end{Bmatrix}T \tag{3.4.57}$$

对于3节点三角形单元，式（3.4.57）中最右侧等号的区域中，第一部分的应力在单元中是常量，第二部分的T可用单元重心处的温度（$N_i+N_j+N_m$）/3来近似表示，则单元的应力为

$$\{\sigma\} = [S]\{\delta\}^{(e)} - \frac{E\alpha}{3(1-v)}(N_i+N_j+N_m)\begin{Bmatrix} 1 \\ 1 \\ 0 \end{Bmatrix} \tag{3.4.58}$$

3.5 基于Abaqus的CAE分析概述

Abaqus概述

3.5.1 Abaqus概述

Abaqus被广泛地认为是功能非常强大的有限元软件，可以分析复杂的固体力学和结构力学系统，解决相对简单的线性问题和复杂的非线性问题，特别是能够驾驭非常庞大的复杂问题和模拟高度非线性问题。Abaqus包括一个丰富的、可模拟任意几何形状的单元库，并拥有各种类型的材料模型库，可以模拟典型工程材料的性能，包括金属、橡胶、高分子材料、复合材料、钢筋混凝土、可压缩超弹性泡沫材料，以及土壤和岩石等地质材料。Abaqus不但可以进行单一零件的力学和多物理场的分析，同时还可以进行系统级的分析和研究。Abaqus的系统级分析的特点相对于其他分析软件来说是独一无二的。由于Abaqus具有优秀的分析能力和模拟复杂系统的可靠性，使得Abaqus在各国的工业和研究中被广泛采用，具体包括静态应力/位移分析、动态分析、黏弹性/黏塑性响应分析析、热传导分析、质量扩散分析、耦合分析、非线性动态应力/位移分析、瞬态温度/位移耦合分析、准静态分析、退火成形过程分析、海洋工程结构分析、水下冲击分析、柔体多体动力学分析、疲劳分析、设计灵敏度分析等。

3.5.2　Abaqus 功能模块

Abaqus 功能模块

一个完整的 Abaqus/Standard 或 Abaqus/Explicit 分析过程，通常由 3 个明确的步骤组成：前处理、模拟计算和后处理。这 3 个步骤之间通过文件建立的联系如图 3.5.1 所示。

1. 前处理（Abaqus/CAE）

在前处理阶段需要定义物理问题的模型，并生成一个 Abaqus 输入文件。对于一个简单的分析，虽然可以直接用文本编辑器生成 Abaqus 输入文件，但是通常的做法是使用 Abaqus/CAE 或其他前处理程序，在图形环境下生成模型。

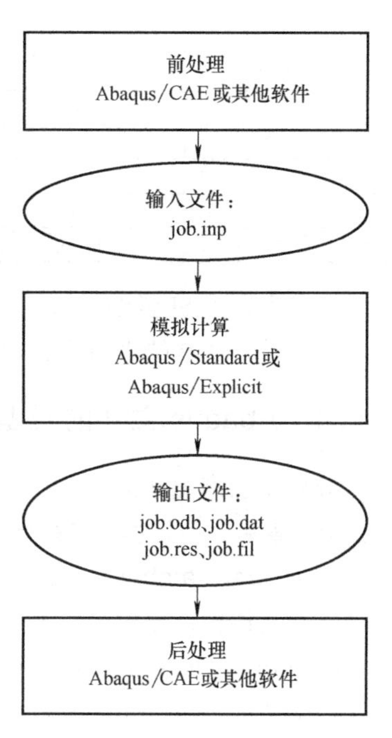

图 3.5.1　Abaqus 分析流程

2. 模拟计算（Abaqus/Standard 或 Abaqus/Explicit）

模拟计算阶段使用 Abaqus/Standard 或 Abaqus/Explicit 求解输入文件中所定义的数值模型，它通常以后台方式运行。以应力分析的输出为例，位移和应力的输出数据保存在二进制文件中，以便于后处理。完成一个求解过程所需的时间从几秒到几天不等，这取决于所分析问题的复杂程度和所使用计算机的运算能力。

1）Abaqus/Standard。通用分析模块，采用隐式解法，可以求解各种线性及非线性问题，广泛应用于静力学、动力学、热响应及电响应等诸多领域问题的数值模拟工作中。

2）Abaqus/Explicit。显式动力学分析模块，采用显式解法，适用于短暂、瞬时的动态事件，对于接触条件发生改变的高度非线性问题也非常有效。

3）AbaqusAqua。可选模块，用于模拟近海结构，如海上钻井平台等，包括模拟波浪、风及浮力等对近海结构的作用及对近海结构的响应。

4）AbaqusDesign。可选模块，用于灵敏度分析。

5）AbaqusFoundation。该模块可更为经济地使用 Abaqus 的线性静力学与动力学分析功能，减少系统开销。

3. 后处理（Abaqus/CAE）

一旦完成了模拟计算并得到了位移、应力或其他基本变量，就可以对计算结果进行评估。评估通常可以通过 Abaqus/CAE 的可视化模块或其他后处理软件在图形环境下交互式进行。可视化模块可以将读入的二进制输出数据库中的文件以多种方法显示，包括彩色等值线图、动画、变形图和 X-Y 曲线图等。

3.5.3　Abaqus 的基本操作

Abaqus 基本操作

1. 常用的操作按钮

：可进行旋转操作，快捷键为 Ctrl+Alt+鼠标左键。

：可进行平移操作，快捷键为 Ctrl+Alt+鼠标中键。

：可进行缩放操作，快捷键为 Ctrl+Alt+鼠标右键。

2. 单位的一致性

Abaqus 没有固定的量纲系统，所有的输入数据必须指定一致性的量纲，某些常用的一致性量纲系统见表 3. 5. 1。

表 3. 5. 1　一致性量纲系统

量	SI	SI(mm)	USUnit(ft)	USUnit(inch)
长度	m	mm	ft	in
力	N	N	lbf	lbf
质量	kg	tonne(10^3kg)	slug	lbf s^2/in
时间	s	s	s	s
应力	Pa(N/m^2)	MPa(N/mm^2)	lbf/ft^2	psi(lbf/in^2)
能量	J	mJ(10^{-3}J)	ft lbf	in lbf
密度	kg/m^3	tonne/mm^3	slug/ft^3	lbf s^2/in^4

本书将采用 SI 量纲系统。用户工作在标记“USUnit”的量纲系统中，应注意其密度的单位。在材料性质的手册中，由于重力加速度，常常给出的密度与加速度相乘。

3. 5. 4　Abaqus 文件的类型

Abaqus 会产生几类文件：有些是在 Abaqus 运行中产生的，运行后自动删除；其他一些用于分析、重启、后处理、结果转换或其他软件的文件则被保留。详细如下。

Abaqus 文件的类型

1. model_database_name. cae

模型文件：包含模型信息、任务分析等。

2. model_database_name. jnl

日志文件：包含用于复制已存储模型数据库的 Abaqus/CAE 命令。

. cae 和 . jnl 构成支持 CAE 的两个重要文件。要保证在 CAE 下打开一个项目，这两个文件必须同时存在。

3. job_name. inp

输入文件：由 Abaqus Command 支持计算起始文件，也可由 CAE 打开。

4. job_name. dat

数据文件：包含文本输出信息，以及记录分析、数据检查、参数检查等的信息。Abaqus/Explicit 的分析结果不会写入这个文件。

5. job_name. sta

状态文件：包含分析过程信息。

6. job_name. msg

该文件是计算过程的详细记录，分析计算中的平衡迭代次数，计算时间、警告信息等可由此文件获得，用 STEP 模块定义。

7. job_name. res

重启动文件：用 STEP 模块定义。

8. job_name. odb

输出数据库文件：即结果文件，需要由 Visuliazation 打开。

9. job_name. fil

结果文件：是可被其他应用程序读入的分析结果表示格式。Abaqus/Standard 记录分析结果。Abaqus/Explicit 的分析结果要写入此文件中则需要转换，convert=select 或 convert=all。

10. Abaqus. rpy

该文件记录一次操作中几乎所有的 Abaqus/CAE 命令。

11. job_name. lck

该文件阻止并发写入输出数据库，关闭输出数据库则自行删除。

12. model_database_name. rec

该文件包含用于恢复内存中模型数据库的 Abaqus/CAE 命令。

13. job_name. ods

该文件存储场输出变量的临时操作运算结果，自动删除。

14. job_name. ipm

内部过程信息文件：启动 Abaqus/CAE 分析时开始写入，记录了从 Abaqus/Standard 或 Abaqus/Explicit 到 Abaqus/CAE 的过程日志。

15. job_name. log

日志文件：包含了 Abaqus 执行过程的起止时间等。

16. job_name. abq

该文件是 Abaqus/Explicit 模块才有的状态文件，记录分析、继续和恢复命令，是 restart 所需的文件。

17. job_name. mdl

模型文件：在 Abaqus/Standard 和 Abaqus/Explicit 中运行数据检查后产生的文件，在 analysis 和 continue 指令下被读入并重写，是 restart 所需的文件。

18. job_name. pac

打包文件：包含了模型信息，仅用于 Abaqus/Explicit。该文件在执行 analysis、datacheck 指令时写入，执行 analysis、continue、recover 指令时读入，是 restart 需要的文件。

19. job_name. prt

零件信息文件：包含了零件与装配信息，是 restart 所需的文件。

20. job_name. sel

结果选择文件：用于 Abaqus/Explicit，执行 analysis、continue、recover 指令时写入，并在 convert=select 时读入，是 restart 所需的文件。

21. job_name. stt

状态外文件：数据检查时写入的文件，在 Abaqus/Standard 中可在 analysis、continue 指令下读并写入，在 Abaqus/Explicit 中可在 analysis、continue 指令下读入，是 restart 所需的文件。

22. job_name. psf

脚本文件：用户定义 Parametric Study 时需要创建的文件。

23. job_name. psr

该文件参数化分析要求的输出结果，为文本格式。

24. job_name. par

该文件是参数更改后重写的参数形式表示的 . inp 文件。

25. job_name. pes

该文件是参数更改后重写的 . inp 文件。

3.5.5 Abaqus 分析的通用流程

Abaqus 分析的通用流程

借助于 Abaqus/CAE，有限元分析的通用流程可以表示为如下 9 步：

1）几何模型 Part；

2）划分网格 Mesh；

3）设置属性 Property；

4）建立装配体 Assembly；

5）定义分析步 Step；

6）定义相互作用 Interaction；

7）荷载边界 Load；

8）提交运算 Job；

9）后处理 Visualization。

下面逐个对上述步骤进行详细介绍。

1. 几何模型 Part

（1）导入 Part

在 Catia、UG、Creo 等 CAD 软件中建好模型后，另存为 . iges、. sat、. step 等格式文件，然后导入 Abaqus，此时可以直接使用。实体模型通常采用 . sat 格式文件导入，如图 3.5.2 所示。

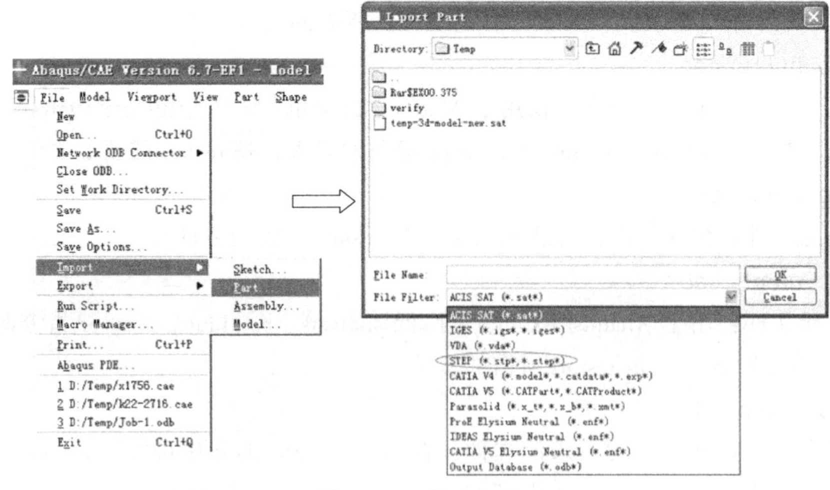

图 3.5.2 导入文件

（2）创建 Part

如同其他 CAE 软件，Abaqus 的建模功能有限，只适合建立简单 Part，其建模功能如图 3.5.3 所示。

例如，跌落分析中的地面等，一般通过常用三维建模软件 Creo 或者 Solidworks 等进行建模，然后导入。

注意：如果按钮右下方有小黑三角，按住鼠标左键不放，可展开其他类似功能，向右移动鼠标指针即可切换功能，如[icons]。

2. 划分网格 Mesh

划分网格需要注意的关键点如下。

1）对于常用四边形单元（二维区域）和六面体单元（三维区域）可一用较小的计算代价得到较高的精度，因此尽可能选择这两种单元做高精度分析或者做简单模型的网格划分；对于复杂模型，则可以考虑采用三角形单元和四面体单元进行网格划分（图 3.5.4）。

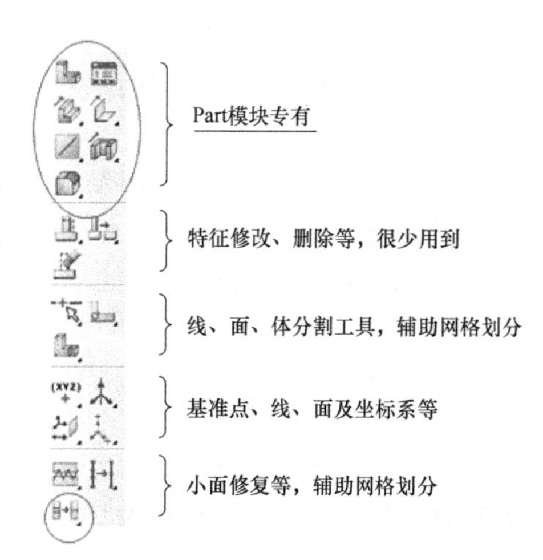

图 3.5.3 Part 模块的功能

2）如果某个区域的显示为橙色，表明无法使用目前赋予它的网格划分技术来生成网格。当模型复杂时，往往不能直接采用结构化网格或扫掠网格，这时可以首先把实体模型分割为几个简单的区域，然后划分结构化网格或扫掠网格。当某些区域过于复杂，不得不采用自由网格（即四面体单元）时，一般应选择带内部节点的二次单元来保证精度。

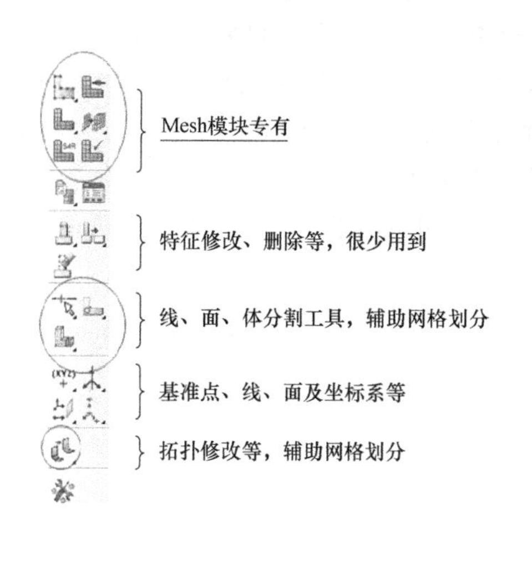

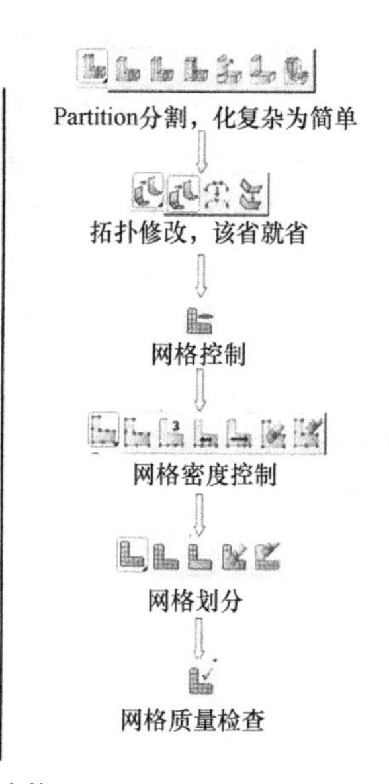

图 3.5.4 Mesh 模块的功能

3）通过分割（图 3.5.5）还可以更好地控制单元的位置和密度，对所关心的区域进行网格细化，或者为不同的区域赋予不同的单元类型。这样可以节省计算所花费的成本，得到更为理想的计算结果。

4）在模型进行初算或者计算机配置不高时，可以选用大一些的网格，这样可以节省计算所需的时间，同时可以快速地了解模型的应力分布情况。

5）对模型中存在的一些小的倒角面，可以运用虚拟拓扑中的合并面进行修改，保证模型在该区域网格划分的顺利进行。

Part 可以被切割成若干个 Cell。

当 Part 里只有一个 Cell 时，直接选好切割平面即可完成 Partition 操作；当 Part 里的 Cell

超过一个时，还要选择被切割体。

6）选择三维实体单元类型的基本原则如下。

对于三维区域，尽可能采用结构化网格划分或扫掠网格划分技术，从而得到六面体单元网格，减小计算代价，提高计算精度。当几何形状复杂时，也可以在不重要的区域使用少量楔形单元。

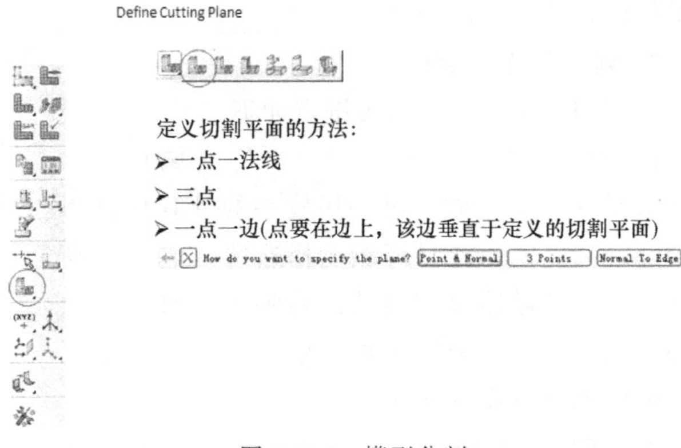

图 3.5.5　模型分割

如果使用了自由网格划分技术，Tet 单元应选择二次单元，可以选择 C3D10；但如果有大的塑性变形，或模型中存在接触，而且使用的是默认的硬接触关系，则应选择修正的 Tet 单元 C3D10M。

对于应力集中问题，尽量不要使用线性减缩积分单元，可使用二次单元来提高精度。

对于弹塑性分析，如果材料是不可压缩性的（如金属材料），使用二次完全积分单元（C3D20）容易产生体积自锁。此时建议使用的单元为线性减缩积分单元（C3D8R）、非协调单元（C3D8I），以及修正的二次四面体单元（C3D10M）。如果使用二次减缩积分单元（C3D20R），当应变大于 40%时，需要划分足够密的网格。如果模型中存在接触或大的扭曲变形，则应使用线性六面体单元及修正的二次四面体单元，而不能使用其他二次单元。

单元的选择如图 3.5.6 所示。

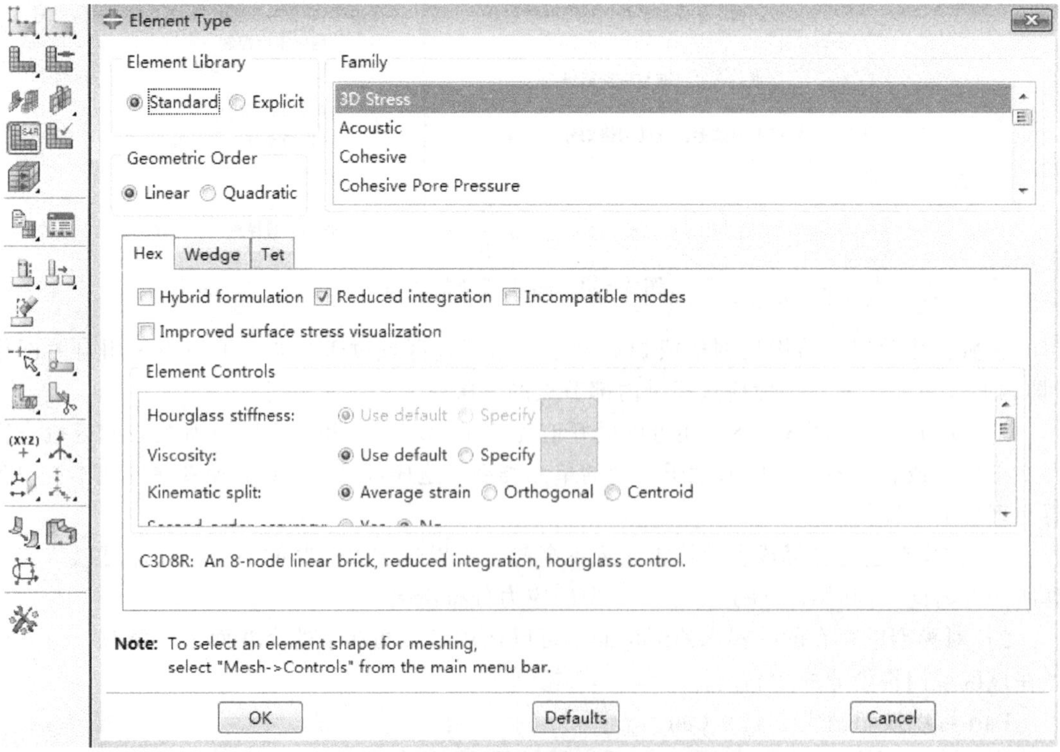

图 3.5.6　选择单元

对于以弯曲为主的问题，如果能够保证所关心部位的单元扭曲较小，使用非协调单元可以得到非常精确的结果。

注意：在网格划分结束后，需要进行网格检查，其中橙色区域为错误网格，黄色区域为警告网格。单击高亮按钮可以在模型中显示错误网格和警告网格，要保证错误网格数量为0，警告网格的数量越少越好，如图 3.5.7 所示。

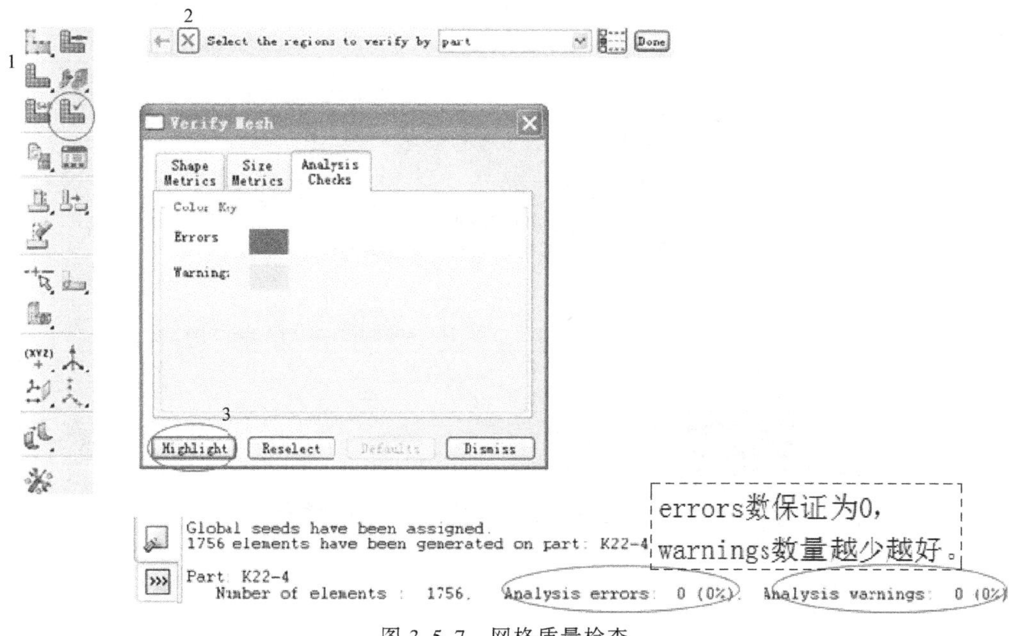

图 3.5.7　网格质量检查

3. 设置属性 Property

Property 模块的功能如图 3.5.8 所示。

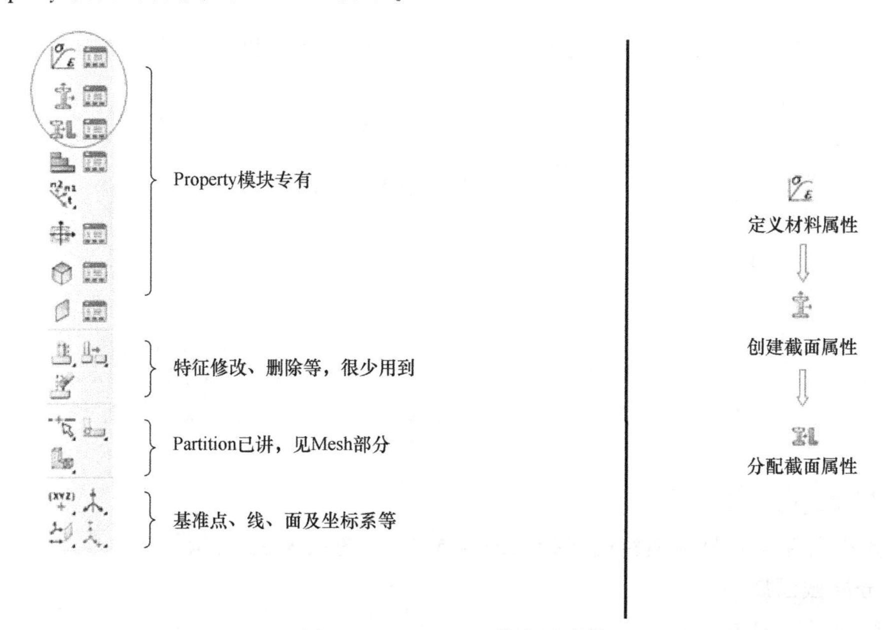

图 3.5.8　Property 模块的功能

(1) 定义材料属性

材料属性的定义如图 3.5.9 所示。

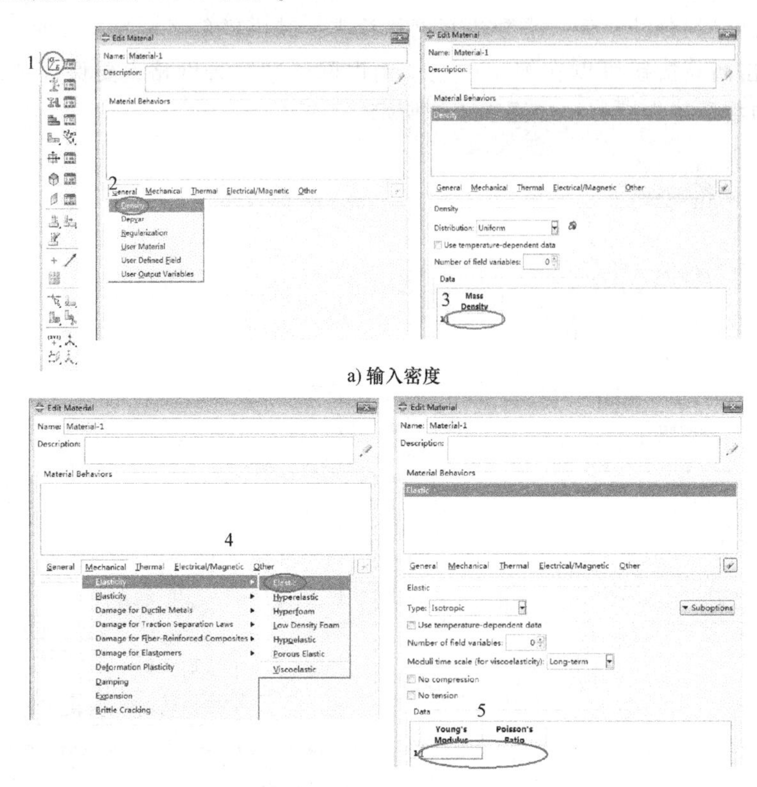

a) 输入密度

b) 输入弹性模量和泊松比

图 3.5.9 定义材料属性

(2) 材料管理器

材料管理器的功能完全可以通过窗口左侧模型树的右键快捷菜单实现（图 3.5.10）。

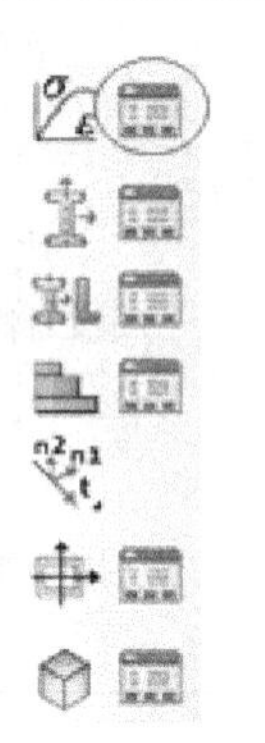

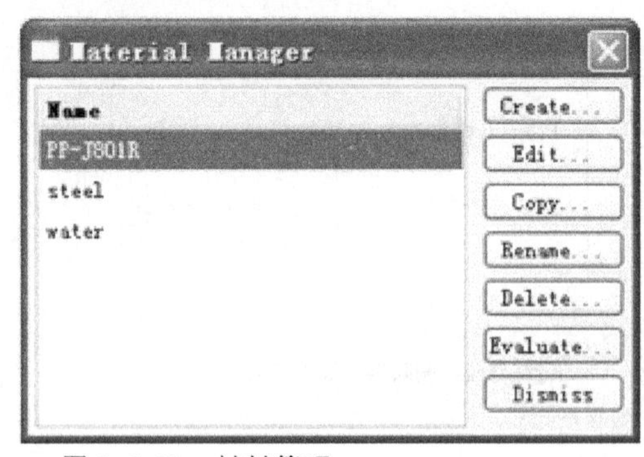

图 3.5.10 材料管理

(3) 创建截面属性

创建截面属性及其材料属性的选择如图 3.5.11 和图 3.5.12 所示。

(4) 分配截面属性

分配截面属性如图 3.5.13 所示。

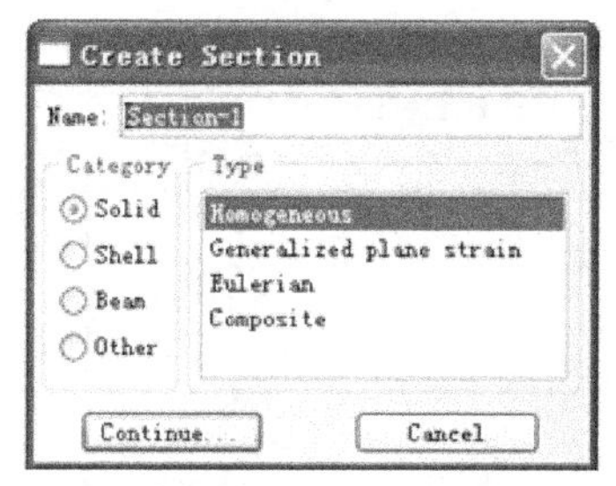

Name：应便于记忆及管理。

Category(种类)和Type(类型)配合起来指定截面的类型。

➢Solid(实体)，一般选择默认的Homogeneous(均匀的)。

➢Shell(壳)，包含Homogeneous(均匀的)、Composite(复合的)、Membrane(膜)和Surface(表面)等，一般默认。

➢Beam(梁)。

➢Other(其他)，即Gasket(垫圈)、Acoustic infinite(声媒耦合)等。

图 3.5.11 创建截面属性

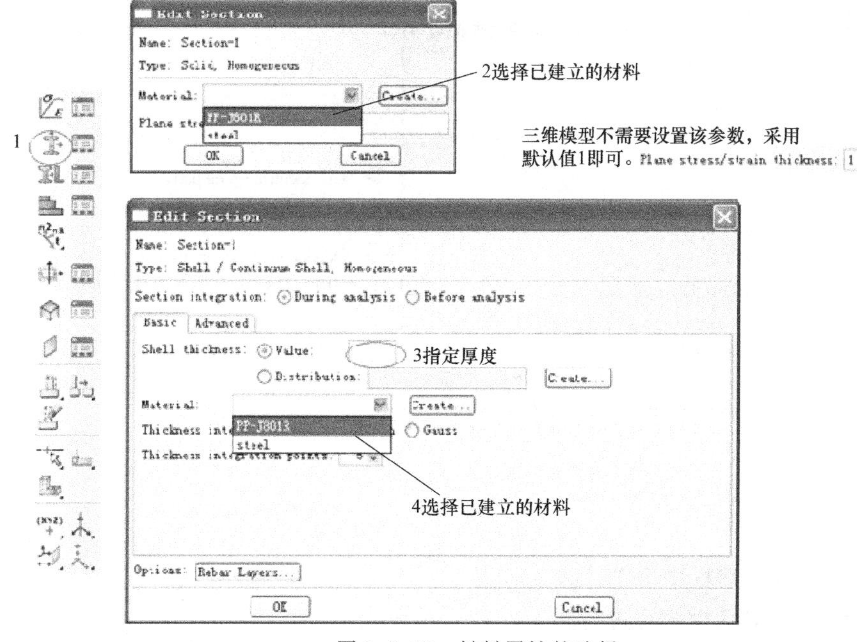

图 3.5.12 材料属性的选择

注意：未被分配截面属性的 Cell 呈灰色，已经正确分配截面属性的 Cell 呈青色，被重复分配几种截面属性的 Cell 呈黄色。

4. 建立装配体 Assembly

（1）建立装配体

一个模型（Model）只能包含一个装配件（Assembly），一个部件（Part）可以被多次调用来组装成装配件，定义荷载、边界条件、相互作用等操作都在装配件的基础上进行（图 3.5.14）。

图 3.5.13　分配截面属性

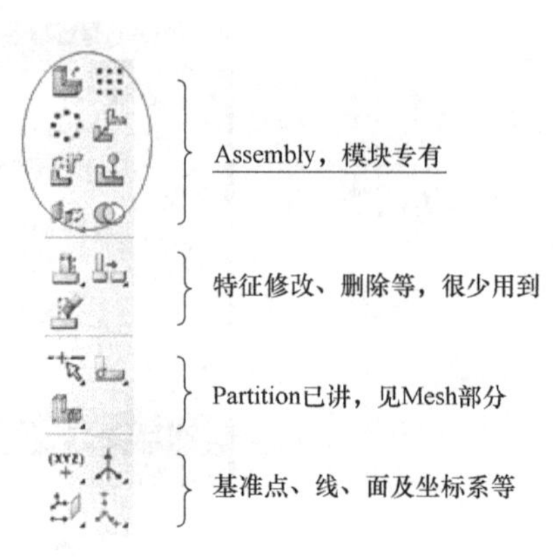

图 3.5.14　Assembly 模块的功能

(2) 导入装配体

在 Create Instance 对话框中可将 Part 导入 Assembly (图 3.5.15)。

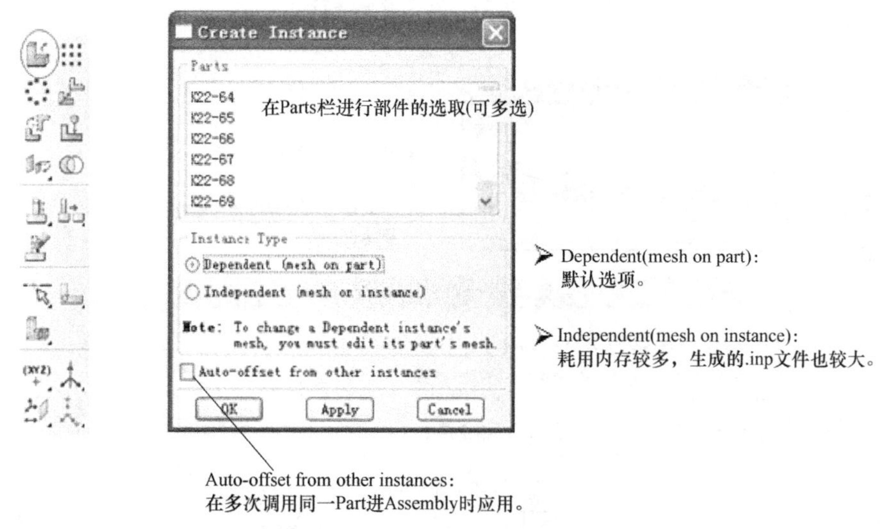

图 3.5.15　导入装配体

(3) 线性阵列

在 Linear Pattern 对话框中可进行线性阵列 (图 3.5.16)。

在 Radial Pattern 对话框中可进行圆形阵列 (图 3.5.17)。

(4) 平移

平移操作如图 3.5.18 所示。

(5) 旋转

旋转操作如图 3.5.19 所示。

(6) 平移到指定位置

平移到指定位置操作仅适用于实体模型 (图 3.5.20)。

(7) 定位

定位操作与平移到指定位置的操作类似 (图 3.5.21)。

1.选取要进行阵列的部件实体Instance

Select the instances to pattern Done

2.阵列参数设置，包括阵列方向、数量、偏移量等

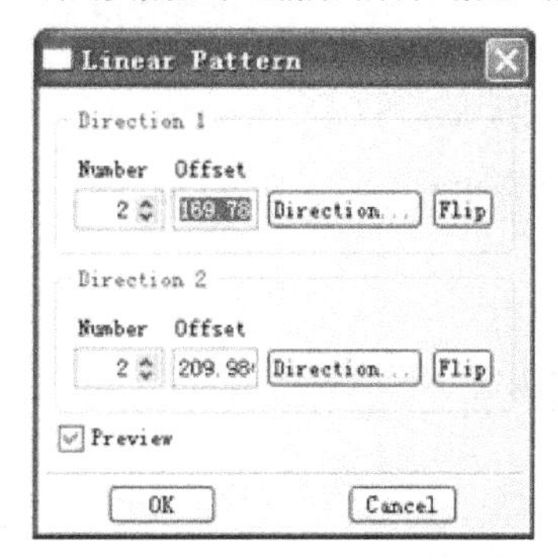

图 3.5.16　线性阵列

1.选取要进行阵列的部件实体Instance

Select the instances to pattern Done

2.阵列参数设置，包括阵列范围、数量、中心轴等

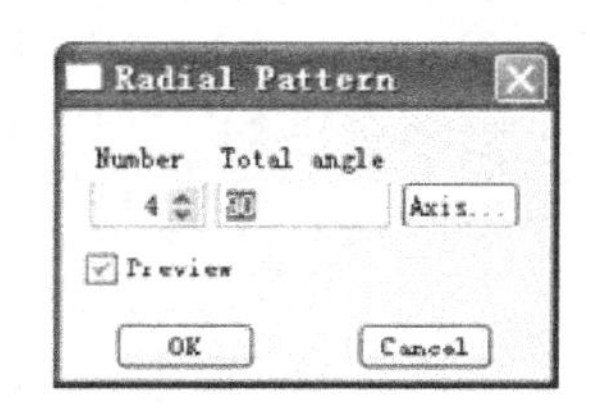

图 3.5.17　圆形阵列

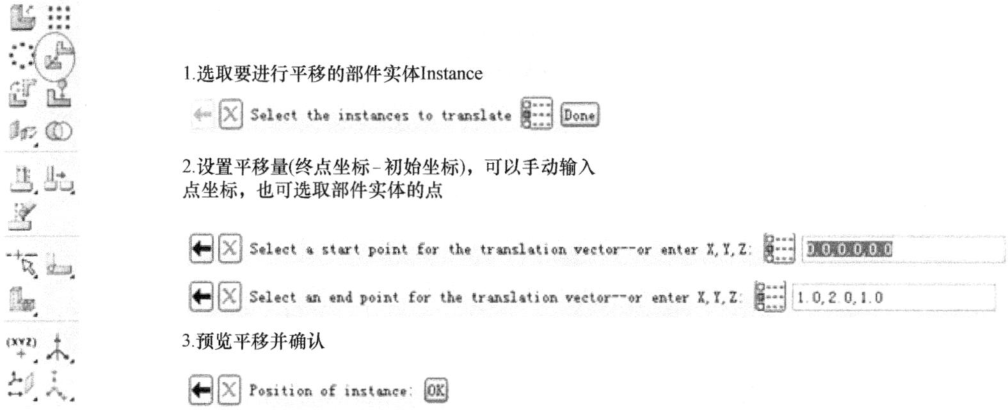

1.选取要进行平移的部件实体Instance

Select the instances to translate Done

2.设置平移量(终点坐标-初始坐标)，可以手动输入点坐标，也可选取部件实体的点

Select a start point for the translation vector--or enter X, Y, Z: 0.0,0.0,0.0

Select an end point for the translation vector--or enter X, Y, Z: 1.0,2.0,1.0

3.预览平移并确认

Position of instance: OK

图 3.5.18　平移

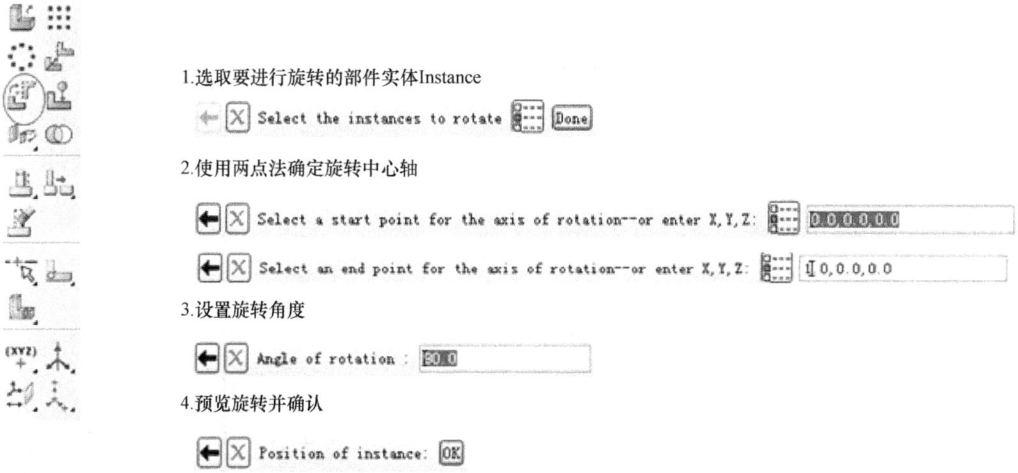

1.选取要进行旋转的部件实体Instance

Select the instances to rotate Done

2.使用两点法确定旋转中心轴

Select a start point for the axis of rotation--or enter X, Y, Z: 0.0,0.0,0.0

Select an end point for the axis of rotation--or enter X, Y, Z: 1.0,0.0,0.0

3.设置旋转角度

Angle of rotation : 90.0

4.预览旋转并确认

Position of instance: OK

图 3.5.19　旋转

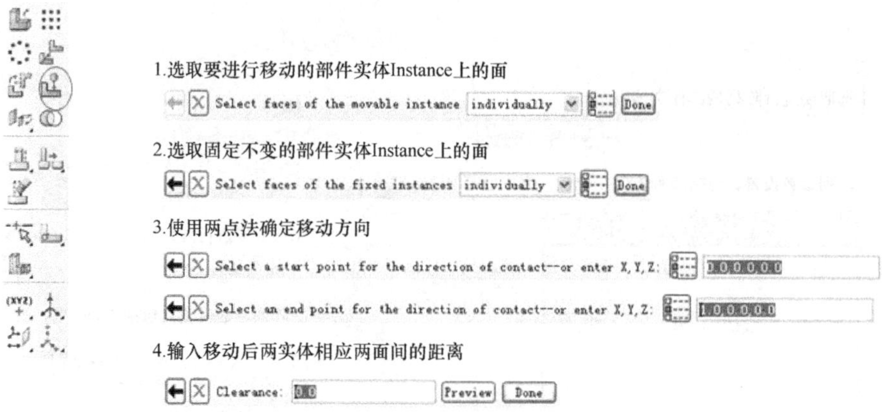

1.选取要进行移动的部件实体Instance上的面

Select faces of the movable instance individually Done

2.选取固定不变的部件实体Instance上的面

Select faces of the fixed instances individually Done

3.使用两点法确定移动方向

Select a start point for the direction of contact--or enter X,Y,Z: 0.0,0.0,0.0

Select an end point for the direction of contact--or enter X,Y,Z: 1.0,0.0,0.0

4.输入移动后两实体相应两面间的距离

Clearance: 0.0 Preview Done

图 3.5.20 平移到指定位置

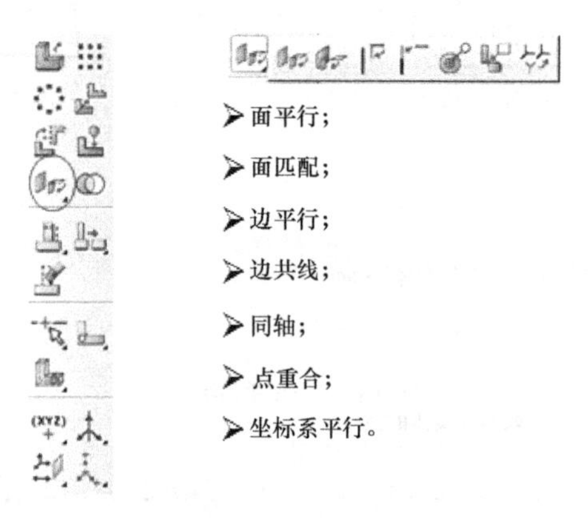

图 3.5.21 定位

(8) 合并/分割

使用合并（Merge)/分割（Cut）操作可生成新部件（Part）（图 3.5.22)。

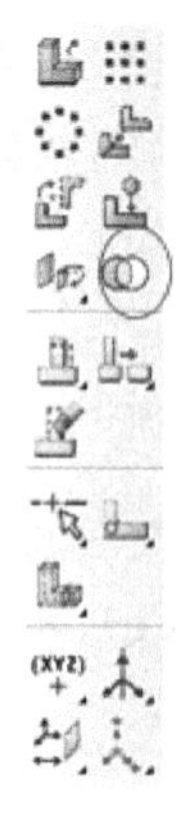

Merge/Cut Instances

Note: This function will create a new part and automatically instance it into the assembly.

Part name: Part-1

Operations
- Merge
  - Geometry
  - Mesh
- Cut geometry

Options

Original Instances
- Suppress
- Delete

Intersecting Boundaries
- Remove
- Retain

Continue... Cancel

图 3.5.22 合并/分割

3 CHAPTER

(9) 部件实体（Part instances）的显示控制

部件实体（Part instances）的显示控制界面如图 3.5.23 所示。

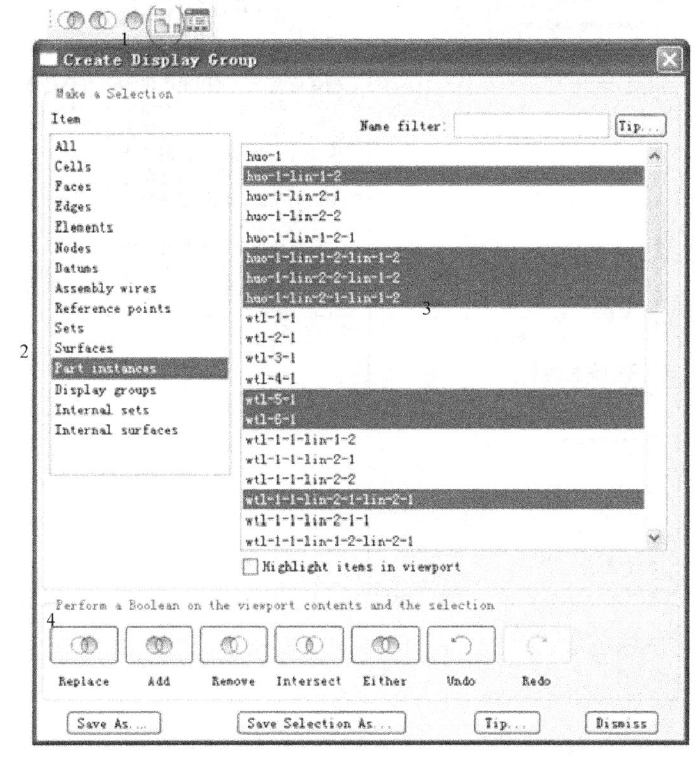

➢Replace：在区域3中选择部件后，单击此按钮，则仅显示选中的部件。

➢Add：在区域3中选择部件后，单击此按钮，则选中的部件被显示，已经显示的部件仍显示。

➢Remove：在区域3中选择部件后，单击此按钮，则选中的部件被隐藏。

……

图 3.5.23 部件实体的显示控制界面

5. 定义分析步 Step

下面开始设置分析步，如图 3.5.24 和图 3.5.25 所示。

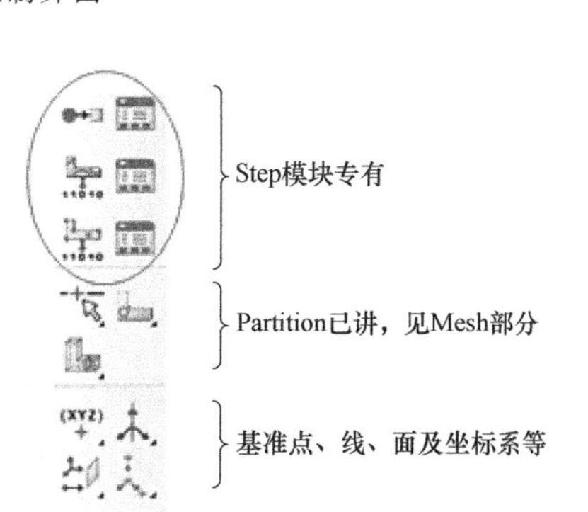

图 3.5.24 Step 模块的功能

6. 定义相互作用 Interaction

首先需要定义相互作用的属性，主要包括法向接触属性和切向的摩擦属性等，如图 3.5.26 所示。

然后创建相互作用，定义接触面及属性，包括主面、从面、滑动公式、从面位置调整、接触属性、接触面距离和接触控制等。

7. 荷载边界 Load

在对计算模型进行荷载施加的时候，要注意荷载的施加方向，通常需要建立局部坐标系，荷载的数值大小应该与前面章节介绍的单位制吻合。为了能够与 SAP2000、MIDAS 这类有限元软件更好地衔接，建议荷载和边界约束都施加在杆件的截面中心位置。通过在截面中心位置建立参考点 *RP*，将参考点 *RP* 与杆件截面建立耦合约束或者 MPC 刚性梁约束。

对整个截面施加约束与建立参考点施加约束相比，当约束为固结时，以上两种方法是相同的；当边界约束为铰接时，在截面划分网格后的多个节点上施加铰接约束，则截面的转动会受到限制，实际产生了刚接的效果，因此建议采用第二种方法对截面进行约束的施加。Load 模块的功能如图 3.5.27 所示。

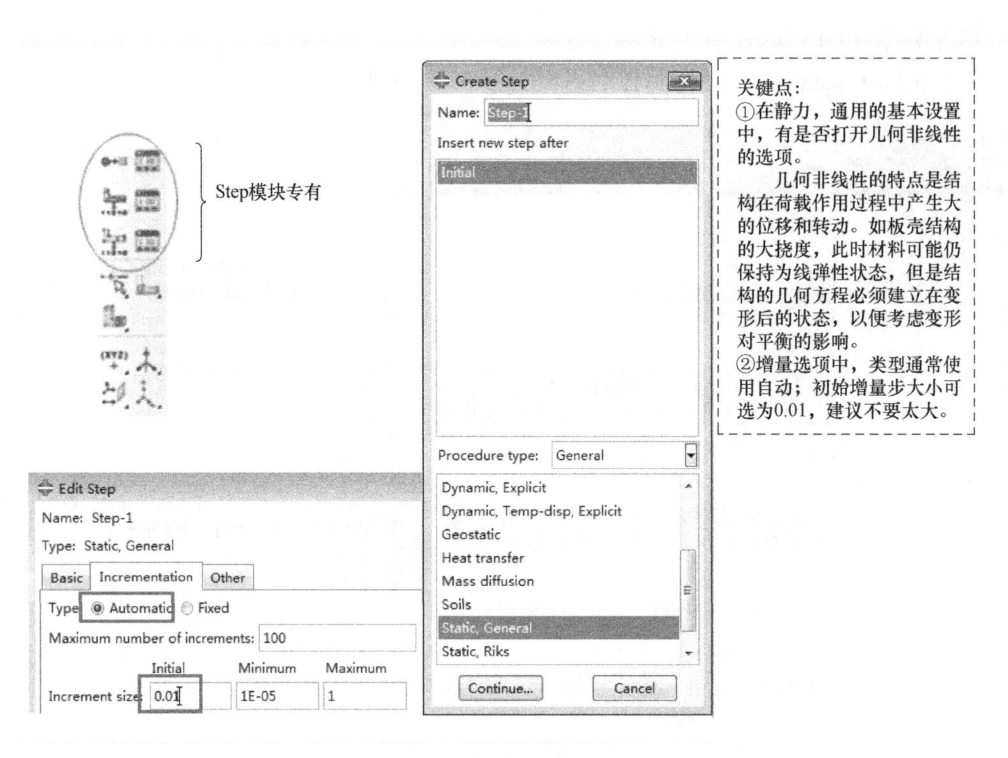

图 3.5.25 分析设置

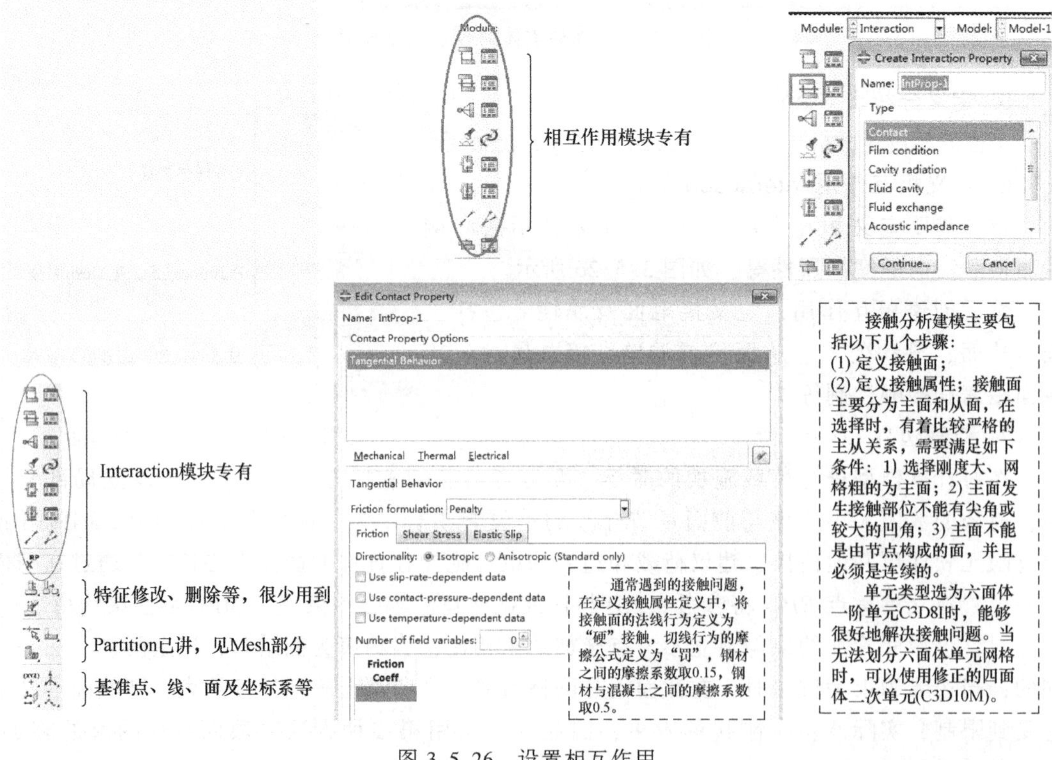

图 3.5.26 设置相互作用

8. 提交运算 Job

完成了所有的设置后，就可以提交运算了，如图3.5.28所示。

对于 Abaqus/Standard memory policy 选项，当分配的内存大于实际分析所需的内存时，可对多余的内存进行设置，有以下3种选项。

Minimum：闲置。

Moderate：通常能自动提供合理的内存使用，建议采用此默认设置。

Maximum：将多余内存都用于存储临时文件。

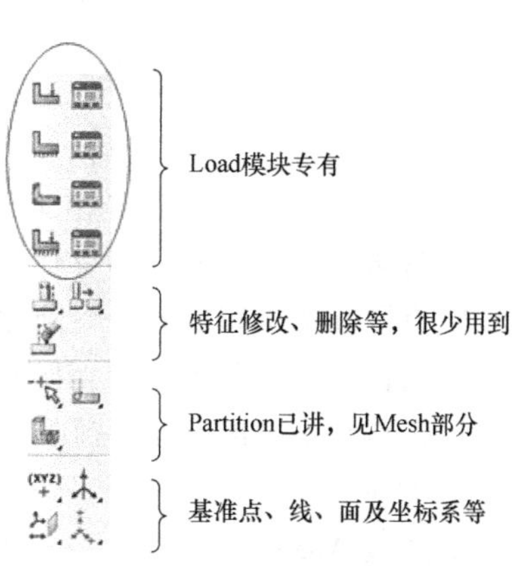

图 3.5.27　Load 模块的功能

9. 后处理 Visualization

完成运算后，需要查看结果，如图3.5.29所示。

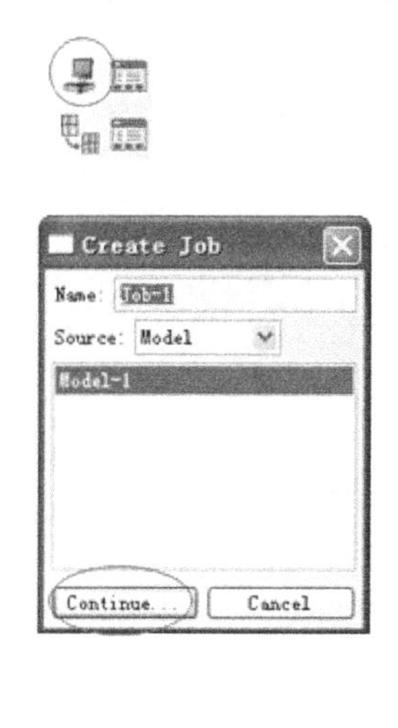

图 3.5.28　提交运算

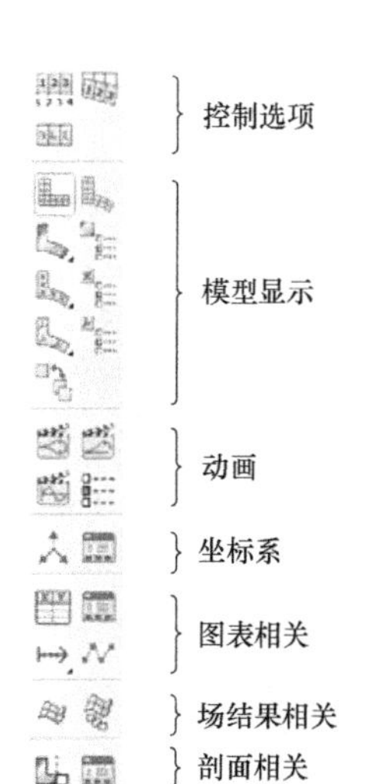

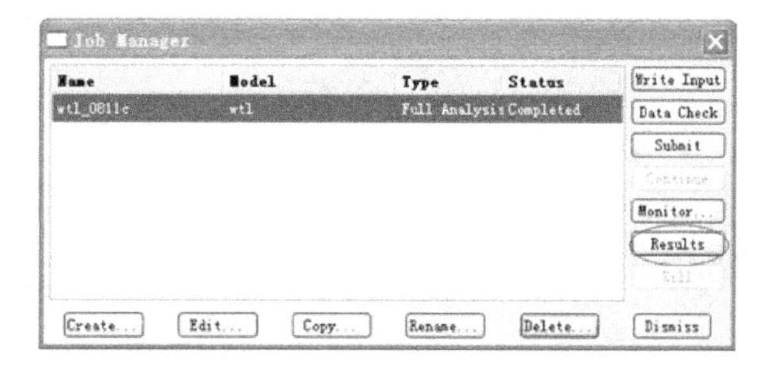

图 3.5.29　后处理 Visualization 模块

练 习 题

1. CAE 在当前研究工作与工程应用中发挥了什么作用?
2. 有限元法和差分法各有什么特点，其应用领域分别是什么?
3. 有限元法求解的非线性问题有哪 3 类? 各有什么工程应用?
4. 组件运动学分析中，为何要用坐标变换? 坐标变换矩阵有什么特点?
5. 工作环境中的流体对流换热和结构热传导的控制方程有什么不同?
6. Abaqus 软件的分析流程是怎样的?
7. 通过 Abaqus 输出的什么文件可以查看错误和警告信息?
8. 如何将外部 CAD 模型导入 Abaqus 软件?
9. 如何将 Abaqus 的分析结果导出数据?
10. 有限元法求解的 3 类非线性问题在 Abaqus 中怎么模拟?

第4章 计算机辅助工艺规程设计（CAPP）

4.1 CAPP 基本知识

4.1.1 CAPP 系统的概念

工艺设计是机械制造过程中生产技术准备的第一步，是连接产品设计和产品制造的桥梁。工艺设计确定制造过程所需的制造资源、流程、操作要求、制造时间等，是产品设计信息向制造信息转换的关键性环节。传统的工艺设计是由工艺设计人员根据产品的特点和企业所拥有的制造资源及环境，通过手工方法来编制产品加工工艺规程及相关的工艺文件，劳动强度大，设计效率低，设计周期长，人为因素多，设计结果的一致性较差。

计算机辅助工艺规程设计（Computer Aided Process Planning，CAPP），是计算机辅助工艺设计人员完成零件毛坯选择、加工方法确定、加工路线安排、机床刀具选择、切削参数计算、工序图绘制、工艺文件编制等设计任务，具有设计效率高、计算快捷可靠、工艺方案可优化等特点。

CAPP 技术作为 CAD/CAM 技术的重要组成部分，是连接 CAD 与 CAM 系统的桥梁，在制造自动化领域具有重要的地位。其功能主要表现为：

（1）可大大提高设计效率，缩短设计周期，提高产品对市场的快速反应能力。

（2）CAPP 系统知识库有助于对工艺设计人员长期积累的实践经验进行总结和继承。

（3）可以促进工艺文件设计的标准化、规范化，提高工艺文件的完整性、正确性、统一性。

（4）CAPP 技术可将工艺设计人员从繁杂、重复性的劳动中解放出来，以较多的时间和精力从事更具创造性的工作。

（5）便于企业信息的集成，有助于企业实施信息集成制造、并行工程、敏捷制造等先进生产制造模式。

4.1.2 CAPP 的发展历程

20 世纪 60 年代初，已有人把编制好的工艺规程存储在计算机中，用以提取信息和检索。1965 年，Nibe 首先提出了 CAPP 的概念。1969 年，挪威人开发出世界上第一套具有实用价值的Auto-Pros系统，该系统根据零件相似性原理检索标准工艺，经修改、编辑产生新零件工艺规程。20世纪60年代末，美国人开始CAPP技术的研究，并由CAM-I公司推出了颇具影响力的APP（Automated Process Planning）系统。该系统应用成组编码技术，对零件进行编码，形成一个个零件族，然后构建各零件族的标准工艺，再由这些标准工艺派生出不同零件的加工工艺规程。到20世纪70年代，少数先进工业国家在GT（成组技术）的基础上开发出真正实用的系统。1976年，美国计算机辅助制造组织推出了Computer Automated Process Planning系统，正式称为CAPP系统。1977年，美国普渡大学推出了创成式CAPP系统APPAS，通过决策树、决策表、人工智能等决策逻辑，在无须人工干预的情况下可自动生成零件加工工艺规程，这将CAPP技术推向了一个新的台阶。

20世纪80年代，国际上形成了开发CAPP的高潮，CAPP正式应用于生产实践中，其范围从回转类零件到非回转类零件及钣金件。截止1989年末，国际上已开发出近200个CAPP系统。从20世纪60年代至今，CAPP技术得到了不断发展和提高，先后推出了不同层次、不同类型的CAPP系统，如检索式CAPP系统、派生式CAPP系统、创成式CAPP系统、智能型CAPP系统等。这些CAPP系统适用于不同的对象和不同的生产方式，在企业实际生产制造过程中发挥了重要的作用。

我国于20世纪80年代初开始研究CAPP系统，以高校为主成立了CAPP研究学组，开发的CAPP系统可完成工艺过程设计和工序设计，生成数控加工程序。20世纪90年代至21世纪初，CAPP系统在我国企业中得到了普遍的应用，CAPP技术沿着集成化、通用化和智能化方向发展。

在集成化方面，要求CAPP不仅能够实现CAD、CAPP、CAM系统的集成化，还要求实现基于企业信息的集成化，如基于ERP的CAPP集成系统、基于PDM的CAPP集成系统等。在集成化制造大系统中，CAPP发挥着信息中枢和调节作用，其与上游CAD系统实现产品信息的双向交流和传送，与下游生产调度系统、质量控制系统等不同的企业生产管理信息系统建立起内在联系。在通用化方面，由于各企业的工艺环境和管理模式千差万别，若使CAPP技术在不同企业中更好地发挥作用，就必须将不同企业工艺设计中的共性信息和个性信息分开处理，通过建立通用CAPP系统的基本结构、基本工作流程和标准的用户界面，来满足不同产品企业类型、不同生产规模、不同企业部门的工艺设计和工艺管理的基本需求。在智能化方面，现有CAPP系统的智能技术是应用决策树、决策表等进行工艺规程决策。这类智能技术尚不能满足CAPP系统较大范围的工艺决策需求。随着人工智能技术在计算机应用领域的不断渗透和发展，CAPP系统智能化的要求也在不断提高。人工智能技术在知识获取、知识表达和知识处理方面具有独特的优势。可以预测，一批更为实用、更为成熟的智能CAPP系统在不久的未来将会出现，如CAPP专家系统、基于实例和知识的CAPP系统、基于人工神经网络的CAPP系统等。

随着信息化、数字化技术的发展，基于模型的定义（Model-Based Definition，MBD）得到了广泛关注和应用。MBD的概念源于美国机械工程协会于1997年在波音公司的协助下制定的标准研究，并于2003年正式成为美国国家标准。MBD技术的应用使产品制造模式发生了巨大变化，以MBD模型贯穿设计制造全过程，实现全三维研制已实现。与之相应的，以MBD模型作为工艺设计的数据载体和依据，使产品的工艺设计活动发生了根本变化。工艺设计工作在三维数字化环境下，直接依据三维实体模型展开，完成工艺方案制订及详细工艺设计，并产生三维结构化工艺，作为生产现场的操作依据。

4.1.3 CAPP的基本模式和原理

传统的二维CAPP系统根据工艺规程生成原理的不同，可分成派生式（Variant）和创成式（Generative）。此外，还有综合上述两种模式的较为实用的半创成式，也叫综合式CAPP系统。

1. 派生式CAPP系统

派生式CAPP系统的基本原理是利用零件的相似性。相似的零件有相似的工艺规程，一个新零件的工艺规程是通过检索相似零件的工艺规程并加以筛选或编辑而成的，由此得到“派生”这个名称。派生式工艺规程设计系统也称为检索式、修订式或变异式工艺规程设计系统。

相似零件的集合称为零件族。能被一个零件族使用的工艺规程称为标准工艺规程或综合工艺规程。一个标准工艺规程以它的族号关键字而永久地存储在数据库或数据文件中，其包含的内容根据实际需要来确定，但至少要包含制造一个零件的顺序步骤，即工艺路线。检索到一个标准工艺规程后，还要经过自动筛选或人工交互增删，以用于一个新零件上。

派生式CAPP系统中的检索方法和自动筛选逻辑是在划分零件族时预先给定的。每个族零件都有一个通用的制造过程，这个通用的制造过程就是标准工艺规程。

标准工艺规程检索机理是建立在零件族基础上的，利用成组技术，按零件功能、结构和工艺相似性划分零件族，将同一零件族的形面要素组合成一个假想的样件，以样件为基础制订相似零件族的标准工艺规程并存入计算机。在编制新零件工艺规程时，首先查找出所属的零件族，检索出该零件族的标准工艺规程，然后进行筛选和编辑，形成该零件的工艺规程。

派生式CAPP系统的特点如下。

1）系统原理简单，易于实现，继承和应用了企业成熟的传统工艺，而且发展较早，在应用方面有一定优势。

2）派生式CAPP系统利用零件的相似性检索已存储的零件族的标准工艺，因此计算机中存储的是一些标准工艺规程和标准工序，而不是工艺决策逻辑。

3）派生式CAPP系统是针对企业既有产品和工艺条件开发的，从设计角度看，是利用计算机模拟人工设计的方式，其继承和应用的是标准工艺。它没有指出工艺设计的最基本知识，知识源的划分比较粗大，复杂的零件和相似性较差的零件难以形成零作族，不利于工艺设计知识源开发，因此这种系统的适用面较小，柔性和可移植性差。

2. 创成式CAPP系统

创成式CAPP系统的基本原理和派生式不同。它在计算机中没有存储标准工艺，而只存储工艺决策规则和相应的工艺知识。它不是利用相似零件的工艺规程修订出来的，而是通过工艺决策规则进行逻辑分析判断，即根据零件的结构特点和工艺要求，依据系统自身的工艺数据和决策逻辑，寻找与之匹配的工艺知识，或者逐条搜索工艺知识，寻求与之匹配的工艺决策条件，如果条件成立，则这条工艺知识就被选中。创成式CAPP系统在没有人工干预的条件下，自动创成新零件加工、工艺规程和加工工序，并应用各种工艺决策规则，完成机床、刀具的选择，确定优化的切削参数和工艺过程。

创成式CAPP系统的特点如下。

1）自动化程度高，适应范围广，具有较大的柔性。

2）便于计算机辅助设计系统和计算机辅助制造系统的集成。

3）由于工艺决策过程的经验性较强，影响因素多，存在多变形和复杂性，因而这类CAPP系统还只能从事一些简单的、特定环境下的零件工艺设计。

3. 综合式CAPP系统

综合式CAPP系统综合了派生式与创成式两类CAPP系统的方法和原理，采用派生与自动创成相结合的方法生成零件加工工艺规程。在进行新零件工艺设计时，首先用派生法由零件编码检索标准工艺，经过对标准工艺的编辑及修改得到零件加工工艺规程，然后采用创成法进行工序设计，由系统自动决策，从而产生各种加工工序。这样的综合方法，大大降低了系统决策难度。

综合式CAPP系统兼容了派生式与创成式两种CAPP系统的特点，既具有系统的简洁性，又具有系统决策的快捷性和灵活性，具有较强的实际应用价值。

4. CAPP专家系统

CAPP专家系统是将有关工艺专家的工艺经验和知识表示为计算机能够接收和处理的设计规则，采用工艺专家的推理和控制策略，处理和解决工艺设计领域中只有工艺专家才能解决的工艺问题，并达到工艺专家级的设计水平。

CAPP专家系统是比创成式CAPP系统层次更高的从事工艺设计的智能软件系统，是一种基于知识推理、自动决策的CAPP系统，具有较强的知识获取、知识管理和自学习能力。

综上所述，各类CAPP系统有各自的特色，同时也存在各自的不足。由于工艺设计受企业类型、批量生产、设备条件、人员技术等多种因素的影响，较难开发出一个能满足多方面要求的通用CAPP系统，因而形成了目前企业内多种形式CAPP系统并存的局面。

4.2 CAPP的实现方法

本节以非常典型的3种系统，即派生式CAPP系统、创成式CAPP系统和CAPP专家系统来分析其工作模式的实现原理，并简要介绍基于模型定义的三维工艺设计。

4.2.1 派生式CAPP系统的实现原理

派生式CAPP系统是以成组技术为基础的，根据零件结构和工艺的相似性归类成族，编制一个个零件族的标准工艺规程，并在系统中创建各个零件族的标准工艺文件库。它在进行零件工艺设计时，应用零件编码检索该零件所属的零件族，调用相应的标准工艺，经编辑、修改完成零件工艺设计。下面首先介绍成组技术的概念和零件分类编码系统，然后讲述派生式CAPP系统的组成原理和技术实现。

1. 成组技术的概念

成组技术（Group Technology，GT）是一项工程应用技术。它利用事物的相似性，把相似的问题归类成组，并寻求解决这一类问题的最优方案，以取得所期望的效果。

成组技术于20世纪50年代在苏联问世，很快受到工业界的重视，迅速从苏联传入欧洲各国、美国、日本等国，并在各国的实践和发展过程中得到了不断丰富和完善。目前，成组技术作为一项基础生产管理技术已在制造业各领域得到普遍应用，如产品设计、工艺设计、工艺准备、设备选型、车间布局、生产计划和成本管理等。

在机械制造业中，大量的产品零件都有相关的相似性。据有关统计资料表明，机械零件的相似性可达70%左右。所谓零件的相似性，是指零件的结构形状及工艺等特征的相似性。结构形状的相似性包括零件基本形状、尺寸的相似性，以及零件上附有的形状特性（如外圆、孔、平面、螺纹、键槽、齿形等）及其布局形式的相似性；工艺相似性包括零件加工方法、工艺路线、加工设备及工艺装备的相似性，以及热处理方法的相似性。

成组技术作为机械制造领域的一项基础应用技术，包含相似性标识、相似性开发和相似性应用等技术内容。根据具体应用需求，选择确定分析对象的相似个性特征，并用一定的方法和手段对这些特征进行描述和标识，用以反映具体对象特征的相似性。为此，各国开发了相应的分类编码系统，用以对各个零件进行编码，用零件的成组编码来标识零件的相似性。

2. 零件分类编码系统

零件分类编码系统是用数字与字母对零件特征进行标识和描述的一套特定的规则和依据。目前，国内外有上百种零件编码系统在工业界使用，比较著名的系统有德国的Opitz编码系统、日本的KK-3编码系统、我国的JLBM-1编码系统等。

（1）Opitz编码系统

Opitz编码系统是由德国的Opitz教授开发的，是世界上最早推出的零件编码系统。如图4.2.1所示，该系统的基本结构为9位数字码。前5位为主码，用于描述零件的基本结构特征。后4位为辅助码，用于描述零件的辅助特征。各码位具体含义如下。

第1位为零件类别码，数值0~5表示不同结构的回转体类零件，数值6~9表示不同结构的非回转体类零件。

第2位表示零件的主要形状及要素。

第3位表示回转体类零件的内部形状及要素，以及非回转体类零件的平面孔特征等。

第4位表示与零件有关的平面加工。

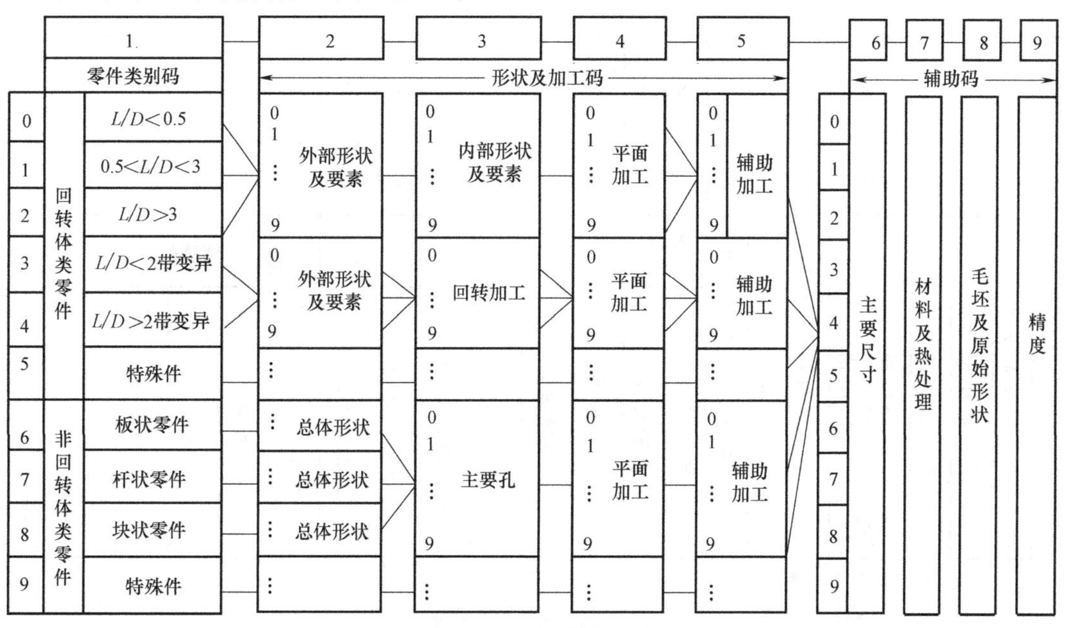

图4.2.1　Opitz编码系统

第 5 位表示孔、槽、齿形等辅助形状特征的加工。

第 6~9 位分别表示零件的主要尺寸、材料及热处理、毛坯及原始形状和精度。可以看出，Opitz 编码系统的码位少，结构简单，便于手工编制，但其不足是非回转体类零件的描述较为粗糙，零件结构、尺寸和工艺特征信息描述得不够充分。

（2）KK-3 编码系统

KK-3 编码系统是由日本通产省机械技术研究所制定的。如图 4.2.2 所示，KK-3 编码系统为 21 位数字码系统，第 1、2 位是零件名称代码，第 3、4 位是材料代码，第 5、6 位是主要尺寸代码，第 7 位是外廓形状与尺寸比代码，第 8~20 位是形状与加工代码，第 21 位是精度代码。该系统可以用于回转体类零件和非回转体类零件。其中，图 4.2.2a 为回转体类零件编码，图 4.2.2b 为非回转体类零件编码。

码位	1	2	3	4	5	6	7	8	9	10	11	12	13	14	15	16	17	18	19	20	21
类项目	名称		材料		主要尺寸		外廓形状与尺寸比	形状与加工													精度
								外表面						内表面			面	辅助孔		非切削加工	
	粗分类	细分类	粗分类	细分类	长度 L	直径 D		轮廓形状	同心螺纹	功能槽	异形部分	成形平面	周期性表面	内廓形状	内曲面	平面与内周期面		规则排列	特殊孔		

a) 回转体类零件编码

码位	1	2	3	4	5	6	7	8	9	10	11	12	13	14	15	16	17	18	19	20	21
分类项目	名称		材料		主要尺寸		外廓形状与尺寸比	形状与加工													精度
								弯曲形状		外表面				主孔		主孔以外的内表面	辅助孔			非切削加工	
	粗分类	细分类	粗分类	细分类	长度 A	宽度 B		弯曲方向	弯曲角度	外平面	外曲面	主成形平面	圆周面与辅助成形面	方向与阶梯	螺纹与成形面		方向	形状	特殊孔		

b) 非回转体类零件编码

图 4.2.2 KK-3 编码系统

KK-3 编码系统是结构与工艺并重的分类编码系统，其代码含义明确，能实现零件详细分类，前 7 位码可用于分类环节，便于设计和检索。该编码系统的不足是码位较多，有些码位利用率较低，并且不便于手工编码。

（3） JLBM-1 编码系统

JLBM-1 编码系统是由我国原机械工业部为机械加工行业推行成组技术而开发的一种零件分类编码系统，经过 4 次修订，于 1984 年正式作为我国机械工业的技术资料颁布推行。

JLBM-1 编码系统是一个由 15 位十进制数字码所组成的编码系统，在结构上与 Opitz 编码系统相类似，通过增加一些码位来弥补 Opitz 编码系统的不足。如图 4.2.3 所示，该系统零件类别码由两位组成。形状及加工码由 7 位组成，并将回转体类零件与非回转体类零件分开进行描述。热处理要求用一位表示。主要尺寸码扩充为两位。经过上述改进，JLBM-1 编码系统继承了 Opitz 编码系统功能强、结构简洁的特点，又能容纳更多分类特征信息，较利于企业应用。

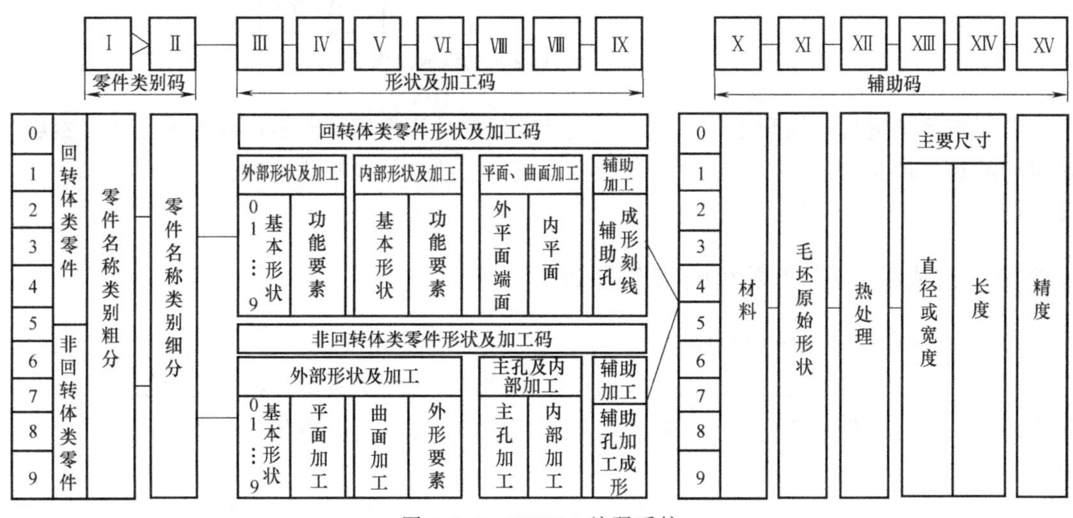

图 4.2.3 JLBM-1 编码系统

3. 派生式 CAPP 系统的组成及作业过程

派生式 CAPP 系统是利用零件相似性原理来检索已有工艺规程的一种软件系统。它首先需要应用零件编码系统对各个零件进行编码，使每个零件拥有自身的成组代码，然后根据成组代码将零件分类成组，构建一个个零件族；对每个零件族中各个零件的结构形状和工艺特征进行分析归并，构建零件族“主样件”；根据“主样件”的结构特征、工艺要求和工艺条件，编制零件族标准工艺规程，建立标准工艺规程库；编制系统检索、交互编辑、格式化输出等各个应用程序模块，最终完成系统的构建。

如图 4.2.4 所示，派生式 CAPP 系统的作业过程较为简单，可按如下步骤进行。

1） 应用所选定的零件编码系统对新零件进行成组编码，并将零件代码输入系统。

2） 系统根据所输入的零件代码检索零件族特征矩阵库，确定所属零件族。

3） 调用所属零件族标准工艺规程。

4） 根据新零件的工艺特征和加工要求，对标准工艺规程进行编辑。

5） 将编辑好的工艺规程进行存储，并按指定的格式要求打印输出为工艺文件。

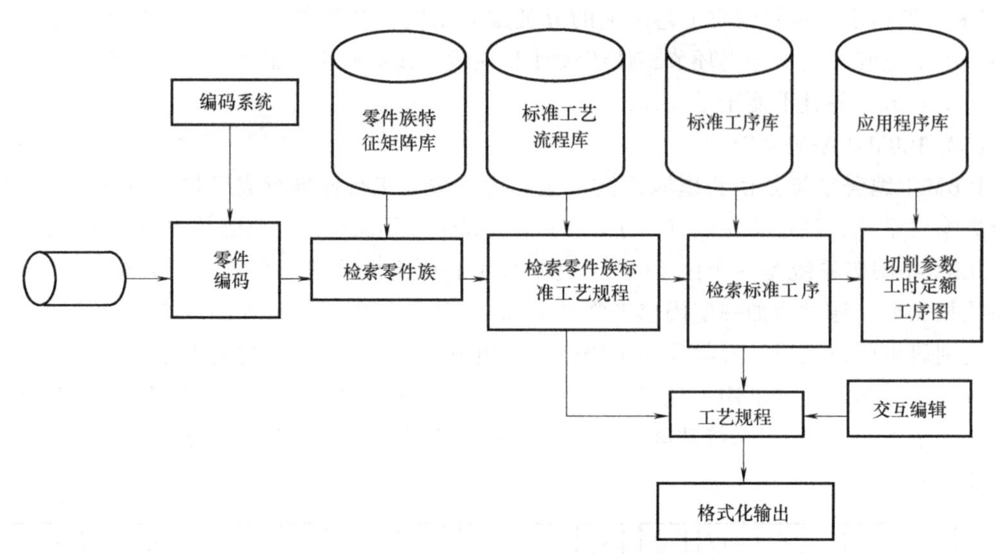

图 4.2.4 派生式 CAPP 系统的组成及作业过程

若用该系统进行某轴套零件加工工艺设计，仅需检索调用轴套零件族标准工艺，然后对其进行编辑，计算切削参数，输入标题数据，进行工艺文件规格化整理，便可得到满足设计要求的零件加工工艺文件。

4.2.2 创成式 CAPP 系统的实现原理

1. 创成式 CAPP 系统的组成

创成式 CAPP 系统根据所输入的零件信息，通过系统的决策逻辑和工艺数据库，自动决策零件加工工艺过程和各个加工工序，根据工艺要求和工艺约束条件进行机床、刀、夹、量具及加工过程的优化。如图 4.2.5 所示，创成式 CAPP 系统有零件信息描述输入、工艺规程决策、机床及刀夹量具选择、切削参数计算、工艺数据库/知识库、系统决策逻辑等主要组成模块。

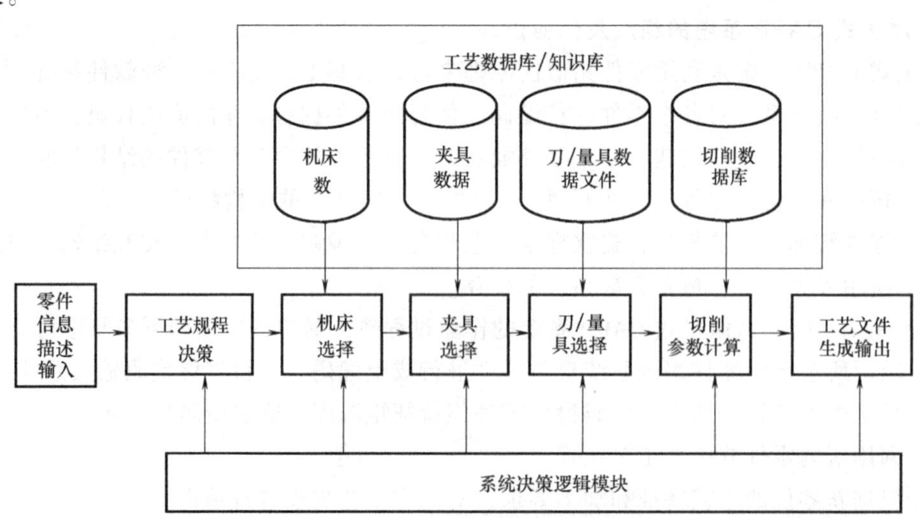

图 4.2.5 创成式 CAPP 系统的组成

零件工艺规程的推理决策及加工方法的确定是创成式 CAPP 系统的核心。一个待加工零件往往有若干需要加工的特征型面，每个特征型面及其属性（形状、尺寸和精度）在很大程度上决定了零件的加工方法。为此，零件工艺规程的创成，首先需要将该零件离散化为一个个待加工的特征型面。根据每个特征型面的加工约束和工艺要求，匹配一组相应的加工方法，然后综合各型面的加工方法，根据先粗后精、先主后次、先面后孔等工艺规则将各种不同的加工方法进行排序，形成一个个相互关联的零件加工工序和工步，最终组成有序的零件加工工艺规程。由此可见，创成式 CAPP 系统的工艺规程创成过程是一个由整体到离散、从无序到有序的处理与转化过程，既体现了工艺规程推理的过程，也反映了工艺人员长期积累的实践经验。

创成式 CAPP 系统是应用系统的工艺决策规则，自动生成零件的工艺规程，无须依靠原有工艺规程，具有较宽的适应范围，有很大的柔性，可以与 CAD 系统以及自动加工系统相连接，实现 CAD/CAM 的一体化。

2. 创成式 CAPP 系统的作业过程

创成式 CAPP 系统的作业过程如下。

1）零件信息描述输入：对新零件进行信息描述，并将之输入系统。

2）确定加工工艺方法：通过系统逻辑推理规则，确定零件各加工型面的加工工艺方法，并按逆向推理过程递推加工该型面的各个加工方法，构成该特征型面的加工方法链。

3）构建零件加工过程：将零件各特征型面的加工方法进行整理，归并相同工序，并按照工艺设计原则和待加工特征型面的优先顺序对推理产生的各个工序进行排序，构建生成零件加工工艺过程。

4）进行零件加工工序设计：对工艺过程中每一工序的工步进行详细设计，确定加工机床，选择加工刀具，计算切削参数，计算工时定额和加工费用等。

5）输出格式化的工艺规程文件。

3. 创成式 CAPP 系统的技术实现

一个创成式 CAPP 系统的实现，需要解决的关键技术如下。

（1）零件信息的描述

零件信息描述有多种方法，包括成组编码法、型面描述法、体元素描述法、特征描述法等。创成式 CAPP 系统较多地采用特征描述法。它可直接应用 CAD 零件特征模型中的型面特征对零件加工信息进行描述。这些型面特征包含零件特征形状、方位、精度及附属的材料特性等，需要 CAPP 系统配备零件特征信息的读取和接口模块。

（2）工艺数据库/知识库的建立

CAPP 系统需要大量工艺参数和工艺知识的支持，这些工艺参数和工艺知识涉及面宽、数量大，包括机床设备参数、加工工艺参数以及工艺决策规则等。在机床设备方面，有设备编号、规格型号、功率大小、最高转速、加工精度、加工范围等技术参数和加工能力参数。在加工工艺参数方面，有针对不同材料的切削参数、加工余量、工时定额等。工艺决策规则是一种经验性知识，这些知识常常以零散形式存储在工艺设计人员的头脑中，因此需要对这些成熟零散的工艺知识进行收集和整理。如何收集并采用合适的数据结构将这些工艺参数和工艺知识进行存储，建立完善统一的系统工艺数据库/知识库，是 CAPP 系统作业的一个重要的关键技术。

（3）工艺决策逻辑的选用

创成式 CAPP 系统的作业过程是复杂的、多层次的、多任务的决策过程，工艺决策涉及面宽，影响因素多，不确定性较大，因此选用合适的工艺决策逻辑，建立完善的工艺决策模型，是保证决策效率和决策可靠性的前提。

4. 创成式 CAPP 系统的工艺决策逻辑

创成式 CAPP 系统是根据零件特征信息，运用各种决策逻辑自动生成零件工艺规程的，而各种决策逻辑如何表达和实现，则是创成式 CAPP 系统的核心问题。尽管工艺设计的决策逻辑较为庞杂，但其表达方式却有相同之处。在目前阶段，创成式 CAPP 系统通常是采用决策表和决策树形式来表达和实现决策逻辑的。

（1）决策表

决策表以表格形式来存放各类事件处理规则，包括规则的前提条件和处理结论。若表中其规则的前提条件得到满足，便触发所对应的事件处理结论。这种决策表常常被作为基本工具在软件设计、系统分析以及数据处理中使用。创成式 CAPP 系统可用决策表来存放各种工艺决策规则。若零件的某加工型面特征及其工艺要求与决策表中的某规则相匹配，便可确定相对应的加工工艺方法。这种通过查表方式来匹配工艺决策的方法，具有清晰、紧凑、易读易懂的特点，便于对工艺规程进行一致性和完备性检查。

（2）决策树

树是 CAD/CAM 中反映数据间层次关系的一种基本数据结构。工艺决策树是用树状结构描述和处理“条件”与“结论”之间的逻辑关系的，其由一个根节点与若干枝节点和叶节点组成。一棵决策树包含若干条决策规则，从根节点到叶节点的一条路线表示一条工艺决策规则，某条路线中的各段路径（即节点间的连线）均为该规则的决策条件，一条路线中各路径间的相互关系为逻辑“与”的关系，在每段路径上标有具体数值或文字，叶节点则表示该决策规则的决策结论，即加工方法。

与决策表比较，决策树具有形象直观、易于创建与维护、便于拓展和修改的特点。

5. 工艺过程确定及工序设计

（1）工艺过程确定

进行零件工艺设计时，通过决策表或决策树进行工艺决策后，得到一系列零件加工型面特征的加工工艺方法，这些工艺方法是散乱、无序的，必须将之整理、归并、排序，以形成一个合理的零件加工工艺过程。

对所获取的加工工艺方法排序整理，需遵循以下工艺设计原则：

1）先基准后其他，先加工基准表面，在此基础上再加工其他型面；

2）先粗后精，先粗加工后精加工；

3）先主后次，先加工精度要求高的主要型面，后加工次要型面；

4）先面后孔，对于非回转体类零件，先进行平面加工，后进行孔、槽类型面的加工；

5）先外后内，对于回转体类零件，先加工外特征型面，后加工内特征型面；

6）孔粗加工和半精加工顺序，按精度由高到低进行，而对于精加工，则按精度由低到高进行；

7）对于同轴孔系，先加工小孔，后加工大孔等。

（2）工序设计

工序设计包括机床、刀具、夹具、量具的选用，以及加工工步的确定等。

机床的选用包含机床类型和机床型号的选择。机床类型应由加工工艺方法确定，而机床型号则应根据加工零件的尺寸参数确定。例如，车削加工应选择车床设备，车床型号依据零件长度和最大加工直径选取。CAPP 系统决策时，依次将零件加工参数与工艺数据库中的各机床参数及其加工能力进行匹配比较，以确定满足要求的机床。

工序设计可以采用标准工序，即把某工序所采用的机床设备、工步数及工步顺序，以模块的形式存储在工艺库中，仅需调用即可。工序设计也可由系统根据当前工序加工型面要素，按照工艺决策逻辑进行决策，以确定机床设备的选用以及加工工步的安排。如车削加工，工件哪端先加工，可按如下规则进行决策确定：

1）当工件无孔加工时，以最大外圆为界，先加工较短的一端；

2）当有通孔加工要求时，先加工一次装夹能加工的孔数最多的一端；

3）当有单端不通孔时，先加工有孔端；

4）当工件两端都有不通孔时，则按 1）进行判断决策。

由上述内容可见，创成式 CAPP 系统进行工艺设计由系统自行决策“创成”完成，不需要人工技术性干预，设计效率较高。然而，机械加工工艺设计范围宽，设计过程复杂，设计结果随制造环境的变化呈现多变性，完全由系统自动决策来完成工艺设计，其技术难度相当大。因而，至今为止，创成式 CAPP 系统也仅仅用于结构简单的特定零件的工艺设计。

4.2.3 CAPP 专家系统的实现原理

1. CAPP 专家系统概述

专家系统（Expert System，ES）是人工智能领域内非常重要也是非常活跃的分支之一，是模拟工艺专家解决某领域问题的一种计算机软件系统。它借助于系统内大量具有工艺专家水平的知识，模拟工艺专家的思维方法和决策过程，应用人工智能技术进行判断和推理，解决需要工艺专家才能处理的复杂问题。

CAPP 专家系统是一种智能型 CAPP 系统，其将有关工艺专家的知识表示成计算机能够接收和处理的符号，采用工艺专家的推理和控制策略从事工艺设计，并达到工艺专家级水平。

传统计算机软件系统往往依据事先设计好的数学模型，按照给定的算法流程来求取处理的结果。而工艺设计的主要工作不是计算，而是包含大量逻辑判断和推理决策的过程，是由工艺人员依据实际的加工环境和工艺条件，根据在生产实践中长期积累起来的知识，进行工艺规程的决策和判断，最终获得满足实际要求的设计结果。在此设计过程中，工艺人员的知识是难以用数学模型来表示的。

专家系统具有不确定性和多义性知识处理的能力，在一定程度上可以模拟工艺专家进行工艺设计，使工艺设计中的许多模糊问题得以解决。尤其对于像箱体、壳体等这类复杂零件的工艺设计，由于其结构形状复杂、加工工序多、工艺过程长，可能存在多种不同的加工工艺方案，工艺设计结果的优劣主要取决于工艺人员的经验和智慧，一般的 CAPP 系统很难满足这些复杂零件的工艺设计要求。CAPP 专家系统能够汇集众多工艺专家的经验和智慧，并充分利用这些知识进行逻辑推理，探索解决问题的方法和途径，能够做出合理甚至是最佳的工艺决策。

CAPP 专家系统与创成式 CAPP 系统一样，同属于智能型 CAPP 系统，均能自动生成零件加工的工艺规程。但是，两者的决策方法是有区别的，创成式 CAPP 系统以“逻辑算法+决策表/决策树”的方法来决策生成不同的加工方法，经排序整理后形成工艺规程；CAPP 专家系统则是以“推理+知识”的方法，通过推理机的控制策略，根据所输入的零件信息频繁地访问知识库，不断从知识库中搜索满足当前零件状态条件的规则，并把每次推理的结果按照先后次序进行记录，直到零件加工到终结状态为止，系统所记录的结果就是所设计零件加工的工艺规程。

专家系统是以知识库为基础、以推理机为中心进行推理决策的，其知识库与推理机相互分离。当生产环节变化时，可通过知识获取模块来更新及修改知识库，加入新的知识，以满足新环境的设计要求，使系统具有较高的灵活性。专家系统具有自学习能力，通过系统的运行可不断更新及补充新知识，使系统推理决策的能力得到不断增强。

正是由于专家系统具有上述优越性，人们越来越重视人工智能以及专家系统在工艺设计中的应用技术研究，并取得了卓有成效的研究成果。但是，由于工艺设计是经验性很强的生产活动，使得 CAPP 专家系统在工艺知识获取、工艺模糊知识处理、工艺推理过程中冲突问题的解决、自学习功能提高等方面，还需进一步深化研究。

2. CAPP 专家系统的组成及作业过程

CAPP 专家系统的组成如图 4.2.6 所示，主要包括工艺知识库、工艺推理机、知识获取模块、解释模块、用户接口模块和动态数据库等。

（1）工艺知识库

工艺知识库是 CAPP 专家系统的重要基础，以一定形式存放着工艺专家的知识。工艺知识库通常包括两方面知识：一是事实型知识，即公认的工艺知识与数据，如材料性能、机床参数、切削用量等；二是启发型（或称因果型）知识，如各种工艺决策规则等，它是工艺专家在多年生产实践中逐渐领悟和总结出来的知识，这类知识是 CAPP 专家系统进行逻辑推理的主要工艺知识源。工艺知识库的可用性、确切性和完善性是影响 CAPP 专家系统性能的重要因素。工艺知识库的建立与完善是一个长期的过程，通常是先建立一个知识子集，然后利用知识获取模块逐步扩充、修改和完善。

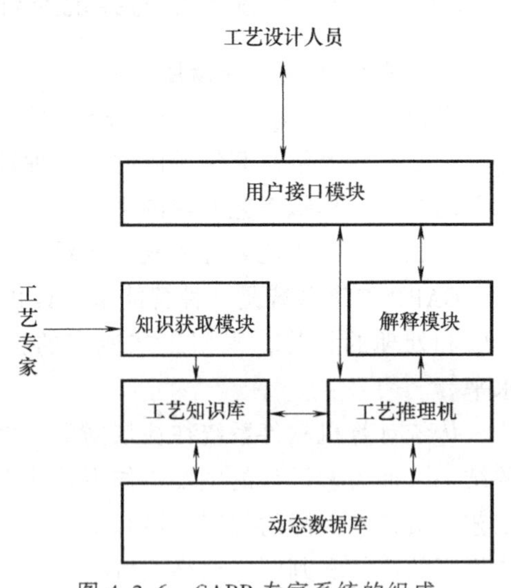

图 4.2.6　CAPP 专家系统的组成

（2）工艺推理机

工艺推理机根据用户所提供的原始数据，利用工艺知识库中的工艺知识，采用预先设定的推理策略进行推理决策，以完成工艺规程的设计。工艺推理机的推理过程与工艺专家的思维过程相类似，使 CAPP 专家系统能够按工艺专家解决问题的方法工作。

（3）知识获取模块

CAPP 专家系统的专门工艺知识，源于工艺专家长期经验的积累，存在于工艺专家的脑中。知识获取模块是建立、修改和扩充专家系统工艺知识库的一种工具和手段，其任务是将工艺专家的工艺知识提取出来，并整理转换为系统能够接收和处理的形式，便于专家系统检索和推理使用，并具有从专家系统的运行结果中归纳、提取新知识的功能。

（4）解释模块

解释模块负责对专家系统的推理结果做出必要的解释，使用户了解专家系统的工艺推理过程，接受推理的结果。只有 CAPP 专家系统能够解释自己的行为和推理的结论，用户才能信赖自己所使用的系统。此外，CAPP 专家系统的解释模块还可以对缺乏工艺设计经验的用户起到传输和培训工艺知识的作用。

（5）动态数据库

动态数据库用于存储用户输入的原始数据以及系统在工艺推理过程中动态产生的临时工艺数据，以当前系统所需的数据形式提供给系统推理决策使用。

（6）用户接口模块

用户接口模块为工艺设计人员提供友好的用户界面，便于输入原始参数，回答系统在运行过程中提出的问题，并将系统输出结果以用户易于理解的形式予以显示。

CAPP 专家系统的基本作业过程如下。

1）由工艺设计人员向系统输入工艺设计问题及相关信息。

2）工艺推理机将用户问题和输入的信息与工艺知识库中存储的各个工艺规则进行匹配推理。

3）根据匹配的工艺规则和系统控制策略，形成一组可能的问题求解方案。

4）根据冲突解决准则，对各个求解方案进行排序，挑选一个最优方案。

5）应用所挑选的方案去求解用户问题，若该方案不能真正解决问题，则回溯到求解方案序列中的下一个方案，重复求解用户问题。

6）循环执行上述过程，直到问题得到解决，或所有可能的求解方案都不能解决现有用户问题，而宣告“无解”为止。

7）系统通过解释模块，向用户解释如何得出问题的结论（How），以及为什么采用这种解决该问题的办法（Why）。

从系统的结构组成及其作业过程可知，CAPP 专家系统是一个计算机软件系统，是为工艺设计人员提供的具有专家水平的工艺设计工具，其具备以下鲜明的特点。

1）启发性：使用已有的工艺知识和控制策略进行工艺推理。

2）透明性：能够解释系统工艺推理的过程并对有关工艺知识的询问做出回答。

3）灵活性：可将新工艺知识不断加入已有的工艺知识库中，使其逐步完善和精练，提高工艺知识的使用效率。

3. CAPP 专家系统推理策略

推理，即根据已知的事实，运用已掌握的知识，按照某种策略推断出结论的一种思维过程。实质上，推理过程是一个问题求解的过程，问题求解的质量与效率依赖于推理的控制策略。工艺推理策略在很大程度上依赖于工艺知识的表示。基于产生式规则的 CAPP 专家系统中，非常常用的有正向推理、反向推理和混合推理几种工艺推理策略。

（1）正向推理

正向推理的基本思想是，根据用户提供的初始事实，在工艺知识库中搜索能与之匹配的知识，构成一个可用知识集，然后按某种冲突解决策略，从可用知识集中选出其中一条知识进行推理，将推出的新事实存放在动态数据库中，作为下一步推理的已知事实，再根据推出的新事实，继续在知识库中匹配可用知识，如此循环，直至得出最终结论。

CAPP 专家系统的正向推理是从零件毛坯开始，逐步向成品零件方向的加工工艺推理，即由零件毛坯开始，经过一步步工序和工步，进行加工推理，使之最终成为所要求的成品零件，以此得到零件加工的工艺规程。这种正向推理策略，要求工艺推理机至少具有下述功能：

1）根据已知的工艺事实，知道运用工艺知识库中的哪些工艺知识；

2）能将推理结论存入动态数据库，并记录整个工艺推理过程，以供解释之用；

3）能够判断何时结束系统的推理过程；

4）必要时可要求用户补充输入所需的工艺推理条件。

（2）反向推理

反向推理的基本思想是，首先选定假设目标，然后寻找支持该假设目标的证据。若所需要的证据能够找到，则说明其假设目标成立；若找不到所需要的证据，则说明假设目标不成立，此时需要另外选择新的假设目标。因而，反向推理策略又称为目标驱动策略。为此，反向推理除了要求系统拥有工艺知识库外，还要求系统事先设定一组假设结论。

CAPP 专家系统的反向推理，是从成品零件反向至零件毛坯方向的推理过程，是根据成品零件加工工艺要求，逐步推理各个加工工序以及中间型面的精加工、半精加工及粗加工的工艺方法和加工余量，使之最终获得零件毛坯的工艺过程。

在反向推理策略中，要求工艺推理机至少具有下述功能：

1）能够提出工艺假设，并运用工艺知识库中的知识，判断假设是否成立；

2）若成立，则记录所假设的加工工艺，以备解释之用；

3）若不成立，则应提出新的工艺假设，再进行假设判断；

4）能够判断何时结束推理过程；

5）必要时可要求用户补充工艺条件。

反向推理是 CAPP 专家系统进行工艺设计的常用推理策略。例如，依据零件加工型面所要求的精度、表面粗糙度和轮廓形状，用机理确定可能实现的加工工序（如精车、磨削等）及其工艺参数（如加工余量、公差等）。根据所确定的加工工序和加工余量，推断出该工序前的零件中间形状及其工艺要求。再根据零件中间形状及工艺要求，推导满足要求的加工工序。如此循环，由产品零件成品直到零件毛坯，反向推导出零件加工工艺规程。

（3）混合推理

正向推理和反向推理有其各自的特点及不足。例如，正向推理存在盲目推理的不足，求解了许多与目标解无关的子目标。反向推理的缺点在于盲目选择目标，求解了许多不符合实际的假设目标。混合推理综合利用了正向推理和反向推理的优点，克服了两者存在的不足。混合推理的一般过程为，先根据初始事实进行正向推理以帮助提出假设，再用反向推理进一步寻找支持假设的证据，反复这个过程，直至得出结论为止。

CAPP 专家系统混合推理的常见做法是，先根据工艺知识库中的一些原始工艺数据，利用正向推理帮助选择工艺假设，然后利用反向推理进一步证明这些工艺假设是否成立，并反复进行该过程，直至最后得出所需结论。

CAPP 专家系统通过获取的经验知识进行存储、记忆、整理，并通过其合理的推理机制对知识库进行检索调用与推理决策。目前，专家系统的开发有多种工具手段可供使用，如计算机程序设计语言、骨架型工具系统、通用型知识语言等。

4.2.4 基于模型定义的三维工艺设计

上述几种传统的 CAPP 系统，都是传统的二维工艺设计，不能直接利用设计所产生的三维模型和设计数据中包含的诸如零部件、分类、三维产品特征、几何尺寸、技术、制造要求等信息。

基于模型的定义（Model Based Definition，MBD）的全三维设计制造技术是将产品的相关设计定义、工艺描述、属性和管理等信息都附着在产品三维模型中的先进的产品数字化定义方法。基于模型定义的零件制造工艺设计，是利用三维工序模型及标注信息来说明制造过程、操作要求、检验项目等，并能充分应用三维模型、工艺仿真、切削分析的信息和结果，实现面向制造的产品结构管理、工艺设计流程管理、基础工艺/知识管理、产品工艺数据综合管理等工艺设计及管理。基于模型定义的三维装配工艺设计与二维装配工艺设计相比，优势在于产品工艺信息可以集中表达，装配关系在三维数模中体现得更为直观，在同一个工作界面中既可以完成大部件的工艺分离面的划分，也可以完成内部小组件的装配工艺设计。

随着 MBD 技术的深入应用，传统的二维纸质工艺文件将逐渐被三维结构化工艺文件所取代（内容包括产品设计信息、制造资源信息、工艺设计信息及工艺动画等）。这种基于模型定义技术的装配和零件工艺设计响应快速，是提升传统工艺设计能力的有效途径。

1. 基于模型定义的零件工艺设计

基于模型定义的零件工艺设计应用基于 PLM 的三维零件工艺设计软件系统，直接利用设计三维数据的模型，关联产品、资源，进行三维工序模型和三维标注，实现结构化工艺设计。

基于模型定义的零件工艺设计通过对典型工艺、工序、工步模板的应用，在工艺数据库/知识库的支持下，实现知识重用，提高工艺设计效率。零件工艺设计的解决方案包括所涉及零件的制造过程，如机加工艺、钣焊、复材、热处理工艺等。

（1）基于模型定义的零件工艺设计系统的主要功能

1）定义产品总工艺、工艺、工序、工频的管理组织模式。

2）规范设计模型、工序模型之间的关系与创建方式。

3）集成工艺资源、设备资源，实现 PLM 协同平台与工艺设计系统之间信息的共享交互。

4）内嵌工艺规范与标准数据，便于实现工艺编制。

（2）零件工艺设计的主要内容

1）工艺的组织结构：包括总工艺、工艺、工序的零件工艺 BOM。

2）图形化界面工艺信息：包括零件的图号、名称、版次、数量、工艺类型等。

3）工序信息：包括工序类型、工序号、工序名称、设备名称、设备型号、材料、特性符号等。

4）工步信息。

5）标注工具。

6）加工信息定义。

7）工艺信息与 PLM 集成。

8）工艺流程管理。

（3）基于模型定义的零件工艺设计的优点

1）基于模型定义的零件工艺设计是以产品三维模型为基础的，而不依据制造需求进行二次重构工艺模型，通过工艺与产品、制造资源的关联实现设计与制造过程中关键元素的有机结合。

2）零件工艺设计以结构化特征方式进行组合，在下游可依据结构化的特征为单元组织工艺和加工工序。特征作为表达三维模型的内在元素，是进行工艺、工序、工步等关键工艺元素搜索和确定的主要依据。

3）对设计和制造过程中零件模型信息的构建，不仅包含三维模型中的尺寸标注、公差及其他制造信息，而且包含制造属性、质量属性、成本属性等其他信息定义，从而使产品成为三维设计与制造信息的载体，并且通过与其他对象（工艺、资源等）的有机连接，将所有设计与制造的关键对象及其关系完整地展现出来。

4）基于模型定义的零件工艺设计产生的以制造特征构建的结构化工艺信息为下游 EPR 和 MES 等系统做好了数据准备。

5）产品三维模型的工艺设计过程，为工艺的仿真验证打下了基础。通过对工艺资源（工装、设备等）进行三维建模，可以实现真正意义上的产品加工和装配的仿真验证。

6）基于模型定义的三维零件工艺设计有多种输出方式，以三维实体造型为主的可视化工艺展现形式，使得工艺的表达形式更为直观，手段更为丰富，具有目前以二维为主的图表式工艺表达方式无法比拟的优势，对于指导车间现场工人操作更加具有现实意义。

（4）基于模型定义的零件工艺设计的基本过程

1）设计数据获取：打开产品设计模型，查看模型信息以及在各视图中标注的三维尺寸公差等信息。

2）建立工艺结构：在三维工艺设计系统中建立工艺 BOM，每个零组件对应一个总工艺节点，在总工艺下建立零件所需要的工艺对象，在工艺中建立工序，在工序下添加该工序的设备、工装、辅料等物料对象。

3）工序模型建立：在工艺、工序对象上创建数据集，关联引用设计模型或其他工序模型，通过同步建模对模型直接进行修改，如增加加工余量，删除加工孔、槽等，从而建立工序模型。

4）工序内容建立：进行三维制造信息标注，如尺寸要求、加工区域标识 、操作说明、检验要求等。例如，需要展示内部细节时，可通过剖视图展示。复杂工序可根据表壳需要增加标注视图。

5）工艺文档生成：可根据需要生成多种格式的工艺文档，如 2D/3D PDF、电子化在线作业指导书（EWI）等。使用定制好的工艺卡片模板，从 PLM 提取产品、工艺、工序、工装、设备等信息，添加到工艺过程卡、工序卡中；在图形区可插入三维工序模型视图、二维投影图；可以在 PLM 环境或系统外浏览所定义的模型视图，包括制造信息标注、剖视图等。

6）工艺设计的结果：工艺设计的结果最终以 3D 视图、3D 模型或动画等数据形式发送到加工现场，方便操作人员理解，规范操作过程。

（5）基于模型定义的零件工艺设计的应用场景

进行导航式的三维工序模型设计，首先工艺员打开设计模型，把设计模型复制到工艺结构下，作为总工艺模型。然后创建各工序模型，将总工序模型复制给各工序模型，修改工序模型，对工序模型进行尺寸、注释、几何公差三维标注，再将工艺模型保存到工序下，实现三维工序模型与工艺规程关联管理，如图 4.2.7 所示。

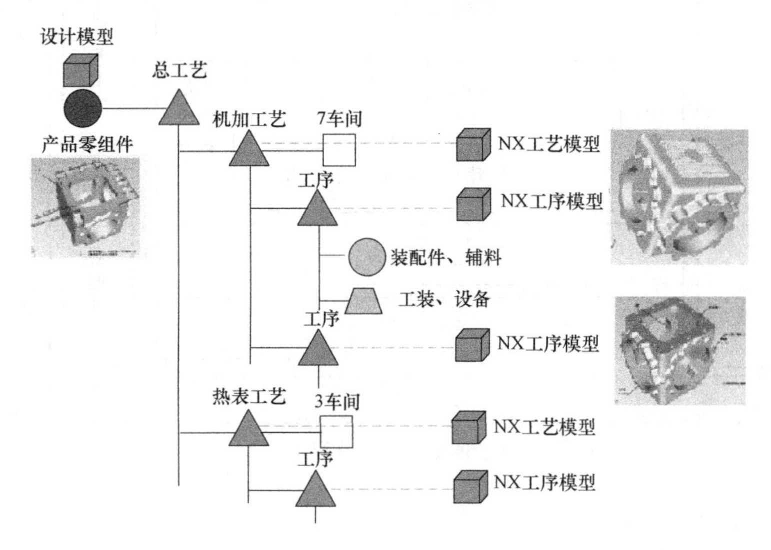

图 4.2.7 三维工序模型的生成和与工艺规程的关联关系

2. 基于模型定义的装配工艺设计

装配工艺设计是以企业的 PLM（产品全生命周期管理）平台为基础的，充分利用设计 MBD 的模型、制造资料等，由工艺分析、MBOM 创建、结构化工艺设计、工艺仿真与优化、可视化工艺输出、工艺统计报表等环节组成，并实现各环节的数据管理。

基于模型定义的模型在可视化的数字环境中，采用基于与 EBOM 关联的 MBOM 编制装配工艺，装配工艺与工序对应，实现按工序配料；通过典型工艺模板和知识重用，提高新产品工艺编制的效率和质量，实现三维可视化工艺表现形式，明确和规范操作过程。

（1）基于模型定义的装配工艺设计架构

装配工艺设计系统与产品设计、工装设计、维护维修、试验测试等系统实现数据共享和协同，与 ERP、MES 实现系统集成，如图 4.2.8 所示。

（2）基于模型定义的装配工艺设计的优点

采用基于模型定义的装配工艺设计系统进行装配工艺设计和装配仿真，可大幅度提升工艺总体方案的设计水平，提早发现产品设计、工装设计等存在的问题，及时反馈并获得改进。

1）采用基于模型定义的装配工艺设计，可以在早期检测产品设计问题，降低工程变更的次数和成本。

2）通过装配仿真验证，提早发现并解决装配过程中存在的问题，可提高制造资源的利用率，降低成本。

3）通过仿真多个制造场景，使生产风险最小化，实现并行工程、装配工艺仿真与产品设计同步进行。

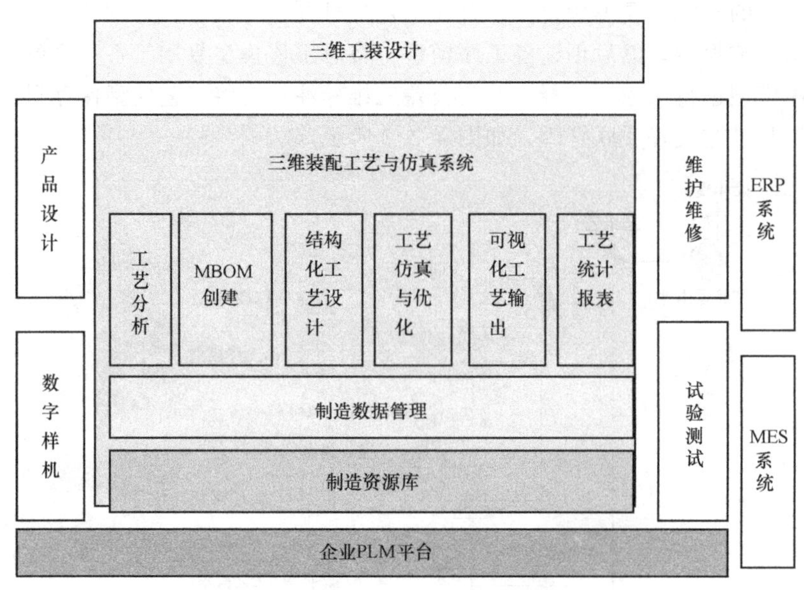

图 4.2.8 基于模型定义的装配工艺设计架构图

4）提高产品的制造质量，降低制造成本。

（3）基于模型定义的装配工艺设计的基本过程

1）导入产品 EBOM，构建产品结构：从 PDM 中输出产品的 EBOM，并导入到三维工艺设计系统的数据库中。在该系统中构建产品树结构，并将每个零件的三维模型与结构树关联。

2）产品工艺分离面的划分：在三维数字化环境下进行产品工艺分离面的划分，结合 EBOM 确定各工艺装配部件需要装配的零组件，构建工艺大部件模型。

3）装配工位的划分与装配流程（工艺路线）设计及仿真：在进行工艺分离面划分的基础上，对每个工艺大部件进行初步装配流程设计，划分装配工位，确定在每个工位上装配的零组件，在三维装配工艺设计环境下构建各装配工位组件装配的工艺模型，确定装配工艺基准和装配定位方法，制订出各工位之间关系的装配流程，并进行三维工艺布局和装配流程仿真。

4）构建产品装配结构树 MBOM：将产品 EBOM 按工艺分工划分到三维装配工艺设计环境中，构建产品装配结构树 MBOM。

5）装配方案的设计及装配顺序仿真：在工位划分的基础上，依据装配工艺模型进一步进行各工位内的装配过程设计，确定每个工位内的装配工艺模型组件的装配顺序，并定义需要装配的零组件关系的装配流程，提出装配工装、夹具的技术要求，并进行装配顺序仿真。

6）制造资源定义：在三维工艺设计环境中对工作地（车间）、装配工位、装配工装、工作平台、托架、工具等制造资源，依据工艺分离面进行划分，依据装配流程进行设计，构建资源结构树，使其与每个工装、夹具的三维模型关联。

7）详细装配工艺设计及仿真：依据装配工艺模型进行详细的装配工艺过程设计，在三维工艺设计环境下确定该装配工艺零组件、标准件、成品等的装配顺序，明确装配工艺方法、装配步骤，并选定该装配过程所需要的工装、夹具、辅助材料等，进行装配仿真，发现干涉问题，以便及时纠正。

8）输出作业指导卡：工艺编制完成后，系统输出可视化的装配作业指导卡，指导操作工进行装配。由于装配作业指导卡利用了3D技术，可更直观地表示装配过程，使得装配工很容易理解装配工艺规程。

（4）基于模型定义的装配工艺设计的应用场景

实际应用中，可参考企业现有的生产组织形式、可利用的制造资源及相关的工艺规范等，定义用于装配此产品的工艺路线。对于工艺路线中的每一道工序（或子工艺），工艺设计内容包括该工序（或子工艺）的装配方法、装配工位、装配对象（中间件及消耗物料）及装配次序等信息。以此为基础，工艺路线中的设计内容得到进一步的丰富，包含每道工序所需的装配资源信息（设备、工夹量具、工人技能水平等）、工序图、在制品模型、测试及质量控制信息、装夹及测量的注意事项、材料及工时定额信息等。如果有必要，可将工序细分为工步或工序前准备，并进一步阐明工作内容细节。工艺规程经过验证及优化后，以电子或纸张的形式输出为工艺卡片，用于指导装配生产线上的制造工程师和工人实施产品装配过程。

三维装配工艺设计直接利用设计的三维模型进行装配模型的三维设计、组合件的加工、部件和整机的装配等。三维模型的采用将使得工装的并行设计更容易实现，而且在可视化操作的条件下，工装设计的返修率将大大降低。工序图采用3D视图表示，可以使装配工艺更容易被操作工人理解，减少生产过程中发生的错误。

三维装配工艺的编制场景如图4.2.9所示。

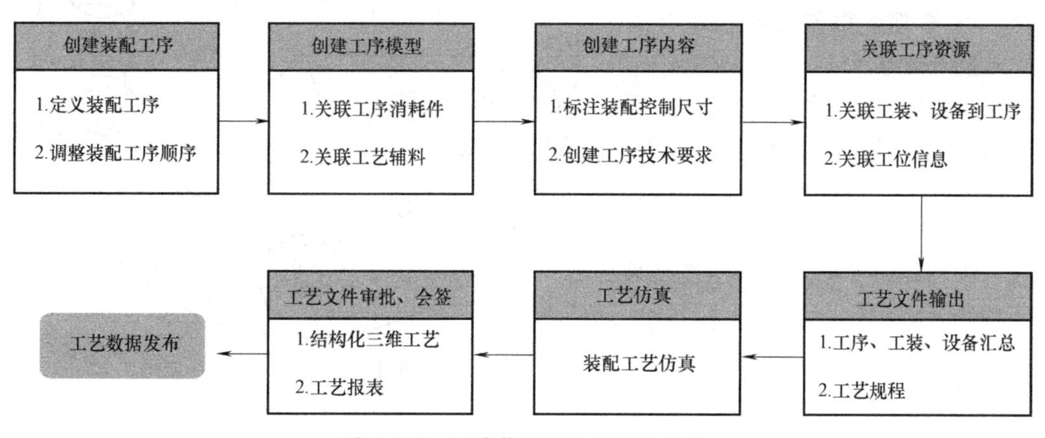

图4.2.9 三维装配工艺的编制场景

4.3 ERP、MES与CAPP

4.3.1 ERP系统

1. ERP系统概述

ERP（Enterprise Resource Planning，企业资源计划）系统，是从MRP（物料需求计划）发展而来的新一代集成化管理信息系统。它扩展了MRP的功能，是集成了物资资源管理、生产计划管理、人力资源管理、信息资源管理、财务资源管理的管理软件。ERP 系统是以信息技术为基础的，融合先进的管理思想，集成企业资源，为企业提供计划、控制、决策与经营业绩评估等管理手段的信息化管理体系。

ERP 系统是一种可以提供跨地区、跨部门甚至跨公司整合实时信息的企业管理系统。它不仅仅是一款软件，更重要的是一种管理思想，它实现了企业内部资源和企业相关的外部资源整合。它在企业资源最优化配置的前提下，集成及整合企业内部和外部的经营活动，包括物资管理、生产计划管理、财务管理、人力资源管理、销售与分销等主要功能模块，实现资源的优化配置，使企业能够迅速对市场变化做出正确的对应决策，以达到效率化经营的目标。

2. ERP 系统的结构功能

ERP 系统由物料管理模块、生产控制管理模块、销售管理模块、人力资源管理模块、财务管理模块等基本功能模块组成，其结构功能如图 4.3.1 所示。企业可根据自己业务的需求，定制开发满足自己需求的 ERP 系统软件。ERP 系统的主要功能模块如下。

1）生产控制管理模块：该模块主要包括主生产计划管理、物料需求计划管理、能力需求计划管理、生产任务管理、车间作业管理、生产数据管理等活动。

2）物料管理模块：该模块主要包括采购管理、物流管理、库存管理、质量管理等活动。

3）销售管理模块：该模块主要包括销售政策管理、销售计划管理、销售预测管理、销售报价管理、销售订单（合同）管理、发货管理、结算管理、售后服务管理、分析销售结果等一系列活动。

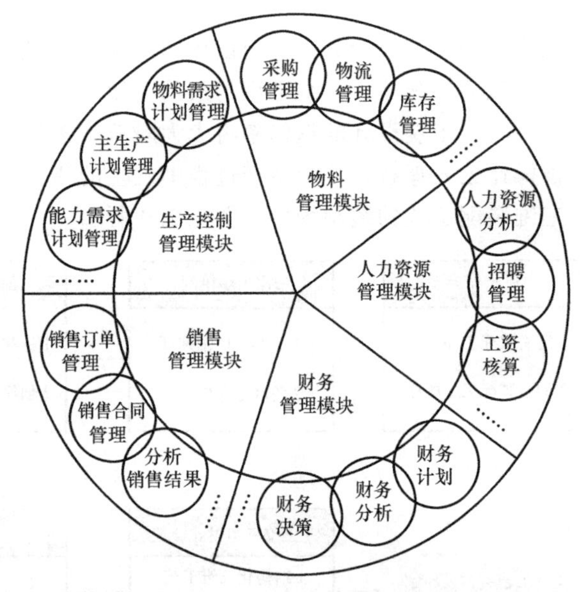

图 4.3.1　ERP 系统结构功能图

4）人力资源管理模块：该模块主要包括人力资源分析、招聘管理、工资核算、差旅核算等活动。

5）财务管理模块：该模块主要包括财务核算会计、管理会计、财务分析、财务计划、财务决策等活动。

3. 常用 ERP 系统软件

ERP 系统的应用，为企业提供了丰富的企业管理信息。随着 ERP 系统开发技术的更新、升级及 ERP 系统的推广，ERP 系统的分类也越来越多。

目前，市场上的 ERP 系统有很多种，其中常用的国外 ERP 软件有 SAP（德国）、ORACL（美国）、J. D. Edward（美国）、Axapta（丹麦）等。其中，SAP（德国）是 ERP 思想的倡导者，其 R/3 的功能丰富，各模块之间的关联性非常强。ORACL（美国）的核心优势在于它的集成性和完整性。

国内大型的ERP软件开发公司通过借鉴国外软件公司规范的实施方法，也设计出具有自身特色且符合我国生产现状的ERP系统软件。这些软件按功能一般分为以下几类：

1）以制造为出发点的ERP软件（鼎新、鼎捷、和佳、天思、万达宝、利马等）；

2）以财务为出发点的ERP软件（用友、金蝶、新中大、浪潮、天心等）；

3）以商贸为出发点的ERP软件（管家婆、速达等）；

4）其他行业或区域型软件（青岛东烁、天分玻璃、广州科思、广州华通、广州智行、上海企腾等）。

4.3.2 MES

1. MES概述

MES（Manufacturing Execution System，制造执行系统）是一套面向制造企业车间执行层的信息化管理系统，主要负责车间生产管理和调度执行。国际制造执行系统协会（Manufacturing Execution System Association，MESA）对MES的定义是“MES能通过信息的传递，从订单下达开始到产品完成的整个生产过程进行优化管理。当工厂发生实时事件时，MES能及时做出相应的反应和报告，并用当前的准确数据对事件进行指导和处理”。

MES定位为“位于上层的计划管理系统与底层的工业控制之间的面向车间层的管理信息系统”，ERP作为业务管理系统，PCS作为过程控制系统，MES处于ERP（业务管理系统）和PCS（过程控制系统）的中间，如图4.3.2所示。

MES作为生产执行系统，侧重于车间作业计划的执行，为操作人员、管理人员提供计划的执行、跟踪以及所有资源（人、设备、物料、客户需求等）的当前状态。MES采用双向直接的通信，在整个企业的产品供需链中，既向生产过程人员传达企业的计划，又向有关部门提供制造过程状态的信息反馈。

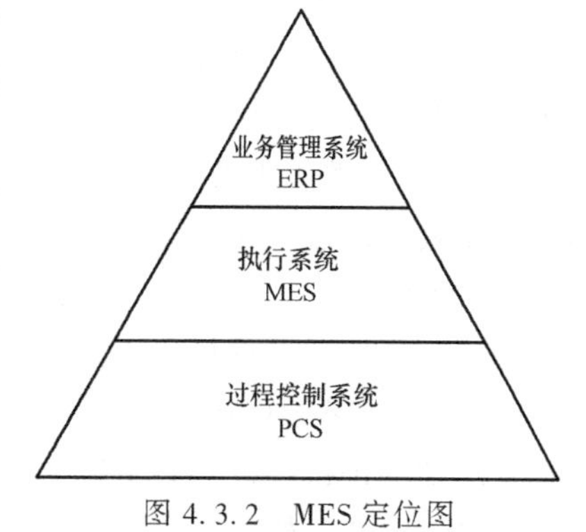

图4.3.2　MES定位图

2. MES功能

MES从CAPP系统和ERP系统、SCM（供应链管理）系统获取产品生产组织、生产计划、物资需求等信息，将这些信息转化成车间的详细生产调度计划，并依据PCS（过程控制系统）提供的设备、物料等实时数据，进行分析、计算和处理，为车间层的管理与决策提供量化数据支撑，同时将相关数据反馈到ERP系统和CAPP系统，为企业计划和工艺规程设计提供数据基础支持。

MES可以为企业提供生产调度管理、制造数据管理、计划排产管理、车间成本管理、车间库存管理、产品质量管理、制造资源管理、现场数据采集、分析决策管理等功能，为企业打造一个扎实、可靠、全面、可行的制造协同平台。MES的基础模块如图4.3.3所示。

各模块实现的功能如下。

1）生产调度管理模块：可以实现对调度的计划、实施、检查、总结循环活动的管理。

2）制造数据管理模块：实现工艺PBOM向生产MBOM的转化，对生产所涉及的BOM数据、制造工艺、人员信息等基本数据进行维护管理。

3）计划排产管理模块：根据车间大纲生产计划、产品加工工艺和车间资源等信息，生

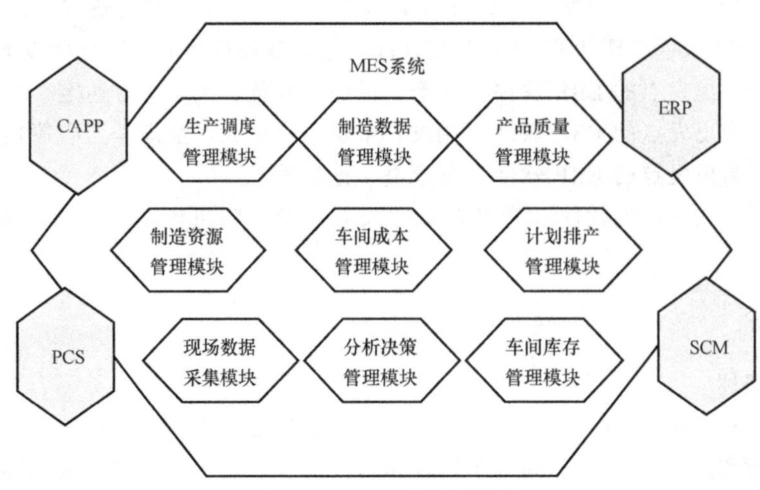

图 4.3.3 MES 的基础模块

成合理、优化的工段月、周详细生产计划。

4）车间成本管理模块：统计、核算车间成本及账表的功能，对每一个人物和产品批次的实际生产成本及制造费用进行计算和汇总。

5）车间库存管理模块：对车间的毛坯、半成品、成品库存资源进行管理，控制库存成本，减少资金占用。

6）产品质量管理模块：自动、实时采集生产现场的质量数据、生产质量报表和数据分析报告，及时发现生产中的质量隐患，及时处理生产问题，提高生产率。

7）制造资源管理模块：对车间的设备基本信息、设备维护信息、设备负荷信息、工装刀具、量具等制造资源进行综合管理。

8）现场数据采集模块：采集车间生产过程的各种数据，包括生产进度、产品质量、设备状态、人员情况、在制品流转库存等。

9）分析决策管理模块：对车间计划执行情况，以及制造资源、产品质量、生产成本、人员管理情况进行分析，为车间层的管理与决策提供量化数据支撑。

3. 常用 MES 软件

MES 是制造执行与控制管理系统，由于制造过程及过程控制的复杂性和实时性，使得 MES 形态有比较大的差异，应用模式也可能完全不同，这些因素客观上造成了 MES 产品的多样性、复杂性及特殊性。1997 年，MEAS 提出 MES 的功能组件和集成模型，包括 11 个功能，同时规定，只要具备这些功能之中的某一个或几个，就属于 MES 系列功能产品。

目前，国内外 MES 软件有很多种，其中国外著名的有西门子（应用于各个领域）、GE（主要应用于装备制造领域）、Honeywell（主要应用于流程行业）、Rockwell（主要应用于汽车主机厂领域）等。

而国内各行业应用比较广泛的 MES 软件主要有 CAXA MES（北京数码大方科技有限公司）、开目制造执行系统 eCOL MES（武汉开目信息技术有限公司）、蓝光 MES 制造执行系统（北京蓝光创新技术有限公司）、MES 元工国际（北京元工国际科技股份有限公司）、艾普工华 MEStar 平台（武汉艾普工华科技有限公司）等。

4.3.3 CAPP与MES、ERP系统的联系

MES、ERP系统与CAPP软件在企业的制造过程中，其生产信息相互交叉融合，通过CAPP软件、ERP系统软件、MES软件的集成，实现工艺设计、管理和制造多层次数据的共享交换与合理利用，如图4.3.4所示。MES、ERP系统与CAPP软件的数据共享交换活动主要包括以下几个方面。

1）ERP系统利用从PDM系统、CAPP软件中获取的工艺结构清单、产品物料清单信息制订主生产计划。主生产计划传递给MES，用于车间级排产和车间生产准备。

2）MES从CAPP系统中获取物料、结构、工艺、工装和设备等信息，从ERP系统中获取主生产计划等信息，进行车间详细计划排产。

3）MES通过对车间实际生产数据的采集，对采集数据进行分析与决策，并将加工、物料、设备、工装和人员情况实时反馈给ERP与CAPP，用于物料采购、主生产计划调整与工艺规程设计优化。

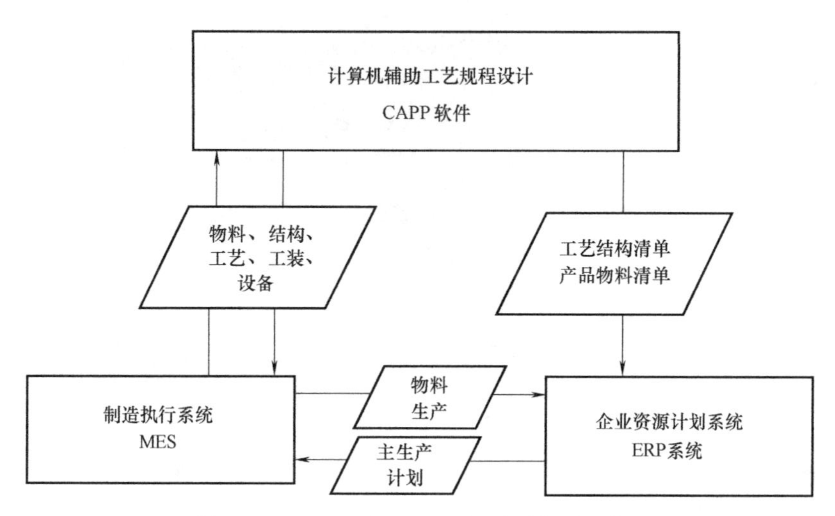

图4.3.4 CAPP与MES、ERP系统的关系图

可见，三者之间相辅相成，各自在工艺计划执行、工艺计划规划、物料管理方面承担着独立子系统的作用。同时，三者之间也相互交叉，从生产的物料管理进入生产加工系统，到工艺规程执行之间主体的相互重叠，只是目前系统之间的数据没有联通，有待于进一步提高数据的标准性、统一性。

4.4 基于KMCAPP的CAPP应用简介

目前，造成我国大多数企业工艺设计效率低下的根本原因在于工艺设计和管理的水平落后，烦琐的查表和重复的填写工艺文件工作影响了工艺人员的积极性，使他们没有更多的时间和精力来从事创造性的新工艺研究。KMCAPP是根据我国的国情推出的面向工艺设计和管理的计算机辅助工艺设计系统，可以有效地提高工艺设计的速度，并为企业建立和检索典型工艺提供了一系列工具。它和CAD、PDM紧密联系，可实现信息的共享和集成。

下面以 KMCAPP 软件为例说明 CAPP 软件的典型应用。

KMCAPP 软件在编制工艺规程时，操作风格与 Word 类似，模拟工艺人员编制工艺的习惯和过程，采用“所见即所得”的方式填写工艺规程。

工艺规程内容编制的基本过程：首先填写零部件的基本信息，然后确定加工顺序及工序内容，最后详细制订具体的工步内容，包括工序简图的绘制、工艺装备的选择、切削参数的选定等。其中涉及工序的增加、删除、交换、插入等操作。

4.4.1 进入系统

双击应用程序图标进入系统后，会弹出“开始”对话框，可根据需要“新建工艺规程”“新建技术文档”“打开已有的文件”，如图 4.4.1 所示。

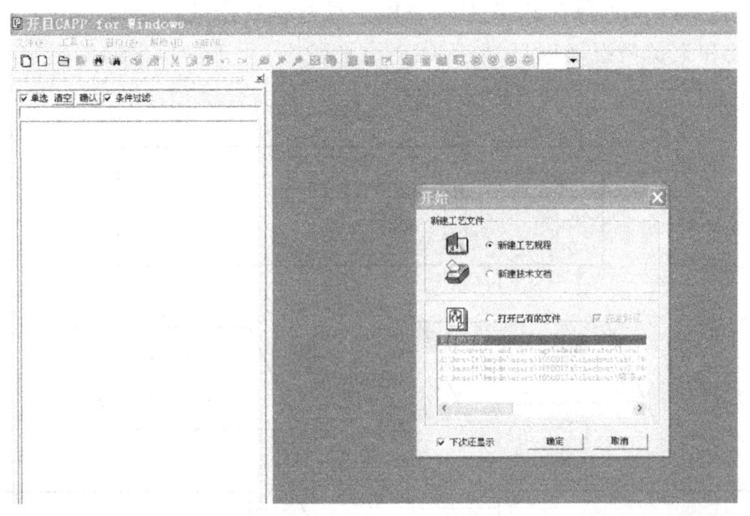

图 4.4.1 进入系统界面

选择“新建工艺规程”单选按钮，系统会弹出“选择工艺规程类型”对话框，选择新建何种工艺规程（工艺规程的类型和卡片格式的定义应根据需要事先订制），如图 4.4.2 所示。

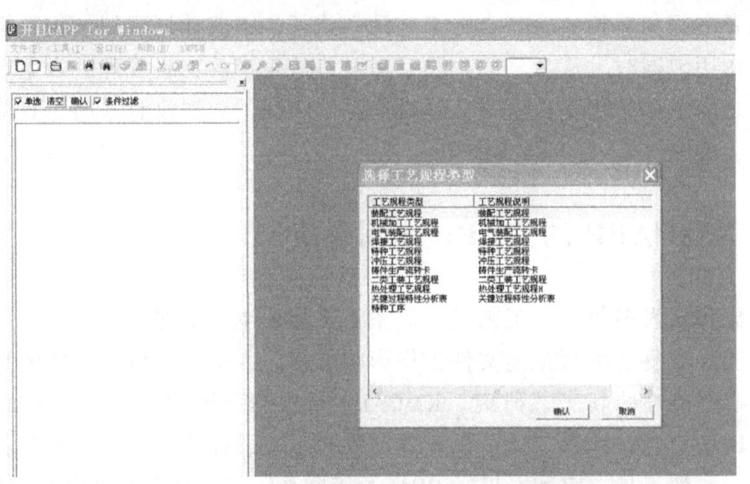

图 4.4.2 “选择工艺规程类型”对话框

4.4.2　KMCAPP 界面

KMCAPP 软件界面简介

KMCAPP 界面分为 4 个区：菜单区、库文件显示区、工艺文件显示区、信息区，如图 4.4.3 所示。

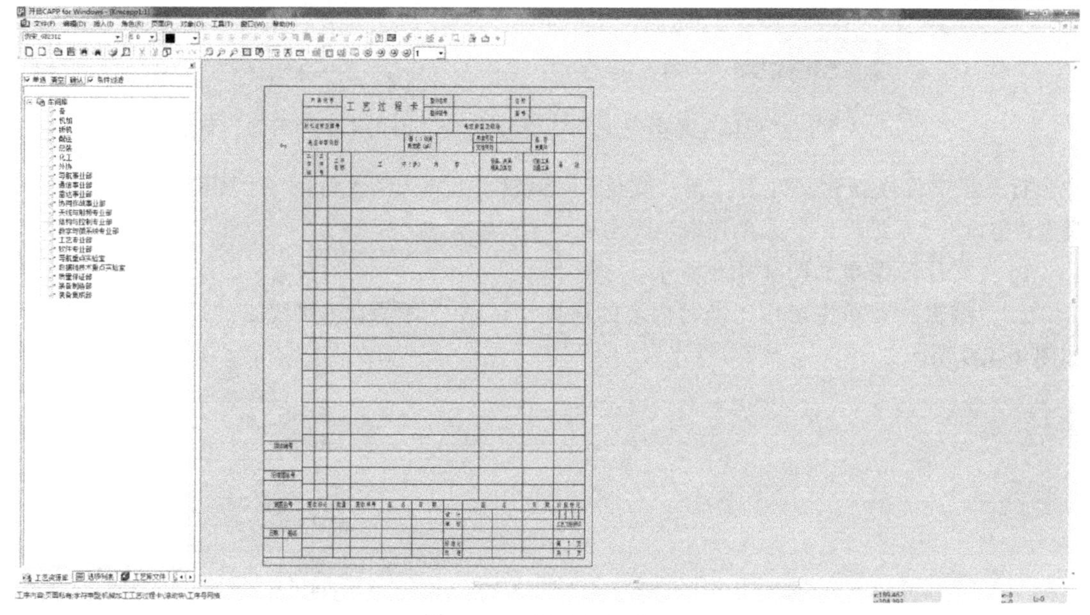

图 4.4.3　KMCAPP 界面

工艺规程编制中有表格填写和绘图两种状态。这两种状态下的用户界面有所不同，单击工具栏中的按钮可进入表格填写状态，单击按钮可进入绘图状态，可利用绘图工具绘制工艺简图。

1. 表格填写状态

进入 KMCAPP 系统，未打开文件或未新建文件时，系统有“文件”“工具”“窗口”“帮助”4 个菜单项。

（1）“文件”菜单主要用于工艺文件的新建、打开、保存和打印，如图 4.4.4 所示。

（2）“工具”菜单主要用于文件批量转换、查找工艺文件、检索典型工艺库及系统设置，如图 4.4.5 所示。

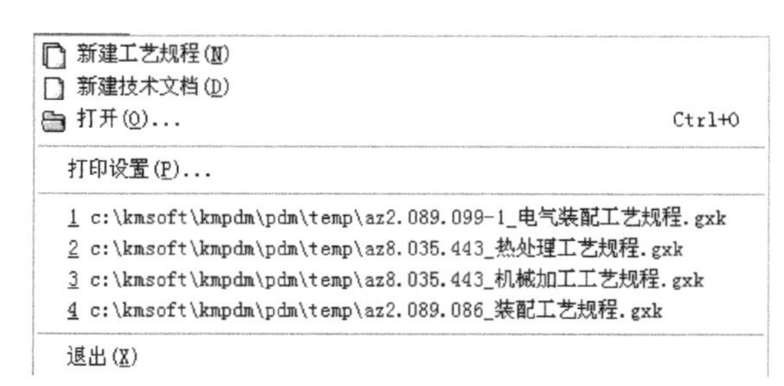

图 4.4.4　“文件”菜单

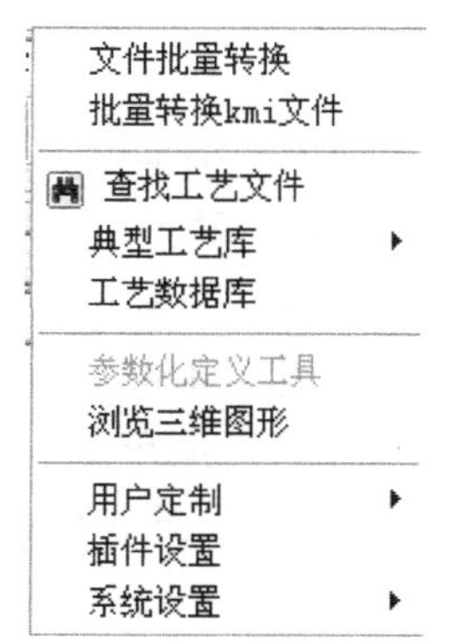

图 4.4.5　“工具”菜单

（3）“窗口”菜单主要用于工具栏、状态栏和工艺资源管理器的显示和隐藏，如图 4.4.6 所示。

（4）“帮助”菜单为用户在使用过程中提供帮助信息，如图 4.4.7 所示。

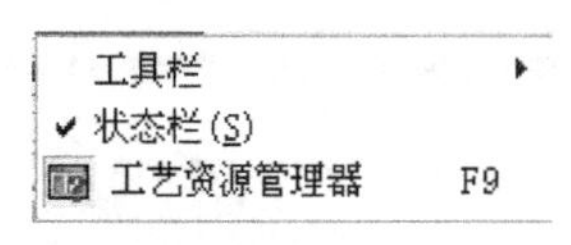

图 4.4.6 “窗口”菜单

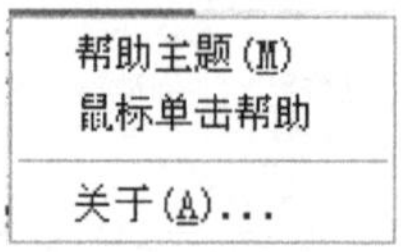

帮助主题(M)
鼠标单击帮助
关于(A)...

图 4.4.7 “帮助”菜单

打开了文件或新建文件后，有“文件”“编辑”“插入”“角色”“页面”“对象”“工具”“窗口”“帮助”8 个菜单项。

1）“文件”菜单如图 4.4.8 所示。

2）“编辑”菜单主要用于填写内容的拷贝、粘贴，编写工艺路线时的插入行和删除行，如图 4.4.9 所示。

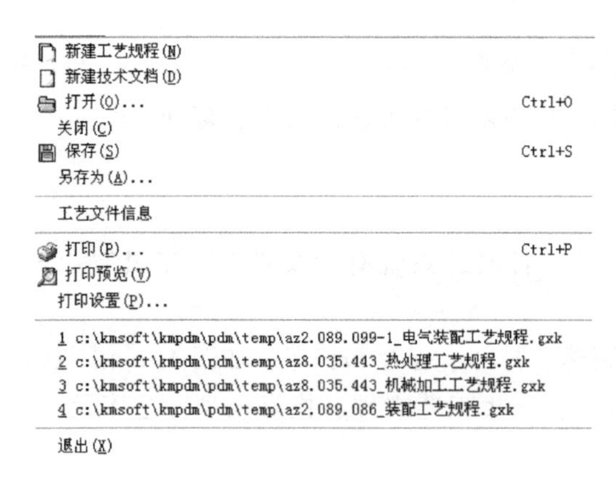

图 4.4.8 “文件”菜单

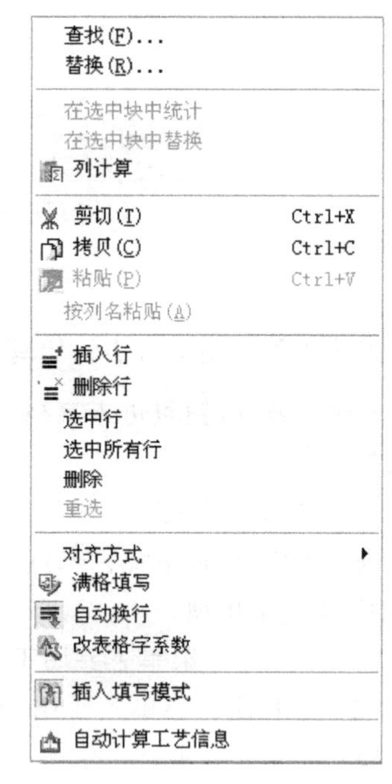

图 4.4.9 “编辑”菜单

3）“插入”菜单用于特殊字符、工程符号和工艺参数等的输入，如图 4.4.10 所示。

4）“角色”菜单用于角色配置、在指定区域签名等操作，如图 4.4.11 所示。

5）“页面”菜单用于添加、复制和交换封面，过程卡附页，工序卡，更换卡片格式等，如图 4.4.12 和图 4.4.13 所示。

6）“工具”菜单用于查找工艺文件、存储和检索典型工艺库、公式计算等，其中的“选项”命令可设置文件存盘方式、工序排序方式、页码页次编排规律等，如图 4.4.14 所示。

7）“窗口”菜单用于工具栏、状态栏、工艺资源管理器的显示和隐藏；表格填写、表中区的转换及同时编辑多个工艺文件的显示转换等，如图 4.4.15 所示。

特殊字符 Ctrl+A
工程符号 Ctrl+I
尺寸公差
工艺参数
系统日期

图 4.4.10 “插入”菜单

图 4.4.11 “角色”菜单

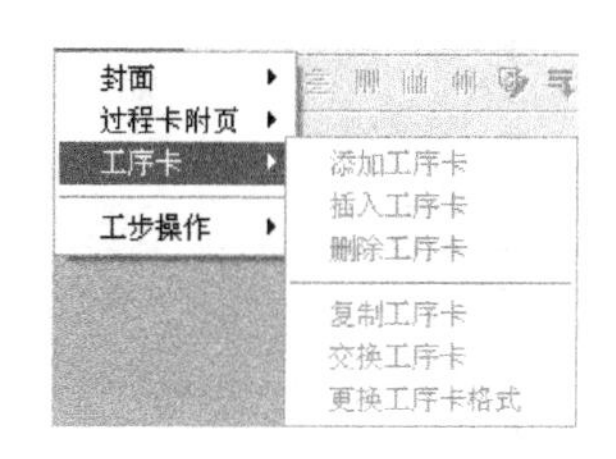

图 4.4.12 “页面”菜单 1

申请工序卡
批量申请工序卡
取消工序卡
进入工序卡
工序排序 Ctrl+Q
工艺路线

图 4.4.13 “页面”菜单 2

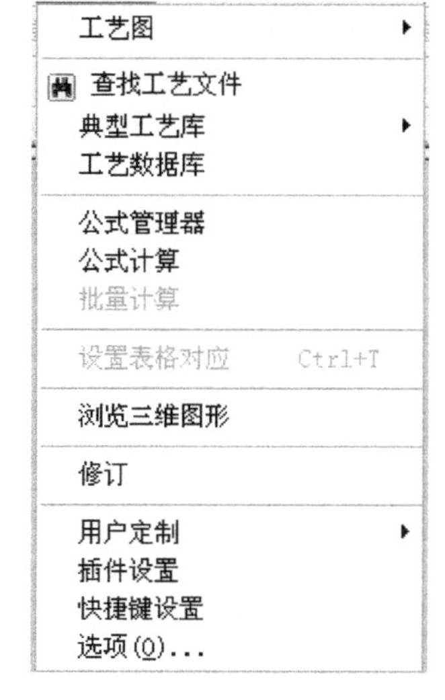

图 4.4.14 “工具”菜单

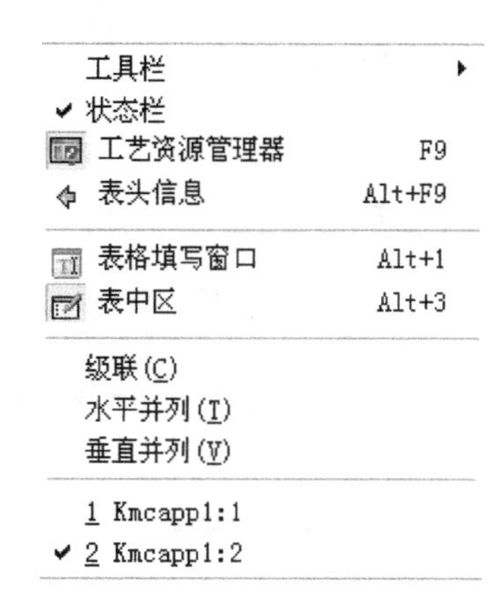

图 4.4.15 “窗口”菜单

2. 绘图状态

1）“文件”菜单同表格填写状态下的“文件”菜单。

2）“编辑”菜单用于图形的移动复制，线型、颜色等的编辑，如图 4.4.16 所示。

3）“图库”菜单中包括零件结构库、滚动轴承库、紧固件库、子图库、表格库、夹具符号库等，如图 4.4.17 所示。

4）“对象”菜单用于在工艺文件中插入图像和图形文件，可动态链接产生图像或图形的应用软件进行编辑；可插入 OLE 对象，包括 DWG 图形、Excel 图表、Word 文档、写字板文档、位图图像等，如图 4.4.18 所示。

5）“工具”菜单类似表格填写状态下的“工具”菜单，可使用其中的“选项”命令设置线的颜色、背景颜色、导航等。

6）“窗口”菜单同表格填写状态下的“窗口”菜单。

7）“帮助”菜单同表格填写状态下的“帮助”菜单。

3. KMCAPP 工具栏介绍

在菜单区的下方有两排工具栏，它们的位置是可以移动的，方法是将鼠标指针移动到某工具栏上，然后按住鼠标左键移动到合适的位置松开即可。鼠标指针在工具栏上的按钮上移动时，在按钮下方会显示该按钮的功能，同时在屏幕的左下角位置有详细的说明。

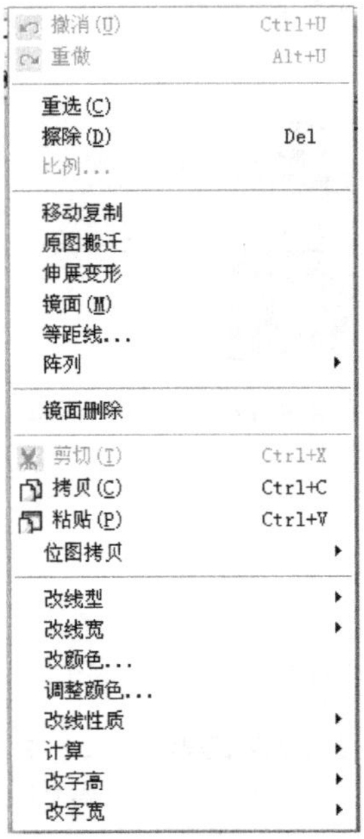

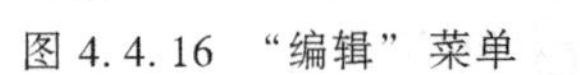

图 4.4.16 “编辑”菜单

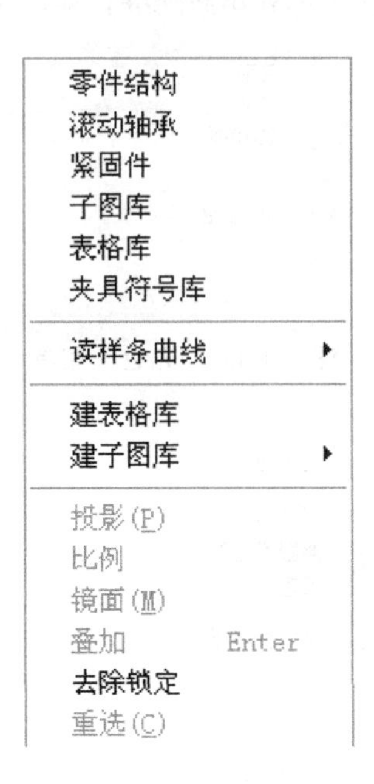

图 4.4.17 “图库”菜单

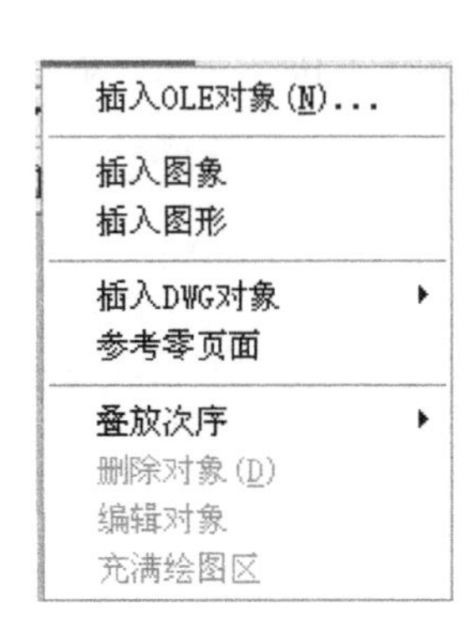

图 4.4.18 “对象”菜单

工具栏中各按钮的功能依次如下。

：新建工艺规程。  ：新建技术文件。 ：打开已有文件。

：保存文件。  ：查找工艺文件。  ：检索典型工艺。

：输出正在编辑的文件。  ：打印预览。  ：剪切。

：复制。  ：粘贴。  ：撤销上一步操作。

：重新执行撤销的操作。 ：窗口放大。 ：图形放大。

：图形缩小。  ：图样全屏显示。  ：移动图样。

：进入表格填写界面。  ：进入绘图界面。  ：进入表中区填写。

：进入封面填写。  ：进入过程卡填写。  ：进入工序卡填写。

：进入拆分模式。  ：到首页。  ：向前翻页。

：向后翻页。  ：到末页。 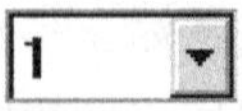 1 ：指定页面。

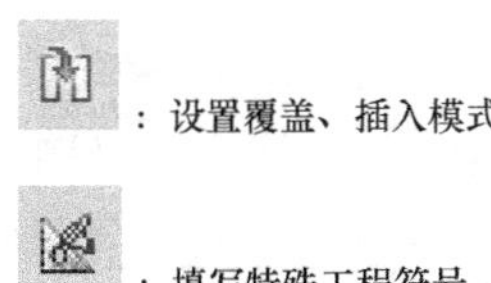
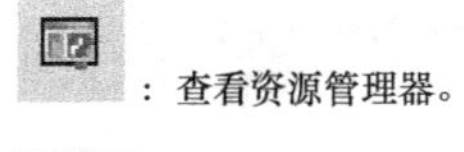
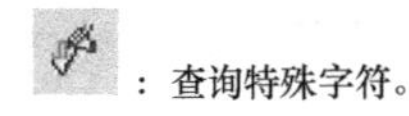

：设置覆盖、插入模式。　：查看资源管理器。　：查询特殊字符。

：填写特殊工程符号。　：自动填写尺寸公差。　：填写工艺参数。

：结束表格填写编辑。　：自动计算工艺信息。　：表中区编辑表头信息。

4.4.3　工艺规程内容编制的详细过程

以下根据用户编辑工艺文件的顺序（封面→过程卡→工序卡），详细介绍完整的工艺规程内容的编制，其中穿插了填写工具及操作方法（包括特殊字符、特殊工程符号、几何公差、工艺资源库查询的填写及如何设置各种填写编排方式等），以及方便快捷的人性化设置应用说明。

1. 工艺规程内容编排的一般步骤

一个零部件完整的工艺规程内容包括封面、工艺过程卡、过程卡附页、工序卡。编排工艺规程内容时，先从工艺过程卡开始，在工艺过程卡的基础上申请工序卡，步骤如下。

1）打开欲编制工艺规程的零件图（扩展名为 .kmg、.dwg、.igs）。

CAPP 工艺过程卡的编辑过程简介

2）编辑封面。

3）编制工艺过程卡。

① 填写工艺过程卡的表头区。

② 进入工艺过程卡的表中区，填写工艺路线。

③ 如果有附图，可申请附页，然后进行绘制。

4）如果需要编制工序卡，按以下步骤编制。

① 在工艺过程卡表中区内，为带有工序号的工序申请工序卡，如果每一道工序都有工序卡，可批量申请工序卡。

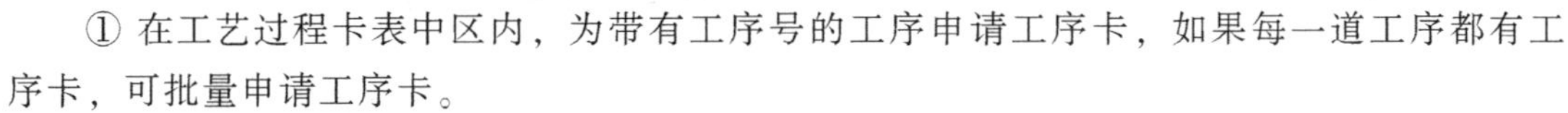

② 由表中区的某一道工序，直接进入该工序对应的工序卡。

③ 若有需要，可更改当前工序卡的格式，然后填写工序卡内容。

④ 绘制工序简图。

5）在工艺过程卡中调整工序，包括添加、删除、插入、交换、复制工序等。

6）存储工艺规程文件。

若无绘制工序简图的要求或者没有零件图，步骤 1）可以跳过。

2. 封面的编辑

若在工艺规程管理中配置了封面，则新建工艺规程文档后，在编辑区域自动产生封面，如图 4.4.19 所示。

封面中填写的区域与过程卡和工序卡不同，没有表格线分隔，其填写区域是在进行定义时，通过“表格对应”项预先定义好的。填写时单击此区域，即可进入表格填写状态。

在封面中填写的公有信息，可自动映射到工艺过程卡或工序卡中的相应栏目，如封面中填写的产品代号，可自动填写到工艺过程卡和工序卡的“产品代号”栏目中。

当系统处于工艺过程卡或工序卡编辑状态时，单击工具栏中的 按钮可进入封面的编

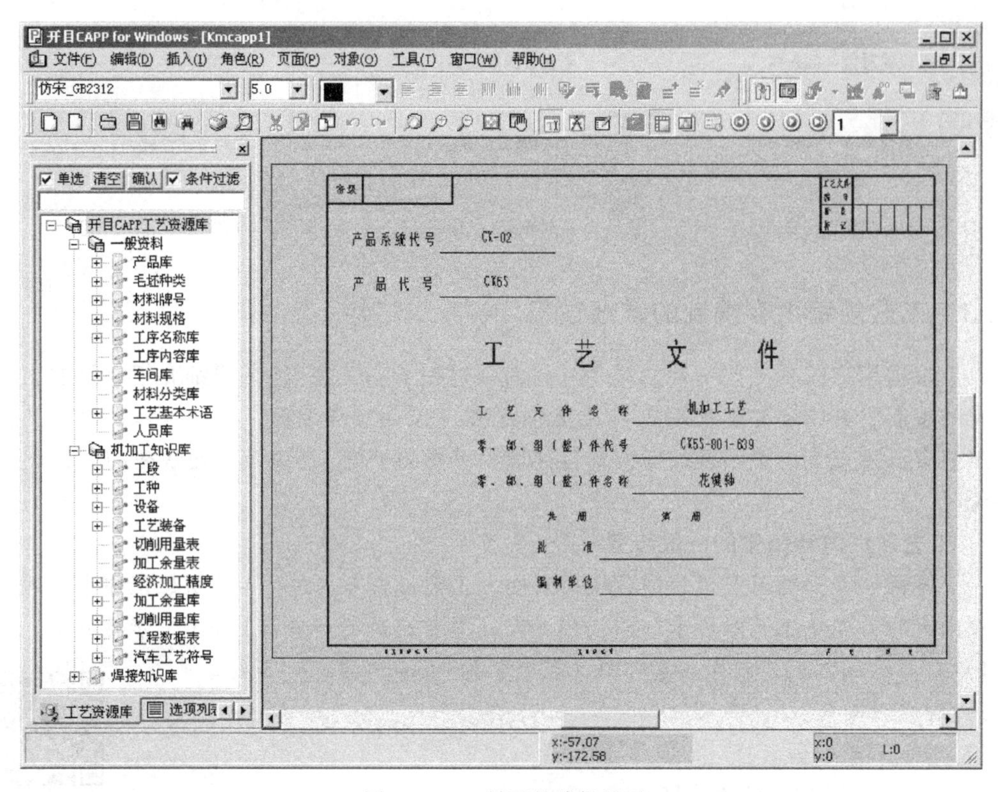

图 4.4.19 封面的编辑界面

辑界面。

封面的添加、插入、复制、交换、更换格式，由“页面”→“封面”→“添加封面”“插入封面”“删除封面”“复制封面”“交换封面”“更换封面格式”命令完成。

3. 工艺过程卡的编辑

通常我们将工艺过程卡分为表头区和表中区。“表头区”是工艺过程卡中除滚动编辑区以外的填写区域，内容涉及零件的一些总体信息，如“零件名称”“零件图号”“产品代号”等。这些总体信息只需填写一次，生成多页工艺卡时每页工艺卡上都会显示表头总体信息。“表中区”是指工艺过程卡的滚动编辑区，工艺路线是在表中区内进行编制的，滚动编辑区可无限向下滚动，最后可自动生成多页工艺卡。

（1）表头区编辑

单击工具栏中的按钮，可进入表格填写状态，此按钮变为选中状态。在此状态下，可进行工艺内容的编辑。

在表格填写状态下，当指针处于表格的相应位置时，KMCAPP 状态栏的信息提示区即时显示该区域的填写内容、填写类型、数据类型、单行或列在表格定义结构树上的全路径等属性信息。

在工艺过程卡表头区可以输入零件的公有信息，这些信息可以直接映射到工序卡中。在编辑工序卡时，若修改了这些公有信息，工艺过程卡的表头信息也将被更改。

在表格的“共页”“第页”处，系统会自动填写共几页，第几页。

1）特殊字符的填写。

在工艺规程制订中经常要填写特殊符号，如直径符号 ф、乘号×等，可利用 KMCAPP 软件提供的键盘输入法、Windows 字符输入法、工具栏中的特殊字符库等多种输入方法填写。

2）工艺库查询填写。

进入 KMCAPP 后，屏幕左边显示工艺资源库窗口，如图 4.4.20 所示。

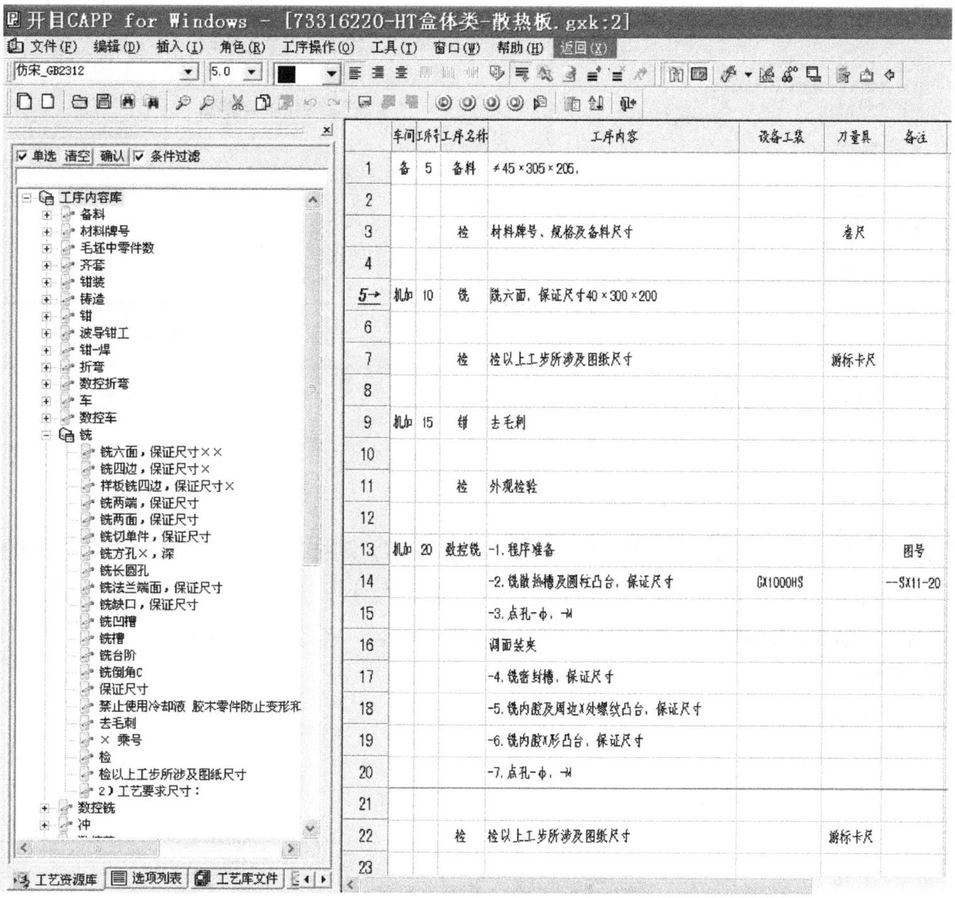

图 4.4.20 工艺资源库窗口

该窗口显示与否可以通过“窗口”→“工艺资源管理器”命令或单击工具栏中的按钮来确定，也可通过快捷键 F9 进行操作。

工艺资源库是一个图表结合的数据库，可以浏览数据表和图形，而且具有查询检索功能，这些功能可以通过鼠标右键菜单实现。

把鼠标指针定位到资源树的某一节点上，单击鼠标右键，屏幕上会弹出图 4.4.21 所示的菜单，可以实现“显示资源库全部数据”“按条件过滤”“快速浏览表格”等操作。

选择“选项”命令可分别设置“表格双击”“图形双击”，则在填写表格时，双击选中的库内容、图片，可自动插入到光标定位的单元格，如图 4.4.22 所示。

3）格式编排。

对齐方式：在表格填写中，可用工具栏中的按钮或鼠标右键菜单中的命令，分别以区域的左边界、右边界、上边界、下边界、中间为基准来排列当前字符。

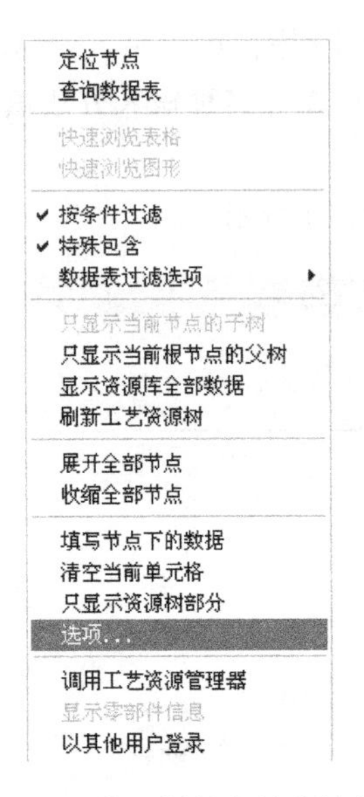

图 4.4.21 资源树的右键快捷菜单

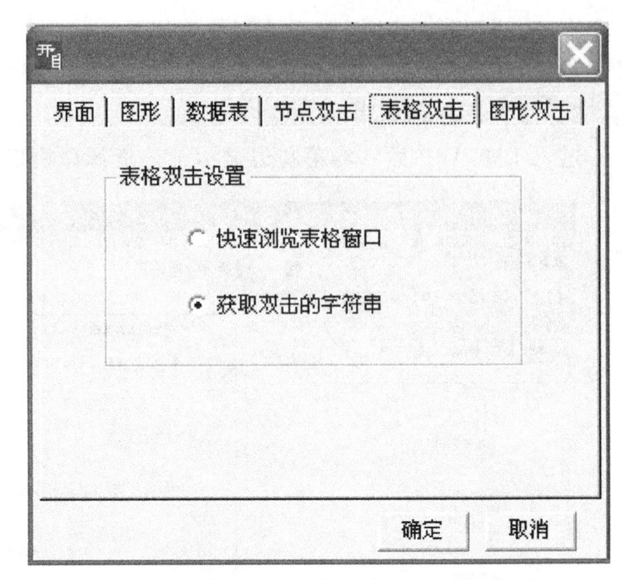

图 4.4.22 “表格双击”选项卡

字体、字高设置：在编排工艺内容时，字体、字高均按在表格定义中定义的方式设置，并可用工具栏中的字体、字高选项来调整。

字宽、行宽系数的修改：选择“编辑”→“改表格字系统”命令或单击工具栏中的按钮，可修改表格中文字的字宽、字距、行距、边空大小、上下标显示比例等格式。选中“联合调整”选项，则调整左边空时，右边空同时调整，调整上边空时，下边空同时调整，保证文字清晰。

(2) 表中区编辑

1) 工艺库查询填写。

下面主要介绍绑定填写和工艺资源的整块填写功能。

① 绑定填写。

如果在表格定义中定义了表中区不同的列对应资源库同一数据表中不同的字段，在填写时双击资源库数据表中的记录所在行前端的灰色方块，则多个字段内容会同时填入表中区不同的列中。

② 整块填写。

在填写表中区时，如果连续多行填写的内容与工艺资源库数据表中连续多行的内容相同，可使用“整块填写”功能，一次性能填写多行内容，提高效率。

用鼠标拖动选择工艺资源库数据表的连续多行内容，单击鼠标右键，在弹出的快捷菜单中选择“整块填写”命令，如图 4.4.23 所示，则选取的内容直接在当前行

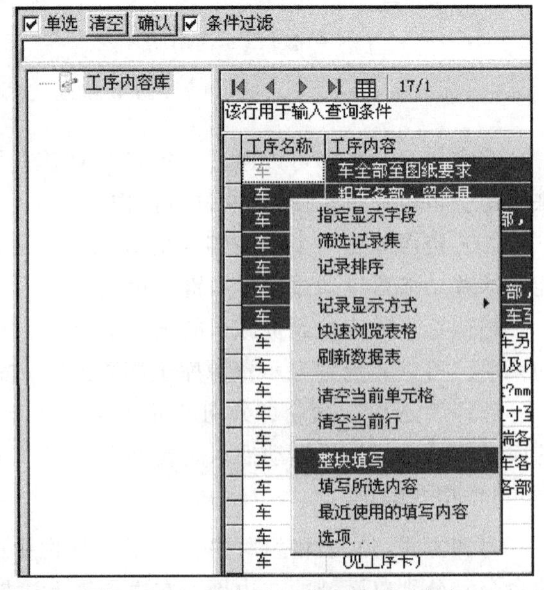

图 4.4.23 表中区“整块填写”命令

之前插入。

对于填入的内容，不进行格式的处理，即不提供自动换行的功能。如果一格中的内容很多，系统会自动进行压缩填写。在自动填写完成后，由用户自己进行自动换行的调整。

③ 填写所选内容。

“整块填写”功能用于同时填写数据表中连续多行的内容，如果要同时填写数据表中不连续的多行内容，可以用“填写所选内容”功能。

按住 Ctrl 键，选取企业资源管理器数据表中记录前的灰色方块，则该行被选中，用此方法可选取多行内容。单击鼠标右键，在弹出的快捷菜单中选择“填写所选内容”命令，其他操作同“整块填写”功能。

④ 填写节点下的数据。

在表中区展开工艺资源库窗口中的资源树，选中一个节点（其下应有相应数据表），单击鼠标右键，在弹出的快捷菜单中选择“填写节点下的数据”命令，则数据表中的所有内容直接在当前行之前插入。

注：若节点下没有相应的数据表，执行“填写节点下的数据”操作，系统会提示“该节点下没有数据表”。

2）特殊工程符号的填写。

在填写表格时需要填入各种工程符号，如表面粗糙度符号、几何公差、几何公差基准、加工面编号、型钢、焊接符号等，还包括材料牌号的分子和分母表达方法及其他特殊符号。

与填写表格文字时一样，填写的工程符号可以用键盘上的退格键删去，用 Delete 键删除，还可以用鼠标拖动的方法选择字符块，进行复制、剪切、粘贴。

选择“插入”→“工程符号”命令，或单击工具栏中的按钮，会弹出图 4.4.24 所示的对话框，在其中指定特殊符号类型，单击“设置参数”按钮进行设置，可分别填写“粗糙度”“焊接符号标注”等。

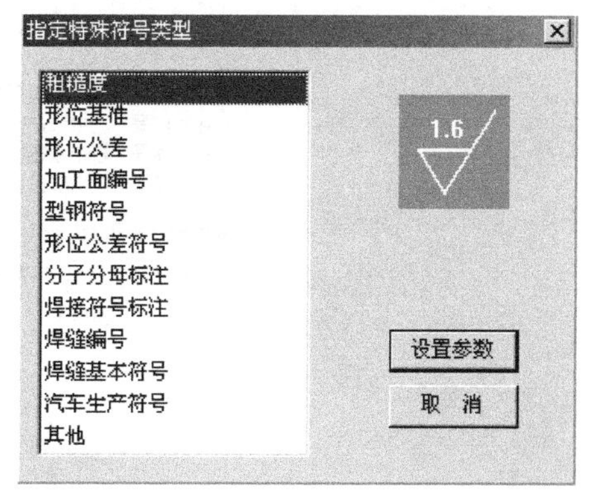

图 4.4.24 “指定特殊符号类型”对话框

当插入工程符号后，需要对工程符号的参数或类型进行修改时，选择“编辑”→“修改工程符号”命令，或选择鼠标右键菜单中的“修改工程符号”命令，或直接使用 Ctrl+Alt+E 组合键，可对工艺规程符号直接进行修改。当编辑光标之前没有工艺符号时，命令“修改工程符号”灰显。

3）自动填写尺寸公差。

KMCAPP 提供国标基孔制、基轴制公差带和常用公差配合，可自动查询及填写上、下极限偏差值，也可预先浏览国标常用公差带和公差配合，然后选择公差等级。“自动填写尺寸公差”对话框如图 4.4.25 所示。

4）自动生成工序号、工序排序。

选择“工具”→“选项”命令，在弹出的对话框中选中“工序排序选项”选择卡，如图 4.4.26 所示。

排序方式：工序排序方式由“排列顺序”和“序号”两个选项决定。排列顺序有“位置”和“序号的升序”两个选项，序号有“按递增量递增”和“保持不变”两个选项，两两组合形成4种排序方式。

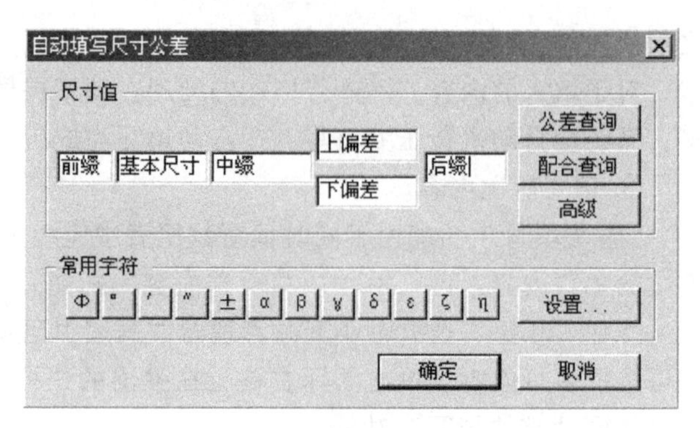

图 4.4.25 “自动填写尺寸公差”对话框

当排列顺序选择“位置”时，下面的“序号为空时，自动填入序号”复选框加亮显示。若选中该复选框，则在执行“工序排序（表中区）”操作时，表中区所有填写了内容行的工序列中都将加上工序号。

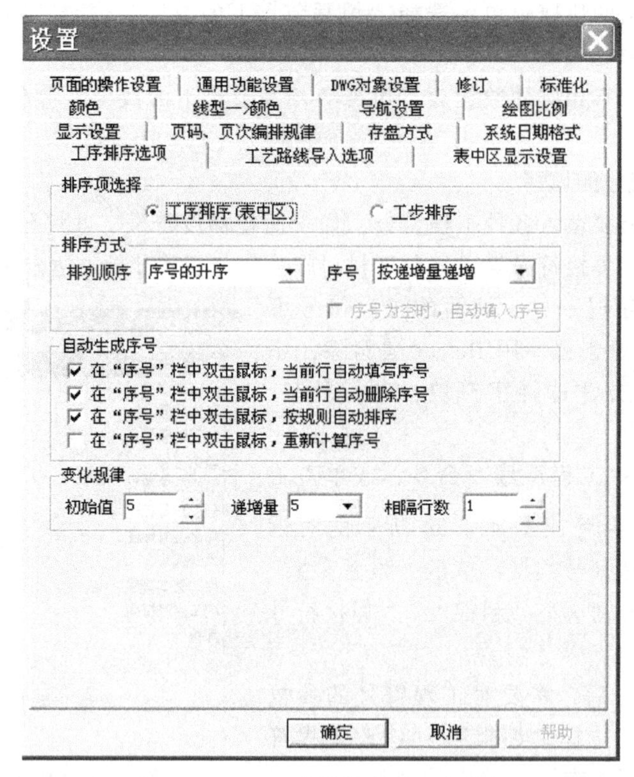

图 4.4.26 “工序排序选项”选项卡

自动生成序号：“自动生成序号”选项组中的第三项“在‘序号’栏中双击鼠标，按规则自动排序”与第四项“在‘序号’栏中双击鼠标，重新计算序号”两个复选框互斥，只能选择其中一个复选框。第三项指内容按照“变化规律”选项组中的设置进行排列；第四项指“序号”重新计算，但内容的位置不变化。

变化规律：既是自动生成序号的规律，也是工序排序时的排序规律。其中，“初始值”为第一道工序的编号，“递增量”为每两道工序之间的数字增量，“相隔行数”为每两道工序之间相隔多少行。

当工艺路线中添加、删除或交换工序后，可通过“页面”→“工序排序”命令，按照设置的方式重排工序号。例如，表中区中工序号为 10 和 20 的两道工序要交换，可将工序号 10 改为 20，将 20 改为 10，然后选择“页面”→“工序排序”命令，完成两道工序的交换。

5）工序卡的申请、取消和进入。

在表中区逐条填写了工艺路线后，下一步要编辑工艺路线中每道工序对应的工序卡。下面介绍用于编辑的菜单和工具栏的功能，相应的功能还可用鼠标右键菜单实现。

申请工序卡：当在滚动编辑区的“工序号”处填写工序号后，表示新建了一道工序。将光标移到该工序的行上，单击该按钮或选择“页面”→“申请工序卡”命令，即为此道工序生成一张工序卡。

当表中区已编辑了多道工序时，还可使用“批量申请工序卡”的功能为表中区所有工序一次性地申请工序卡，免去重复申请的麻烦。

某一道工序申请了工序卡后，其行首会用颜色标记来标识本道工序已产生工序卡。

取消工序卡：如果要取消某道工序的工序卡，可以单击该按钮或选择“页面”→“取消工序卡”命令。

进入工序卡：将光标移至某道工序对应的行，单击该按钮或选择“页面”→“进入工序卡”命令，即可进入该行对应的工序卡。

6）块选择与块复制。

块选择：包括选择单列、多个不连续单列、多个连续单列、单行、多个不连续行、多个连续行、多行多列等多种方式，可根据需要进行组合选择。通用的操作是，按住 Ctrl 键在表中区某列标题/某行行号上单击，则选中此标题/行号所在的列/行，选中的背景反白显示。如果某列/行已选中，再按 Ctrl 键并在表中区某列标题/行号上单击，则取消此列的选中状态，即取消此列背景的反白显示。

块复制与粘贴：包括以下几种。

① 工序的复制、粘贴。

在表中区可复制一道或几道工序，方法为：

a. 选择一道或几道工序；

b. 执行鼠标右键菜单中的“复制”命令；

c. 将光标移至需要粘贴工序的行，执行鼠标右键菜单中的“粘贴”命令，则选择的工序就被复制了出来。如果该行已填写内容，则选择的工序插入该行前。如果复制的工序含有工序卡，粘贴时系统会询问是否复制工序卡的内容，若单击“是”按钮，工序对应的工序卡也一同被复制；若单击“否”按钮，则只复制表中区的工序信息，不复制对应的工序卡内容。

② 将选中单元格内正在编辑的内容复制到剪贴板中，粘贴到选中的多行多列块中的每一个单元格中。

③ 从当前光标所在的列算起，将前面的数据按列顺序复制到对应的列中。

例如：欲将第 2 列和第 3 列的内容复制到第 6 列和第 7 列，可以选中第 2 列和第 3 列，将内容复制后，将光标定位到第 6 列中的某一单元格，执行粘贴操作，如果类型匹配，则复制的内容对应粘贴到指定的列中，第 2 列对应第 6 列，第 3 列对应第 7 列，如图 4.4.27 所示。如果对应列的类型不匹配，则不进行复制。

	工序号	工序名称	工序内容	设备	工艺装备
1	10	车	车全部至图纸要求	车	车全部至图纸要求
2	20	铣	台面装夹铣一平面	铣	台面装夹铣一平面
3	30	钳	修圆角	钳	修圆角
4					

图 4.4.27 数据按列顺序复制示例

④ 将同一列中的连续行（大于等于一行）的内容复制到同一列或其他列中光标所在的行及后续行（或者从光标位置起指定多行，即相同内容复制多次）。

⑤ 将指定行列（多行多列）的数据复制到光标所在的对应区域。

操作方法与③中的操作方法相同。相应界面如图 4.4.28 所示。

	工序号	工序名称	工序内容
1	10	车	车全部至图纸要求
2	20	铣	台面装夹铣一平面
3	30	钳	修圆角
4			
5		车	车全部至图纸要求
6		铣	台面装夹铣一平面
7		钳	修圆角
8			

图 4.4.28 复制指定行列的数据示例

⑥ 将 Excel、Word 表格中的多行多列数据复制并粘贴到 CAPP 卡片中。

选中 Word 中的多行多列数据，选择右键菜单中的“复制”命令，运行 CAPP 程序，新建工艺规程，双击进入表中区，选择右键菜单中的“粘贴”命令即可。

7）插入行与删除行。

① 插入行：单击该按钮或选择“编辑”→“插入行”命令，可在当前位置插入一空行，插入行的快捷键为 Alt+Insert。

② 删除行：单击该按钮或选择“编辑”→“删除行”命令，可删除当前光标所在行。若该行已申请了工序卡，则其工序卡及工序附页将一并被删除，删除行的快捷键为 Alt+Delete。

8）列计算。

KMCAPP 提供在表中区中计算某一列或某几列的数据的和、积或平均值的功能，并将计算结果保存到剪贴板中，用户可根据需要粘贴到表中区任意一格。

具体操作方法为，选中表中区的某一列或某几列后，再选择“编辑”→“列计算”命令，或单击工具栏中的按钮，弹出图 4.4.29 所示的对话框。其中显示了选中列的列名，用户可对选中列进行相加、相乘或求平均值的运算。单击 计算-> 按钮，计算结果会显示在按钮后的编辑框中。如果选择“保存到剪贴板”复选框，则计算结果保存到剪贴板中，也可直接粘贴到表中区指定的格中。

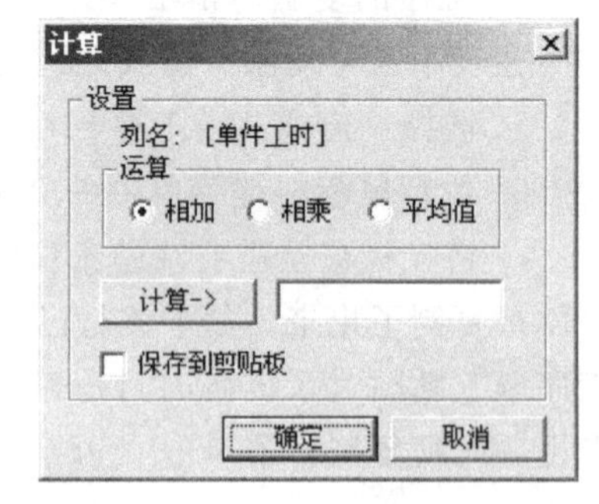

图 4.4.29 表中区中计算界面

对于所选中的列，如果某个单元格没有内容，则此格不参与计算。

9）填写格式控制。

：满格填写按钮，在填写表格时，若要求填写内容只占据一格，可单击该按钮。

：自动换行按钮，在填写表格时，一行填写不下时，单击该按钮可自动换行。

：修改表格字系数按钮，可修改表格字的字宽、字距、行距、边空大小及上下标显示比例。

：格式刷按钮，用于复制选定格中文本的格式，在进行其他格中内容的选择时，此格中所有内容的字体、字高、字间距、字的颜色、对齐方式都自动跟前一格保持一致。直接单击要改变格式的多个格，可改变其格式。操作完成后，再次单击格式刷按钮或通过鼠标右键菜单可关闭格式刷。

：设置覆盖、插入模式按钮，用鼠标单击该按钮，可以改变填写方式为覆盖模式或插入模式（只对工艺资源库的挂库填写有效）。填写方式为“覆盖”时，当前光标所在的方格内的内容会被新填写的内容替代。若填写方式为“插入”，则当前光标所在方格内的内容会保留下来，新填写的内容将添加到原内容之后。

：显示/隐藏工艺资源库。

：查询特殊字符库。

：查询特殊工程符号库。

：自动填写尺寸公差。

：查询工艺参数表。

：单击该按钮可结束编辑。

：自动计算工艺信息。

10）表中区显示设置。

“表中区显示设置”选项卡如图4.4.30所示。

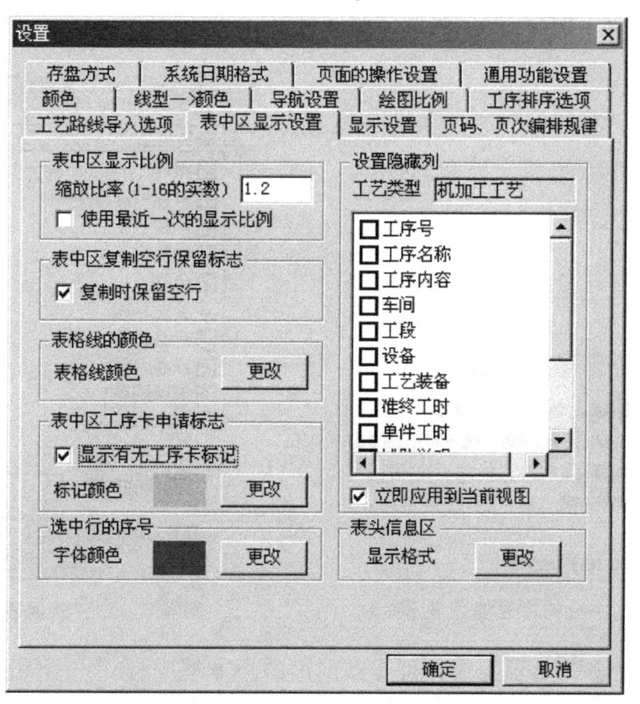

图4.4.30　“表中区显示设置”选项卡

4 CHAPTER

① 表中区显示比例：设定缩放比率后，每单击一次放大或缩小按钮，都会按设定的比率放大或缩小。如果选中“使用最近一次的显示比例”复选框，则打开其他文件，进入表中区，会按最近一次的显示比例显示。

② 表中区复制空行保留标志：复制工序时，可选择是否保留工序之间的空行。

③ 表格线的颜色：系统默认表格线的颜色为银色，如果需要改变颜色，可单击[更改]按钮，在弹出的调色板中选定颜色。

④ 表中区工序卡申请标志：当某一道工序申请了工序卡后，其行首会有颜色标记来标识本道工序已产生工序卡。标记的颜色可修改，方法同上。

⑤ 选中行的序号：在 KMCAPP 的表中区，将两个工序号之间的内容作为一道工序，将光标定位到一道工序的任意一行，会将该工序的第 1 行到当前光标所在行的序号加亮显示，如图 4.4.31 所示，工序 10 从第 1 行开始，到第 4 行结束，当光标定位到第 3 行时，就将第 1~3 行的序号加亮，用户就知道这时候编辑的是工序 10 的第 3 行。加亮时，行的序号以蓝色显示，同时字体改成斜体，并且加上下画线。加亮行的序号的颜色可修改，方法同上。

⑥ 设置隐藏列：在对话框右侧可设置表中区隐藏列，在列名前面的小方框内打√，选中“立即应用到当前视图”复选框，确定后，表中区相应列隐藏。在隐藏列的表头处双击，此列展开；在展开列的表头处双击，此列隐藏，在列表头的最上面的空白区双击，可以展开所有隐藏列。

⑦ 表头信息区：在表中区编辑时，有的用户希望将表头区的信息显示出来，便于查看和修改。表头信息窗口的显示和隐藏，可通过单击工具栏中的按钮控制。用户可以设置表头信息窗口显示表头区的哪些信息，是在一行内显示，还是分两行显示。选择“工具”→“选项”命令，在“设置”对话框中的选择“表中区显示设置”选项卡，单击“显示格式”后的[更改]按钮，弹出图 4.4.32 所示的对话框。

	工序号	工序名称	工序内容
1	10	车	1. 四爪装夹找正，粗车各部，留余量3;
2			2. 以中心孔定位，精车各部，除φ100H7外圆留磨量0.3-0.4
3			外，其余均车至图纸要求。
4			3. 各部倒角1×45°
5			
6	20	磨	磨φ100H7外圆至图纸要求。

图 4.4.31　选中行的序号加亮显示示例

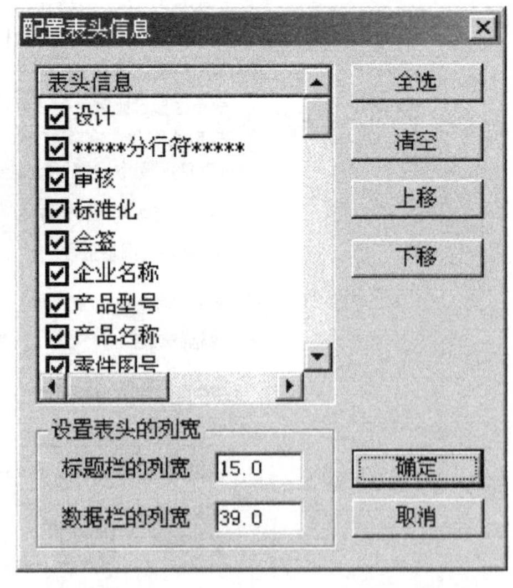

图 4.4.32　“配置表头信息”对话框

需要在表头信息窗口显示的项，可在其前面的小方框中打√；不需要显示的项，取消其前面小方框中的√。

按图 4.4.32 设置好后，在表中区显示表头信息的窗口如图 4.4.33 所示。

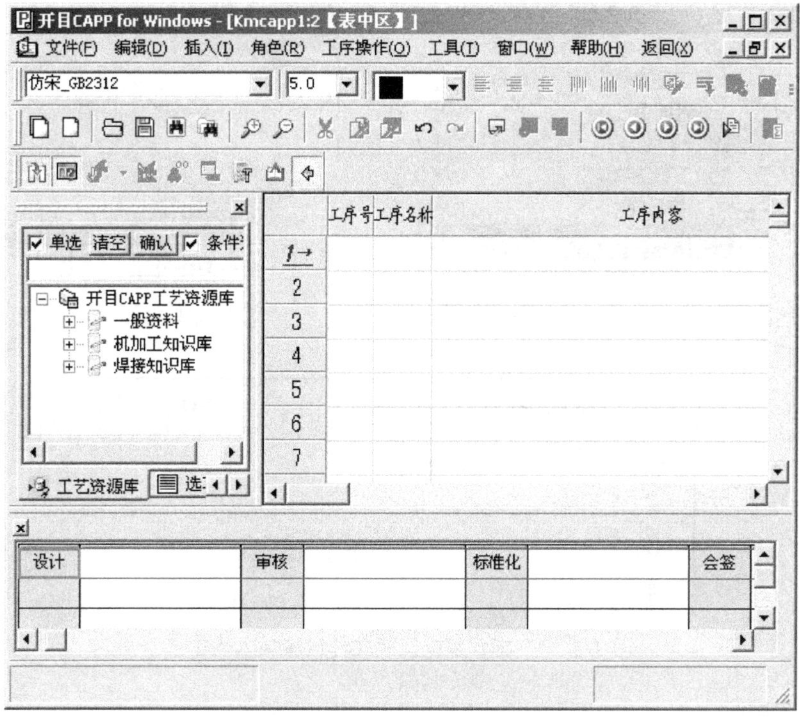

图 4.4.33　在表中区显示表头信息的窗口

11）批量修改字体、字号和颜色。

为方便用户进行工艺文档的编辑，KMCAPP 支持块选或行选多道工艺信息，具有批量修改文档的字体、字号和颜色的功能。启动 KMCAPP，打开已有的工艺文件，进入表中区（或关联块），拖动鼠标块选或使用快捷键行选多道工艺信息，在工具栏的下拉框中设置需要修改的样式参数，即可一并为选中的内容修改字体、字号和颜色。

12）按工序号独立导出工序卡。

该功能可以满足用户输出或浏览部分或全部工序卡内容的需求。需要做如下配置：将 ADDINS 目录下的插件 GXKSD.dll 注册，并配置 GXKSD.INI 文件。

当插件加载完成后，进入表中区编辑状态，“工序操作”菜单下会新增两个选项，分别为“工序卡导出”和“单工序导出”。用户可以选中一道或多道工序信息，使用“工序操作”→“单工序导出”命令，根据提示选择是否将图形文件一并导出，导出的文件即为每道工序分别独立生成的 .ksd 文件和对应的 .files 文件；如果选择该菜单下的“工序卡导出”，则生成 *.ksd 文件和对应的 .files 文件，其中包含被选的所有工序的工序卡信息。

13）插入音频及视频文件。

在 KMCAPP 中进行工艺文件编辑的时候，当选中一个单元格或者网格时，选择“插入”→“文件链接符号”命令，如图 4.4.34 所示，弹出图 4.4.35 所示的对话框，指定音频、视频等文件后（注意，音频及视频的文件名称不能包含空格），将音频或视频文件链接插入到光标所在的单元格或网格，如图 4.4.36 所示。

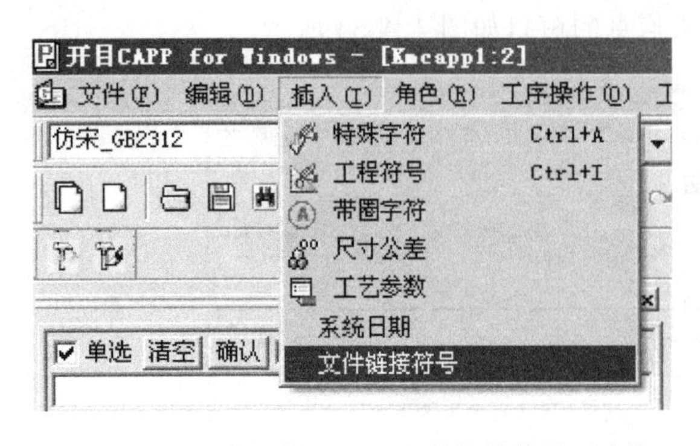

图 4.4.34 选择“插入”→“文件链接符号”命令

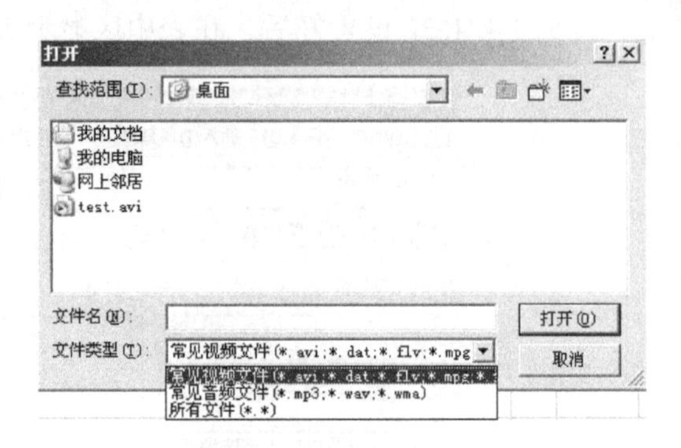

图 4.4.35 “打开”对话框

	工序号	工序名称	工序内容
1→	10		test.avi
2			
3			
4			

图 4.4.36 将音频或视频文件链接插入表中区

(3) 工艺过程卡的分页

当工艺路线很长，一页写不下时，系统会自动分页。表中区分页符为一条水平红线。

如果在工艺规程管理模块中定义了工艺过程卡的首页和续页，填写工艺路线时，首页和续页可自动按照预先定义的表格生成。如果没有定义续页，则续页按首页的表格生成。

在表中区，工具栏提供了一些快捷按钮来方便页面更换显示。

：光标回到第一行。

：向上翻页，即翻到上一页。

：向下翻页，即翻到下一页。

：光标到最后一行。

：将光标移至指定页。

(4) 工艺过程卡附页的编辑

工艺过程卡附页的编辑与封面的编辑操作类似。

工艺过程卡附页的添加、插入、复制、交换、更换格式，由“页面”→“过程卡附页”→“添加附页”“插入附页”“删除附页”“复制附页”“交换附页”“更换附页格式”命令完成。

4. 工序卡的进入及编辑

(1) 工序卡的进入

进入工序卡有两种方法：一种方法是在表中区，将光标定位至某道工序对应的行，单击按钮或选择“工序操作”→“进入工序卡”命令，即可进入该工序对应的工序卡；另一种方法是在显示封面或工艺过程卡状态下单击按钮，系统切换到工序卡，然后由翻页按钮或下拉框指定工序卡页号并进入相应工序卡页面。图 4.4.37 所示为工序卡的编辑界面。

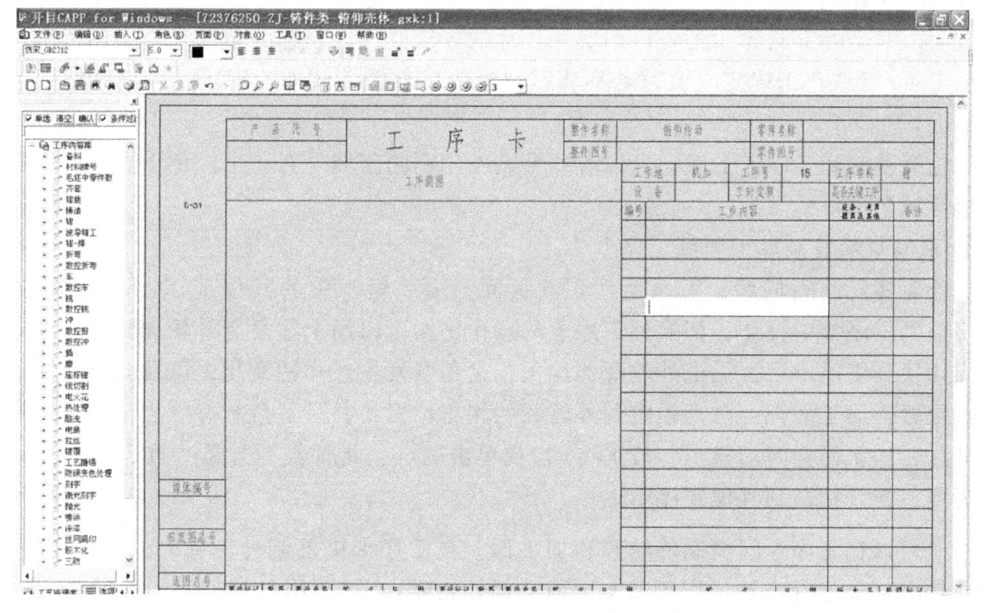

图 4.4.37　工序卡的编辑界面

（2）工序卡的编辑

1）工序卡内容的填写。

CAPP 工序卡的编辑过程简介

将光标定位至工序卡中欲填写内容的区域，单击或按 Enter 键，该区域被加亮，即可进行工序卡的填写。

在工序卡关联块中填写时，若插入一行，则关联块中行号大于当前行的所有内容将下移一行；若删除一行，则与该块关联的块同一行的内容将被删除。

当编辑工序卡中的某一内容时，如“工序名称”，工艺过程卡中的相关部分将一并被修改。

2）工序卡中关联块的多行复制、剪切、粘贴和删除。

此功能只对工序卡中定义了关联块的编辑区有效。选中一行或多行后，可在本页内或其他工序卡页面内进行复制、剪切、粘贴，也可在不同的工艺文件内进行复制、剪切、粘贴。同时，支持将 Excel、Word 表格中的多行多列数据以块形式进行复制、剪切、粘贴。

按住 Shift 键单击行中的某一格可选取整行，选中行反白显示。按住 Shift 键不放的同时单击多行可选取多行。选中多行后，执行“删除行”操作，可一次删除多行。

（3）工序简图的操作

工序简图一般包括零件图的外部轮廓或局部视图及加工面。若在工艺编制时打开了一张零件图，工艺简图可以直接利用工序卡 0 页面的零件图。工序简图的操作如下。

① 从 0 页面复制外轮廓到工序卡中。

a. 按住鼠标左键定义两个角点，选定零件图外轮廓（外轮廓被选定后，会变为蓝色。如果外轮廓第一次不能被选定，可按 Alt+S 组合键，重建图形后再选定）；

b. 选择外轮廓后，可以通过直接单击工具栏中的翻页按钮、按 Alt+G 组合键按照指定页号更换页面、选择右键菜单中的“移动复制”命令 3 种方式，将外轮廓粘贴到工序卡上。

按 Alt+〉组合键或 Alt+〈组合键可放大、缩小外轮廓，或选择右键菜单中的“比例”命令放大、缩小外部轮廓，还可以用旋转光标的方法改变外轮廓的角度。当比例和位置合适后，按 Enter 键或单击确定。此时若不选择“重选”功能，此外轮廓还可以继续粘贴到其他工序卡上。

外轮廓复制到工序卡上后，可以看到粘贴外轮廓的区域外有 4 个白色小点，它们形成一个矩形区域包围框。

② 从 0 页面复制加工面到工序卡中。

在外轮廓复制完成后，可以返回到 0 页面，用“组”中的其他选择方法选择加工面，然后切换到工序卡中粘贴，切换到工序卡的操作仍然可以用上述复制外轮廓时的 3 种方法。

当切换到工序卡后，无论外轮廓的比例或是角度发生怎样的变化，以及光标处在工序卡的什么位置，加工面都会自动锁定到外轮廓的相应位置，并呈黄色状态。当鼠标指针在屏幕上移动时，加工面会闪动显示，按 Enter 键或单击确定。此时若不选择“重选”功能，此加工面还可以继续粘贴到其他工序卡上。

用户可以在工序卡间复制外轮廓和加工面。在工序卡中复制外轮廓时，不能用按钮选择外轮廓（此选择方法仅限于从 0 页面选择外轮廓），只能用“移动复制”功能。这种方法产生的外轮廓与从 0 页面复制的外轮廓一样，具有锁定加工面功能。从工序卡中复制加工面的操作同前面的操作一样，不再赘述。

③ 加工面在多个外轮廓间的切换。

当一张工序卡上有多个外轮廓时，复制加工面的操作可以通过切换当前外轮廓区域的方法实现，此方法可通过按空格键或选择右键菜单中的“另一个轮廓区域内”命令实现。例如，一张工序卡上有 3 个外轮廓，现在要将加工面复制到第 2 个外轮廓上，在加工面复制后进入此工序卡，则此加工面会自动锁定在第 1 个外轮廓上，可以看到加工面在第 1 个外轮廓上闪动，按键盘上的空格键，或选择右键菜单中的“另一个轮廓区域内”命令，加工面会自动切换粘贴位置，在第 2 个外轮廓上闪动。

粘贴加工面可以在去除锁定功能的情况下操作。去除锁定的方法是打开鼠标右键菜单，选择“解除轮廓锁定”命令，则加工面可以粘贴到光标上随光标一起移动。

④ 对工艺简图进行其他操作。

对工艺简图进行的其他操作包括从夹具符号库中选择夹具符号、标尺寸等，还可进行画线圆、标注尺寸、剖面线填充、标注定位夹紧符号等操作。外轮廓的所有操作可以用 Undo、Redo 命令撤销或重做。

（4）工序卡页面操作

1）添加工序卡。

当工步内容在一张工序卡中填写不下时，需要添加工序卡。添加工序卡的步骤如下：

① 进入要添加工序卡的页面；

② 选择“页面”→“工序卡”→“添加工序卡”命令，系统会列出在工艺规程管理模块中定义的工序卡格式；

③ 选择某一工序卡格式。

2）工序卡的自动添加和自动删除。

选择“工具”→“选项”命令，在弹出的对话框中选中“页面的操作设置”选项卡，如图 4.4.38 所示。

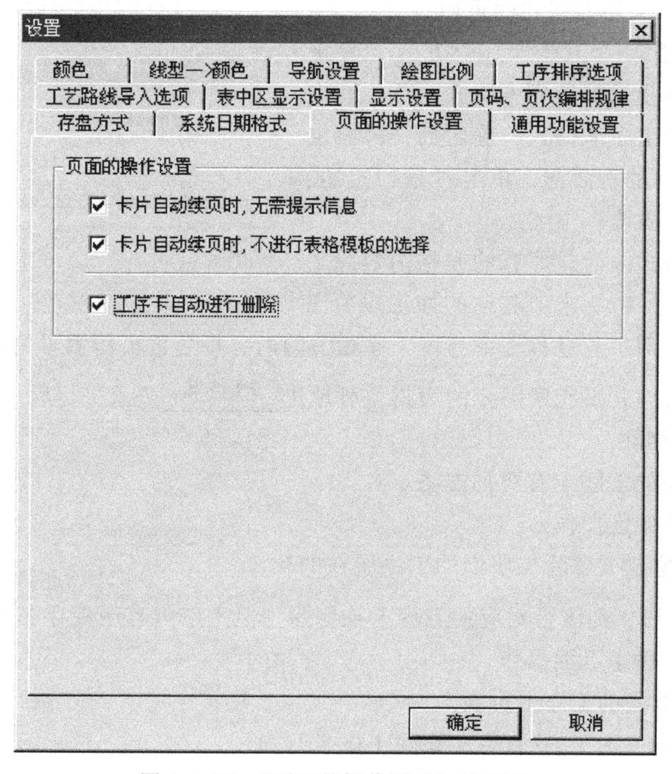

图 4.4.38 “页面的操作设置”选项卡

当某一道工步内容在第一张工序卡末尾不能填写完，可继续换行填写，并结束编辑时，屏幕会弹出选择工序卡格式对话框，选择一种格式后，会弹出图 4.4.39 所示的提示框，单击“是”按钮，第一张工序卡中最后一道工步内容及其关联内容会移至工序卡附页中，以后每次自动续页时，直接用设定的表格模板，而不需要每次指定表格模板。

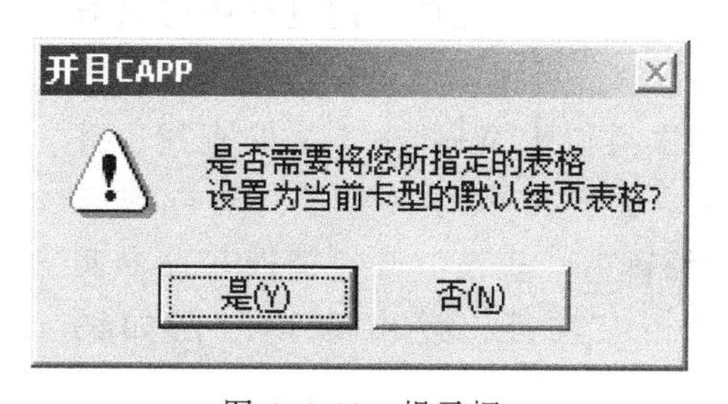

图 4.4.39 提示框

如果一道工序有多张工序卡，将前面工序卡关联块的内容删除后，后面工序卡的相关内容会自动前移。当后面的工序卡关联块中没有内容、表格定义中没有定义的区域也无内容时，后面的一页工序卡会自动删除。

3）插入、复制、交换、移动工序卡。

选择“页面”→“工序卡”→“插入工序卡”命令、“工序卡”→“复制工序卡”命令、“工序卡”→“交换工序卡”命令、“工序卡”→“移动工序卡”命令，在弹出的对话框中选择工序卡格式，则可插入、复制、交换、移动选中格式的工序卡。

4）工序卡格式的更改。

一个完整的工艺路线有多道工序，例如，可能有机加工工序、检验工序、协作工序等。不同种类的工序其工序卡格式也不一样，系统允许用户选定不同的工序卡格式。若要更改某道工序的工序卡格式，步骤如下：

① 进入要更改工序卡格式的页面；

② 选择“页面”→“工序卡”→“更换工序卡格式”命令，会弹出选择工序卡格式对话框，在其中选择欲更改的工序卡格式，确定后，屏幕会弹出图 4.4.40 所示的对话框，单击“是”按钮，工序卡格式就会被更改。

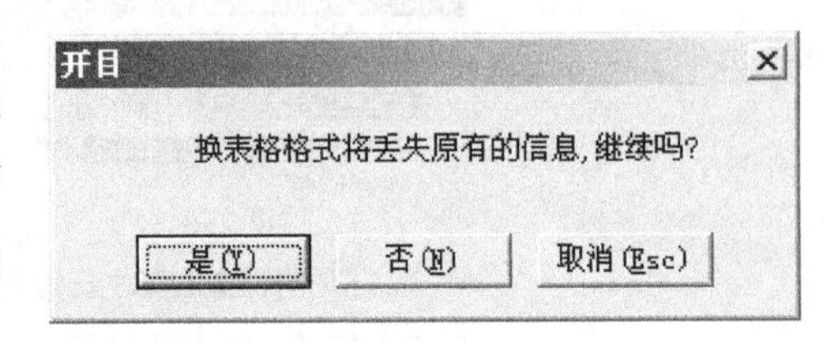

图 4.4.40　更改工序卡格式确认对话框

更改工序卡格式以后，原有的表格内容除了公共的工艺信息会保留下来，其他的如工序简图等信息将被删除，而工艺过程卡中与该工序相关的内容将会被重新填写到所选的工序卡中。

在工序卡列表中若没有所需要的表格，可单击 添加表格 按钮进行添加。

5）工序卡的删除。

删除某道工序的工序卡有两种方法。

方法一：在表中区操作。

① 将光标定位至欲删除工序卡的工序所在的行。

② 单击按钮，则该行对应的工序卡被删除，但工序内容还保存在工艺过程卡中。

方法二：在工序卡页面操作。

① 进入到欲删除的工序卡页面。

② 选择“页面”→“工序卡”→“删除工序卡”命令。

5. 查找、替换功能

在编辑工艺内容的过程中可以通过查找、替换功能进行修改，其使用方法类似于 Word 中文字的查找、替换。在表格填写状态下，通过选择“编辑”→“查找”或“替换”命令实现相应功能，弹出的对话框如图 4.4.41 所示。

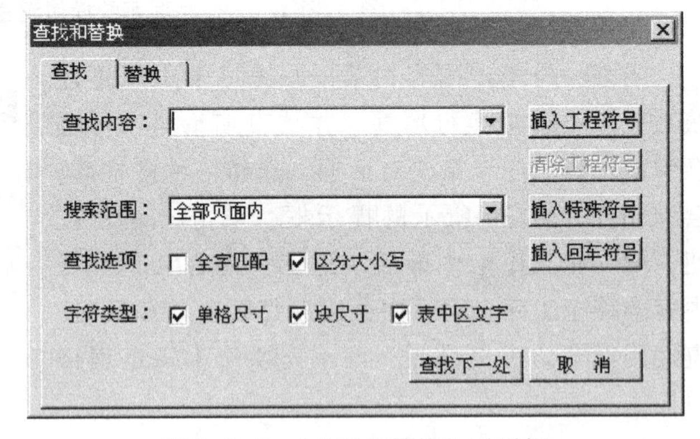

图 4.4.41　“查找和替换”对话框

查找功能用于查找工艺文件中指定的字符和特殊工程符号，并可指定搜索范围及查找的字符类型。特殊工程符号的插入和清除可通过单击“插入工程符号”按钮和“清除工程符号”按钮实现。

6. 页码、页次设置

页码编排方式分统一编排和独立编排。统一编排是指参与编排的封面、工艺过程卡或工序卡一起编排页码，独立编排是指封面、工艺过程卡和工序卡分开编排页码。

若在工艺文件中还需填写总页数和第几页，则在表格定义中进行“表格对应”时，这两项的填写内容应为“总页次”（填写类型为公有）、“页次”（填写类型为私有）。

页次的编排中可设置总页次的编排是否包含封面，是否根据当前文件的页数改变自动更新，可设置当前文件页次的起始页码和封面参与编排的起始页码。

7. 工作区显示设置

CAPP 编辑界面左边显示库文件的区域称为工作区。工作区有 5 个页面：工艺资源库、选项列表、工艺库文件、特征、页面浏览。

（1）工作区各页面的显示和隐藏

在 CAPP 中进行编辑时，工作区中的页面不自动切换。若工艺资源库页面为当前页面，并且编辑区中的当前区域已定位至节点，则对当前区域进行编辑时，工艺资源库自动定位到对应的节点。

用户可以通过工作区各页上的右键菜单选项（图 4.4.42）来控制工作区各页的显示和隐藏。此设置只对当前开启的 CAPP 有效。退出 CAPP，再次进入 CAPP 时，系统默认为显示所有页面。

✔ 工艺资源库
✔ 选项列表
✔ 工艺库文件
✔ 特征
✔ 页面浏览

图 4.4.42　工作区各页上的右键菜单

（2）工艺规程页面的层次管理

在工艺文件编制过程中，用户可通过单击工具栏中的按钮在封面、工艺过程卡、工序卡之间切换，然后通过翻页按钮或下拉框指定页号来显示页面。CAPP 提供了一种更直观的操作方式，在工作区的页面浏览页面，通过树形结构管理工艺规程的页面，工艺文件中的每一个页面对应树上的一个节点。用户在编辑工艺文件中的某一页时需要切换到该页面，直接选择对应页面的节点即进入相应的页面。图 4.4.43 所示为某一个工艺文件对应的页面浏览界面。

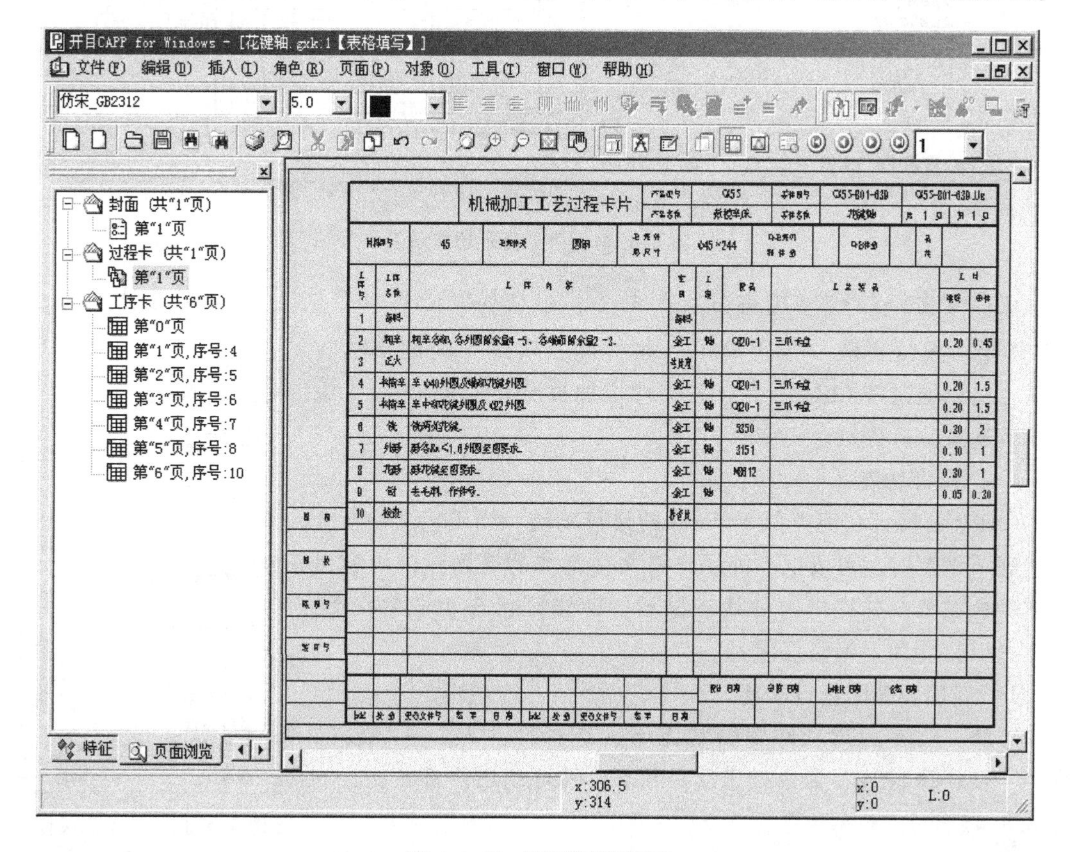

图 4.4.43　页面浏览界面

(3) 两页显示功能

当一道工序的内容或工步内容跨两页显示时，工艺人员希望能同时看到两页的内容以方便编辑。KMCAPP 通过视图拆分的方式来显示连续的两页内容，类似 Word 的多页显示功能，并且支持通过鼠标滚轮、拖动滚动条进行翻页。目前只支持两个页面显示的功能，如图 4.4.44 所示。

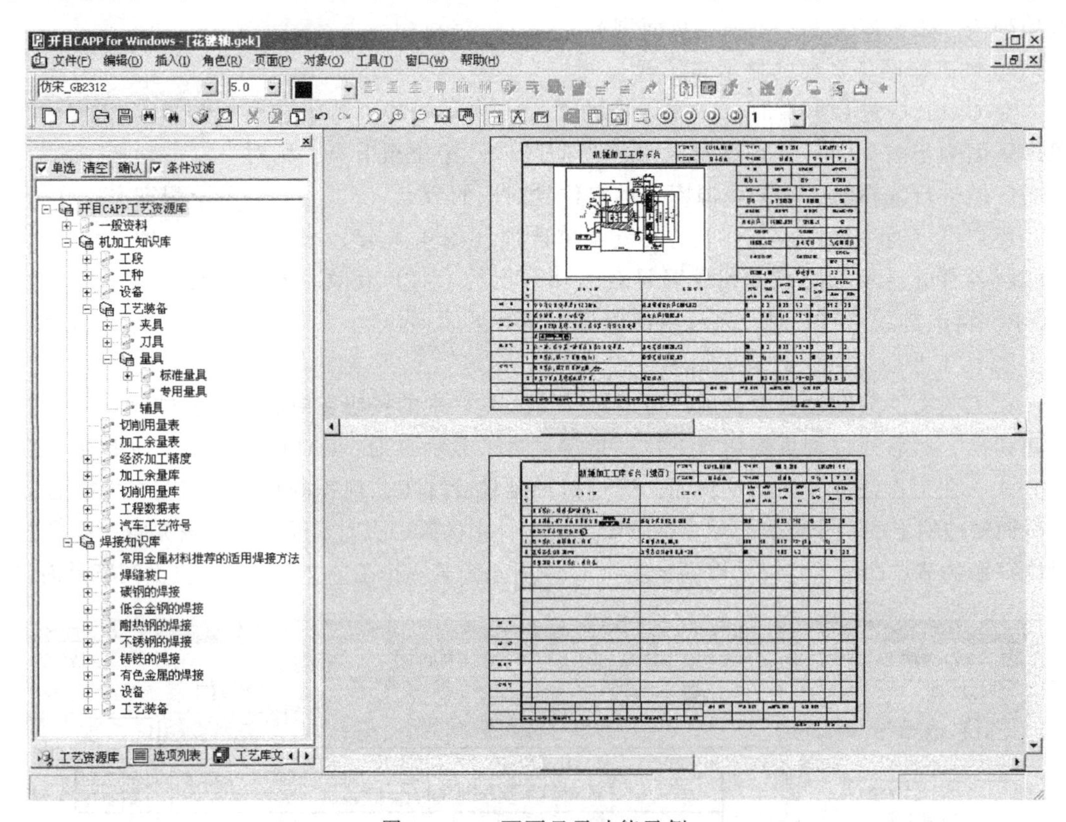

图 4.4.44　两页显示功能示例

选择“窗口”→“增加拆分页”命令，可切换到“拆分模式”，或者单击工具栏中的“拆分页”按钮实现“普通模式”和“拆分模式”间的快速转换，也可以通过按 Ctrl+↑组合键实现增加拆分页，按 Ctrl+↓组合键实现减少拆分页。

(4) 修订功能

CAPP 的修订功能类似于 Word 的修订功能。当工艺文件在修订状态下编制时，可以把不同用户对文件增加的或删除的内容以不同颜色区分，并提供两种状态显示，即修订状态和最终状态，用户可以接受和拒绝修订内容。

1) 启用和关闭修订功能。

方法一：在工艺文件编辑状态下，选择“工具”→“修订”命令，使得“修订”命令处于选择状态，即可调用修订功能，如图 4.4.45 所示。

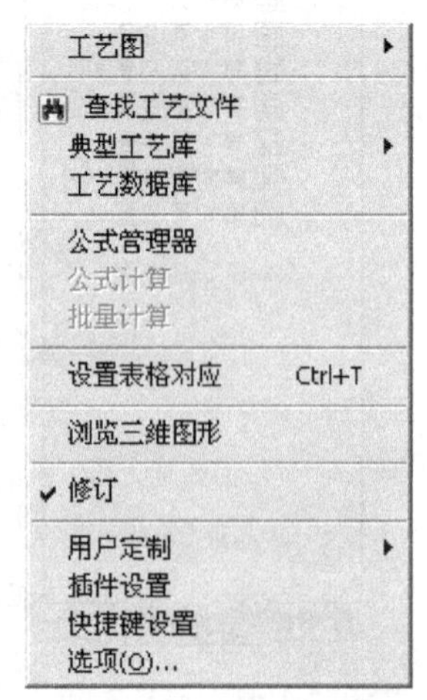

图 4.4.45　启用和关闭修订功能方法一

方法二：在工艺文件编辑状态下，选择“窗口”→“工具栏”→

“修订工具栏”命令，在工具栏中即可显示修订功能专用工具栏，单击“进入修订状态”按钮，即可进入修订状态，如图 4.4.46 所示。

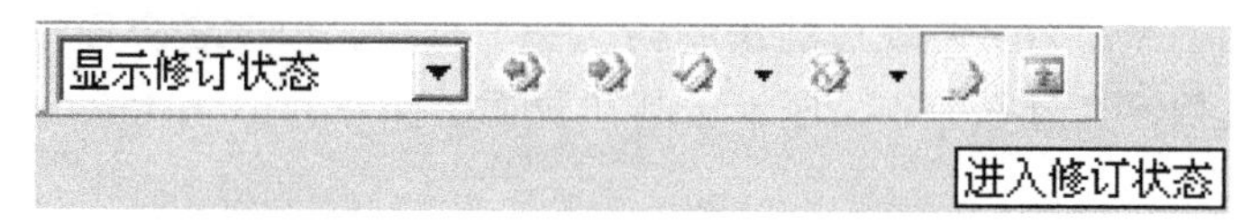

图 4.4.46 启用和关闭修订功能方法二

2）设置修订选项。

用户通过“修订选项”设置，可以自定义插入内容的颜色、删除内容的颜色、审阅者姓名、查找修订内容的方式，以便对工艺文件进行修订。

单击修订工具栏中的“进入修订状态”按钮，弹出“修订选项”对话框。在“标记”栏中，用户可以设置插入或删除修订内容的颜色，系统默认是“按作者”自动分配颜色的；在“查找”栏中可以设置用户查找修订信息的范围。

3）插入和删除修订。

在工艺文件中，用户可以对文件的单元格、表中区和关联块的数据内容进行插入和删除修订。插入修订信息用单下画线标识，删除内容用三角形标识。

4）审阅修订。

审阅者可以通过选项设置，在指定的范围内查找指定用户的修订信息。对当前审阅者的修订信息，用户可以接受，也可以拒绝。

4.4.4 技术文档的编辑方法

打开或新建一个工艺技术文档后，界面如图 4.4.47 所示。

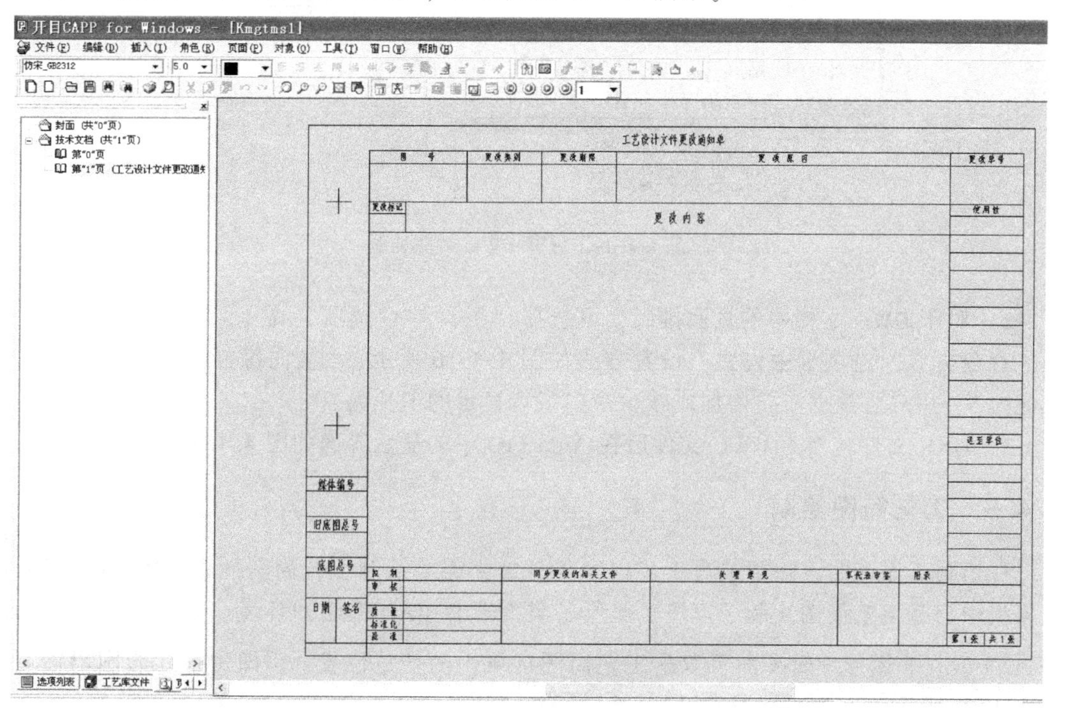

图 4.4.47 技术文档界面

技术文档的编辑及工艺图的绘制方法与工艺规程的操作是一样的，不再赘述。

虽然技术文档的填写与工艺规程的编制同属一个模块，但两者界面略有不同。技术文档没有过程卡和工序卡，其“页面”菜单如图 4.4.48 所示。

添加页
插入页
删除页
复制页
交换页
更换格式

图 4.4.48 技术文件的“页面”菜单

添加页：在最后一页后增加一页。

插入页：在当前页面后增加一页。

删除页：删除当前页。

复制页：输入一页码，可以将指定页面的内容复制到当前页面。

交换页：输入一页码，可以与当前页交换页码及页面内容。

更换格式：可更改当前页为技术文档配置中定义的任何一种格式，操作界面同更换工序卡格式的界面。

为了方便用户在 AutoCAD 中直接浏览工艺文件，KMCAPP 提供了将 GXK 文件转换为 DWG 文件的功能，其操作步骤如下。

1）保存工艺文件时，在“保存类型”下拉列表框中可选择保存为 *.dwg 文件，如图 4.4.49 所示。选中此类型文件，可将当前工艺文件转换为 DWG 文件进行存储。

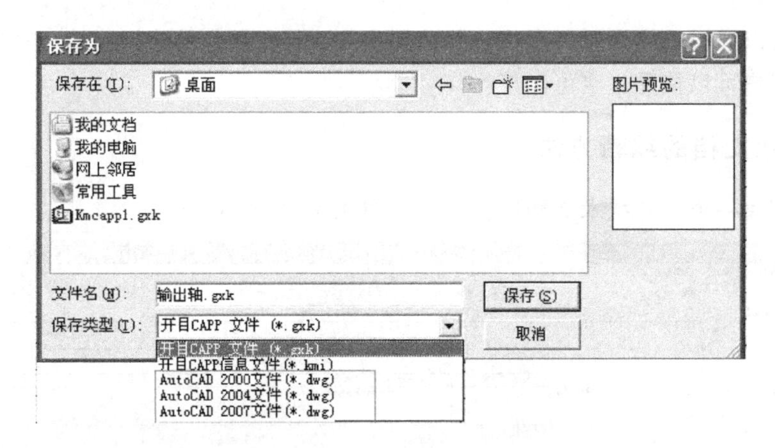

图 4.4.49 保存 DWG 文件类型

2）对于 DWG 文档中的页面排版，可选择“工具”→“选项”命令，在弹出的对话框中的“存盘方式”选项卡中设置。设置方法如图 4.4.50 所示，“横向每行显示的卡片数”默认值为 5，用户可根据需要增加或减少横向每行显示的卡片数。

3）GXK 文件转换为 DWG 文件后在 AutoCAD 中的显示界面如图 4.4.51 所示。

4.4.5 工艺简图绘制

在填写工序卡时，除了填写工步内容外，常常需要绘制工艺简图。在 KMCAPP 工艺编制模块中自备工艺简图绘制子模块，提供了类似开目 CAD 的绘图环境。单击工具栏中的按钮（或在非图形编辑界面下双击工艺简图区域内的任意位置），即可进入绘图界面，如图 4.4.52 所示。

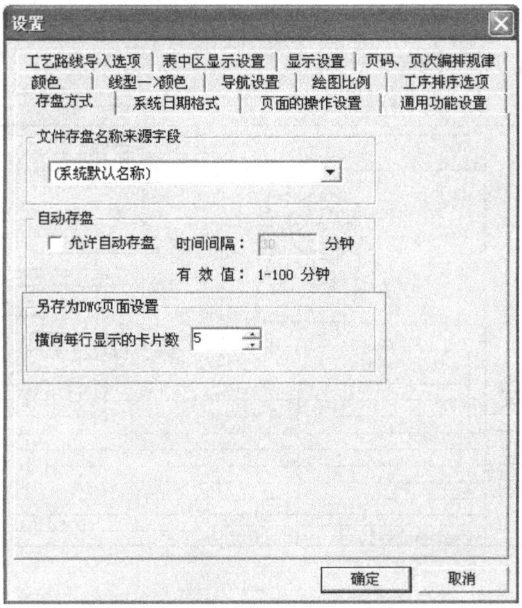

图 4.4.50 “存盘方式”选项卡

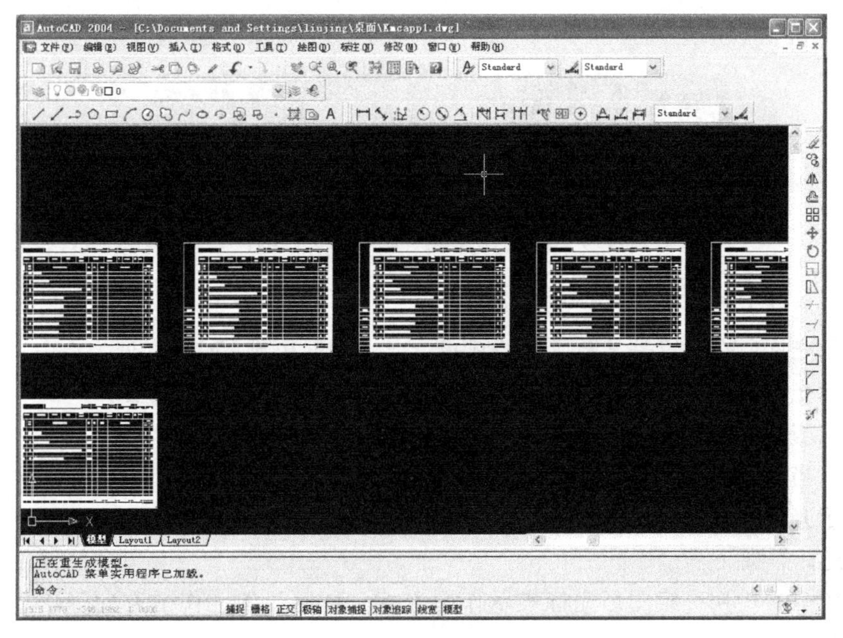

图 4.4.51 GXK 文件转换为 DWG 文件后在 AutoCAD 中的显示界面

1. 绘图信息显示

(1) 信息显示

绘图界面最下方是系统的信息提示区域，它可以显示操作提示、当前光标的位置及方向等信息，如图 4.4.53 所示。

各标记意义分别如下：

① 适时的操作提示；

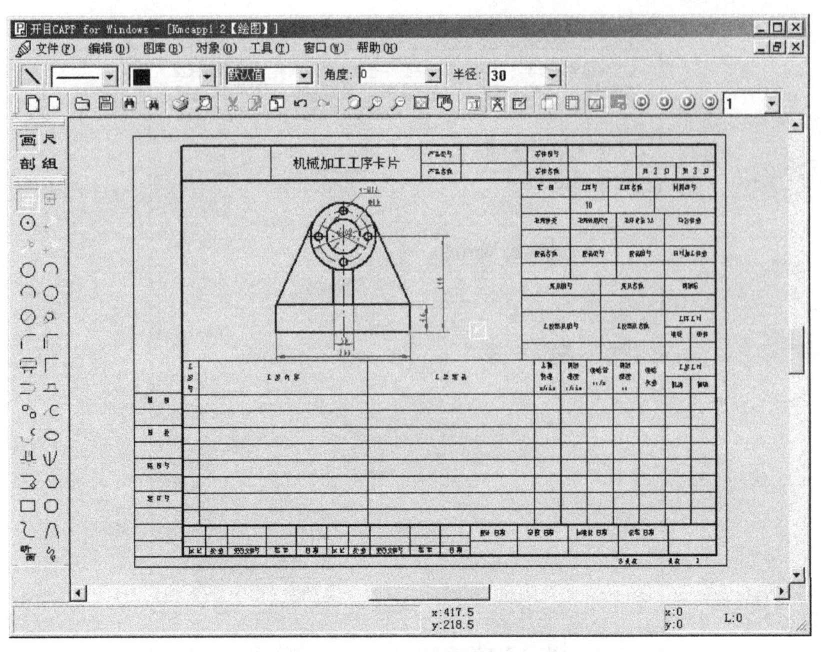

图 4.4.52　基本绘图操作界面

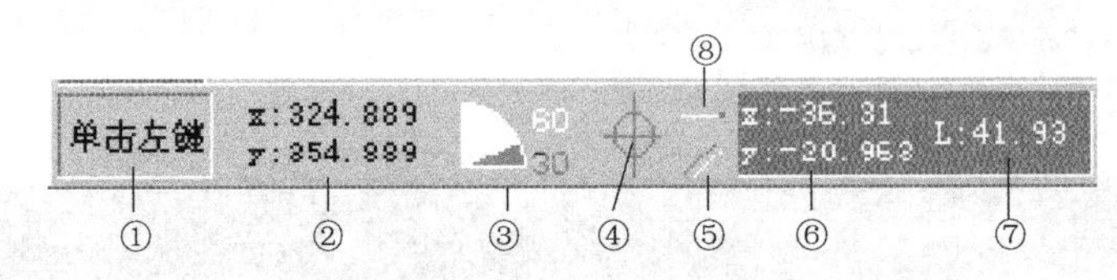

图 4.4.53　绘图信息显示提示区域

② 光标所在位置的 x、y 坐标值（绝对坐标值）；

③ 显示光标方向；

④ 显示光标所在位置是某圆或弧的圆心，当光标不在圆心时，③处为空白；

⑤ 显示光标方向与当前线的关系，//为平行，⊥为垂直，∠为斜交；

⑥ 显示当前线在 x、y 方向的投影长度；

⑦ 显示当前线的长度；

⑧ 显示光标与当前线的位置关系。

（2）光标类型

在 KMCAPP 中用一组图形光标表示作图方式、作图位置、作图方向等信息。表 4.4.1 列出了几种常见光标。

表 4.4.1　光标列表

序号	光标状态	形式	准确位置	方向
1	画直线		光标中心交点处	长线所指的方向
2	画圆弧或圆		圆心在十字交点处 笔位置在小圆中心	小圆上短线所指的方向

（续）

序号	光标状态	形式	准确位置	方向
3	标注线性尺寸	⊟	方框中心	方框外短线所指的方向
4	标注直径尺寸	∅	圆中心	无
5	标注半径尺寸	╳	交点处	无
6	点菜单	⇖	箭头顶点处	无
7	画剖面线	▨	方框中心	无
8	默认光标	⇨	箭头顶点处	箭头所指的方向，方向可旋转

2. 常用操作

在 KMCAPP 中绘制图形时，各种操作都保证了其准确性，并且非常方便和快捷，下面将分别予以介绍。

（1）移动

1）光标沿水平、垂直方向移动。

不论光标方向如何，不论光标为何种形式，按下键盘上的移动键←、→、↑、↓，光标将向左、右、上、下移动。

2）光标沿给定方向移动。

按 L 键（或 K 键）画线，光标沿（或逆）光标方向移动。

（2）转动

在 KMCAPP 中，光标有方向，信息区中显示了光标的方向（图 4.4.53 中③）。光标角度的转动有两种方式：一是，在屏幕左上方的工具栏中，可以在角度后面的组合框中直接输入绝对角度值；二是，在组合框中也设置了许多特殊角度，如 0°、45°、90°、135°、180°、225°、270°、315°等，可供选择。

（3）上线

光标上线移动是指光标移至距其最近的线或特殊点上的移动。上线移动属于一种特殊的移动方式。

（4）线型

KMCAPP 中设有 7 种线型：粗实线、细实线、虚线、点画线、双点画线、非打印线、编辑辅助线。

（5）擦除

擦除线圆可用擦除键 E，或选择鼠标右键菜单中的“擦除”命令。

若当前线含有多个线段，光标上线后，当前段为白色，非当前段为红色，按擦除键 E 只能擦除当前段。若要擦除整条线，可按 Alt+E 组合键。

3. 基本绘图操作

（1）“画”工具栏

“画”主控按钮是用来画图的，其子按钮栏中各图标的功能分别如下。

：黄光标动态画线（画线工具）。

：红光标（“丁字尺”）画线（画线工具）。

：已知中心点及圆周上的一点动态画圆（中心点画圆）。

：已知圆心和半径画圆或画弧（定半径、圆心画圆或弧）。

：已知半径和圆周上的一点画圆或画弧（定半径和通过点画圆或弧）。

：已知圆心和端点动态画弧（圆心端点画弧）。

：给定圆周上的两点和半径画圆（两点圆）。

：给定起点、终点和半径画弧（两点弧）。

：过给定的三点画弧（三点弧）。

：过给定的三点画圆（三点圆）。

：给定直径起点和终点画圆（直径圆）。

：作3个图素的公切圆（三线切圆）。

：作两图素的圆角。

：作已知图素的倒角。

：轴孔倒角。

：在两图素相交处修整。

：作键槽。

：作凸台。

：作两圆弧或圆的公切线。

：过点作圆或弧的切线。

：过点作圆或弧的切弧。

：给定椭圆中心和一个轴端点及椭圆上的一点画椭圆。

：作相贯线。

：作抛物线。

：作轴端断面。

：作正多边形。

：作矩形。

：作圆角矩形。

：画波浪线。

：已知齿数、模数画齿廓。

断面：作回转体零件的断面。

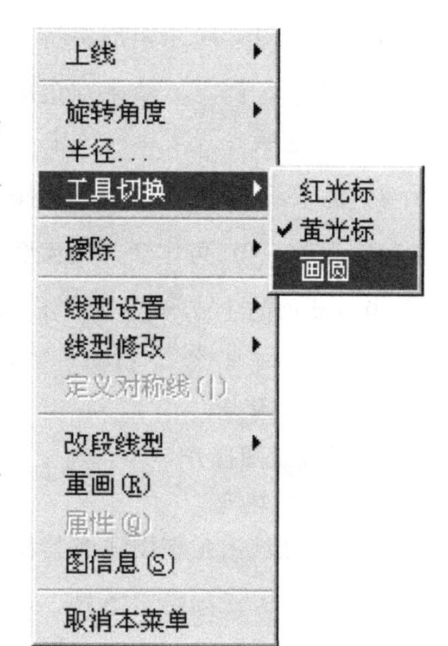

图 4.4.54　画圆（弧）菜单

：作样条曲线。

（2）画直线

直线是图形中非常常见、简单的图素。绘制直线的工具有画线黄光标与画线红光标两种，可按空格键在这两种光标之间切换。

（3）画圆（弧）

画圆（弧）共有 4 种工具，即“画”工具栏中的、、和。由画直线工具切换到画圆（弧）工具可直接单击工具栏中的按钮，也可单击鼠标右键，出现图 4.4.54 所示的快捷菜单，在“工具切换”子菜单中选取所要切换的工具即可。

（4）公切工具

1）三线切圆：用来绘制与 3 个图素相切的公切圆，这 3 个图素可以是直线，也可以是圆（弧）。

2）公切圆弧：公切圆弧工具可作直线与直线、直线与圆弧、圆弧与圆弧的公切圆弧。

3）倒角：作倒角有两种方式，即倒角和轴孔倒角。

4）修整：可作两图素相交处的修整。修整用于去掉多余的线头和补齐缺少的线。其操作和圆角操作相似（等价于半径为零的圆角）。如果需要去掉已作的圆角或倒角，恢复尖角状态，也可用此功能，但必须上线指定图素。

5）键槽及三线切圆（弧）：可作三直线的切圆。

6）工艺凸台：绘制凸台圆角。凸台圆弧的半径可在半径: 3 中输入，方向如横线所指，并且可调整其角度，圆弧顺时针和逆时针方向可按 F2 键切换。

7）公切直线：作圆（弧）与圆（弧）的公切直线，将鼠标指针移至圆或弧的切点附近，单击即可确定需作公切线的一个圆（弧）。

8）过点作圆（弧）切直线：过一点作圆（弧）的切线。

9）过点作直线或圆弧的切圆弧：过一点作直线或圆（弧）的切圆弧。

（5）特殊线条的画法

1）椭圆。单击椭圆按钮，输入椭圆中心、长轴或短轴端点、椭圆通过的一点即可画出椭圆（本系统中按机械制图国家标准的推荐，椭圆采用四段圆弧画法）。

2）相贯线：单击相贯线按钮，作近似相贯线。

3）抛物线：单击抛物线按钮，可完成 4 种抛物线绘制。

4）轴端断面：可用来完成轴的断面。

5）正多边形：是指由 3 条以上等长线段组成的封闭图形。用可绘制内接或外切正多边形。

6）矩形：单击矩形按钮，可作矩形。可方便地作轴或孔，如画阶梯轴。

7）圆角矩形：单击圆角矩形按钮可用来作圆角矩形，其作法与作矩形相似，圆角的大小可直接在设置半径栏中输入。

8）波浪线：单击波浪线按钮，按住鼠标左键移动可画波浪线。

9）齿廓：可作渐开线齿廓。

10）断面的生成：可生成盘套类零件的投影图。

11）样条曲线：可通过绘制样条曲线生成折线、B样条、三次样条曲线，还可由文件生成样条曲线。

4. 高级绘图操作

（1）剖面填充

在封闭区域内画剖面线或其他有规律的重复图案时需用剖面填充操作。在KMCAPP中进行剖面填充时无须指定边界，操作简便。在主工具栏下单击剖按钮，出现图4.4.55所示的子工具栏，可分别实现填黑、增大间距、减小间距、剖面取样、剖面线错位←和→、图案填充、剖面擦除、改变填充边界、周边填充等填充剖面线的功能。

（2）图组操作

表达一个结构的图线往往不止一条，而是一组图素。定义的若干图线（直线、圆弧、波浪线等，不包括样条曲线）和字符的集合为图组。图组操作就是对图组中的图素进行复制、搬迁、镜面、删除等编辑操作。

在主工具栏中单击组图标，出现图4.4.56a所示的子工具栏，在子工具栏中有11种选择图标。要将已入组的图素从图组中删去，单击减图标，出现图4.4.56b减工具栏，此时有6种选择图标可用。

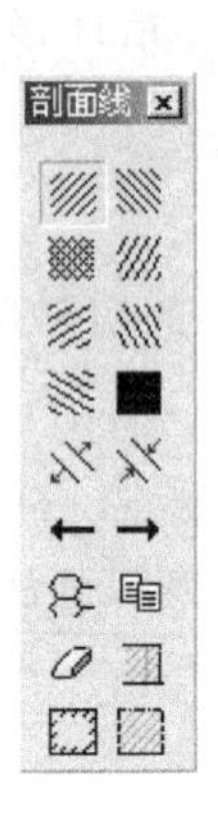

图4.4.55 “剖面线”工具栏

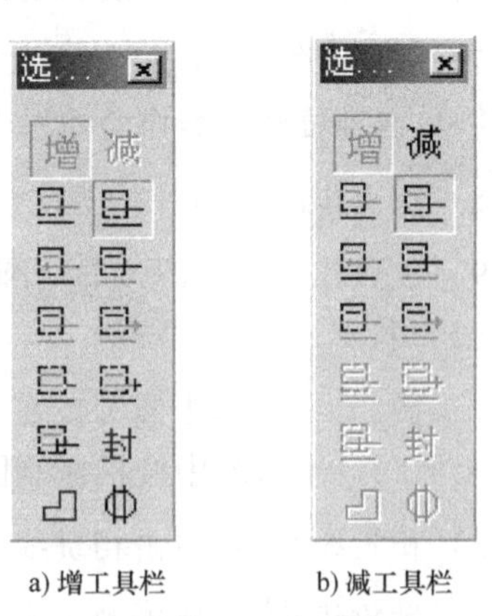

图4.4.56 主控工具栏

1）构造组。

在KMCAPP中，用矩形区域圈定元素入组。根据图素与选择框的关系（在框内、在框外、与框有交)，有 12 种不同的选择方式（封与Φ不用矩形选择框）。

用不同的选择方式构造图组的结果见表 4.4.2。在实际操作中，被选中的图线会改变颜色，即为入组图线。在构造同一个图组时，可用几种不同的选择方式来选定组中图素。

表 4.4.2　用不同的选择方式构造图组的结果

序号	图标	被选中的图线	未被选中的图线	功能说明
1		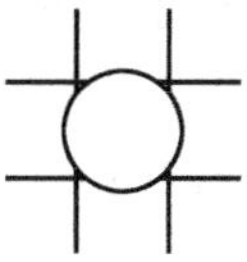	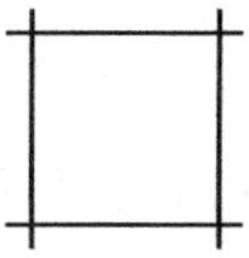	在选择框内的图线和与选择框边界有交的图线为被选中的图线
2			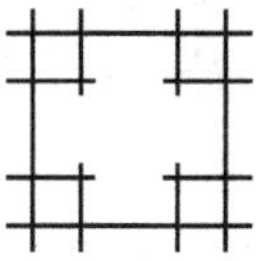	在选择框内的图线为被选中的图线
3		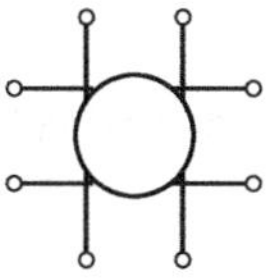	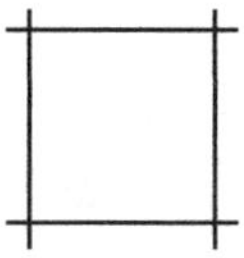	在选择框内的图线和与选择框有交的圆为被选中的图线。与选择框边界有交的直线，在选择框内的一端入组
4		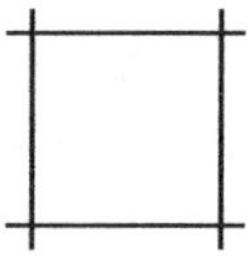	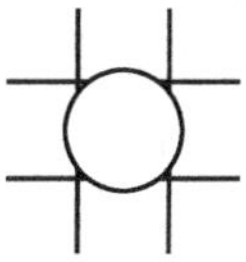	在选择框外的图线为被选中的图线
5		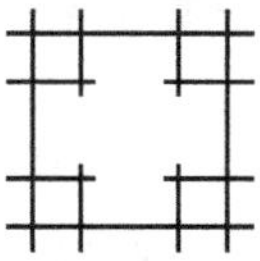	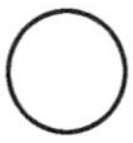	在选择框外的图线和与选择框边界有交的图线为被选中图线
6		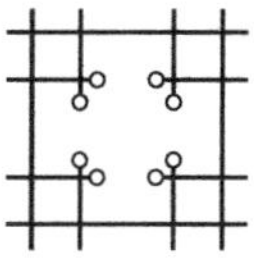	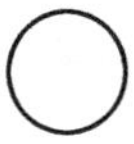	在选择框外的图线和与选择框边界有交的圆为被选中的图线。与选择框边界有交的直线，在选择框外的一端入组
7			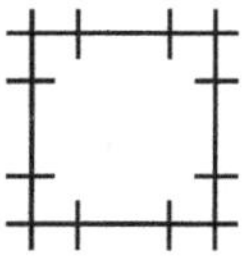	在选择框内的图线和与选择框边界有交的图线，其在选择框内的部分为选中图线（窗口裁剪）
8		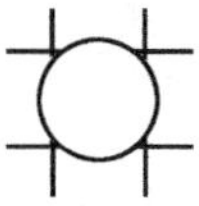	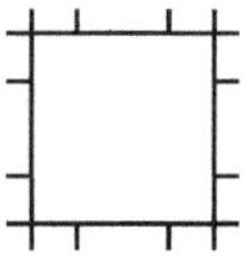	选择框内的图线被选中。与选择框边界有交的图线，其框内端点到选择框外的第一个交点部分被选中
9			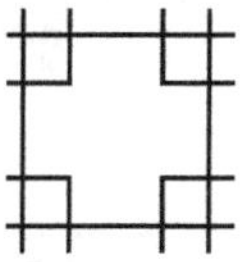	选择框内的图线被选中。与选择框边界有交的图线，其框内端点到选择框内离边界最近的交点的部分被选中

4 CHAPTER

由表 4.4.2 可以看出，第 1、2、3 种选择的是框内的图素，第 4、5、6 种选择的是框外的图素。第 1 种与第 4 种的选择范围互补；第 2 种与第 5 种互补。从图形上看，第 3 种与第 1 种选中的图线相同，但第 3 种方式只选中直线在选择框内的端点，选择框外的端点（表中带小圆圈的点）未被选中，在进行移动复制、原图搬迁等操作时，未入组的端点是不会移动的。

封闭图形：子工具栏中的封，是专门用来选取封闭图形的，并且只以粗实线为边界。用户只需在封闭图形内单击，系统就会自动寻找最小的封闭图形。

选取外轮廓：子工具栏中的，专门用来选择零件图外部轮廓。

圆形选择框及局部放大：单击子工具栏中的按钮，光标变为圆形，这时选择框为一个圆，它是专门用来进行局部放大的，其半径可在设置工具栏进行调整。

2）编辑组。

减少组中元素：若部分组中的元素不是所要的元素，可单击减按钮，选择出组方式与入组方式一样。

清空组中元素：当有元素入组后，要清空组中元素，选择“编辑”→“重选”命令，或者单击鼠标右键，选择“清空组中元素”快捷菜单。

擦除组中元素：当有很多元素需要擦除时，选中需擦除的元素，然后进行擦除操作。

组中元素的编辑：如果需要对元素进行移动、镜面、比例、缩放等操作，可用图形编辑来实现。选中元素之后，使用“编辑”下拉菜单中的命令，或单击鼠标右键，可弹出组中元素编辑菜单，分别实现移动复制、原图搬迁、伸展变形、镜面、阵列、等距线、复制、改线型/线宽/颜色、改线性质、计算、改尺寸字体、改字高、改字宽等操作。

（3）图库操作

KMCAPP 中提供了零件结构库、滚动轴承库、紧固件库、子图库、表格库、夹具符号库。这些库的选择全部采用图形菜单方式。用户可将库中的图形调出，修改比例后复制到正在画的图形中。选择菜单项“图库”，该菜单如图 4.4.57 所示。

1）零件结构库：这一图库中包括通孔、盲孔、阶梯孔、螺纹孔、键槽等机械设计中常用的结构，如图 4.4.58 所示。

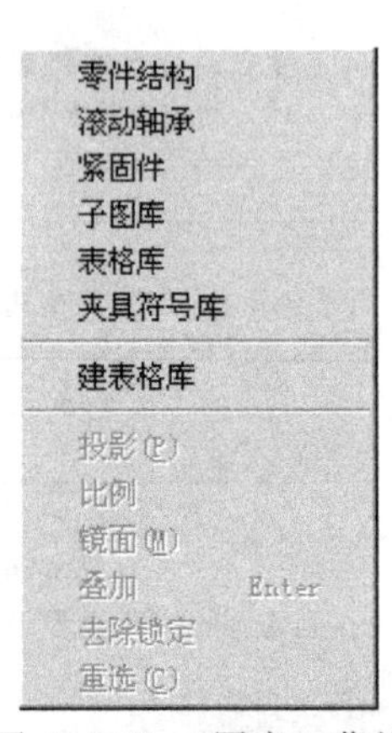

图 4.4.57 “图库”菜单

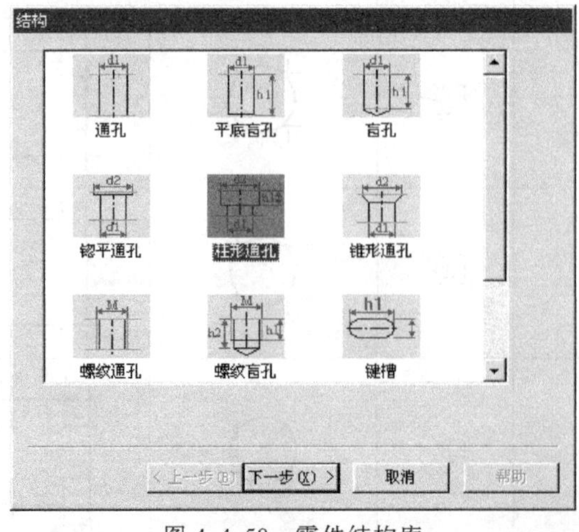

图 4.4.58 零件结构库

2）滚动轴承库：滚动轴承库中包含冶金工业出版社出版的《机械零件设计手册》中的全部滚动轴承的图样，可用来选择轴承类型，如图 4.4.59 所示。

3）紧固件库：紧固件库如图 4.4.60 所示，可选择装配联接件组的形式，如螺栓联接、螺钉联接、螺柱联接等。

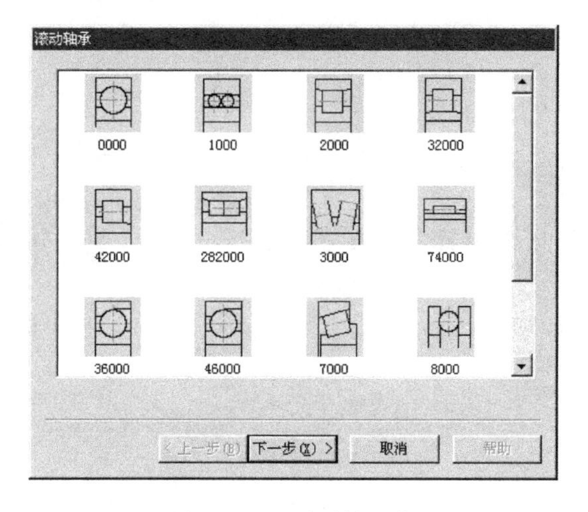

图 4.4.59　滚动轴承库

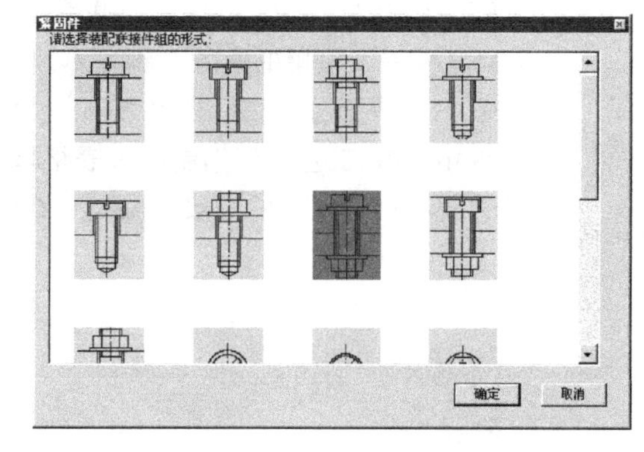

图 4.4.60　紧固件库

4）子图库：系统默认子图库目录为 Sub 目录，还能通过“打开文件”对话框的“当前盘”选项选择盘符，在“文件名”文本框中输入正确的路径和文件名来打开所需的子图，如图 4.4.61 所示。

子图库具有参数化设计功能。从子图库中调出图形后，若需要尺寸驱动，可在“尺寸驱动”对话框中单击每一尺寸，图形中相应的尺寸变红，输入尺寸数值，所有尺寸数值输入完后，单击“驱动”按钮，图形的大小会根据所输入尺寸变化，得到所需的结果。

5）夹具符号库：夹具符号库主要用于工艺简图上定位夹紧符号的绘制。在图 4.4.62 所示的“定位夹紧符号库”中，用户可用鼠标选择相应符号，单击“确定”按钮或直接双击该图标，修改比例后，即可复制到正在画的图中。

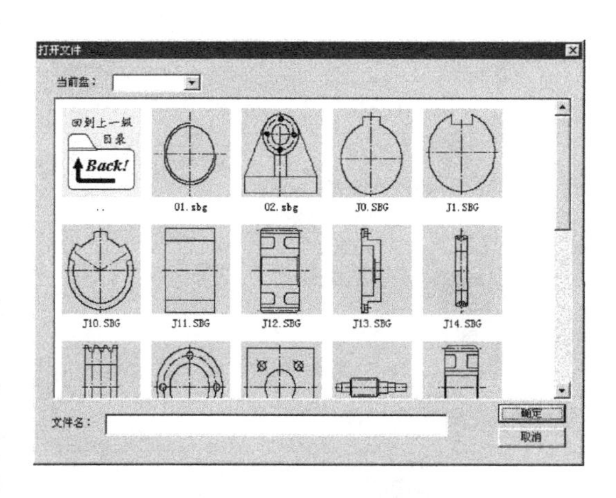

图 4.4.61　子图库

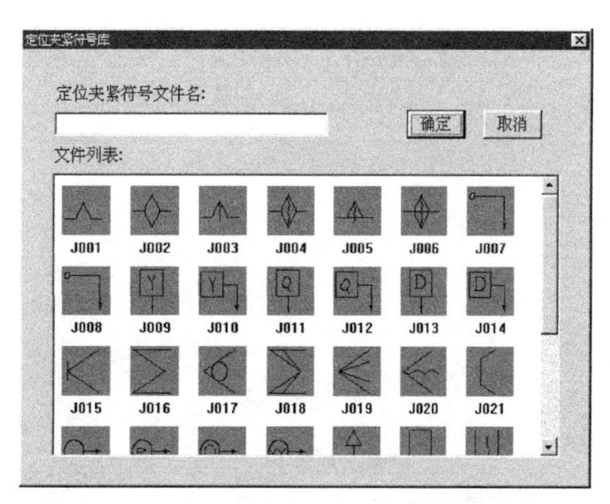

图 4.4.62　夹具符号库

练　习　题

1. 简述 CAPP 的发展历程。
2. CAPP 的基本模式有哪些？
3. 基于 MBD 的三维工艺设计的优点有哪些？
4. MES、ERP 与 CAPP 的区别与联系是什么？
5. CAPP 发展及应用的瓶颈有哪些？
6. KMCAPP 界面分为哪几个区域？
7. 在 KMCAPP 工艺规程编制中，表格填写和绘图状态的主要用途是什么？
8. 工艺规程内容编排的一般步骤是什么？

第5章 计算机辅助制造（CAM）

5.1 CAM基本知识

计算机辅助制造技术是在计算机技术、信息技术、数字化技术、数控编程技术等先进技术的基础上发展起来的新兴技术。经过近大半个世纪的发展，我国已经成为举足轻重的制造业大国，并逐步发展为制造业强国。计算机辅助制造技术是我国制造业实现转型升级必不可少的技术，也是提高制造业相关技术人员技能水平和创新能力必不可少的关键技术。

5.1.1 CAM的基本概念

计算机辅助制造（Computer Aided Manufacture，CAM）指的是将计算机技术应用于产品生产及制造相关过程的统称。它以计算机软件系统为基础，将计算机与加工设备直接或者间接地联系起来，将产品的工艺规划设计、加工管理、操作和质量控制等按照数字化的作业流程进行生产及制造活动。CAM是集成式制造系统的关键环节，向上与计算机辅助设计（CAD）紧密结合，向下为数控加工系统提供相关数据。直到现在，制造业对于CAM的定义尚未形成一个统一的界定，通常有狭义和广义两种定义。广义的CAM主要指由计算机辅助完成从毛坯到制成产品的全部过程的所有相关活动，包括物料计划制订、排产计划制订、物流控制、质量控制、NC程序设计、工时定额等。狭义的CAM主要指的是数控加工程序的设计，包括刀路轨迹设计、刀位文件定义、加工路径仿真及NC加工程序生成等。广义CAM与狭义CAM的关系如图5.1.1所示。若未做特殊强调，本书所描述的CAM系统均指狭义CAM。

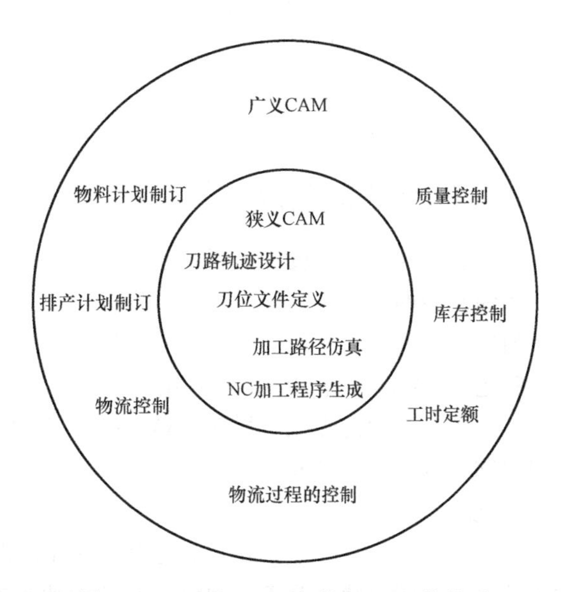

图5.1.1 广义CAM与狭义CAM的关系

5.1.2 CAM的功能与结构

CAM系统是随着计算机技术发展起来的，建立在计算机硬件的基础上，以系统软件为支撑，以应用软件为核心，旨在处理制造过程中的相关信息的系统。CAM系统的主要功能包括人机交互、数据运算、图形数据处理、数据存储和数据查找、加工信息处理、NC仿真加工等，如图5.1.2所示。

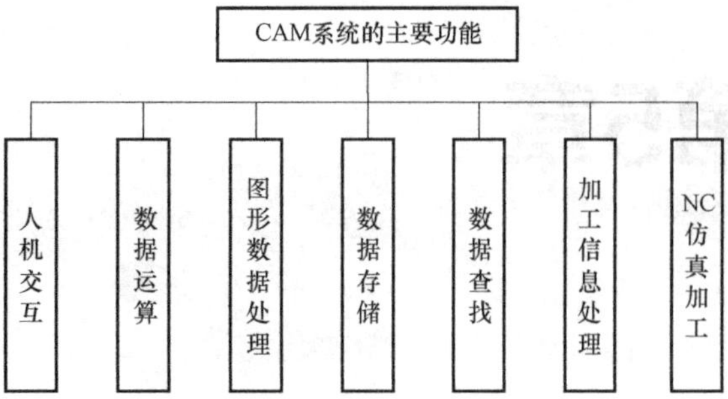

CAM系统的主要功能

人机交互　数据运算　图形数据处理　数据存储　数据查找　加工信息处理　NC仿真加工

图5.1.2　CAM系统的主要功能

为了实现CAM系统的上述功能，CAM系统应由硬件部分和软件部分组成。根据硬件和软件实现的功能，又可将CAM系统分为硬件部分、支撑环境、系统管理和应用软件4部分，如图5.1.3所示。

(1) 硬件部分

硬件部分是CAM系统实现功能的硬件基础，由服务器、计算机及相应的加工设备等组成。

(2) 支撑环境

支撑环境即支撑CAM软件运行的操作系统及语言编译系统。操作系统主要包括Windows、Linux、UNIX等，用于支撑应用软件在计算机上运行。编译语言主要包括Visual Basic、Visual C/C++等，用于将NC程序编译为计算机可识别的机器语言。

(3) 系统管理

系统管理主要包括数据库管理、网络协议、通信标准等，用于支撑数据信息的传输与通信网络的构建。

(4) 应用软件

应用软件是CAM系统的核心，用于实现CAM系统的各种专业功能。通常，CAM应用软件主要由工艺参数输入模块、刀路轨迹设计生成模块、刀路轨迹编辑模块、加工仿真模块、NC代码生成模块等几部分组成。现在主流的CAM软件有UG NX、Mastercam、CATIA、Croe、EDGECAM、CAXA等。

图5.1.3　CAM系统的主要结构

5.1.3　CAM的发展概况

最初，数控程序的设计主要由手工编制完成，对人的技能水平要求较高，特别是在编程一些较为复杂的程序时，操作者的工作量非常大，并且编程过程中难免会失误。为了应对这一系列问题，人们提出了借助计算机来辅助完成零件数控程序编制的方法，即最初的计算机辅助制造（CAM）。自20世纪50年代出现CAM技术以来，经过近70年的发展，其功能和特点发生了非常大的变化。根据CAM编程原理的不同，可将其分为数控语言编程、图形语言编程和CAD/CAM集成数控编程3个阶段。

1. 数控语言编程

20世纪50年代，美国MIT学院设计并开发出了零件数控编程语言——APT。它是一种对零件、刀具的形状以及刀具相对于零件运动等进行定义时所使用的一种类似于英文单词的程序语言。使用 APT 语言进行数控程序编制的流程如图 5.1.4 所示。

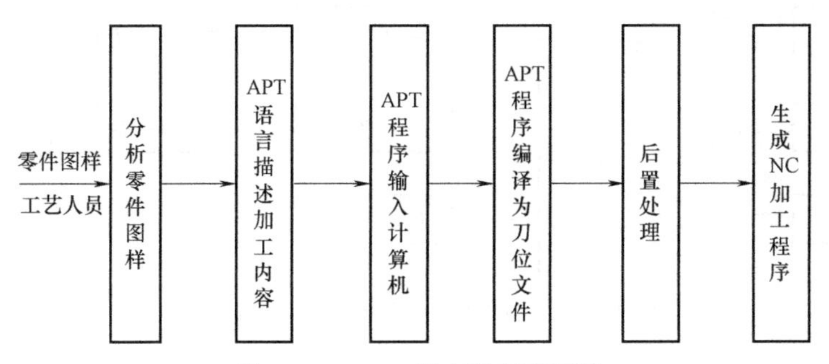

图 5.1.4 APT 语言编程流程图

使用 APT 语言进行数控编程时，由计算机替代人工完成了烦琐的数值计算任务，节省了编写程序的时间，编程效率提高了数十倍，并解决了无法用手工编程完成复杂结构零件编程的问题。但 APT 语言编程方式要依靠人工完成图形信息的解释以及工艺设计规划数据的传递，编程过程中容易出现错误。此外，这种编程方式缺少对零件图形、刀具轨迹的交互式显示和刀位轨迹的仿真验证。

2. 图形语言编程

20 世纪 70 年代，随着微处理计算机技术开始实际应用，相关的工程制图软件开始使用，零件设计信息转换为交互式界面上的直观图形，人机交互方式的数控程序设计成为主要的数控程序设计方式。图形语言编程的流程如图 5.1.5 所示。

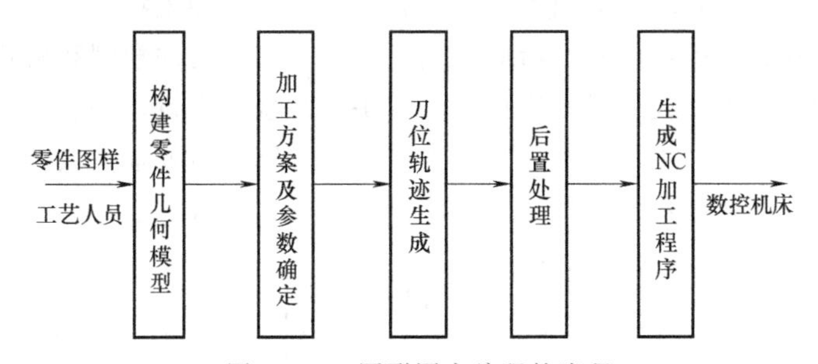

图 5.1.5 图形语言编程的流程

使用图形语言进行数控编程时，不需要工艺人员用专用语言描述加工内容，只需要将零件的设计信息输入计算机，通过相关软件的运算处理，即可生成刀位轨迹。图形语言编程技术是建立在 CAD 和 CAM 技术基础上的，这种编程方法具有编程效率高、直观性好和便于检查等特点，特别是针对复杂结构零件的编程，可有效降低工艺人员的工作量，提高程序的正确率。但图形语言编程方式属于独立 CAM 编程方式，需在 CAM 软件中构建零件的几何模型，无法有效继承零件设计模型的相关信息。

3. CAD/CAM 集成数控编程

20 世纪 80 年代，各种 CAD/CAM 集成式数控编程软件开始快速发展起来，由 CAD 构建的零件设计模型保存为一定的数据格式文件进行中转，CAM 可识别中转文件，直接读取相关的零件几何信息，生成刀位轨迹和 NC 代码。使用 CAD/CAM 集成数控编程方式进行数控程序编制的流程如图 5.1.6 所示。

使用 CAD/CAM 集成数控编程方式进行数控编程时，CAM 系统直接读取 CAD 系统提供

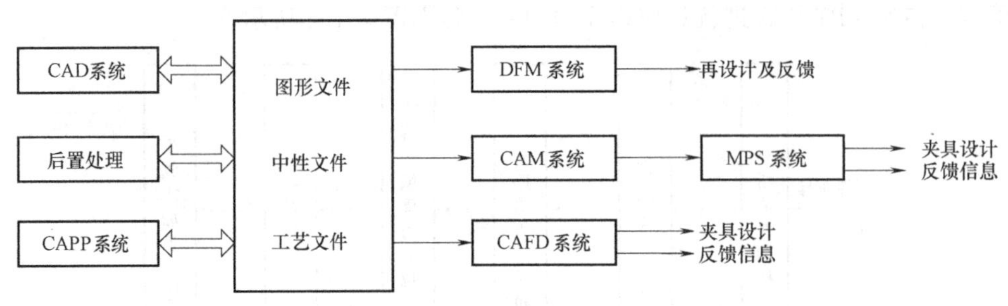

图 5.1.6 CAD/CAM 集成数控编程的流程

的零件几何模型数据信息以及 CAPP 系统的相关工艺数据信息，程序设计人员根据模型数据进行数控程序设计，计算机自动完成数据运算处理、数控程序编写、程序检验等工作。计算机可自动生成刀具相对于零件的运动轨迹，可使程序设计人员及时检查程序是否符合设计要求，降低了程序出错率，还能够克服复杂结构零件的编程难题。

5.1.4 数控编程的基本概念

数控编程是指用编程语言描述零件数控加工成形过程中的工艺参数、刀具相对于工件的运动轨迹等信息，并进行仿真加工校核的全过程。NC 加工程序的设计是使用数控机床进行零件加工中的重要环节，NC 程序设计得是否合理直接影响数控机床的加工性能和零件的加工质量。因此，NC 程序的设计要求编程人员有非常高的综合素质，对机加工艺、加工设备、工装夹具、刀具等都有较为全面的了解，并熟悉工厂的加工特点。

对于不同类型的数控系统，它们所能识别的数控程序代码的规则和格式不尽相同，在进行相应数控系统的数控程序设计时，应根据编程手册的说明进行。一般而言，数控编程的主要内容包括分析零件图样、加工工艺规划、刀位轨迹计算、后处理生成数控程序、数控程序的校验和首件试切等内容。数控编程的主要步骤如图 5.1.7 所示。

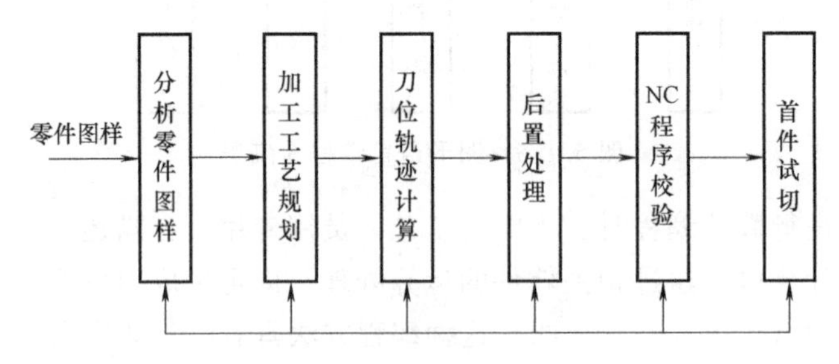

图 5.1.7 数控编程的主要步骤

(1) 分析零件图样

该步骤对零件的结构特征、尺寸数据、材料信息及技术要求等设计信息进行分析，并根据车间设备的加工性能、排产计划等信息选择合理的数控机床。

(2) 加工工艺规划

加工工艺规划即确定零件的加工工艺路线及切削用量等工艺参数。

(3) 刀位轨迹计算

该步骤计算机根据零件尺寸数据信息、加工工艺路线和相应的工艺参数，自动计算刀具相对零件运动轨迹的坐标值，生成刀位轨迹。

（4）后置处理

后置处理用于将生成的刀位轨迹数据转换为可供具体数控机床识别的 NC 加工程序。

（5）NC 程序校验及首件试切

经后置处理生成的 NC 加工程序必须经过校验和首件试切，合格后才能进行正式加工。程序校验即将 NC 程序输入数控机床，数控机床进行空运转，以检查刀具的运动轨迹是否正确。但程序校验无法检验零件的加工精度，因此还必须进行零件的首件试切。在进行首件试切时，应以单程序段的方式进行加工，随时检查加工情况，调整加工参数，当发现加工误差时，及时修正 NC 加工程序。

5.1.5　数控程序的基本结构与格式

在数控机床上完成一个零件的加工，都有与之相对应的数控程序。一个完整的程序必须包括程序开始部分、程序内容部分和程序结束部分，数控加工程序的结构如下。

```
%                                  // 开始符
O1002                              // 程序名
N10 G00 G54 X20 Y20 M03 S800
N20 G00 X88 Y10 F150 T01 M08
N30 G01 X120 Y6 Z10
N40 X90                            // 程序主体
…
N300 M30                           // 结束符
```

每一个数控程序又由多个程序段组成，每个程序段由程序序号、若干功能字、尺寸字和程序结束符组成，格式如图 5.1.8 所示。

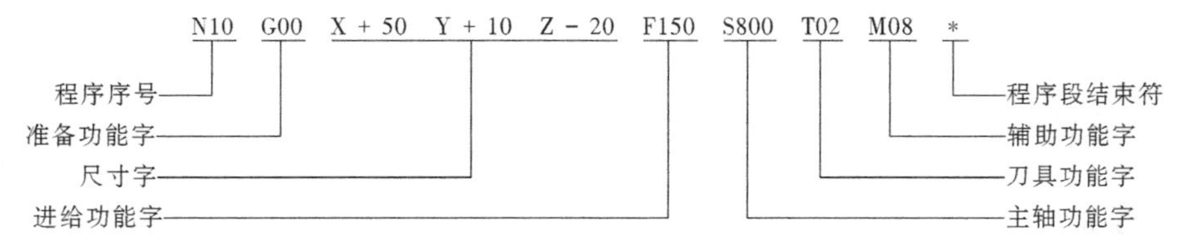

图 5.1.8　程序段格式

功能字主要包括准备功能字（G 代码）、进给功能字（F 代码）、主轴功能字（S 代码）、刀具功能字（T 代码）、辅助功能字（M 代码）。尺寸字（X、Y、Z、U、V、W、A、B、C）表示坐标位置，国际标准化组织（ISO）标准中规定的常用地址字符意义见表 5.1.1。

表 5.1.1　ISO 标准中规定的常用地址字符意义

字符	示例	含义	字符	示例	含义
X、Y、Z	X10 Y20 Z-5	表示坐标位置(10,20,-5)	G	G00	快速移动到指定点
A、B、C	A60°	表示与 X 轴夹角为 60°	F	F150	进给速率为 150mm/min
U、V、W	U20	表示与 X 轴的平行间距为 20	S	S800	主轴转速为 800r/min
I、J、K	I5 J10 K15	表示圆心坐标(5,10,15)	T	T04	选择 4 号刀具
N	N008	表示程序号 008	M	M08	打开切削液

在进行NC加工程序的设计时，用G代码指令、M代码指令以及F、S、T等代码指令描述零件的加工过程和数控系统的运行特征。

（1）准备功能字（G代码）

在数控系统中，准备功能字用地址符G表示，由G和两位数字组成，是控制数控机床做好某种准备工作的操作指令。不同数控系统的G代码指令表示的含义不尽相同。表5.1.2列出了数控铣床常用的G代码指令及其功能。

表5.1.2　数控铣床常用的G代码指令及其功能

G代码	功　能	G代码	功　能
G00	快速移动 G00 X__ Y__	G40	取消刀具补偿
G01	直线插补 G01 X__ Y__ F__	G41	左刀补
G02	顺时针圆弧插补	G42	右刀补
G03	逆时针圆弧插补	G43	刀具长度正补偿
G04	暂停	G44	刀具长度负补偿
G17	选择 *XY* 平面	G52	设置局部坐标系
G18	选择 *ZX* 平面	G53	设置机床坐标系
G19	选择 *YZ* 平面	G54～G59	设置第1～6零件坐标系
G27	返回参考点检查	G65	宏程序调用
G28	返回参考点	G80	取消固定循环
G30	返回第二参考点	G98	返回起始点
G31	跳步功能	G99	返回 *R* 点

（2）进给功能字（F代码）

在数控系统中，进给功能字用地址符F表示，由F和数字组成，用于指定刀具进给速度，如F150，表示刀具进给速率为150mm/min。

（3）主轴功能字（S代码）

在数控系统中，主轴功能字用地址符S表示，由S和数字组成，用于指定主轴转速，如S800，表示主轴转速为800r/min。

（4）刀具功能字（T代码）

在数控系统中，刀具功能字用地址符T表示，由T和数字组成，用于指定加工零件的刀具编号，如T02，表示选用刀具编号为02的刀具进行加工。

（5）辅助功能字（M代码）

在数控系统中，辅助功能字用地址符M表示，由M和两位数字组成，是控制数控机床辅助装置做好某种工作的操作指令。表5.1.3列出了数控铣床常用的M代码指令及其功能。

表5.1.3　数控铣床常用的M代码指令及其功能

M代码	功　能	M代码	功　能
M00	程序停止	M09	关闭切削液
M01	计划停止	M30	程序结束并返回
M02	程序结束	M52	自动门打开
M03	主轴顺时针旋转	M53	自动门关闭
M04	主轴逆时针旋转	M74	错误检测功能打开
M05	主轴停止	M75	错误检测功能关闭
M06	换刀	M98	子程序调用
M07	切削液喷雾开	M99	子程序调用返回
M08	打开切削液		

5.2 CAM 的过程仿真及数控程序生成

我国现在执行的数控加工标准为 JD/T 30E2—1999 标准。

5.2.1 坐标系

数控加工中要了解的坐标系主要有机床坐标系（Machine Coordinate System，MCS）、编程坐标系、加工坐标系。

1. 机床坐标系

（1）机床坐标系

为了规范机床的加工及其相关操作，对机床的运动方向和距离进行了规范，在机床的固有基础上设置一个坐标系，既表明了运动方向，同时也规范了运动的距离，这个坐标系称为机床坐标系。

1）机床相对运动方向的规定：在机床上，规定运动部件远离加工工件的方向为这一运动部件的正方向，反方向为负方向。

2）机床坐标系的规定：为了统一及规范，在各种类型机床上设置了机床坐标系。为了明确各类机床的运动方向及加工，用户可参照图 5.2.1 对机床坐标系进行学习。

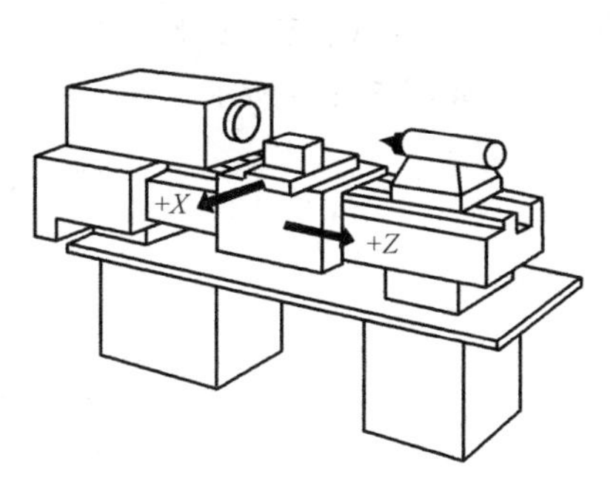

a) 前置刀架数控车床的坐标系

b) 后置刀架数控车床的坐标系

c) 立式数控铣床的坐标系

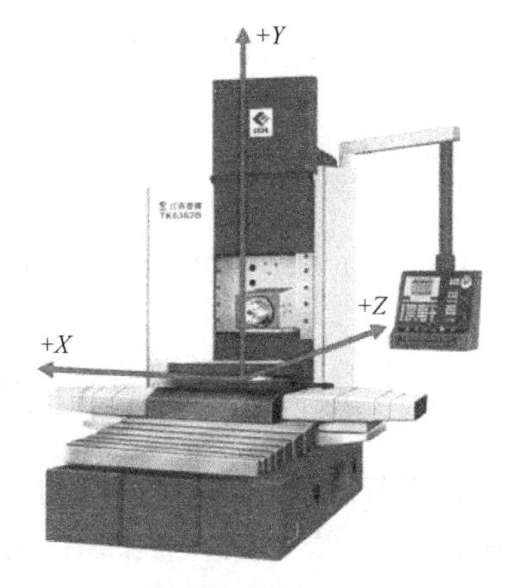

d) 卧式数控铣床的坐标系

图 5.2.1 机床坐标系设定

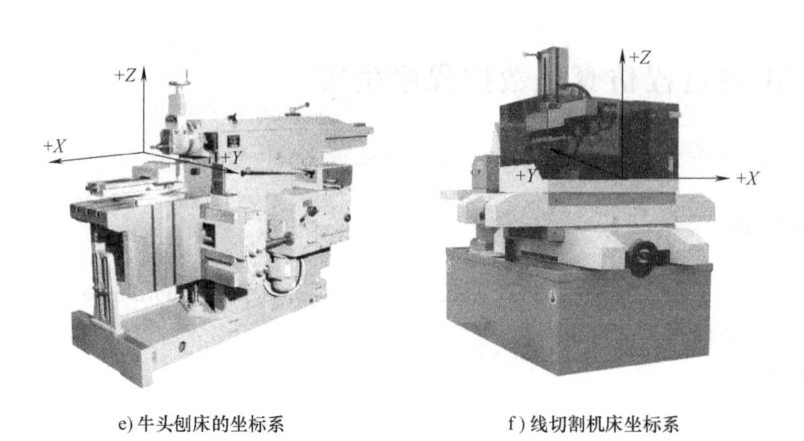

e) 牛头刨床的坐标系　　f) 线切割机床坐标系

图 5.2.1　机床坐标系设定（续）

坐标系的规定如下：

伸出右手的大拇指、食指和中指，并相互垂直，则大拇指代表 X 坐标、食指代表 Y 坐标、中指代表 Z 坐标。一个标准的机床坐标系符合笛卡儿右手坐标系的设定。如果大拇指的指向为 X 坐标的正方向，食指的指向为 Y 坐标的正方向，则中指的指向为 Z 坐标的正方向，如图 5.2.2 所示。

当存在以 X、Y、Z 坐标轴或与 X、Y、Z 坐标轴平行的直线为轴旋转的转动时，则分别用 A、B、C 轴表示，根据右手螺旋定则，大拇指的指向为 X、Y、Z 坐标中任意轴的正向，则其余 4 指的旋转方向即为旋转轴 A、B、C 的正向，如图 5.2.3 所示。

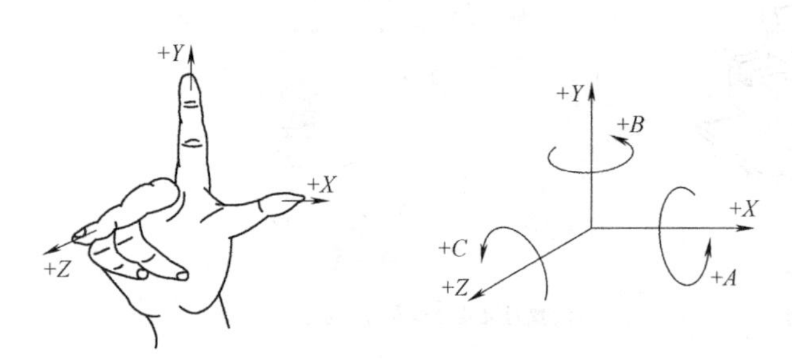

图 5.2.2　直角坐标系

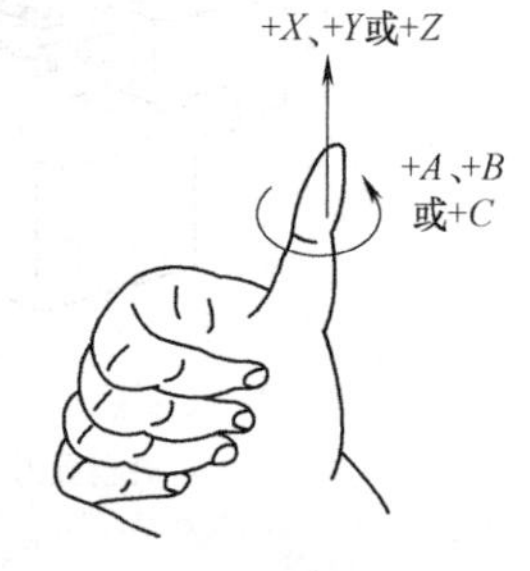

图 5.2.3　右手螺旋定则

（2）坐标轴及方向的确定

1）Z 轴。

一般情况下，平行于主轴轴线的坐标轴即为 Z 轴，其正向为刀具远离工件的方向。

2）X 轴。

X 轴一般平行于工件的装夹平面。在水平面内确定 X 轴的方向时，要考虑以下两种情况。

① 如果工件进行旋转运动，则 X 轴在工件的径向上，且平行于横滑座，刀具离开工件的方向为 X 轴的正方向。车床、磨床等适用该规则。

② 如果刀具进行旋转运动，则分为两种情况：Z 轴水平时，观察者沿刀具主轴向工件方向看，$+X$ 运动方向指向右方；Z 轴竖直时，面对刀具主轴向立柱方向看，$+X$ 运动方向指

向右方。镗床等适用该规则。

3）Y 轴。

在确定 X、Z 轴的正方向后，可以根据 X 轴和 Z 轴的方向，采用笛卡儿右手定则来确定 Y 轴的方向。

（3）数控机床的原点

数控机床原点是指在机床上设置的一个固定点，即机床床身的原点，它在机床装配、调试时就已确定，是数控机床进行加工运动的基准参考点。在数控车床上，机床原点一般取在卡盘端面与 Z 轴的相交处；在数控铣床上，其原点一般取在 X、Y、Z 轴正方向的极限位置上。

（4）数控机床的参考点

数控机床参考点是对数控机床运动进行检测和控制的定位置点。机床参考点的位置由机床制造厂家在每个进给轴上用限位开关精确调整好，标值已被准确确定，参考点对机床原点的坐标是一个已知数。数控机床开机时，须先确定机床原点，然后才能加工，而确定机床原点的运动就是刀架返回参考点的操作，这样通过确认参考点，就确定了机床原点。只有当机床参考点被确认后，刀具移动（或工作）才有基准。一般在数控机床上，机床原点和机床参考点是重合的；在数控车床上，其参考点设置在 X、Z 坐标的正极限位置上。

2. 编程坐标系（工件坐标系）

编程坐标系即编程使用的坐标系。编程坐标系原点是根据加工零件图样及加工工艺要求选定的编程坐标系的原点，应尽量选择在零件的设计基准或工艺基准上，并且应考虑加工中的装夹。编程坐标系中各轴的方向应该与所使用的数控机床相应的坐标轴方向一致。

3. 加工坐标系

加工坐标系（Workpiece Coordinate System，WCS）是指在实际加工中所采用的坐标系，是以加工原点为基准所建立的坐标系。

对于机床操作人员来说，应在装夹工件、调试程序时将编程原点转换为加工原点，并确定加工原点的位置，在数控系统中给予设定（即给出原点设定值）。设定加工坐标系后就可根据刀具当前位置，确定刀具起始点的坐标值。在加工时，工件各尺寸的坐标值都是相对于加工原点而言的，这样数控机床才能按照准确的加工坐标系位置开始加工。

5.2.2　数控程序编制方法

数控程序的编制方法可分为手工编程和自动编程。

1. 手工编程

（1）手工编程的定义

手工编程指由人工完成加工程序的编制。

（2）手工编程的优缺点

优点：快捷、简便，不需要具备特别的条件。在加工简单零件的情况下，采用手工编程，能够快速地进行零件的加工，提高加工效率；手工编程在目前仍广泛用于车床加工，其重要地位不可取代；许多重要的经验都是源于手工编程的，并不断丰富和推动编程的发展。

缺点：复杂、费时、易出错。在面对稍微复杂的零件时，手工编程的这一缺点就会暴露出来；编程人员必须熟记编程的各种代码和指令，稍一疏忽就会出现错误。如果编程的语句长，则不便于找出错误；如果使用的机床系统不同，则代码和指令就会有细节方面的不同，容易产生混淆。

2. 自动编程

(1) 自动编程的定义

自动编程借助编程软件或者数控语言系统完成加工程序的编制。

(2) 自动编程的优点

在加工零件稍微复杂或者零件结构涉及曲面特征时，采用自动编程会大幅度提高程序编制的效率，提高生产率；可有效地解决各种异形及曲面零件的加工程序手工编制难的问题；采用图形交互式编程可更为直观地了解、掌握零件的加工过程。

5.2.3 数控程序的校验与加工过程仿真

在自动编程中，由于多方面因素（如所选择的刀具、进给路线的设定、零件与刀具、刀具与夹具、刀具与工作台是否干涉等）的存在，会导致生成的加工程序加工出的零件出现过切、欠切等现象。为了保证程序的正确性，我们会在程序正式使用前对程序进行校验。

目前数控程序校验的方法主要有试切、刀位轨迹仿真、三维动态切削仿真和虚拟加工仿真等。

1. 试切

试切是一种有效的程序校验方法。传统的试切是采用塑料、石蜡或木材在专用设备上进行的，通过在这些材料上加工得到的零件尺寸的正确性来判断数控加工程序是否正确。

试切过程的缺点：占用了加工设备的工作时间，不能避免加工中的各种危险，需要操作人员在整个加工周期内进行监控。

2. 刀位轨迹仿真

刀位轨迹仿真可通过读取刀位数据文件来检查刀具位置的计算是否正确，加工过程中是否发生了过切，所选刀具、进给路线、进退刀的方式是否合理，刀位轨迹是否正确，刀具与约束面是否发生了干涉或碰撞。这种仿真一般采用动画显示的方法，效果逼真，通常在后置处理之前进行。由于该方法在后置处理之前进行刀位轨迹仿真，因此可以脱离具体的数控系统环境进行。刀位轨迹仿真法是目前比较成熟、有效的仿真方法，应用比较普遍。该方法目前主要有刀具轨迹显示验证、截面法验证和数值验证3种方法。

刀具轨迹显示验证的基本方法是，当待加工零件的刀具轨迹计算完成后，在图形显示器上显示出刀具轨迹，从而判断刀具轨迹的连续性，检查刀位计算的正确性，以及刀具进入工件和退出工件的合理性等，如图5.2.4所示。这是目前用得较多的一种方法，其余两种验证方法不常用。

图5.2.4 刀具轨迹显示验证方法

3. 三维动态切削仿真

在自动编程中，三维动态切削仿真验证采用实体造型技术建立加工零件毛坯、夹具及刀具在加工过程中的实体几何模型，然后对加工零件毛坯进行快速布尔运算（一般为减运算），最后采用真实感图形显示技术把加工过程中的零件模型、机床模型、夹具模型及刀具模型动态地显示出来，模拟零件的实际加工过程。这种方法可使仿真过程的真实感较强，基本上具有试切加工的验证效果。三维动态切削仿真已成为图形数控编程系统中刀具轨迹显示验证的重要手段。

在进行加工过程的三维动态切削仿真验证时，通常在加工过程中采用不同的颜色来表示存在的显示对象：已切削加工表面的颜色与待切削加工表面的颜色不同，已加工表面过切、干涉之处又采用另一种不同的颜色。编程人员可以控制仿真过程的速度，清楚地看到零件的整个加工过程，刀具是否啃切加工表面以及在何处啃切加工表面，刀具是否与约束面发生干涉与碰撞等。

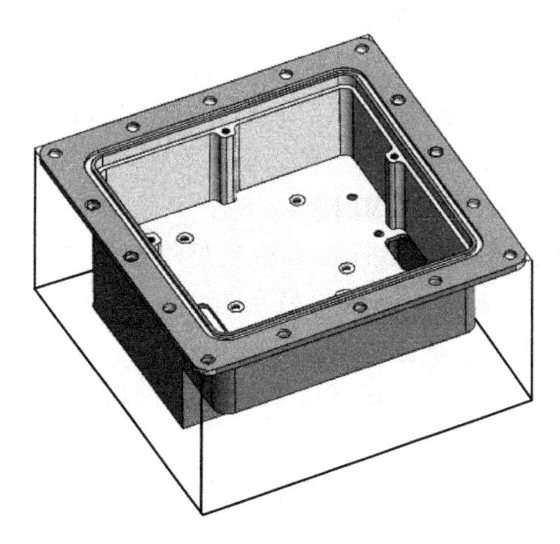

图 5.2.5　加工过程动态仿真

三维动态切削仿真验证有两种典型的方法：一种是只显示刀具模型和零件模型的加工过程动态仿真，如图 5.2.5 所示；另一种是同时动态显示刀具模型、零件模型、夹具模型和机床模型的机床仿真系统。从仿真检验的内容看，可以仿真刀位文件，也可仿真 NC 代码。

4. 虚拟加工仿真

虚拟加工仿真是应用虚拟现实技术实现加工过程的仿真技术。这种加工仿真方法主要解决加工过程中实际加工环境的工艺系统间发生的干涉与碰撞问题和运动关系。由于加工过程是一个动态的过程，刀具与工件、夹具、机床之间的相对位置是随时间改变的，工件从毛坯开始经过若干工序的加工，形状和尺寸均在不断变化，因此，虚拟加工仿真是在各组成环境确定的工艺系统上进行的动态仿真。

虚拟加工仿真由于能够利用多媒体技术实现虚拟加工，因此与刀位轨迹仿真不同，它不只是解决刀具与工件之间的相对运动仿真，更重视对整个工艺系统的仿真。虚拟加工软件一般直接读取数控程序，模拟数控系统逐段翻译并执行，同时利用三维真实感图形显示技术模拟整个工艺系统的状态，还可以在一定程度上模仿加工过程中的声音、振动等，提供更加逼真的加工环境效果。

从发展前景看，一些专家及学者正在研究并开发加工系统物理学、力学特性情况下的虚拟加工软件，一旦成功，数控加工仿真技术将发生质的飞跃。

5.2.4　数控程序的后置处理

后置处理（Post Processing）是将生成的刀路文件（.NCI）转换成数控加工程序文件（.NC），即数控机床可以识别并执行的程序。由于市场上的数控系统有很多种（包括发那科、西门子、海德汉等），它们的国际通用 G 代码是相同的，但有些厂家指定的个别代码不同。也就是说，同一个零件的刀路文件后处理成发那科格式的 G 代码，只能在发那科数控系统上识别，在西门子数控系统上要么无法识别，要么提示格式错误。所以要针对不同的数控系统使用不同的后处理程序进行处理，以便生成其数控系统可识别的程序。

1. 程序编辑器的设置

在“系统配置”对话框的“启动/退出”选项中，单击“编辑器”按钮，在下拉列表中可看到多个选项，第一项是 MASTERCAM，这是系统安装时的默认选项，其激活的是系统自带的 Code Expert 编辑器。

2. 后置处理与程序输出

单击“刀路”操作管理器上的“后处理已选择”按钮或“机床”选项卡中“后处理”选项区的“生成”按钮，会弹出“后处理程序”对话框，如图 5.2.6 所示，默认灰色显示的后处理器是 MPFAN. PST，其输出的 NC 程序对各型 FANUC 数控铣削系统的通用性较好。按图 5.2.6 进行设置，单击“√”按钮，弹出“另存为”对话框，选择保存路径，输入程序名，单击“保存”按钮保存，在保存路径处会生成一个 .NC 文件，如图 5.2.7 所示，同时激活 Code Expert 程序编辑器。

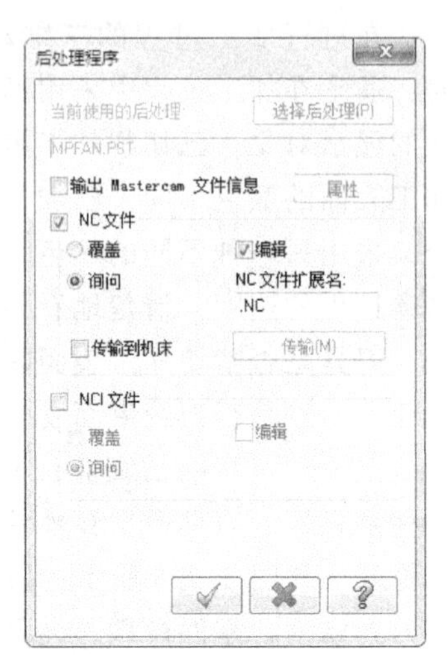

图 5.2.6 “后处理程序”对话框

在进行后置处理操作时，建议先单击“选择全部”按钮来选中全部操作。若未单击该按钮，且当前选中的是部分操作，则会弹出“输出部分 NCI 文件”对话框，如图 5.2.8 所示，单击“是”按钮，则系统自动选中全部操作并输出 NC 程序。当前仅输出选中操作的 NC 程序，如图 5.2.9 所示。

图 5.2.7 另存为 NC 文件

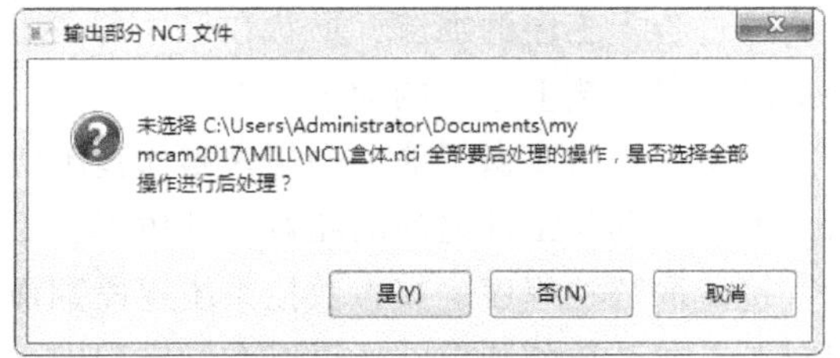

图 5.2.8 输出部分 NCI 文件

3. 后置处理的发展趋势

伴随着科学技术的飞速发展，制造业也向着更快、更好、更加精密的方向发展，同时对数控机床的要求也越来越高，在满足加工指标的同时，提出了大幅度提高加工效率的要求。在数控机床后置处理方面，也不仅仅局限在对刀具路径文件代码的转换方面，在一定程度上提出了能够满足具体特征的后置处理要求，生成的 NC 程序不须人工编辑就可以直接使用。程序的后置处理对于程序的生成十分关键，犹如画龙点睛之笔。如今国内外对 NC 程序的后置处理都十分重视，后置处理的优劣直接影响编程软件的使用效果和零件的加工效果。

如今市场上的数控机床系统可以说是五花八门，各种各样的数控系统占据着整个数控行业，使得在后置处理时必须针对不同的数控系统进行各自的后置处理，在一定程度上增加了工作的强度和难度，也对生产率产生了直接的影响。因此，近年来出现了以开发通用后处理器为基础的，应用数控程序导向等相关技术定制数控机床专用后置处理器的做法，并在工程应用中取得了良好的效果。对于一些有特殊要求的数控加工，后置处理的要求会更加苛刻，

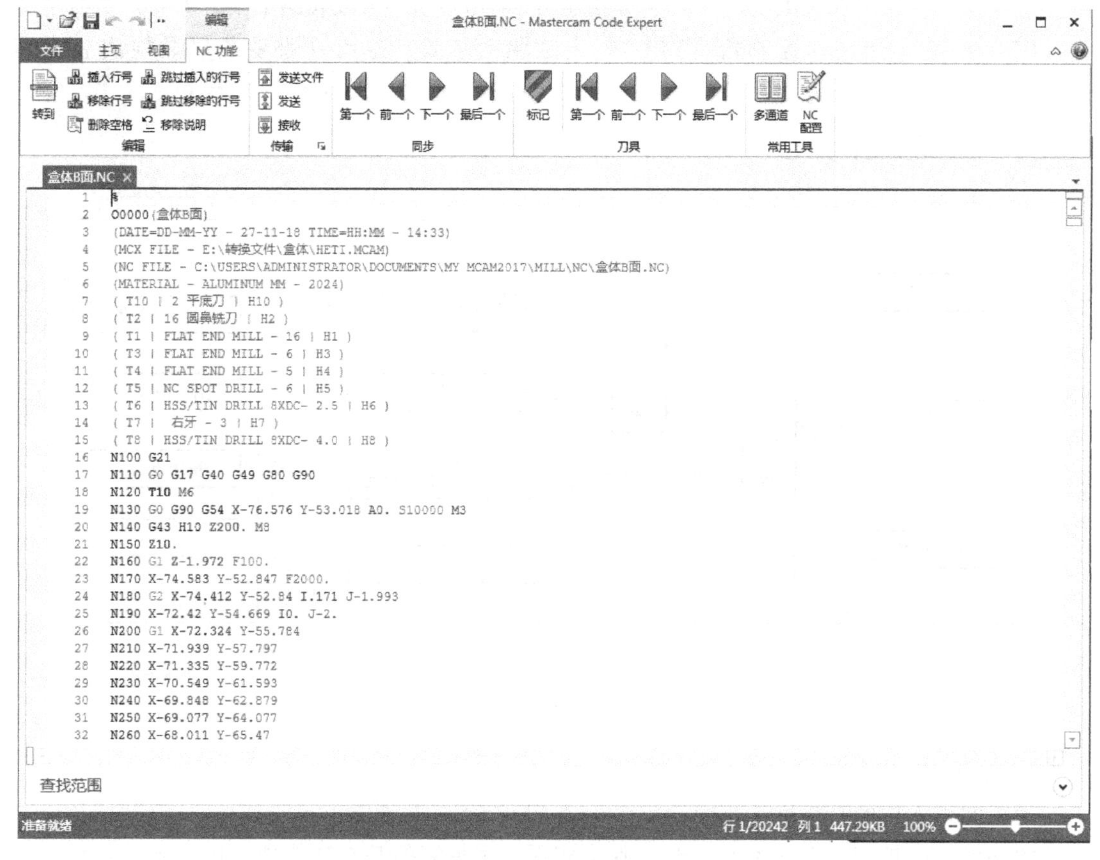

图 5.2.9　NC 程序输出

方向也会更加专一。总的来说，未来的 NC 程序后置处理能够适应不同类型的机床、不同类型的数控系统、不同类型的零件加工要求，能够处理不同类型、格式的刀具路径文件，并在此基础上做优化处理，生成的 NC 程序不需要人工做二次修改，可直接用于机床，这是后置处理技术的发展方向。

5.3　CNC、DNC 系统概述

5.3.1　CNC 系统及其发展

作为现代加工制造业实现自动化、柔性化、集成化生产的技术基础，CNC 技术是在计算机技术、自动控制技术、检测技术、传感器技术等新技术的基础上发展起来的，并已经成为衡量加工制造企业技术水平甚至国家工业自动化水平的重要标志之一。

1. CNC 系统的定义

CNC（Computer Numerical Control）系统是在 NC 系统的基础上发展起来的，是一种以计算机为核心的数字控制系统。该控制系统能够将输入的加工指令（NC 加工程序）翻译为计算机能识别的代码，进行插补运算、长度及半径补偿计算，获得理想的机床运动轨迹，然后输出至机床本体，加工出符合要求的零件。CNC 系统是数控机床实现零件加工功能的控制和指挥中心，如图 5.3.1 所示，其主要由输入/输出设备（I/O 设备）、计算机数字控制装置（CNC 装置）、可编程控制器（PLC）、主轴驱动装置、进给伺服系统以及检测装置等组成。

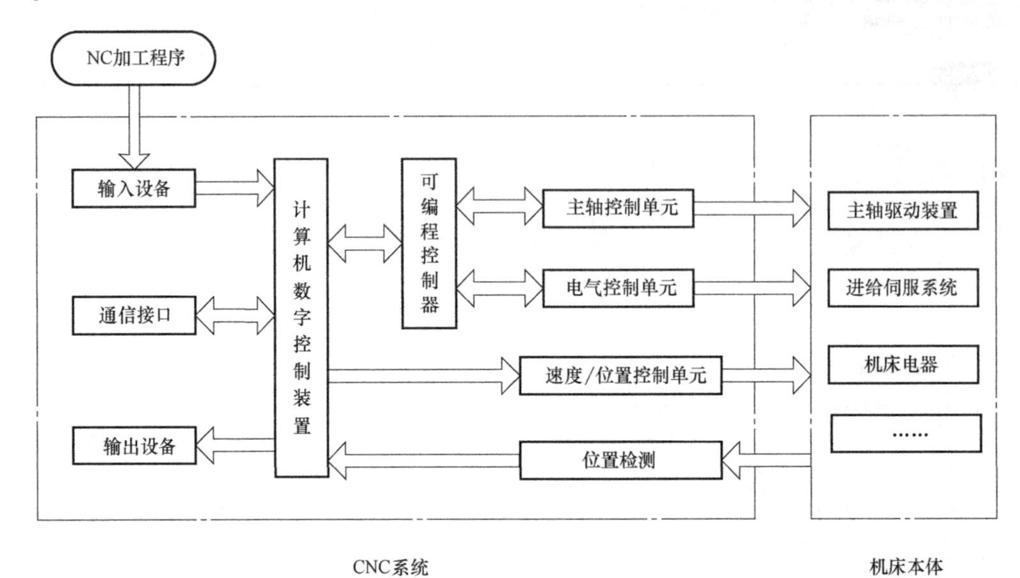

图 5.3.1　CNC 系统结构图

2. CNC 系统的主要功能

为了实现零件的高精度、高效率加工，人们对 CNC 系统提出了更高的要求，要求 CNC 系统的功能不断扩充、性能不断提升，除了实现数字控制的基本功能外，还必须具备精确控制刀具与工件间的相对运动等功能。下面对 CNC 系统的主要功能做简要介绍。

（1）控制功能

CNC 系统的控制功能是指系统对机床各坐标轴的控制功能，包括对坐标轴的直线运动及旋转运动的控制，从而实现复杂轮廓零件的加工。以数控铣床为例，现在的数控铣床多为三轴控制（*X*、*Y*、*Z*）、三轴联动控制（*X*、*Y*、*Z*）、两轴半联动控制（*X*、*Y* 轴联动，*Z* 轴周期性进给，实现零件分层加工）。

（2）准备功能

准备功能是以 G 代码指令形式体现的，是 CNC 系统用于实现定位（G00）、直线插补（G01）、圆弧插补（G02/G03）、平面选择（G17~G19）、刀具补偿（G41~G44）、坐标设定（G54~G59）等准备功能的指令信息。

（3）辅助功能

辅助功能是以 M 代码指令形式体现的，是 CNC 系统用于实现程序停止（M00）、程序结束（M02）、主轴转向（M03/M04）、主轴停止（M05）、换刀（M06）、切削液开关（M08/M09）等辅助功能的指令信息。

（4）进给功能

进给功能是以 F 指令形式体现的，是 CNC 系统用于实现进给速度控制功能的指令信息。

（5）主轴功能

主轴功能主要在 CNC 系统用于实现主轴转速控制。

（6）刀具功能

刀具功能是以 T 指令形式体现的，是 CNC 系统用于实现刀具型号及刀补信息选择的指令信息。

（7）补偿功能

补偿功能主要在 CNC 系统根据刀具半径、长度尺寸信息对输入的轨迹信息进行重新计算，得到刀具实际运动轨迹。补偿功能主要包括刀具长度及半径补偿、丝杠的螺距误差补偿等。

（8）插补功能

插补指的是数据密化的过程，即 CNC 系统根据接收的有限坐标点形成的轨迹信息，运用相关软件和算法，在轨迹的起点和终点间计算出若干逼近理想轨迹的中间点坐标数据，以满足零件加工精度要求。根据插补运算计算原理的不同，可将插补运算分为基准脉冲插补和数据采集插补两大类。

此外，CNC 系统还包括显示功能、自诊断功能、通信功能、人机交互图形编程功能等。

3. CNC 系统的工作过程

在开始进行零件加工时，CNC 系统通过输入装置读入 NC 加工程序，通过 CNC 装置进行 NC 程序的译码、运算处理，并不断向机床伺服驱动系统发送控制指令，伺服驱动系统对所接收信号进行转换和放大，然后由驱动装置和传动机构驱动机床的进给部件，使其按照 NC 加工程序规划的路径运动，从而自动加工出符合要求的零件。CNC 系统的工作过程如图 5.3.2 所示。

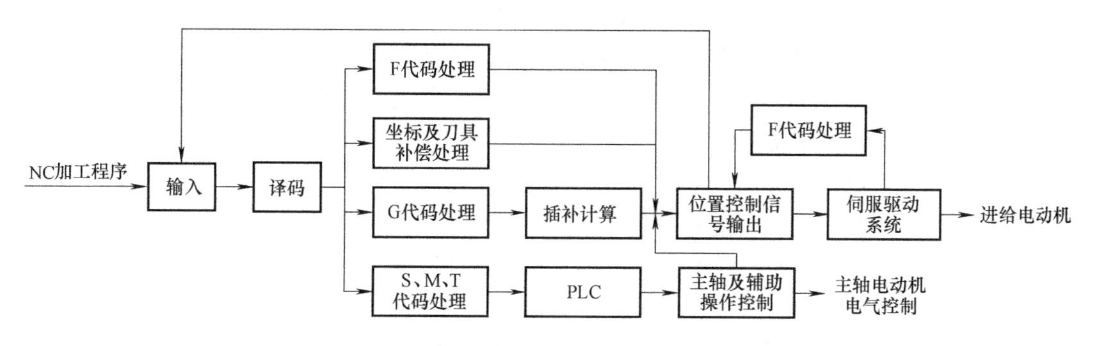

图 5.3.2　CNC 系统的工作过程

4. 常见的 CNC 系统

自计算机技术应用到机床上以来，数控系统经历了近 70 年的发展，出现了多种类、多品牌的数控系统。每一种数控系统都是经过长久积淀发展起来的，都具有其自身的优缺点。现阶段机床上安装的数控系统有很多种，如德国西门子数控系统（SINUMERIK）、日本发那科数控系统（FANUC）、日本三菱公司（MELDAS）数控系统、德国海德汉数控系统（HEIDENHAIN）、法国施耐德公司的 NUM 数控系统、西班牙发格数控系统（FAGOR）等。

国内自 20 世纪 60 年代开始进行数控系统方面的研究，特别是自改革开放以来，大量国外技术开始引入国内，数控系统迎来了蓬勃发展，我国在数控技术领域取得了突破性和实质性的进展，自主设计并开发了华中数控、广州数控、航天数控等知名数控系统，也出现了沈阳高精数控、南京华兴数控、北京时代数控等新兴的国产数控系统企业。

5. CNC 系统的发展历程与趋势

自 1952 年麻省理工学院（MIT）研发出了世界上第一台数控系统以来，数控系统经历了基于电子管的数控系统、基于晶体管元器件电路的数控系统、基于集成电路的数控系统、基于小型高集成度计算机的数控系统、基于微型计算机的数控系统、基于个人计算机的数控系统 6 个阶段的发展历程。

随着计算机技术、控制技术、检测技术、传感器技术等新技术的发展，特别是柔性制造系统（Flexible Manufacture System，FMS）和计算机集成制造系统（Computer Integrated Making System，CIMS）等机械制造相关技术的不断成熟，数控系统的功能也在不断地扩充，同时随着更高零件加工质量的需求以及相关技术的快速发展，也对数控系统的发展提出了更高的要求。总的来说，更高加工速度、更高加工精度、更高的加工可靠性、多功能复合化、智能化、网络化是数控系统发展的必然趋势。

（1）高速、高精度、高可靠性方向

提高加工效率、降低生产成本是实施自动化生产的首要目标。对于数控加工来说，提高加工效率不仅仅是主轴转速和进给速率的提升，更多的是提升数控系统的动态响应性能、插补运算速度等。高精度是数控系统的一项重要性能指标，直接决定产品的加工质量，一般通过控制检测系统的测量误差、提高控制精度和机床本身的结构特性等措施实现。可靠性是数控系统工作性能优劣的直接表现，由平均无故障运行时间（Mean Time Between Failures，MTBF）来衡量，一般通过冗余技术、故障诊断分析专家系统等来提高。

（2）多功能复合化方向

随着智能制造技术的发展，以及客户对产品的个性化制造需求逐渐强烈，机械加工行业对于能够完成多功能复合型数控系统的需求越来越强烈，在一台数控机床上集成车、铣、镗、刨、磨、钻等多项加工方式，实现零件一次定位即可完成整体加工，可以减小因重复定位产生的误差，避免零件在不同工位间的搬运，从而提高产品加工精度及生产率。

（3）智能化、网络化方向

为了应对机械加工行业和相关制造技术的发展需求，数控系统的智能化和网络化是必然趋势。随着数控系统功能的不断丰富，特别是神经网络、模糊控制等技术的引入，人们开始进行自适应加工过程控制、负载自动识别、智能监控与诊断等方面的研究。数控系统的网络化是实现虚拟制造、异地制造等新制造模式的关键技术，也是制造企业信息集成的重要手段。近年来，很多数控机床和数控系统制造厂商都推出了网络化样机，如 MAZAK 的智能生产控制中心、SIEMENS 的开放式制造环境等。

5.3.2 DNC 系统及其发展

近年来，随着网络技术、CNC 技术以及 CAD/CAPP/CAM、FMS 等技术的深入发展与实际应用，DNC 系统已逐渐成为数字化制造车间实现加工设备集成、信息集成和功能集成的重要手段。

1. DNC 系统的定义

DNC（Direct Numerical Control 或 Distributed Numerical Control）是直接数字控制或分布式数字控制的英文简称，指的是利用计算机网络技术将若干台数控加工设备与一台中央控制计算机连接起来，中央控制计算机向数控加工设备传输 NC 加工程序并进行 NC 加工程序的管理，是实现车间自动化的重要手段。20世纪60年代，为了解决因使用纸带传输数控程序而引起的一系列问题以及数控加工设备计算成本高等问题，有专家学者提出了最初的DNC概念，即直接数字控制（Direct Numerical Control），指的是由计算机直接控制数控加工设备，进行NC加工程序的传输及管理。

2. DNC系统的主要功能

随着计算机技术、网络技术、NC技术、数字化技术等新技术的不断发展，DNC控制主机的运算能力、设备间的通信能力都有了很大提升，其可以实现的功能也越来越多。根据实现功能的特点可以将其分为基本功能和扩展功能。

其中，DNC系统的基本功能主要包括以下几点。

（1）集中车间数控加工设备

该功能可以实现自动化车间多台数控机床设备通过计算机网络技术由同一台DNC控制主机进行控制，由主控机集中管控数控加工设备，根据生产计划分配NC加工程序及其他加工数据到相应的数控机床。

（2）NC加工程序及数据的传输

该功能可以实现DNC控制主机和数控机床间NC加工程序和其他加工数据的及时、安全传输。在车间局域网内，一台DNC控制主机可以对多台接入网络的数控机床进行控制，零件NC加工程序复制到DNC控制主机，操作者通过DNC控制主机将NC加工程序分配给联网的NC控制器。实际加工时，在NC控制器上进行修改、优化的NC加工程序也可以上传至DNC控制主机，从而保证DNC系统数据库保存数据的一致性。

（3）NC加工程序的管理

该功能可以实现NC加工程序相关信息的统一、规范化管理，主要包括NC程序名、零件代号、数控加工设备、操作者信息等NC加工程序信息，还包括程序注解、三维实体模型、使用刀具列表、产品BOM结构、工装、操作指导书等NC加工程序辅助信息。

DNC系统的扩展功能主要包括以下几点。

（1）数控加工设备的远程监控及数据采集

该功能可以实现DNC控制主机实时监控数控加工设备运行状态信息（运转、停机、故障）、主轴转速、进给速率、机床报警灯信息参数，对于零件加工时间的统计信息也能自动进行统计，让操作人员不必在车间现场就可以及时获得数控机床加工的相关信息，是车间网络化制造的重要标志之一。

（2）车间数据共享

该功能可以实现DNC系统的通信数据通过工厂局域网与企业其他生产相关系统软件（如CAD、CAPP、CAM、PDM、MES、ERP等）集成应用，真正实现车间的自动化、数字化，及时、高效地共享生产数据。

（3）在线加工

该功能是在实现了数控加工设备的远程监控及数据采集的基础上实现的。在DNC控制主机端，启动零件加工的NC加工程序或者按照操作者输入的零件程序代码（MDI方式）对接入车间局域网的NC控制器进行控制，完成零件的数控加工。

此外，DNC可实现的功能还包括接收生产计划信息、按照生产计划信息进行仿真和优化、设备故障远程诊断、高度自动化生产系统中的刀具和工件管理、加工作业的集中监控和分散控制等。

3. DNC系统的一般工作过程

DNC系统的工作可分为4个层级进行概括，具体包括用户层、服务层、代理层及设备层，如图5.3.3所示。其中，用户层主要包括NC编程人员和生产调度人员，用户层可以通过工作窗口进入服务层，合理分配数控加工任务。服务层提供CNC加工设备相关信息，供用户层及时掌握CNC加工设备的相关数据。此外，服务层还需要及时响应代理层的反馈信息。代理层实现CNC加工设备的数据通信，获取服务层的加工信息，传输给设备层，获取设备层的加工信息，传输给服务层，即实现CNC加工设备与外界数据间的交换。设备层即接入局域网络的CNC加工设备。

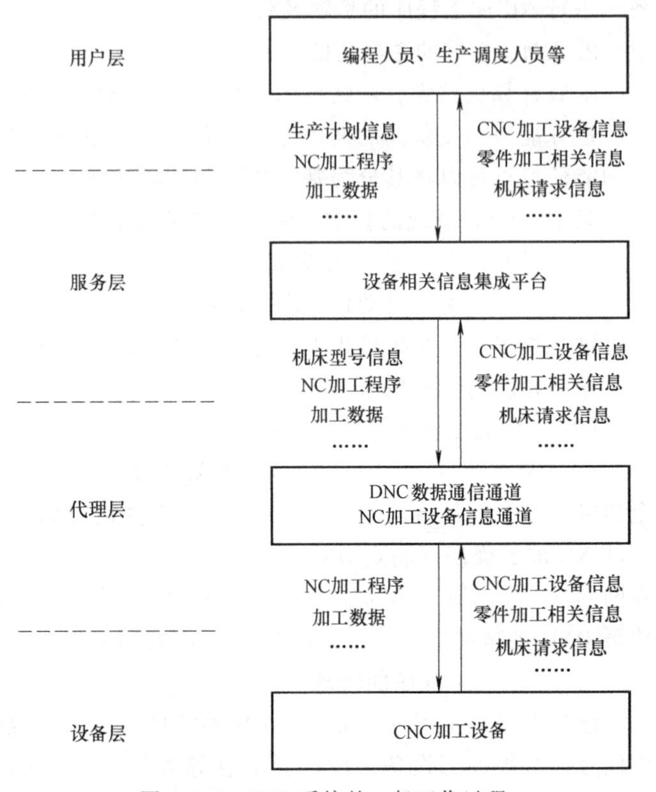

图5.3.3 DNC系统的一般工作过程

4. 常见的DNC系统

自DNC系统的概念提出以来，其一直是各个国家研究的重点。1968年，美国研制出了世界上最早的DNC系统——OMNI-CONTROL系统。经过半个多世纪的发展，各国开发出了多种DNC系统，并广泛应用于各大制造企业。现在，主流的DNC系统主要有美国Automation Intelligence公司开发的SHOPNET DNC系统、美国CRYSTAC公司的DNC系统、美国CIMCO公司的DNC-MAX、美国ASCENDANT TECHNOLOGIES公司的eXtremeDNC、北京机床研究所的JCSDNC以及CAXA（数码大方）的DNC、成都飞机公司的FDNC1系统等。

5. DNC系统的发展历程和趋势

在CNC数控机床的发展历程中，为了解决NC加工程序因纸带传输引起的问题，人们提出了DNC系统的概念，DNC最初被定义为直接数字控制（Direct Numerical Control），即用一台DNC控制主机连接若干台CNC加工设备，并负责NC加工程序的传输与管理。自20世纪70年代以来，CNC系统的存储容量和计算能力有了很大提升，DNC系统的内涵拓展为分布式数字控制（Distributed Numerical Control），不仅负责NC加工程序的传输、管理，也开始着眼于系统信息的采集、CNC加工设备的状态检测和控制、加工作业的集中监控和分散控制等。

随着计算机技术、网络技术、通信技术、数字化技术等新技术的快速发展，DNC系统的功能已经非常丰富了，但随着数字化的产品研发和网络化制造技术的应用，以及网络技术、CNC 技术的发展，对 DNC 系统提出了新的要求。高兼容性、高可靠性、网络化、智能化成为 DNC 系统发展的必然趋势。

（1）高兼容性

近年来，随着 CNC 技术、通信技术、网络接口技术的发展，机床制造企业开始将数据通信模块、标准化的数据接口集成到 CNC 机床设备上。制造企业在引进新型 CNC 加工设备后，必然存在同一车间新型机床与现有旧机床同时连接 DNC 系统的需求，因此就要求 DNC 系统具有非常高的兼容性，可同时实现多种类型加工设备的集成管控。

（2）高可靠性

DNC 系统的高可靠性主要体现在数据传输的可靠性及数据管理的可靠性方面。随着 DNC 系统功能的日益丰富，其需要传输和管理的数据内容也越来越多，特别是针对多品种、批量生产产品的企业，DNC 系统需要管理的数据非常庞大，为了保证准确、高效的加工，对 DNC 系统的可靠性有了更高的要求。

（3）网络化

DNC 系统是产品数字化设计与网络化制造的重要手段。DNC 系统的网络化是指其 DNC 控制主机通过 Internet/Intranet 等网络与加工设备相连接，并利用网络传输 NC 加工程序、加工数据、设备状态信息、任务分配信息等数据，以达到更高自动化和更高效率的产品加工的目标。

5.3.3 NC、CNC、DNC 间的关系

1952 年，美国麻省理工学院研制出了第一台数控机床样机，该样机将继电器、电子管等器件接入数控机床的伺服控制系统，用于数控机床的逻辑控制，即最早的数字控制（NC）。随着计算机技术、微电子技术、控制技术等的发展，计算机作为机床控制器接入数控机床，即计算机数字控制（CNC），进行数控机床的逻辑控制。数控程序的传输主要依靠纸带等介质实现，严重阻碍了 CNC 技术的发展和应用。为了减少数控程序编制和程序传输的准备时间及人工数量，20 世纪 60 年代，有些学者开始研究利用一台计算机作为中央处理器，与多台数控机床通信，实现数控程序的传输和管理工作，形成了直接式数字控制（DNC）。

近年来，随着计算机技术、网络技术、通信技术、数字化技术等新技术的快速发展，特别是随着 CNC 系统的运算速度和内存容量的提高，数控加工设备具备了一定的自我决策加工能力，DNC 也拓展为功能更为全面的分布式数字控制系统（Distributed Numerical Control）。它不仅具有直接数字控制的设备集成和 NC 加工程序传输功能，还开始着眼于实现车间加工信息的集成、数控设备运行状态的检测、数控加工的动态控制等功能，通过先进的网络信息化技术，实时采集数控设备的重要数据和加工参数，为使用人员进行生产、维修、计划管理提供数据支撑。

5.4 基于 Mastercam 的 CAM 操作简介

现在国内厂家应用较多的 CAM 软件有 Mastercam、UG 等，这里以 Mastercam 2017 为例对 CAM 软件的各功能模块进行介绍。Mastercam 2017 的主要功能包括 CAD 功能（创建平面

草图、曲面、实体及图形转换）和 CAM 功能（机床及刀具、刀路功能、加工仿真等）。

5.4.1 Mastercam 2017 的用户界面

Mastercam 2017 软件界面简介

Mastercam 2017 的界面包括标题栏、快速访问工具栏、菜单栏、选择工具栏、操作管理器、绘图及图形显示区、快速选择栏、信息提示栏、状态栏，如图 5.4.1 所示。

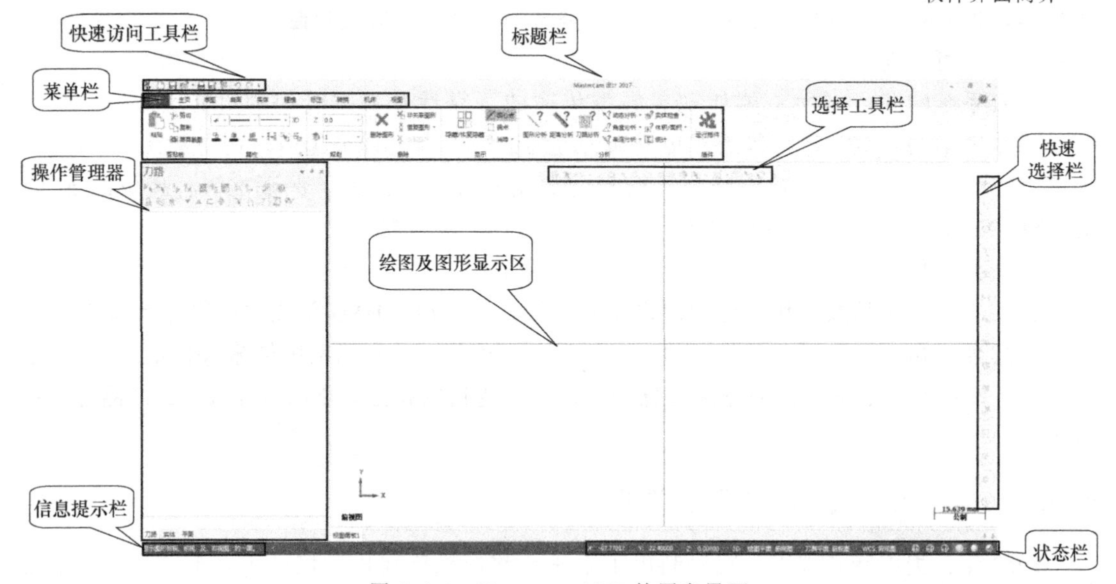

图 5.4.1 Mastercam 2017 的用户界面

5.4.2 操作管理器

操作管理器位于视窗的左侧，包括 7 个切换标签。操作标签显示在操作管理器下部，可通过“视图”菜单管理功能区中的相应功能按钮调整操作管理器的状态，单击相应标签可将其激活。图 5.4.2 所示为“刀路”“层别”“平面”管理器被激活的状态，图 5.4.3 所示为在操作管理器中相应地出现这 3 个标签。

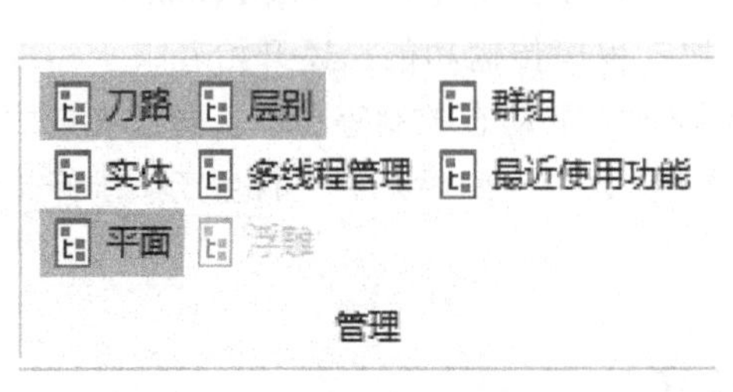

图 5.4.2 管理器被激活状态

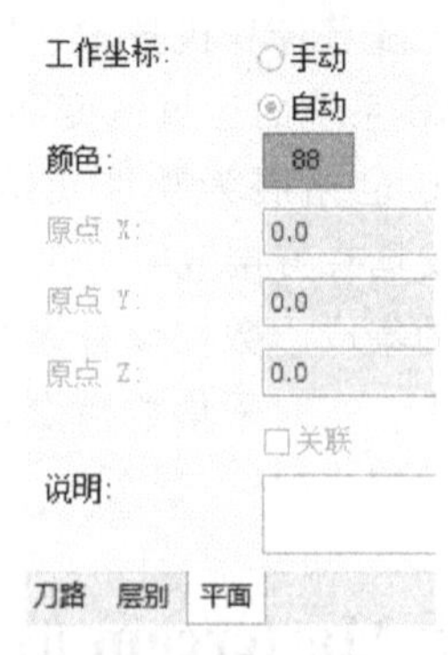

图 5.4.3 管理器标签

1. “层别”管理器

“层别”管理器是管理零件模型的工具，可对零件的实体、曲面、线框等分层管理。单击操作管理器中的“层别”标签可进入“层别”管理器，如图5.4.4所示。其中，按钮可新建图层；按钮可重置所有层别，将层别的可见性设置为文件加载时的状态；按钮用于显示或隐藏下部的层别属性控件，层别属性控件主要用于管理层别；层别列表显示了层别的编号、显示或隐藏、名称和图素数量等信息。

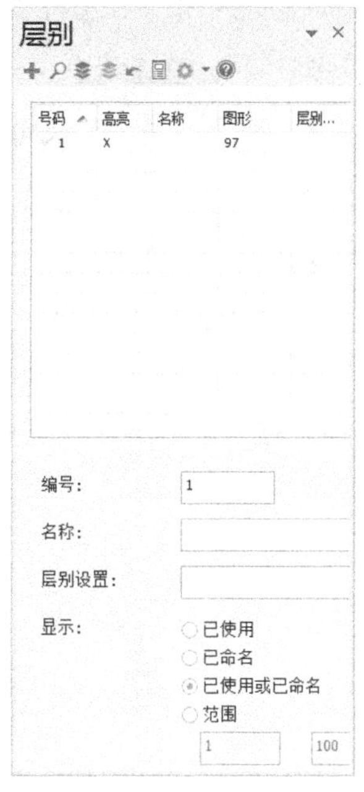

图5.4.4　“层别”管理器

2. “平面”管理器

（1）“平面”管理器的功能

“平面”管理器主要对世界坐标系、工作坐标系（WCS）、屏幕视图坐标系（G）、构图平面坐标系（C）与刀具平面坐标系（T）进行管理和设置。

图5.4.5显示了世界坐标系、工作坐标系（WCS）、构图平面坐标系（C）、刀具平面坐标系（T）。世界坐标系显示在屏幕的左下角；工作坐标系显示在工件设置位置处，是蓝色的坐标系图标；构图平面坐标系显示在屏幕左上角，坐标图标下有一个“绘”字；刀具平面坐标系显示在屏幕的右上角，进入加工模块才会显示，坐标图标下有一个“刀”字。

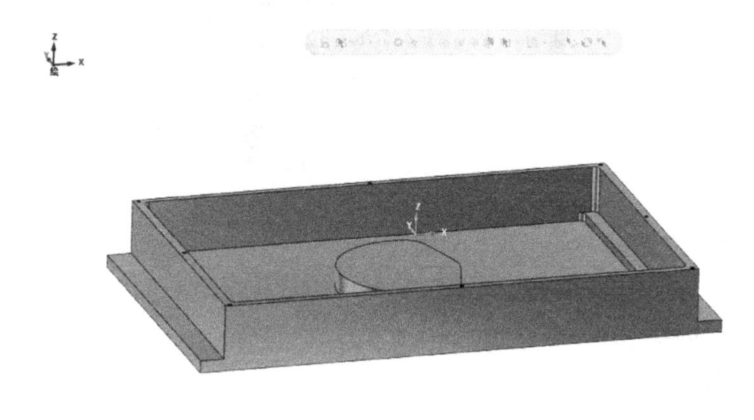

图5.4.5　各坐标系图标

（2）“平面”管理器的操作

如图5.4.6所示，系统默认的7个坐标系是俯视图、前视图、后视图、底视图、右侧视图、左侧视图、等视图，它们的原点是世界坐标系原点。

其工具栏各按钮的功能如下。

1）：创建新平面。

2）：创建车削平面。

3）：查找平面。

4）：设置工作平面。

5）：重置状态。

6）：显示/隐藏属性。

7）：显示选项。

8）：跟随规则。

3. “刀路”管理器

进入加工模块后，会出现“刀路”管理器，如图 5.4.7 所示，可以对生成的刀路进行复制、编辑、模拟和管理。

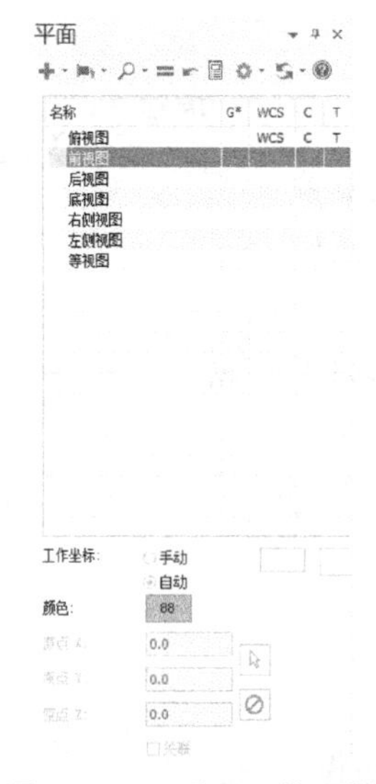

图 5.4.6 “平面”管理器

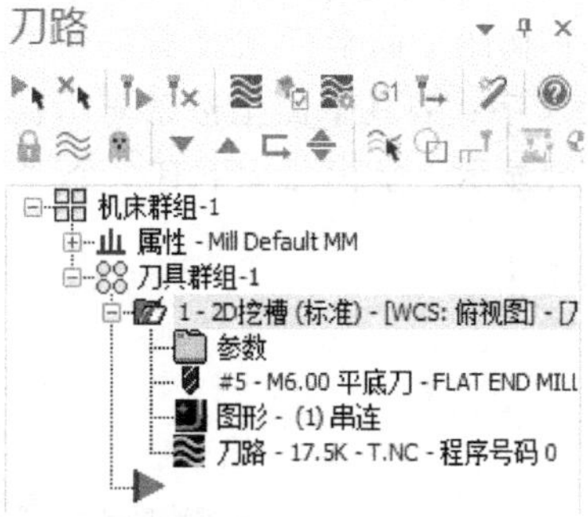

图 5.4.7 “刀路”管理器

其工具栏各按钮的功能如下。

1）：选择全部操作。

2）：选择全部失效操作。

3）：重新计算已选择的操作。

4）：重新计算已失效的操作。

5）：刀路模拟已选择的操作。

6）：实体验证已选择的操作。

7）：模拟\验证选项。

8）G1：后处理已选择的操作。

9）：锁定/解锁已选择的操作。

10）：显示/隐藏已选择的刀路操作。

5.4.3 选择工具栏

选择工具栏位于窗口上部，如图 5.4.8 所示。

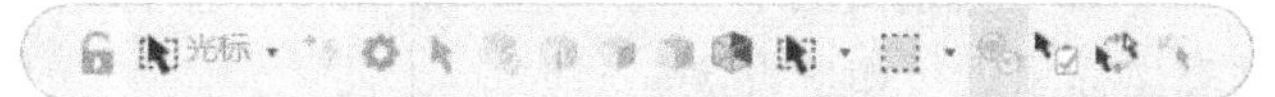

图 5.4.8 选择工具栏

1. 点的坐标输入

通过“输入坐标点”，可输入 X、Y、Z 坐标值来精确指定坐标点。

2. 自动捕抓点

自动捕抓点功能，可临时捕抓特定点，以及系统自动判断并提示捕抓点。光标下拉列表中的各按钮可设置临时捕抓点功能；单击“自动抓点设置”按钮弹出的对话框中，显示系统所有的自动捕抓点功能，可单项或多项选择。

3. 选择方式

图素的“选择方式”包括串连选择、窗选选择、多边形选择、单体选择和区域选择。其中，串连选择较常用。

4. 窗选设置

“窗选设置”可设置窗选的选择方式，包括范围内、范围外、范围内及相交、范围外及相交、相交 5 种选项。其中，范围内选项较常用。

5. 验证选择

“验证选择”的功能是在激活状态下，当多个图素重叠时，在“验证”对话框中单击切换按钮，使重叠图形不断高亮切换显示，以确认选择所需的图素。

5.4.4 快速选择栏

在视窗右侧有快速选择栏，如图 5.4.9 所示。

图 5.4.9 快速选择栏

上面的按钮大部分为双功能按钮，用“/”分割。左上部为选择全部（Select All）按钮，可按类型选择全部的这类图素；右下部为仅选择（Select Only）按钮，通过设定可快速地选择所需的图素。

5.4.5 动态坐标指针

Mastercam 2017 有动态坐标指针功能，与 UG 的动态坐标功能相似，能动态建立新的工作坐标系。

1. 动态指针对齐、平移与旋转坐标系

单击屏幕左下方的世界坐标系图标，形成动态指针，随鼠标指针移动，如图 5.4.10 所示，并弹出“动态平面”对话框，如图 5.4.11 所示。动态指针可放置在要设置的工件坐标系原点上，并调整 X、Y、Z 三轴的方位，确定后生成新的工件坐标系。用户也可通过“动态平面”对话框对动态坐标系进行相应设置。

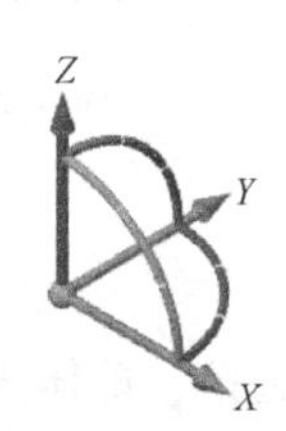

图 5.4.10　动态指针

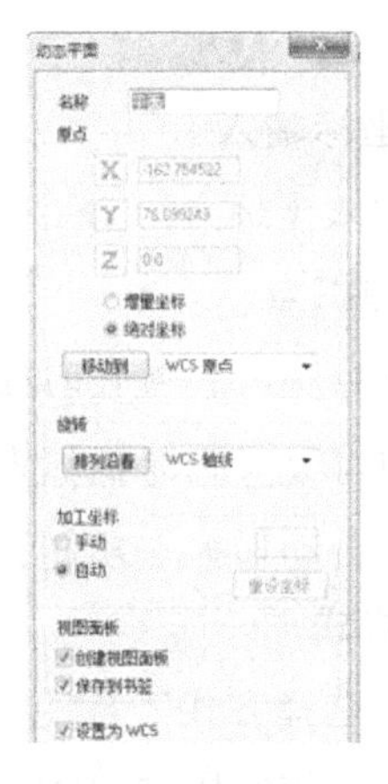

图 5.4.11　“动态平面”对话框

指针左下角有指针/几何体切换开关，可在动态指针操作与几何体操作之间切换。在指针模式下，动态指针的坐标系图标有对齐、平移、旋转等不同操作的激活点，可用于坐标系的移动、旋转和对齐操作。

2. 动态指针对齐、平移与旋转几何体

通过动态指针/几何体操作开关，可切换至几何体模式。在几何体模式下可利用坐标指针对几何体进行对齐、平移、旋转等操作。

菜单栏简介

5.4.6　菜单栏

菜单栏可实现建模、加工等功能，包括“文件”“主页”“草图”“曲面”“实体”“建模”“标注”“转换”“机床”“视图”等菜单，如图 5.4.12 所示。

图 5.4.12　菜单栏

1. “文件”菜单

“文件”菜单如图 5.4.13 所示，包括新建、打开、保存、另存为、打印等命令。文件操作命令此处不做叙述，这里只介绍实际建模中会经常用的“合并”和“转换”命令。

(1) 合并

合并可将一个 .mc 文件的图形合并到另一个 .mc 文件图层中。选择“合并”命令，出现“打开”对话框，如图 5.4.14 所示。

打开盒体 1. mc 文件，可将盒体 1 的图形合并到当前文件的相应图层上，并不改变当前的刀路操作。

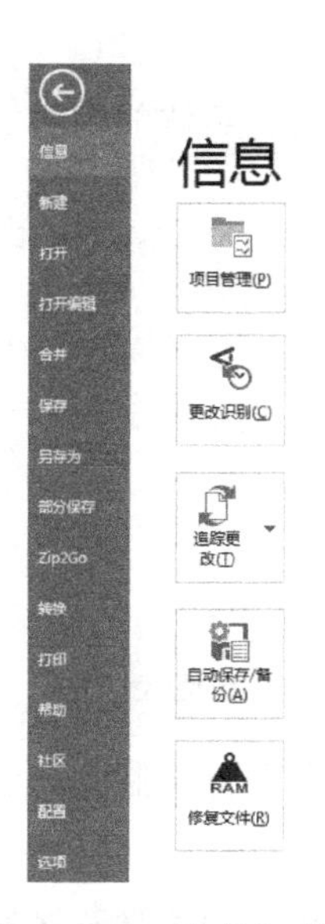

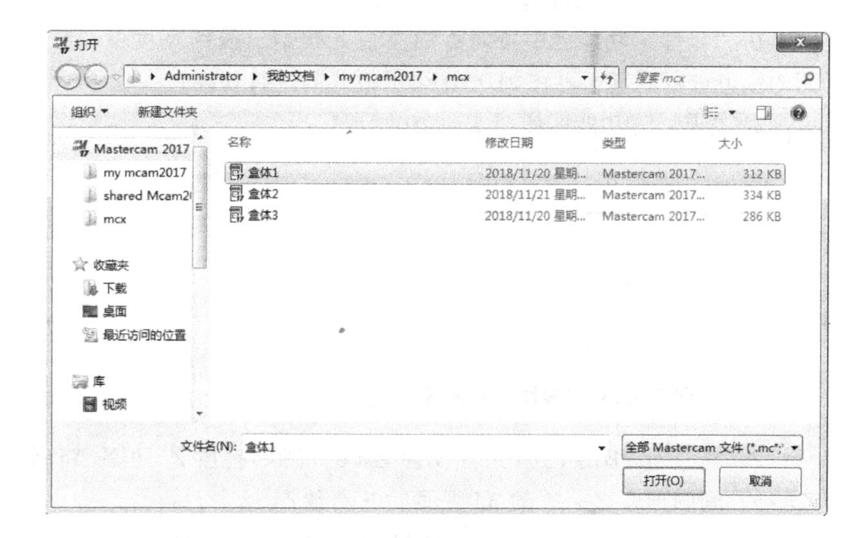

图 5.4.13 “文件”菜单　　图 5.4.14 “打开”对话框

(2) 转换

转换可实现 Mastercam 格式图形与其他格式图形的转换，以及 Mastercam 格式图形历史版本的转换。选择“转换”命令，出现图 5.4.15 所示的选项。

单击“导入文件夹”按钮，弹出“导入文件夹”对话框（图 5.4.16），可在“导入文件类型”选项中选择导入文件的格式，在“从这个文件夹”选项中选择要导入的图形文件，在“到这个文件夹”选项中选择转换为 MC 格式后的同名图形文件放置的位置。进行 CAM 操作之前，要将用 AutoCAD 等绘图软件绘制的图形文件导入 Mastercam，必须进行格式的转换，这是重要的一步，否则其他格式的图形文件在 Mastercam 中无法识别。

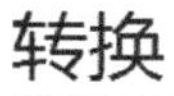

图 5.4.15 “转换”选项　　图 5.4.16 导入文件夹

“导出文件夹”的功能和“导入文件夹”的功能刚好相反。

2. “主页”菜单

“主页”菜单如图 5.4.17 所示，其中“属性”“规划”“删除”“分析”功能区较为常用。

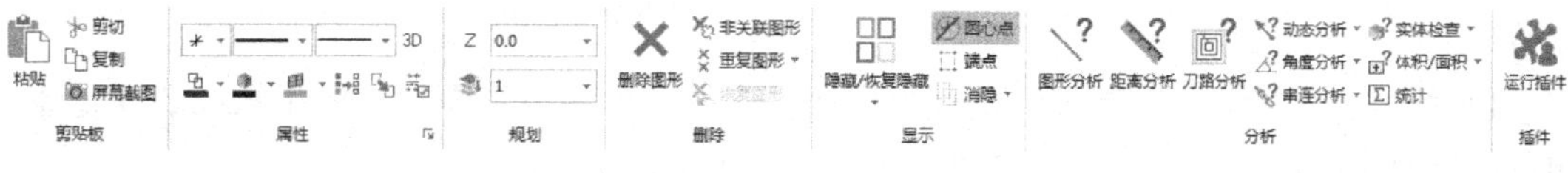

图 5.4.17 “主页”菜单

1）“属性”功能区如图 5.4.18 所示。

在“属性”功能区中可对点的类型、线型、线的宽度、线框的颜色、实体的颜色、曲面的颜色进行设置，可在 2D/3D 绘图模式间进行切换。

2）“规划”功能区如图 5.4.19 所示。

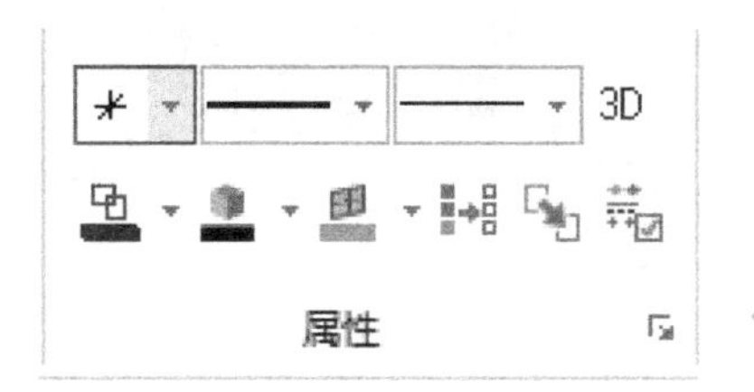

图 5.4.18 “属性”功能区

图 5.4.19 “规划”功能区

Z：当进行 2D 绘图时，若设置 $Z=0$，图形就在 $Z=0$ 的 *XY* 平面内进行绘制；若设置 $Z=-5$，则图形在 $Z=-5$ 的 *XY* 平面内进行绘制。

：改变层别，选择其他层别数字，可将当前图层的图形移动或复制到选择数字对应的图层上。

3）“删除”功能区如图 5.4.20 所示。

删除图形：可先选择所有要删除的图形，单击“结束选择”按钮，按 Enter 键确认删除。

删除重复图形：可将多余的重叠图素删除，留下唯一图素。使用串连命令无法串连图素时，可使用此命令删除多余的重叠图素，能有效地帮助串连图素的实现。

4）“分析”功能区如图 5.4.21 所示。

图形分析：查看图形的端点坐标、长度、图层、颜色等属性。

距离分析：查看两个图形之间的距离、两点位置或图形和点到图形的距离。

刀路分析：查看刀路坐标、方向和操作编号等信息。

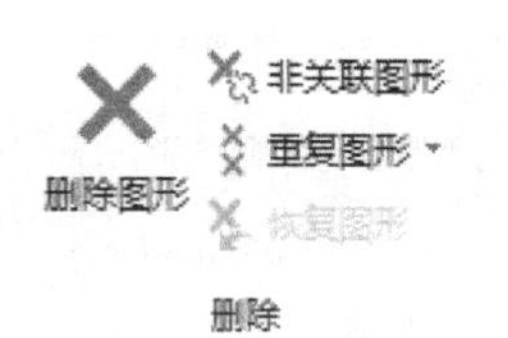

图 5.4.20 “删除”功能区

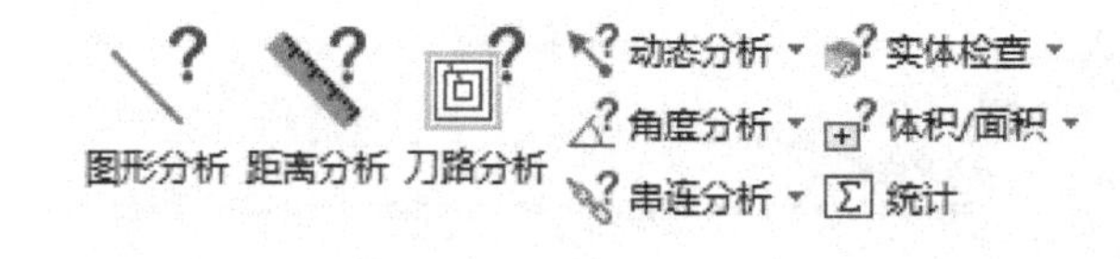

图 5.4.21 “分析”功能区

3. “视图”菜单

“视图”菜单如图 5.4.22 所示，包括以下几个功能区。

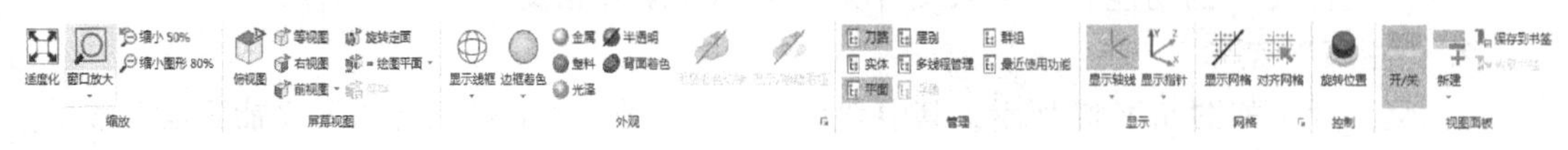

图 5.4.22 “视图”菜单

1）缩放：“缩放”功能区用来对视图窗口进行放大或缩小操作，便于从细节或整体的角度出发对绘图区的图形进行观察和操作，如图 5.4.23 所示。

适度化：该操作用来将绘图区内的所有图形布满整个绘图区以查看图形内容。

窗口放大：通过绘制一个矩形窗口，将矩形窗口内的图形放大至整个屏幕，便于操作者从细节观察。

缩小50%：第一次单击“缩小50%”按钮和单击“适度化”按钮操作后的效果一致，以后每次单击都将图形缩小至上一视图的50%来显示。

缩小图形80%：每次单击都将图形缩小至上一视图的80%来显示。

2）屏幕视图：该操作用来改变绘图区图形在屏幕上的视图。单击各个视图按钮可将图形对应的标准视图投影至屏幕。其中，等视图为常用的三维实体观测视图。该功能区如图5.4.24所示。

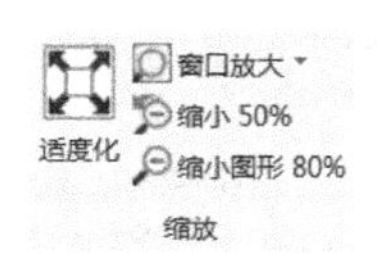

图 5.4.23　“缩放”功能区

图 5.4.24　“屏幕视图”功能区

3）外观：可对图形的外观显示进行调整，非常常见的是显示线框与边框着色，还可以进一步设置材料效果等，如图5.4.25所示。

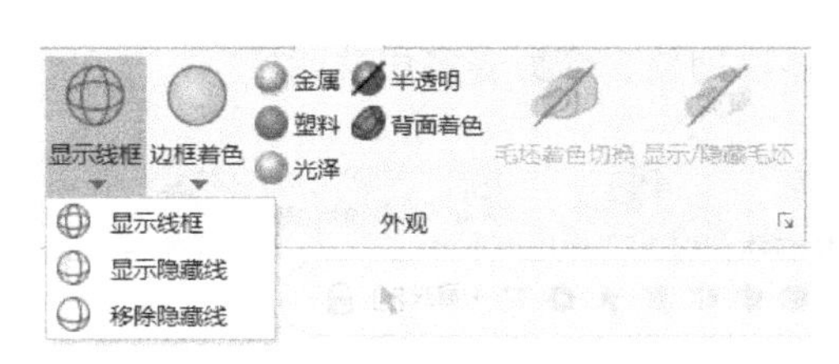

a) 显示线框功能按钮

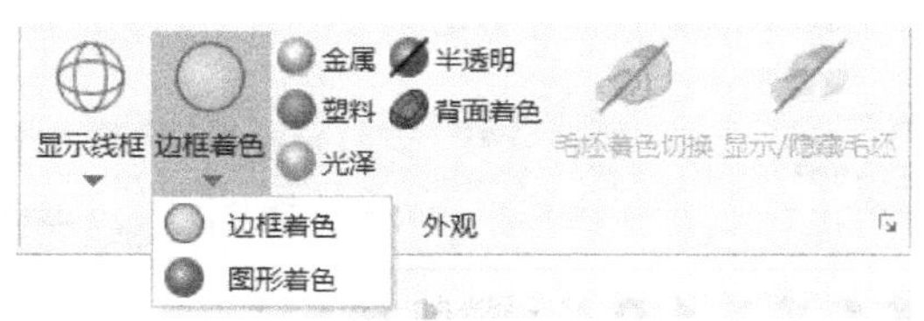

b) 边框着色功能按钮

图 5.4.25　“外观”功能区

显示线框选项：用来调整图形以线框形式显示，有“显示线框”“显示隐藏线”“移除隐藏线”3种模式，还可调整是否显示图形上被遮挡的不可见线条。

边框着色选项：用来调整实体模型是边框着色还是图形着色。“边框着色”显示着色图形和线框；“图形着色”不显示线框，只显示着色图形。

“金属”“塑料”“光泽”选项：单击各按钮可分别将实体和曲面显示为金属、塑料、光泽外观。

半透明：切换当前模型为半透明模式。

4）管理：用于控制是否调出及显示相应的操作管理器，如图5.4.26所示。

5）显示：用于控制是否在绘图区显示世界坐标、WCS、绘图平面、刀具面的轴线和指针，如图5.4.27所示。

6）网格：用于控制是否在绘图区显示网格并对网格参数进行设置，如图5.4.28所示。

4. “草图”菜单

“草图”菜单如图5.4.29所示，绘点、绘线、圆弧、曲线、形状、修剪等为常用功能区。

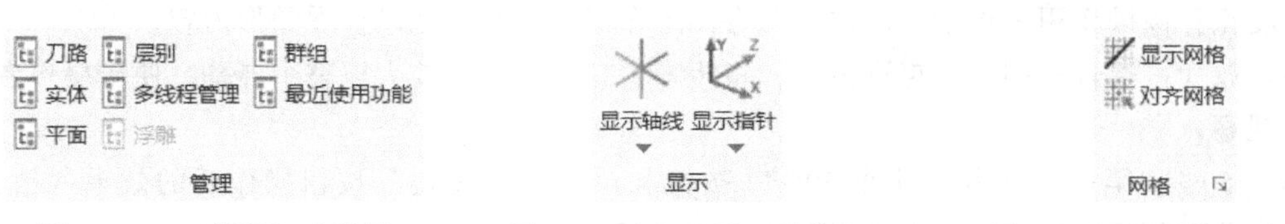

图 5.4.26 “管理”功能区　　图 5.4.27 “显示”功能区　　图 5.4.28 “网格”功能区

图 5.4.29 “草图”菜单

5. “曲面”菜单

“曲面”菜单如图 5.4.30 所示，包括基本曲面、创建、修剪等常用功能区。

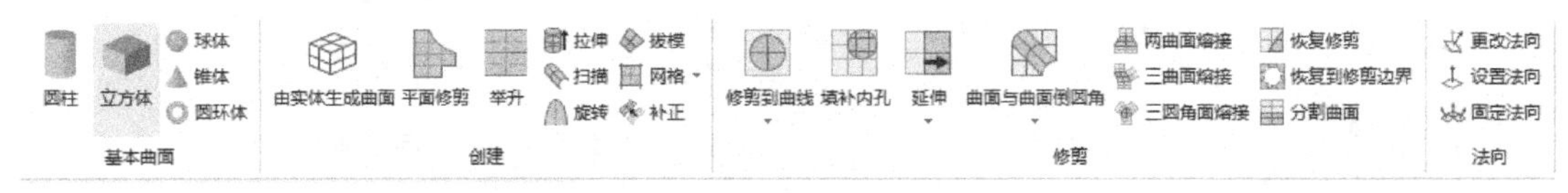

图 5.4.30 “曲面”菜单

6. “实体”菜单

“实体”菜单如图 5.4.31 所示，包括基本实体、创建、修剪等常用功能区。

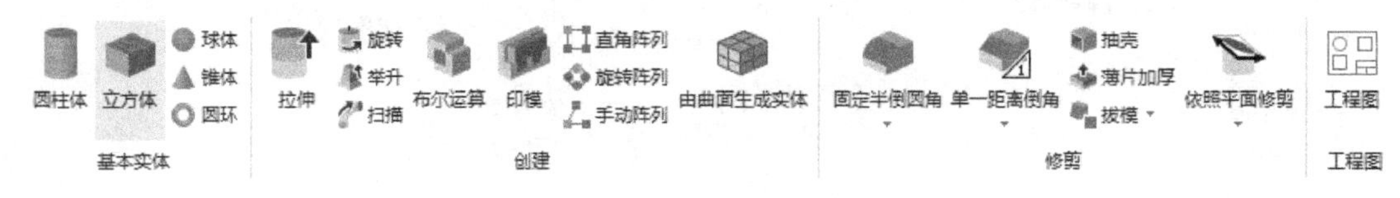

图 5.4.31 “实体”菜单

1）基本实体：包括圆柱体、立方体等。

2）创建：实体创建中常用的功能为拉伸、旋转、举升、扫描、布尔运算、直角阵列、旋转阵列、由曲面生成实体。

3）修剪：实体修剪中常用的功能为固定半倒圆角、单一距离倒角、拔模、依照平面修剪。

7. “建模”菜单

“建模”菜单如图 5.4.32 所示，包括创建、建模编辑、修改实体等常用功能区。

图 5.4.32 “建模”菜单

8. “标注”菜单

“标注”菜单如图 5.4.33 所示，尺寸标注是很重要的部分，本书第 2 章中的 CAD 操作

应用部分对尺寸标注操作过程介绍得比较详细，Mastercam 的二维尺寸标注操作与之类似。

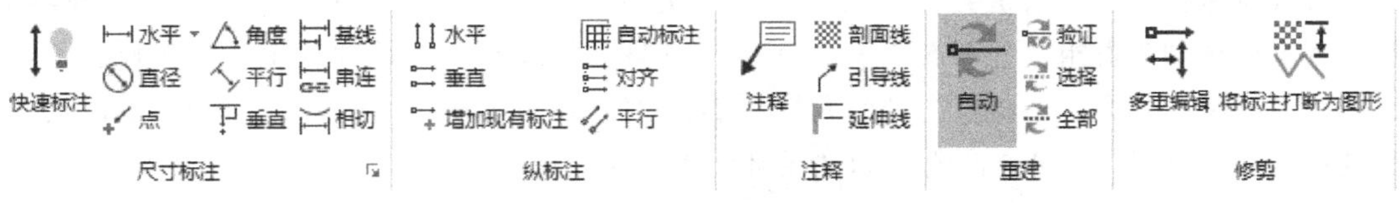

图 5.4.33 “标注”菜单

9. “转换”菜单

“转换”菜单如图 5.4.34 所示，包括转换、补正、比例等常用功能区。其中，“转换”功能区包括对图形的“动态转换”“平移”“旋转”“投影”“移动到原点”“镜像”等操作。

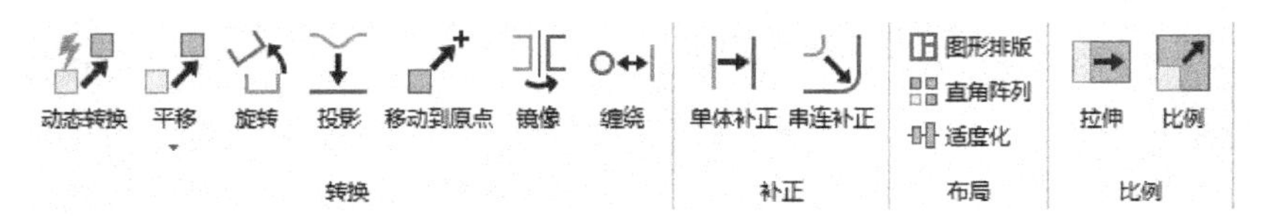

图 5.4.34 “转换”菜单

10. “机床”菜单

在前期 CAD 创建的模型基础上，通过“机床”菜单中的各项按钮，在零件模型上生成刀具路径，进行刀具路径模拟、加工实体仿真验证及后处理等，进而生成加工程序，进行数控机床的加工。

如图 5.4.35 所示，“机床”菜单包括“机床类型”“机床设置”“模拟”“后处理”“加工报表”“机床模拟”“自动刀路”等功能区。

图 5.4.35 “机床”菜单

Mastercam 2017 的加工编程功能集中在“机床类型”功能区，包括铣床、车床、车铣复合、线切割等常用的加工机床类型，如图 5.4.36 所示。

1）“机床类型”功能区如图 5.4.36 所示。

这里以铣床为例对加工模块的进入进行说明，其他类型的机床与铣床相似。

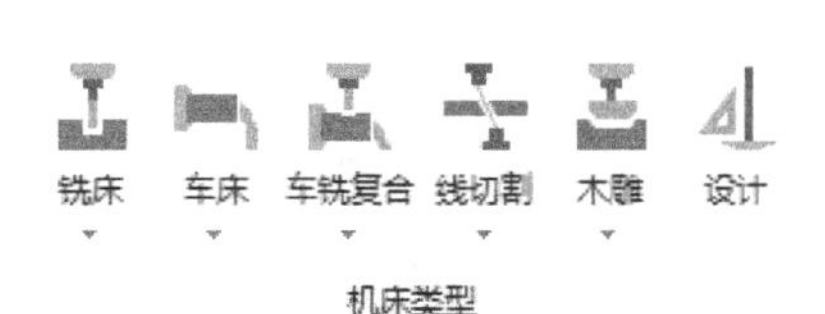

图 5.4.36 “机床类型”功能区

“铣床”按钮的下拉列表中包含“默认”与“管理列表”两个选项。“默认”选项是系统默认的一个基本机床类型，一般直接选择该选项进入默认的加工环境中。

如果对机床有特殊要求，可选择“管理列表”选项，弹出“自定义机床菜单管理”对话框，如图 5.4.37 所示，左侧显示系统提供的可供选择的 CNC 机床列表与来源目录。选中左侧列表中需要的某机床类型，通过中间的“增加”按钮可将选中的机床类型加入到右侧的“自定义机床菜单列表”中，单击“√”按钮后完成自定义机床的设置。然后单击“铣床”按钮，可快速进入该机床的加工编程环境中。

进入铣床模块后，系统会自动加载铣床模块的“刀路”菜单，并在“刀路”管理器中加载一个机床加工群组，如图 5.4.38 所示。“刀路”管理器中默认加载了一个机床群组-1，这个加工群组下包含一个默认的铣削属性（属性-Mill Default MM）和一个刀具群组-1。展开属性可看到“文件”“刀具设置”和“毛坯设置”3 个选项。

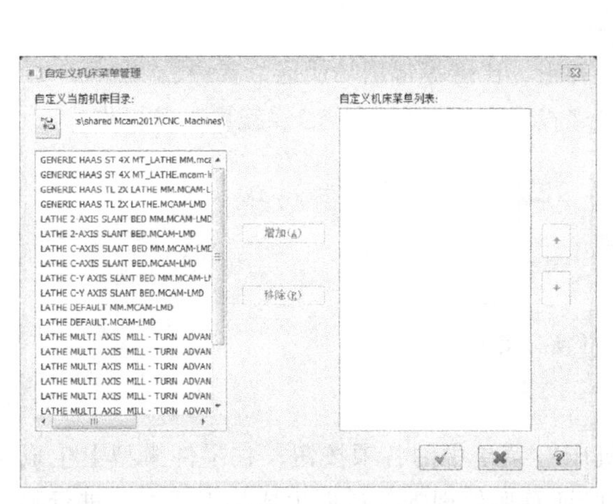

图 5.4.37 “自定义机床菜单管理”对话框

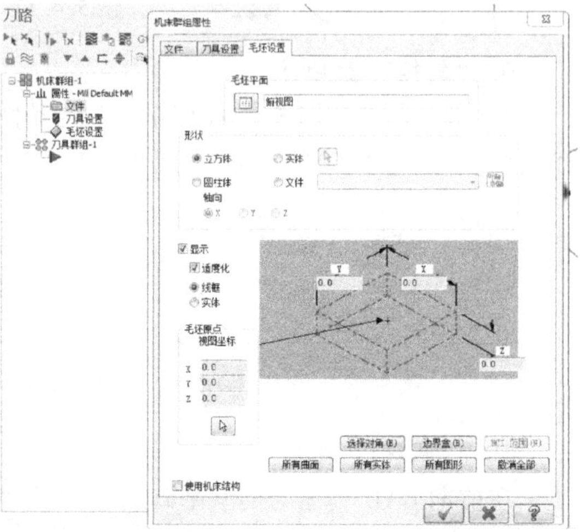

图 5.4.38 机床加工群组

2）“机床设置”功能区如图 5.4.39 所示。

① 控制定义：可对控制器的公差、传输、文件、工作坐标、刀具等进行设置，如图 5.4.40 所示。

② 机床定义：可对机床的各项参数进行设置，如图 5.4.41 所示。

图 5.4.39 “机床设置”功能区

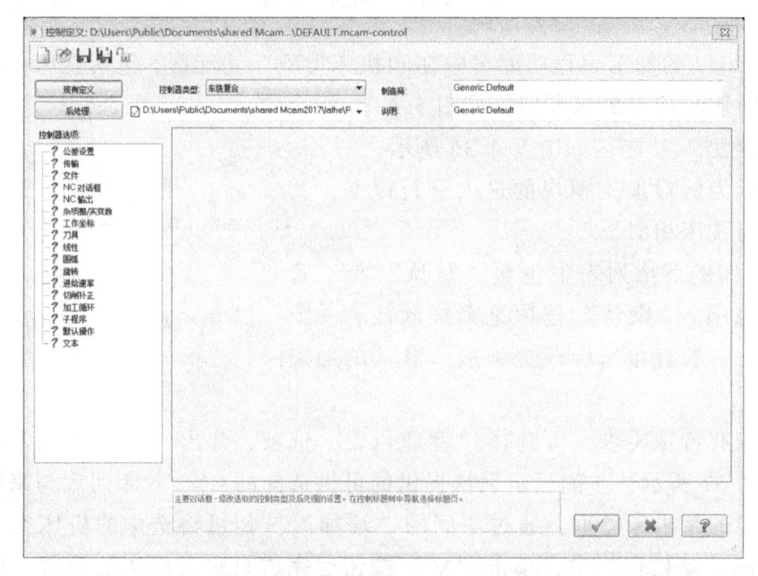

图 5.4.40 “控制定义”对话框

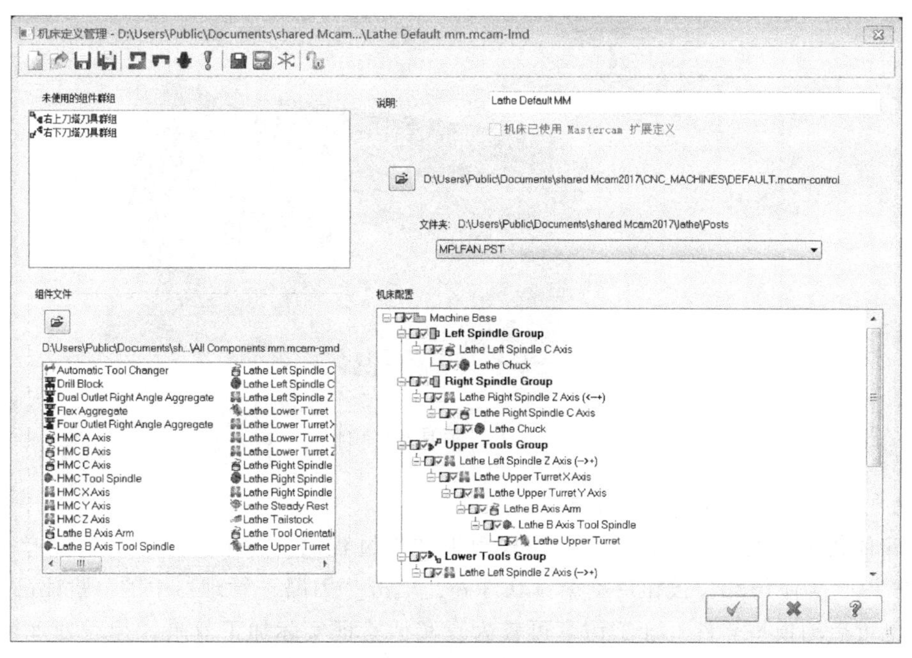

图 5.4.41　“机床定义管理”对话框

③ 材料：可对工件的材料进行设置，如图 5.4.42 所示。

3）“模拟”功能区如图 5.4.43 所示。

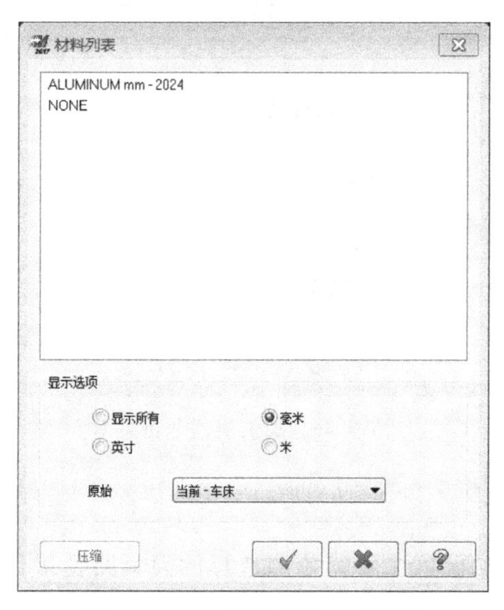

图 5.4.42　“材料列表”对话框

图 5.4.43　“模拟”功能区

刀具轨迹的路径模拟与实体仿真是系统提供的动态观察刀具轨迹与加工效果的功能，是编程过程中必不可少的手段。

① 路径模拟：刀具路径模拟主要用于观察刀具的加工路径，如图图 5.4.44 所示。除通过单击“机床”菜单中的“路径模拟”按钮启动刀具路径模拟功能外，通过“刀路”管理器也可启动刀具路径模拟功能。启动该功能后会在操作窗口弹出路径模拟播放器操作栏，同

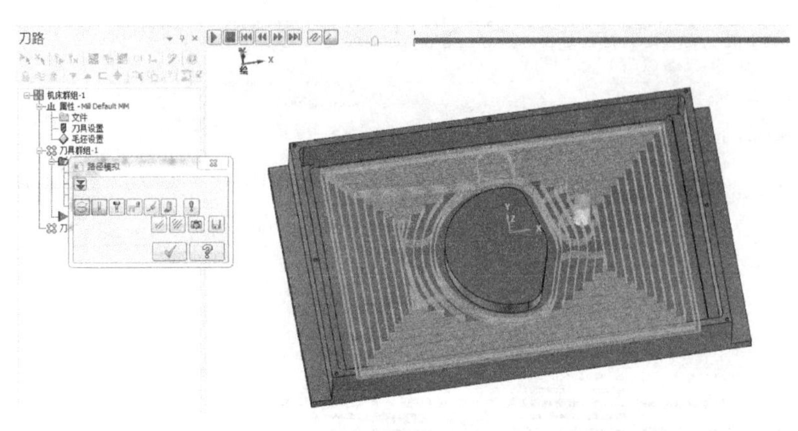

图 5.4.44　刀具路径模拟

时在左上角弹出“路径模拟”对话框。

② 实体仿真：实体仿真是以实体形式模拟加工过程的。除单击“机床”菜单“模拟”功能区中的“实体仿真”按钮启动模拟软件外，单击“刀路”管理器中的“验证已选操作”按钮 也可启动模拟软件。加工仿真可较为真实地验证实际加工效果，是后处理输出程序前检验编程质量的有效手段。图 5.4.45 所示为实体加工仿真操作界面，图 5.4.46 所示为加工误差分析界面。

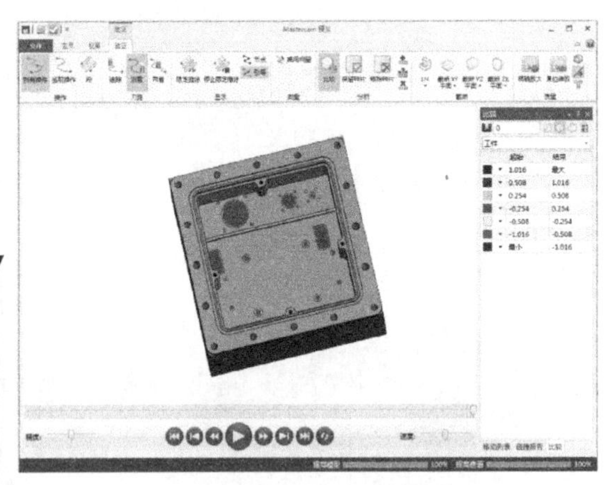

图 5.4.45　实体加工仿真操作界面

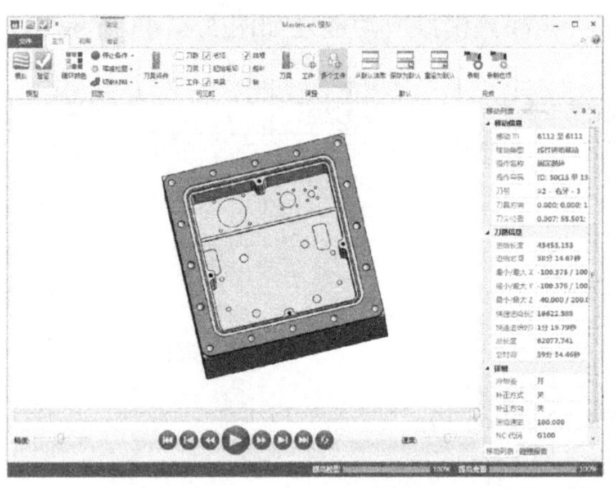

图 5.4.46　加工误差分析界面

4）“后处理”功能区如图 5.4.47 所示。

5）“加工报表”功能区如图 5.4.48 所示，此功能区主要是依照选择的刀具路径操作生成加工报表。

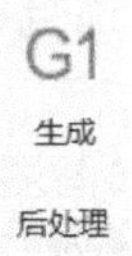

G1
生成
后处理

图 5.4.47　“后处理”功能区

图 5.4.48　“加工报表”功能区

6）“机床模拟”功能区如图 5.4.49 所示，此功能区主要是依照设置的机床参数在模拟机床上仿真刀具加工运动。

7）“自动刀路”功能区如图 5.4.50 所示，此功能区主要是设置和生成自动刀路。

图 5.4.49　“机床模拟”功能区

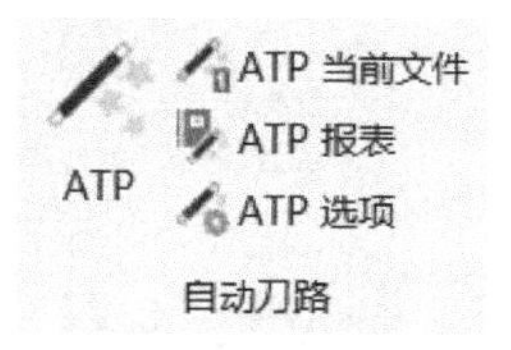

图 5.4.50　“自动刀路”功能区

5.4.7　铣削加工功能区

铣削加工功能区 1

1. 铣削模块

进入铣床加工模块后，系统会在自定义功能区新增铣床“刀路”菜单，包含“2D”“3D”和“多轴加工”3 个刀路功能区和一个“工具”功能区，如图 5.4.51 所示。

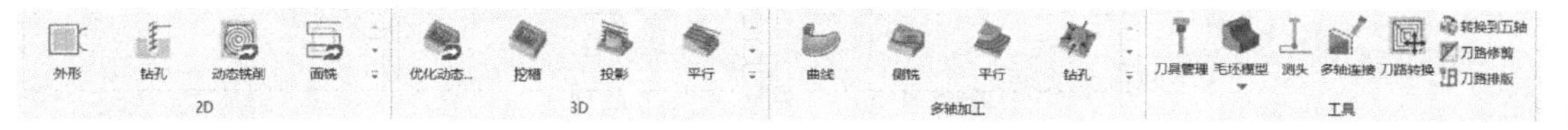

图 5.4.51　铣床“刀路”菜单

2. 2D 功能区

2D 功能区如图 5.4.52 所示，这里以“外形”“钻孔”“挖槽”加工为例对“2D 铣削”进行讲解。

（1）“外形”铣削加工

1）单击图标“外形”，弹出“串连”对话框，点选线框，如图 5.4.53 所示。

铣削加工功能区 2

图 5.4.52　2D 功能区

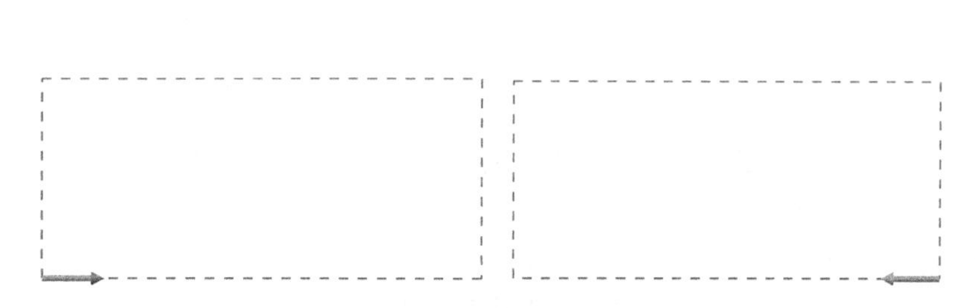

图 5.4.53　串连线框

串连曲线拾取的起点确定了刀具切入与切出的位置，串连曲线的方向决定了刀具切削移动的方向。图 5.4.53 所示的左图中串连曲线的起点在方框的左下角，刀具切入与切出的位置就在左下角，刀具补偿为右补偿；图 5.4.53 所示的右图中串连曲线的起点在方框的右下角，刀具切入与切出的位置就在右下角，刀具补偿为左补偿。

2）“刀路类型”选项默认是外形铣削，不需修改，右侧的“串连图形”可重新选择串连对象或取消串连，如图 5. 4. 54 所示。

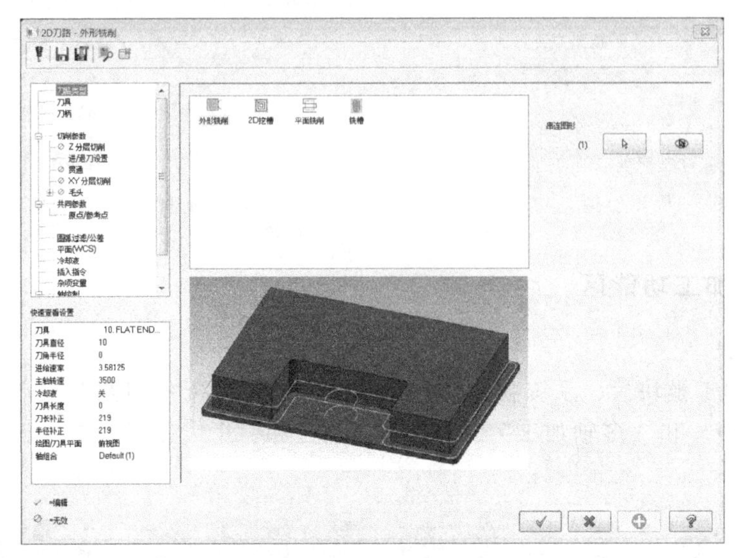

图 5. 4. 54 “刀路类型”选项

3）“切削参数”选项如图 5. 4. 55 所示。

外形铣削加工可沿着选取的串连曲线的左、右侧或中间进行加工。

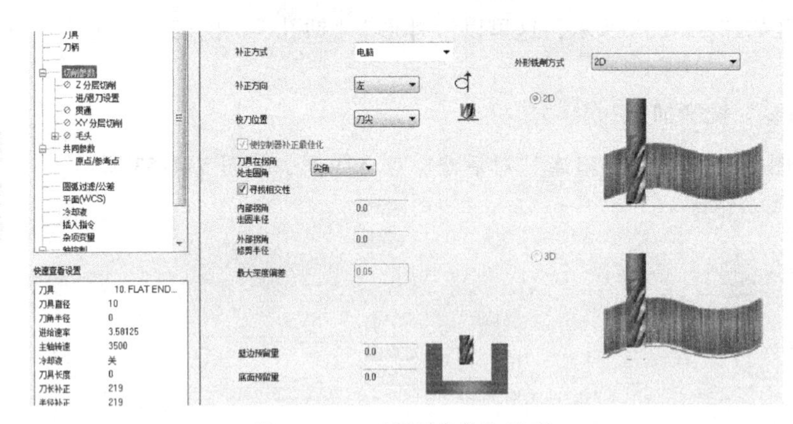

图 5. 4. 55 “切削参数”选项

① 补正方式。补正即刀具半径补偿，系统提供了“电脑”“控制器”“磨损”“反向磨损”“关”5 种补正方式。

② 补正方向。补正方向指沿着刀具前进的方向，刀具在线路的左侧是左刀补，沿着刀具前进的方向，刀具在线路的右侧是右刀补。

③ 校刀位置。校刀位置即刀具的刀位点，有“中心”与“刀尖”两个选项，默认为刀尖。

④ 外形铣削方式。包括 2D、2D 倒角、斜插、残料、摆线式 5 个选项。

⑤ 壁边预留量与底面预留量。预留量是铣削加工后相应位置留下的加工余量。

4）“Z分层切削”选项。如图5.4.56所示，可对深度分层切削的精修次数和精修量进行设置。

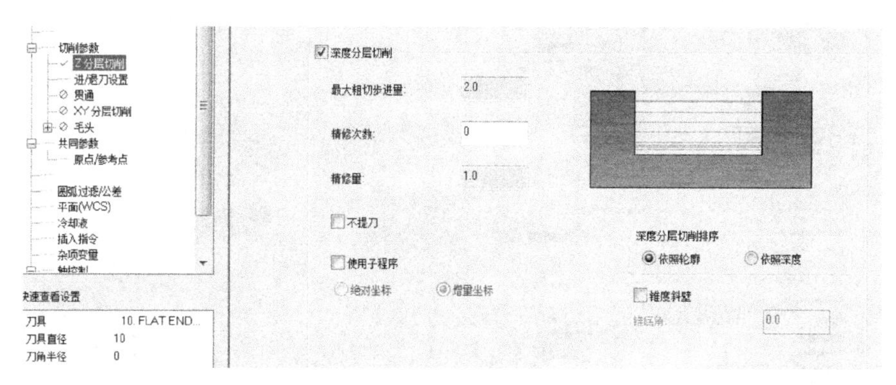

图5.4.56 “Z分层切削”选项

5）“进/退刀设置”选项。该选项可对外形铣削的切入/切出刀路的长度和形状进行设置，设置进/退刀重叠量，可提高铣外形接刀处的轮廓表面质量，如图5.4.57所示。

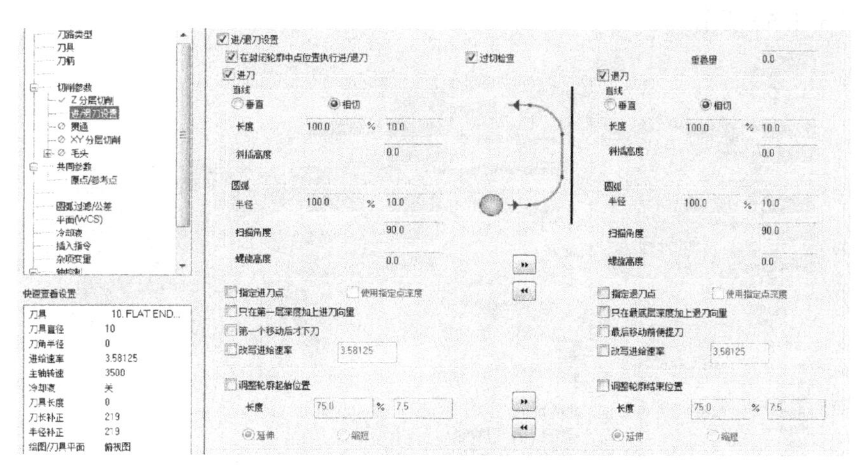

图5.4.57 “进/退刀设置”选项

6）“贯通”选项。设置贯通距离可将刀具在切削深度以下延伸一段距离，确保外形铣削时侧壁的完整性。其设置如图5.4.58所示。

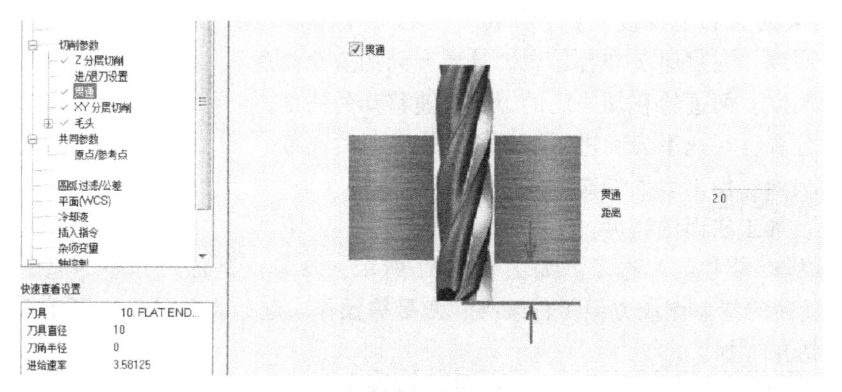

图5.4.58 “贯通”选项

5 CHAPTER

7）“XY 分层切削”选项。如图 5.4.59 所示，该选项可控制设置 X/Y 方向铣削粗精加工的间距和次数。

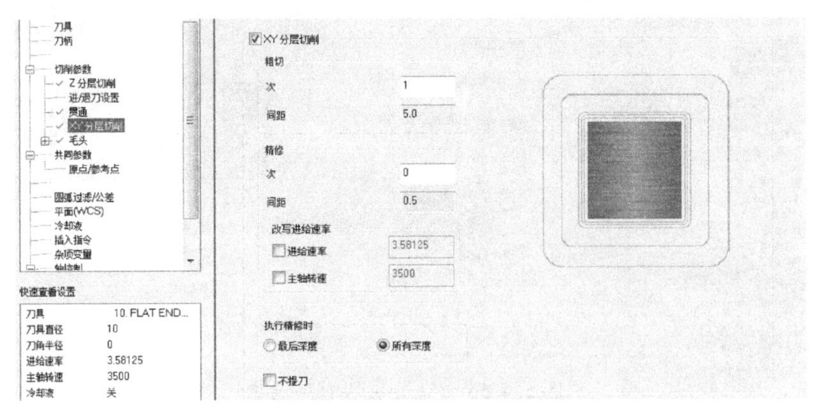

图 5.4.59 “XY 分层切削”选项

8）“毛头”选项。该选项可设置封闭轮廓切削时内部零件与外部夹紧部分之间的连接部分，如图 5.4.60 所示。

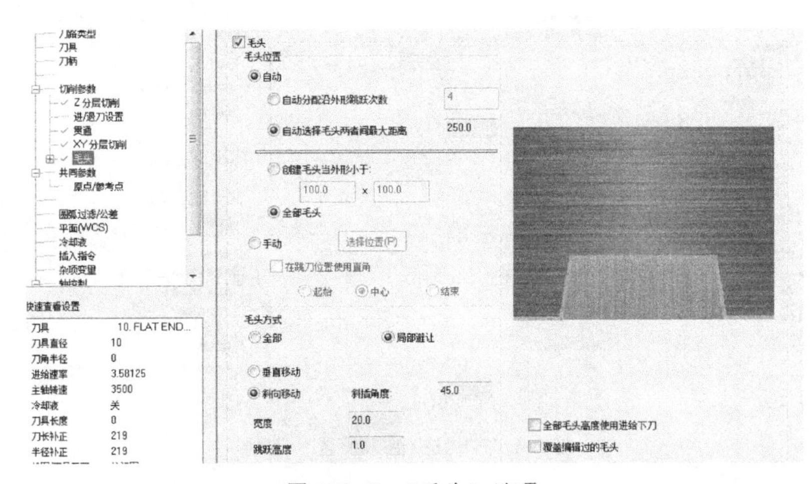

图 5.4.60 “毛头”选项

9）“共同参数”选项。如图 5.4.61 所示，主要设置“安全高度”“参考高度”“下刀位置”“工件表面”和“深度”5 个参数。

① 安全高度：在程序头和程序尾刀具要升到的安全高度。

② 参考高度：两进给移动之间的刀具快速移动的高度。

③ 下刀位置：快速下刀和进给下刀之间变换时的高度。

④ 工件表面：加工表面的高度。

⑤ 深度：加工底面的高度。

10）“原点/参考点”选项。如图 5.4.62 所示，参考点是加工程序的起始点/结束点，加工完成后返回的结束点应方便工件装夹、测量等操作。起始点与结束点可重合。

（2）“钻孔”加工

1）单击图标，弹出“选择钻孔位置”对话框，进行钻孔位置的选择，选择类型有

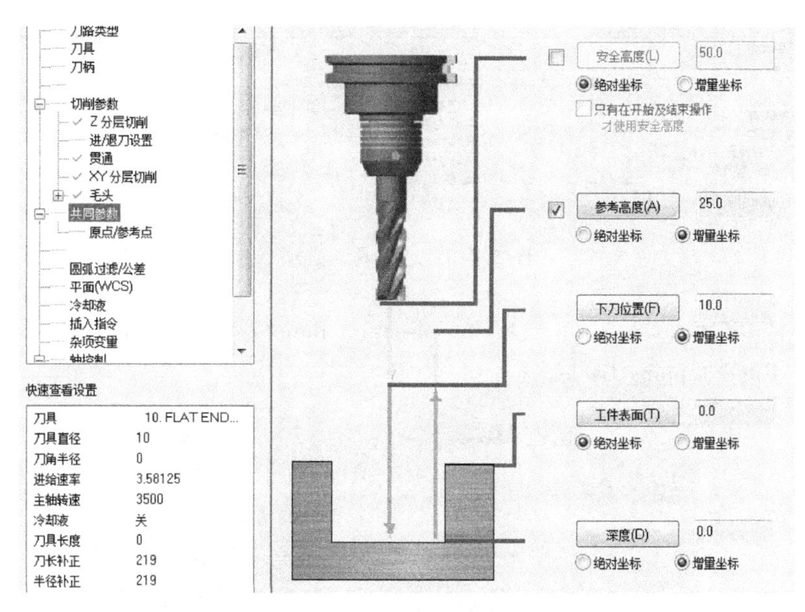

图 5.4.61 “共同参数”选项

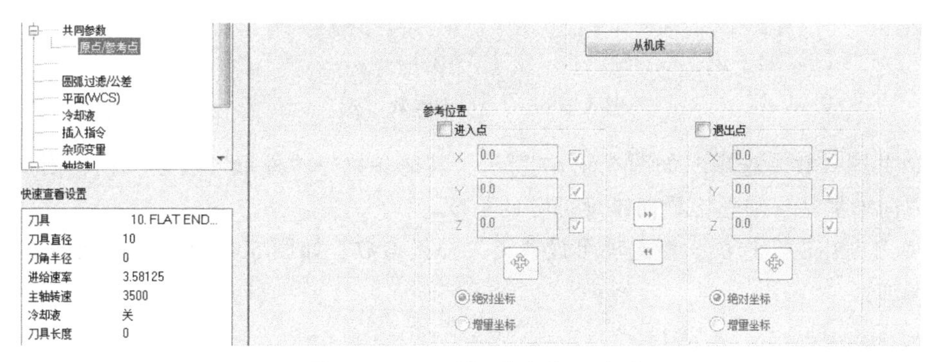

图 5.4.62 “原点/参考点”选项

“手动选择”“自动”“选择图形”“窗选”“限定圆弧”5 种，如图 5.4.63 所示。

2）“刀路类型”选项。如图 5.4.64 所示，默认为“钻头/钻孔”选项。单击“点图形”区的选择点按钮，弹出“钻孔点管理器”对话框，可再次编辑孔位的相关参数。

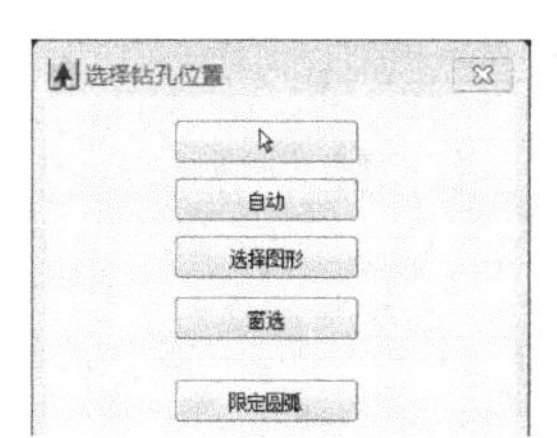

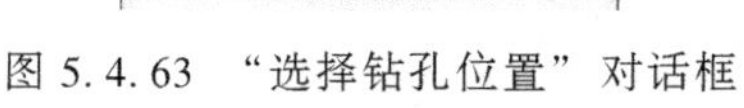
图 5.4.63 “选择钻孔位置”对话框

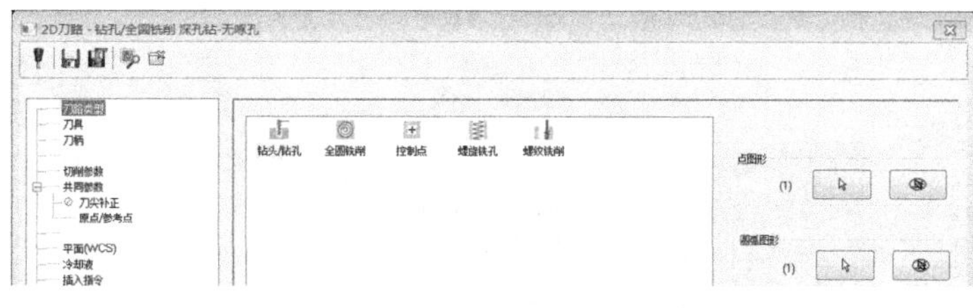

图 5.4.64 “刀路类型”选项

3）“刀具”选项。通过该选项可选择钻头或新建钻头，如图 5.4.65 所示。

4）“切削参数”选项。如图 5.4.66 所示，提供了 8 种预定义的钻孔循环指令和 11 种自定义的循环方式。8 种预定义的钻孔循环指令包括 Drill/Counterbore、深孔啄钻（G83）、

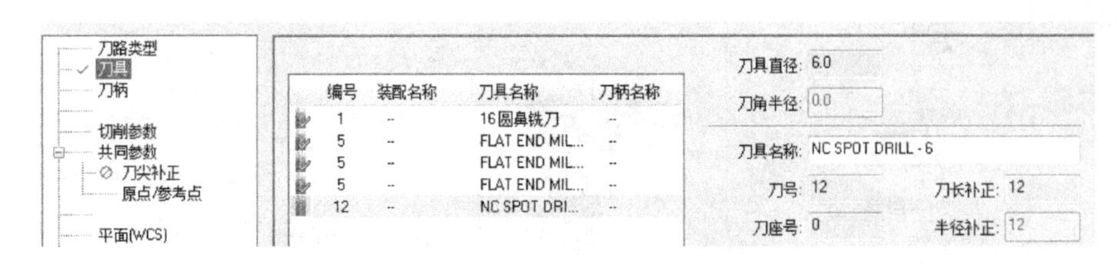

图 5.4.65 “刀具”选项

断屑式（G73）、攻牙（G84）、Bore#1（feed-out）、Bore#2（stop spindle、rapid out）、Fine Bore（shift）、Rigid Tapping Cycle。

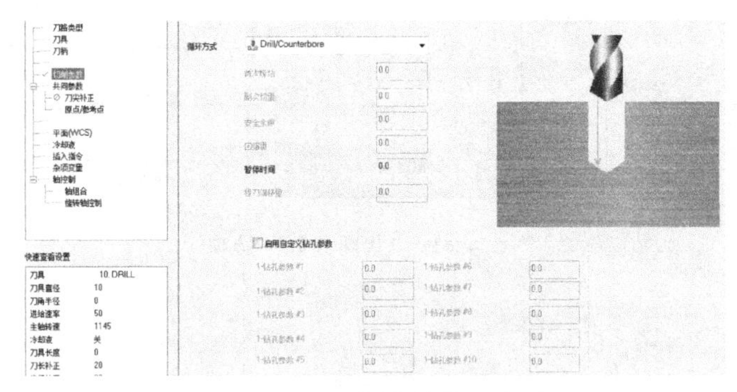

图 5.4.66 “切削参数”选项

5）“共同参数”选项。如图 5.4.67 所示，其他参数与“外形”铣削相同，附加功能可在深度方向增加钻头和丝锥导向锥度部分的长度。

6）“刀尖补正”选项。该选项可设置刀尖补正参数，如图 5.4.68 所示，也可完成刀尖深度的增加。

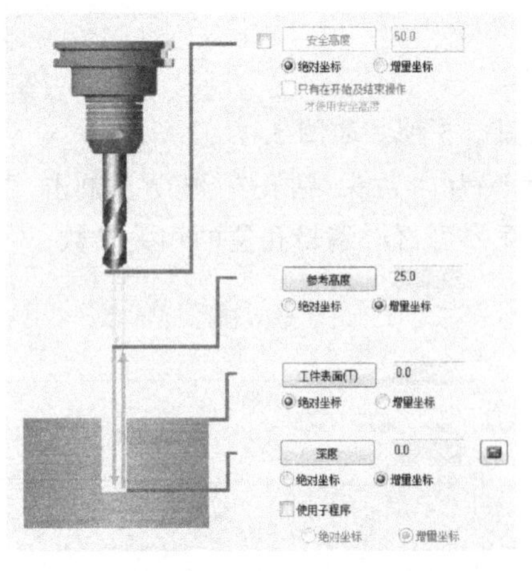

图 5.4.67 “共同参数”选项

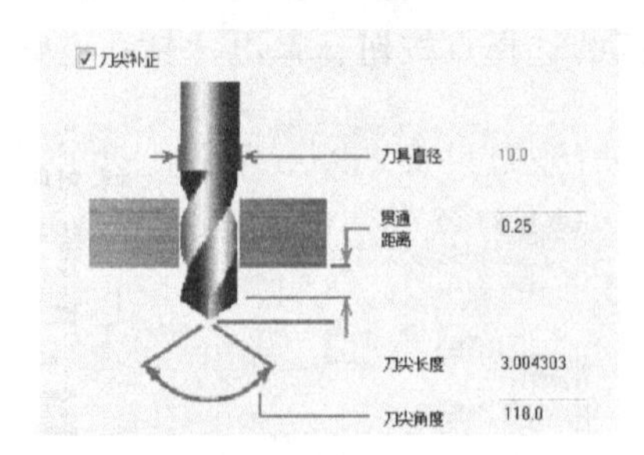

图 5.4.68 “刀尖补正”选项

（3）“挖槽”加工

1）单击按钮，弹出“串连”对话框，点选串连曲线线框。

2）“刀路类型”选项使用默认即可，如图 5.4.69 所示。

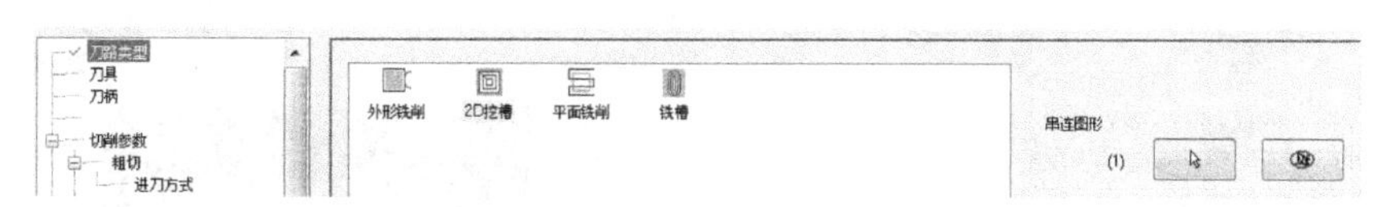

图 5.4.69 “刀路类型”选项

3）“切削参数”选项。如图 5.4.70 所示，挖槽加工方式有 5 种，说明如下。

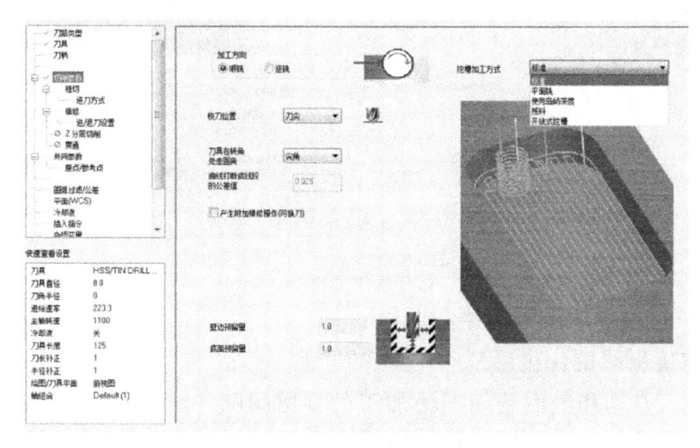

图 5.4.70 “切削参数”选项

① 标准：其加工串连通常为一条封闭曲线，铣削串连曲线内部区域。

② 平面铣：适用于工件上表面的面铣粗加工。

③ 使用岛屿深度：适用于槽内部具有岛屿的挖槽加工。

④ 残料：可对之前加工留下的残料进行加工。

⑤ 开放式挖槽：适用于开放的槽形零件的加工，要设置刀具的超出量。

4）“粗切”选项。图 5.4.71 所示为“粗切”选项，包括“双向”“等距环切”“平行环切”“平行环切清角”“依外形环切”“高速切削”“单向”“螺旋切削”，其中常用的是“等距环切”和“平行环切”。切削间距可通过刀具直径的百分比或直接输入数值来设定。

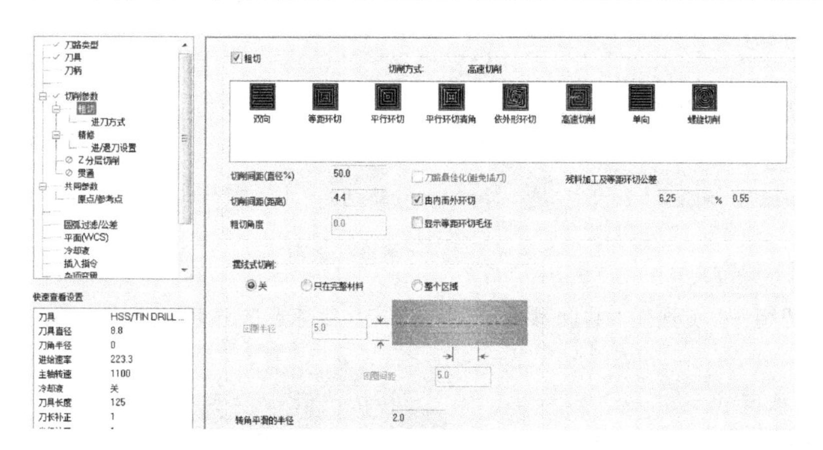

图 5.4.71 “粗切”选项

5）“进刀方式”选项。如图 5.4.72 所示。

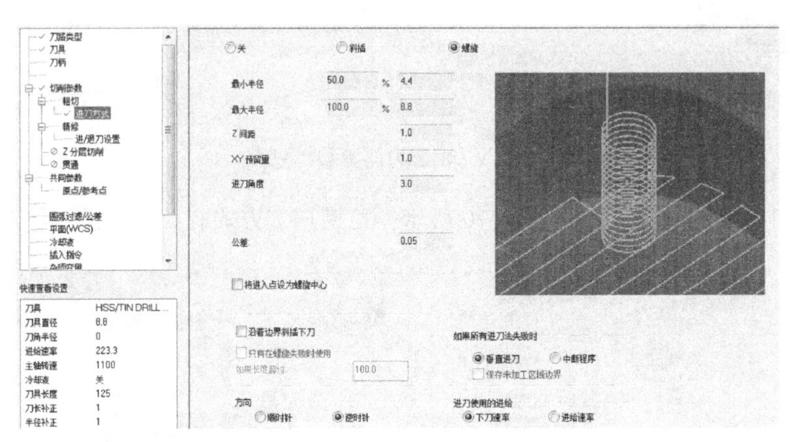

图 5.4.72 “进刀方式”选项

① 最小半径：下刀螺旋线最小半径。

② 最大半径：下刀螺旋线最大半径。

③ Z 间距：螺旋斜线的深度。

④ XY 预留量：刀具和最后精切挖槽加工的预留间隙。

⑤ 进刀角度：螺旋式下刀刀具的下刀角度。

⑥ 斜插：与螺旋参数意义相似。

6）“精修”选项。如图 5.4.73 所示，此选项可设置精修的次数和间距、精修执行的时机。

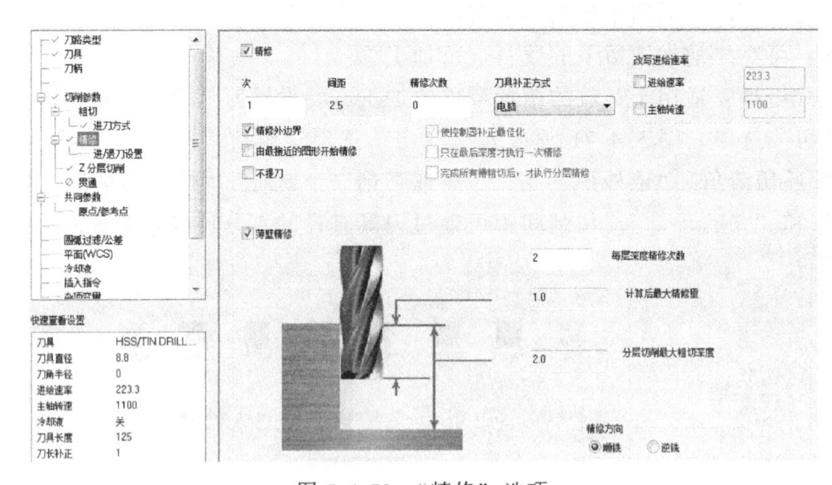

图 5.4.73 “精修”选项

“Z 分层切削”“贯通”“共同参数”及“原点/参考点”选项设置与“外形”铣削选项相同。

3. 3D 功能区

3D 功能区如图 5.4.74 所示。

（1）“挖槽”粗铣加工

1）加工曲面与切削范围的选择。单击“挖槽”按钮，按操作提示选择加工曲面。

加工曲面是要加工的面，例如可选取图 5.4.75 中凸台小平面以外的面。

图 5.4.74　3D 功能区

在“刀路曲面选择”对话框中单击“切削范围”区域中的“选择”按钮，弹出“串连曲线选项”对话框，串连选择切削范围曲线。粗铣加工要求选择切削范围，在图 5.4.75 中可选最大虚线边界。

干涉面即避免加工的面，选取了干涉面后，在生成刀路时，系统使用选取的干涉面对刀路进行干涉检查。干涉面可选图 5.4.75 中的凸台小平面，设置后刀具不会在凸台小平面上产生刀路，可起到优化刀路的作用。

图 5.4.75　加工曲面与切削范围的选择

2）“曲面参数”选项卡如图 5.4.76 所示，其中“安全高度”“参考高度”“下刀位置”的意义与 2D “挖槽”中的“共同参数”的意义相同，设置方法也与其相同。这里的“工件表面”呈灰色，不能输入数值，其数值由系统根据模型自动计算。“加工面预留量”是粗切后为后续精加工留的加工余量，一般根据实际情况留 0.5～1mm。干涉面预留量根据实际情况和生成刀路的需求进行设置。“切削范围”中的“刀具位置”可选择“内”“中心”“外”选项来控制刀具的在曲面上的加工边界范围。

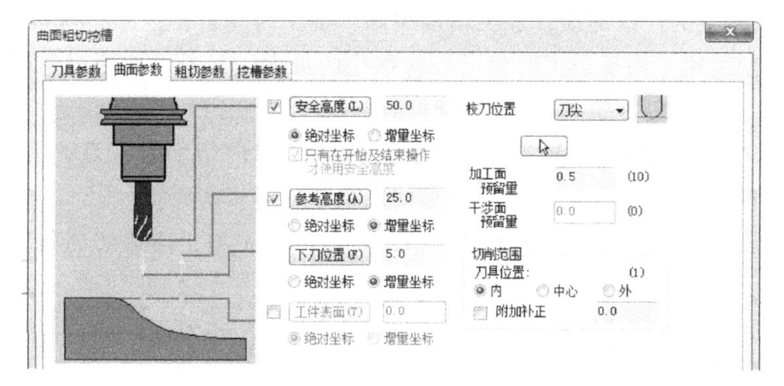

图 5.4.76　“曲面参数”选项卡

3）“粗切参数”选项卡如图 5.4.77 所示，主要用于设置粗铣加工的参数。其中“Z 最大步进量”是主要参数，其数值决定了每一次的切深。

4）“挖槽参数”选项卡如图 5.4.78 所示，主要设置粗切加工切削方式和对应的切削间距（直径%），切削间距一般取50%～75%。

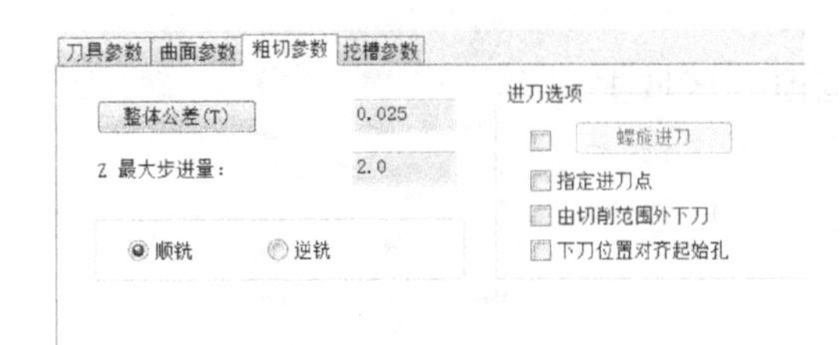

图 5.4.77 “粗切参数”选项卡

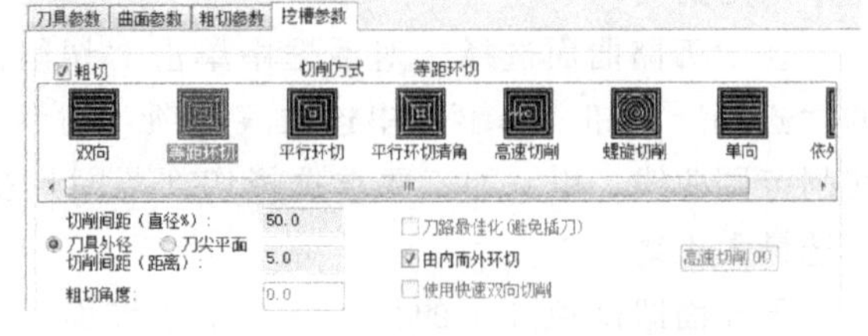

图 5.4.78 “挖槽参数”选项卡

（2）“平行”粗铣加工

“平行”粗铣加工是指沿着给定的方向产生刀具路径并且路径之间平行。

“平行”粗铣加工参数设置主要在“曲面粗切平行”对话框中进行，其余参数设置与“挖槽”相似，所以主要讲解“粗切平行铣削参数”选项卡，如图5.4.79所示。

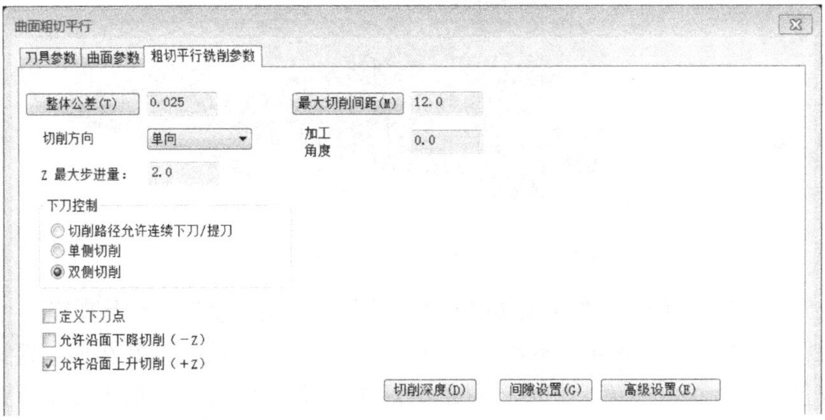

曲面粗切平行
刀具参数 | 曲面参数 | 粗切平行铣削参数
整体公差(T) 0.025　最大切削间距(M) 12.0
切削方向 单向　加工角度 0.0
Z 最大步进量： 2.0
下刀控制
切削路径允许连续下刀/提刀
单侧切削
双侧切削
定义下刀点
允许沿面下降切削（-Z）
允许沿面上升切削（+Z）
切削深度(D)　间隙设置(G)　高级设置(E)

图 5.4.79 “粗切平行铣削参数”选项卡

1）整体公差：指刀具路径的切削误差与过滤误差的总误差。该项设置的数值越小，刀具路径越逼近曲面上的样条曲线，加工精度越高，加工时间越长。

2）最大切削间距：用来设置两相近切削路径的最大进刀量。该项设置的数值越小，生成的刀路越多，表面粗糙度值越小，加工时间越长。

3）切削方向：系统提供两种方式，单向和双向。单向切削时，刀具沿一个方向切削，不产生返回方向切削。双向切削时，刀具来回两个方向都切削。

4）加工角度：加工角度决定了刀具在 XY 平面相对 X 轴正向的切削角度，可设置正角度，也可设置负角度。

5）Z 最大步进量：其值决定了两相近切削路径的最大 Z 方向距离。其值越小，生成的粗加工层次越多，加工越精细，粗加工表面越平顺。

6）下刀控制：系统提供“切削路径允许连续下刀/提刀”“单侧切削”“双侧切削”3种方式。“切削路径允许连续下刀/提刀”控制刀具沿曲面在 Z 方向多次下刀切入和提刀切出。“单侧切削”控制刀具沿曲面一边在 Z 方向切入和退刀切出。“双侧切削”控制刀具沿曲面两边在 Z 方向切入和退刀切出。

7）定义下刀点：勾选该复选框，设置参数后，系统以用户指定点为刀路的起点。

8）允许沿面下降切削（-Z）和允许沿面上升切削（+Z）：这两个复选框可设置刀具沿曲面在 Z 方向的运动方式。

9）切削深度：该按钮可设置粗加工的切削深度，分绝对和增量坐标两种方式。

10）间隙设置：该按钮可设置刀具在不同间隙时的运动方式。

11）高级设置：该按钮可设置刀具在曲面边沿处的运动方式。

（3）“平行”铣削精加工

“平行”铣削精加工是在一系列间距相等的曲面样条曲线中生成的逼近加工模型轮廓刀路的精加工方法。在“高速曲面刀路-平行”对话框中设置“平行”铣削精加工参数。

1）在“刀路”中的3D功能区单击按钮后，弹出“刀路曲面选择”对话框，选择加工曲面与干涉曲面及切削范围后，弹出“高速曲面刀路-平行”对话框，如图5.4.80所示。

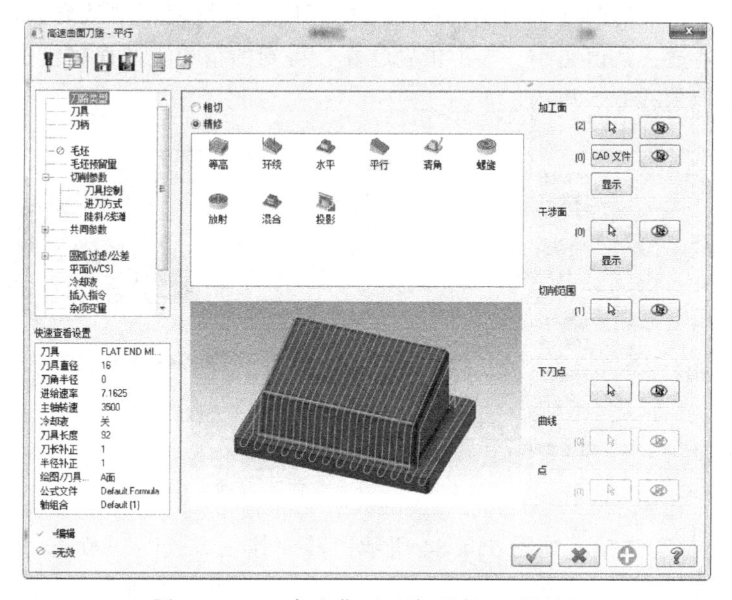

图5.4.80 “高速曲面刀路-平行”对话框

2）“刀具”选项。选用球头铣刀，根据实际情况对“刀号”“刀长补正”“半径补正”“进给速率”“主轴转速”等参数进行设置，如图5.4.81所示。

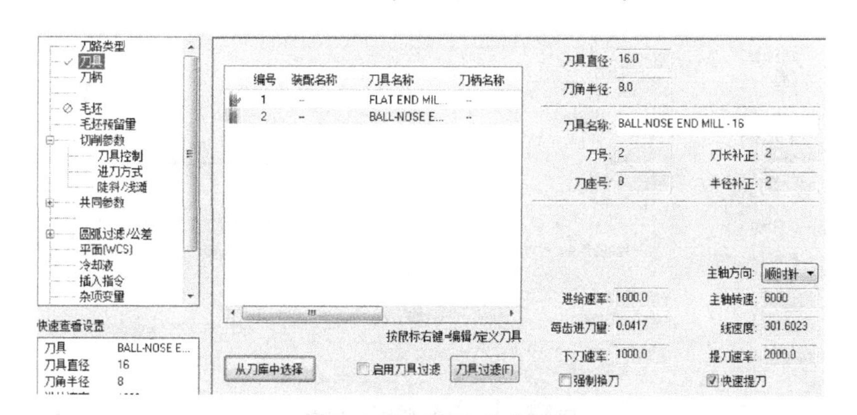

图5.4.81 “刀具”选项

3）“毛坯预留量”选项。精加工时，“壁边预留量”和“底面预留量”均设置为0，“干涉面预留量”根据情况设置，一般情况设置为0，如图5.4.82所示。

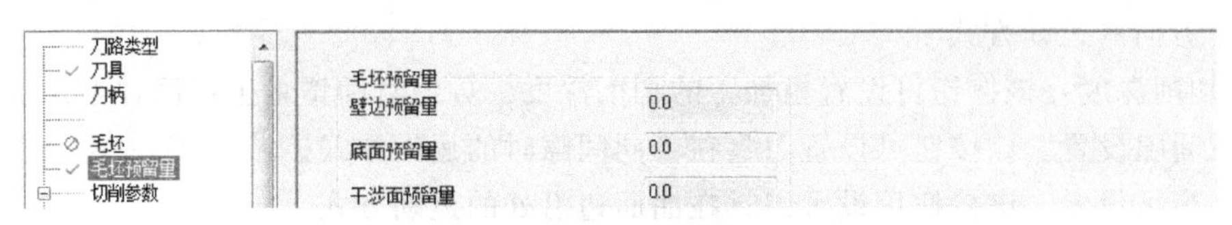

图5.4.82 “毛坯预留量”选项

4）“切削参数”选项。如图5.4.83所示，该选项是“平行”铣削精加工设置的主要部分，其“切削方向”“切削间距”“加工角度”等选项与“平行”铣削粗加工中的意义相同，不再赘述。其与“平行”铣削粗加工不同的是Z深度方向不分层，其深度的加工精度由“残脊高度”的数值控制。“残脊高度”是指用球头铣刀切削时，在两条相近的路径之间，因刀形关系而留下的凸起未切削掉的部分的高度。系统使用“残脊高度”的数值计算截面方向的切削增量，其值越小，加工精度越高，得到的精加工曲面越接近模型曲面。“残脊高度”的一般取值在0.5以内。

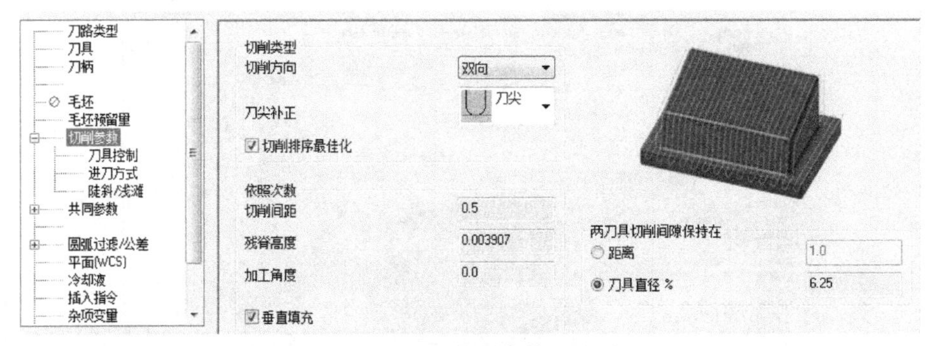

图5.4.83 “切削参数”选项

5）“刀具控制”选项。如图5.4.84所示，其“控制方式”一般选“刀尖”，“补正”要根据实际情况进行选择。“内部”控制刀具的外边界不超过切削范围中选择的边界串连曲线，并可由“补正距离”中的数值控制刀具的中心与边界串连曲线的偏移距离；“中心”控制刀具的中心在切削范围中选择的边界串连曲线上；“外部”控制刀具的内边界超过切削范围中选择的边界串连曲线，并由“补正距离”中的数值控制刀具的中心与边界串连曲线的

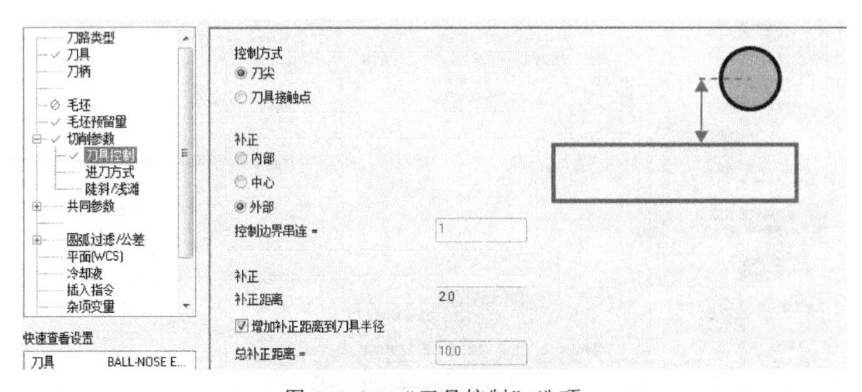

图5.4.84 “刀具控制”选项

偏移距离。

6）“进刀方式”选项。如图 5.4.85 所示，其规定了相邻两条刀路间的过渡方式，一般选择“平滑”。

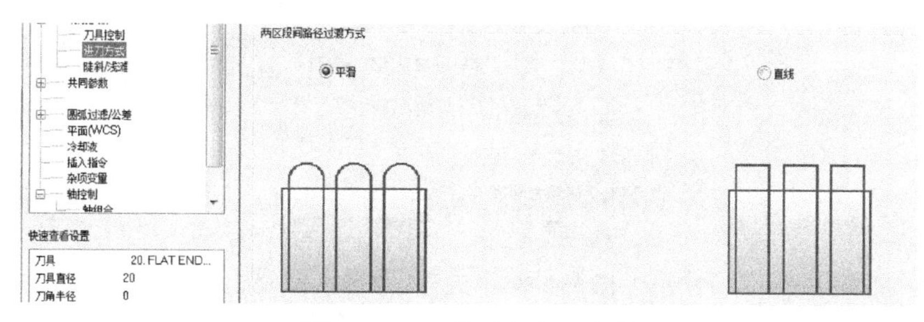

图 5.4.85 “进刀方式”选项

7）“陡斜\浅滩”选项。如图 5.4.86 所示，“角度”可设置角度参数，控制陡斜与浅滩的定义，使系统在陡斜部位增加刀路层数。“Z 深度”可通过设置“最高位置”和“最低位置”参数控制深度方向的切削范围。

8）“共同参数”选项。如图 5.4.87 所示，该选项与 2D 加工中的“共同参数”选项相比较变化较大，可在其中对提刀方式和数值、进/退刀的方式和数值等进行设置，避免加工中的撞刀、过切，保证加工的平顺性和安全性。

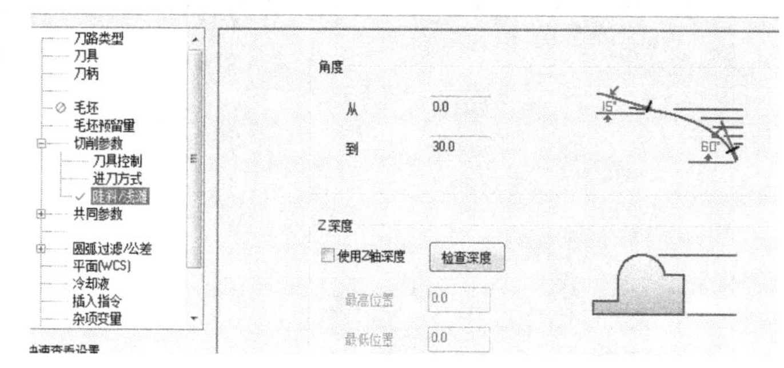

图 5.4.86 “陡斜\浅滩”选项

4. 多轴加工功能区

多轴加工功能区中的命令主要用于四轴和五轴加工，如图 5.4.88 所示。学习多轴加工需要一定的加工基础和 CAM 使用经验，此处不予介绍。

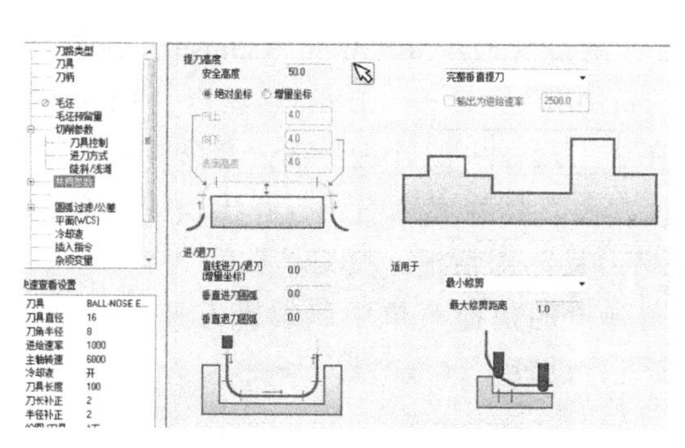

图 5.4.87 “共同参数”选项

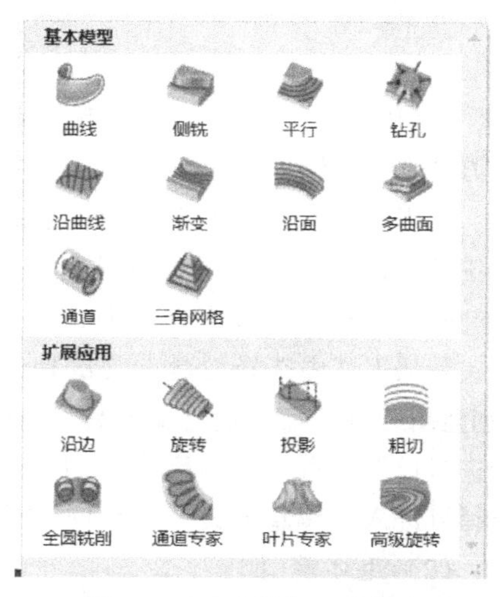

图 5.4.88 多轴加工功能区

5 CHAPTER

5. **“工具”功能区**

“工具”功能区如图 5.4.89 所示，可对铣削相关工具进行设置。

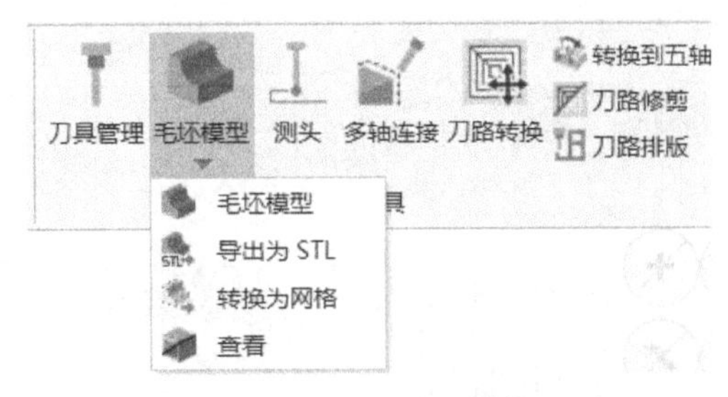

图 5.4.89 “工具”功能区

（1）刀具管理

“刀具管理”对话框如图 5.4.90 所示。

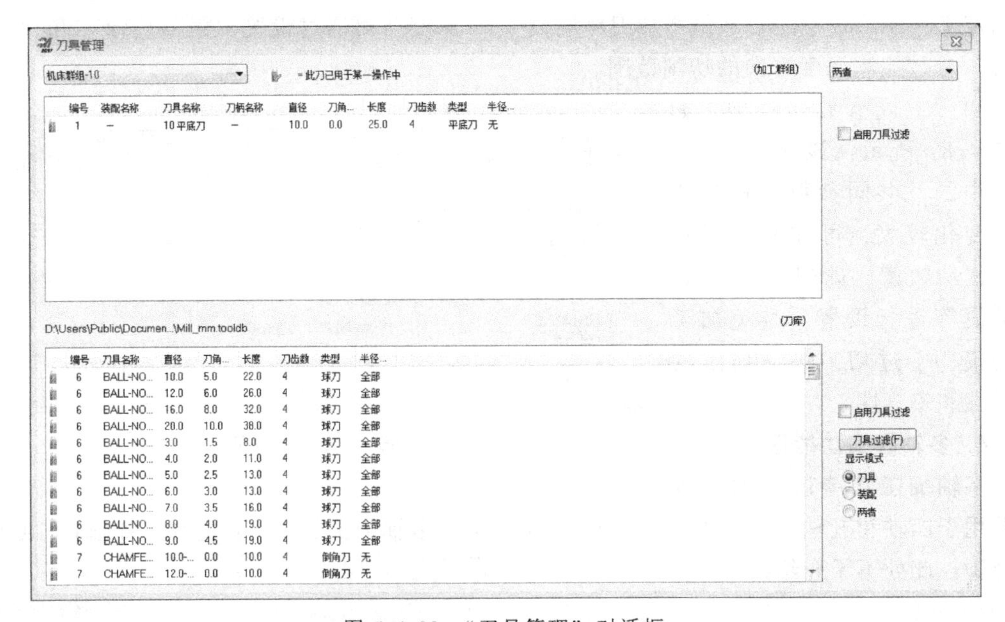

图 5.4.90 “刀具管理”对话框

使用时必须了解铣刀的类型、编程所需基本参数、切削用量、刀具号、刀具长度补偿号与刀具半径补偿号等。

常用的铣刀有平底刀（Flat End Mill）、圆鼻铣刀（End Mill With Radius）、倒角刀、球头铣刀（Ball Nose Mill）、面铣刀、定位钻（Spot Drill）、钻头（Drill）、丝锥（Thread）。

图 5.4.91 所示为铣床刀具的选择与设置在加工操作中的管理界面。最常用的刀具选择方式是从刀库中选择刀具。其次是创建新刀具，在刀具列表区右击，弹出快捷菜单，选择“创建新刀具”命令创建新刀具，会弹出“定义刀具”对话框，按刀具类型、基本参数等逐步进行设置即可。若在已有的刀具上右击，则弹出的快捷菜单中“编辑刀具”命令有效，选择可进入“编辑刀具”对话框，对刀具参数进行设置。

（2）毛坯模型

“毛坯模型”对话框如图 5.4.92 所示。

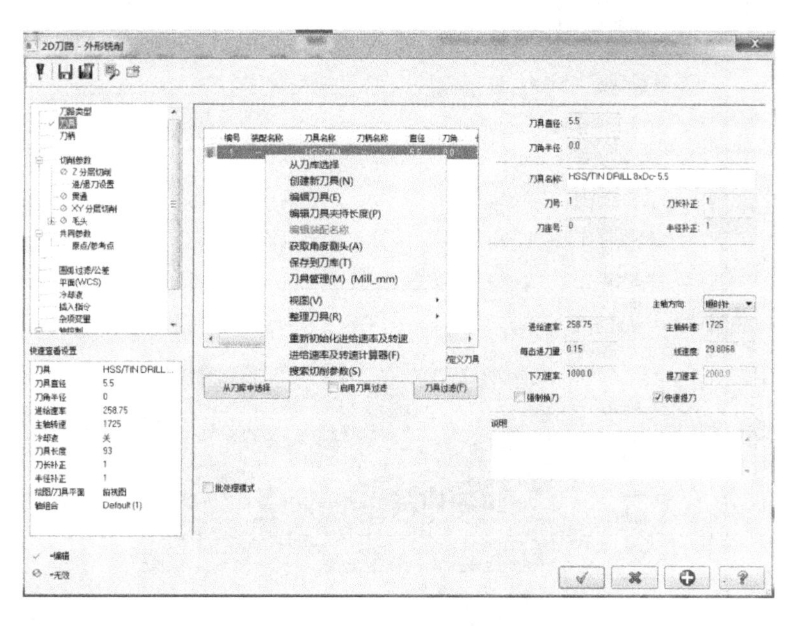

图 5.4.91　铣床刀具管理

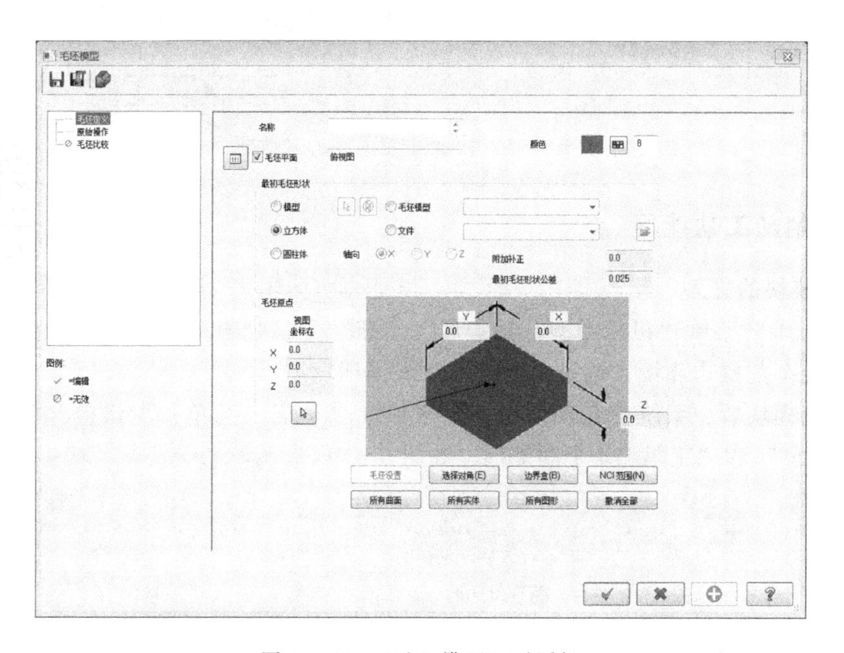

图 5.4.92　“毛坯模型”对话框

毛坯边界尺寸的确定可单击“机器群组属性”对话框中“毛坯设置”选项卡中的“边界盒”按钮，会激活“边界盒”管理器，单击“草图”菜单中的“边界盒”按钮也会激活“边界盒”管理器，从而进行进一步的设置。使用“边界盒”命令，可创建立方体与圆柱体毛坯，如图 5.4.93 所示。用户可预览包含模型的透明边界实体，也可生成毛坯边界线框，默认毛坯实体是不包含余量的，可在毛坯边界尺寸文本框中直接修改，也可按推拉实体的设置方法对毛坯进行编辑操作。

机床群组属性
文件 | 刀具设置 | 毛坯设置
毛坯平面
俯视图
形状
立方体　实体
圆柱体　文件
轴向
X　Y　Z
显示
适度化
线框
实体
毛坯原点
视图坐标
X 0.0
Y 0.0
Z 0.0
选择对角(E)　边界盒(B)　NCI 范围(N)
所有曲面　所有实体　所有图形　撤消全部
使用机床结构

图 5.4.93 “机床群组属性”对话框

5.4.8 车削加工功能区

车削加工功能区

1. 车削模块的进入

选择“机床”菜单“机床类型”功能区“车床”下拉列表中的“默认”选项，进入系统默认的数控车削操作环境，这是常用的车削编程环境。

进入车削模块后，系统会自动地在功能区加载“车削”菜单，默认包含“标准”“C-轴”“零件处理”和“工具”4个功能区，如图5.4.94所示。

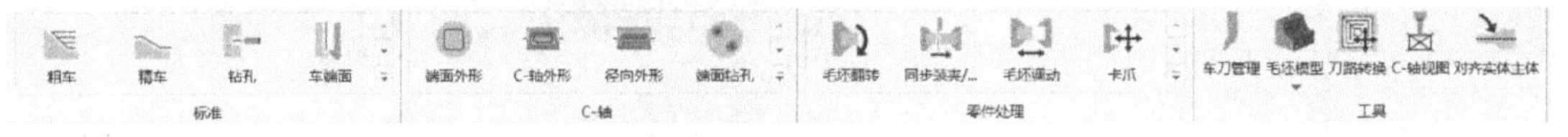

图 5.4.94 “车削”菜单

2. “标准”功能区

“标准”功能区提供了数控车削编程常见的加工刀路，其中包括10种标准刀路、2种手动操作和4种循环刀路，如图5.4.95所示。

（1）“粗车”加工

“粗车”加工主要用于快速去除工件余量，为精加工留下均匀的加工余量。

1）加工轮廓的串连。

单击“粗车”按钮，确定后弹出“串连选项”对话框，拾取加工轮廓，完成轮廓的串选，如图5.4.96所示。

CHAPTER

2）“刀具参数”选项卡如图 5.4.97 所示，从中可选择刀具，设置刀具号与刀补号、切削用量等。与精车相比，粗车的切削用量应选择低转速、大切深、大进给量，一般选择恒转速。对于有恒线速功能的车床，也可根据情况选择恒线速。

3）“粗车参数”选项卡如图 5.4.98 所示。“切削深度”“重叠量”可控制粗车的切削层数。“X 预留量”与“Z 预留量”可控制为精加工预留的余量的大小。“补正方式”一般选“电脑”，系统会自动偏置刀尖圆弧半径，如果精度要求高，可选择控制器补正。补正方向指沿着刀具前进的方向，刀具在线路的左侧是左刀补；沿着刀具前进的方向，刀具在线路的右侧是右刀补。所以车外圆一般是右刀补，车内孔和端面一般是左刀补。“粗车方向/角度”可选择车外圆、镗孔、车端面的车削类型。“切削方式”一般选“单向”。

图 5.4.95 “标准”功能区

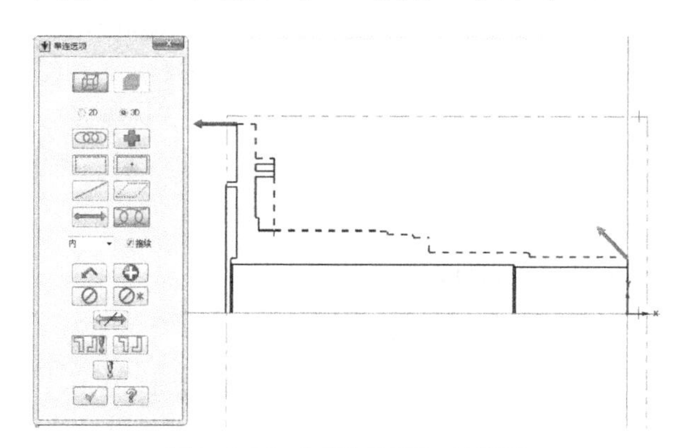

图 5.4.96 “串连选项”对话框

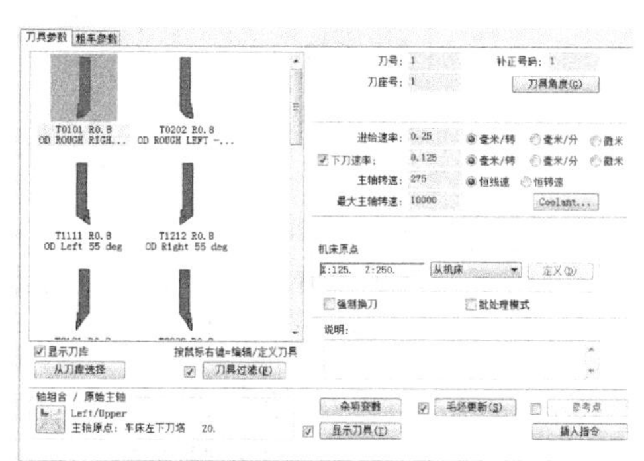

图 5.4.97 “刀具参数”选项卡

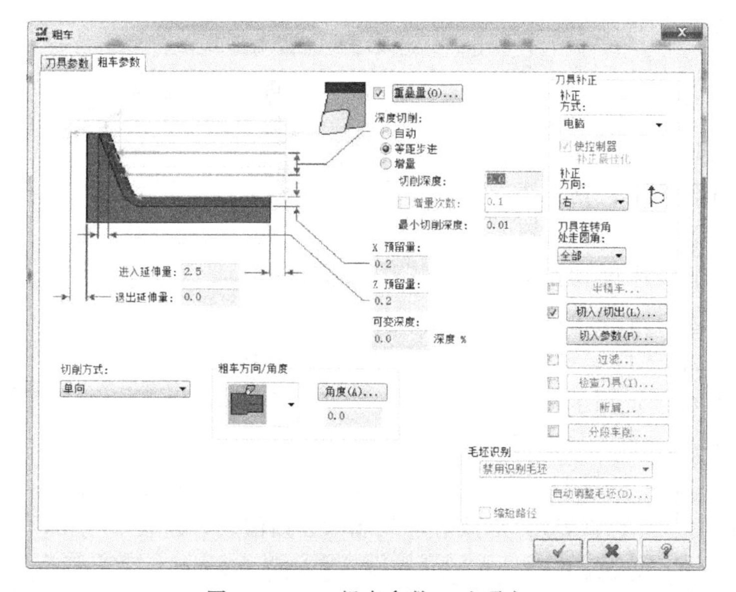

图 5.4.98 “粗车参数”选项卡

“切入/切出”参数是粗车中规定切入和切出刀路的选项，进入“切入/切出设置”对话框，可在“调整外形线”选项组中输入数值，使加工轮廓线的切入与切出外形线段延长或缩短相应的数值距离，这样可确保刀轨能够在切入和切出时都在零件轮廓外延伸点。在“进入向量”选项组中选择“固定方向”的类型并设置相应的“角度”和“长度”，可控制刀具从工件外侧进入切削起始点的方向和距离。通过以上选项的设置，可控制刀具切入与切出的方式，避免撞刀和过切，如图 5.4.99 所示。

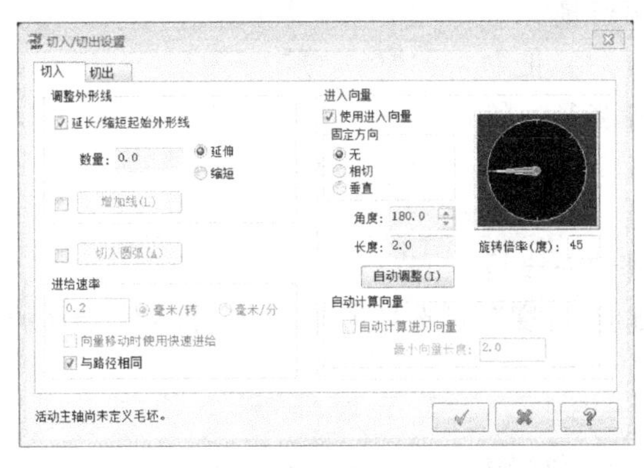

a) 切入

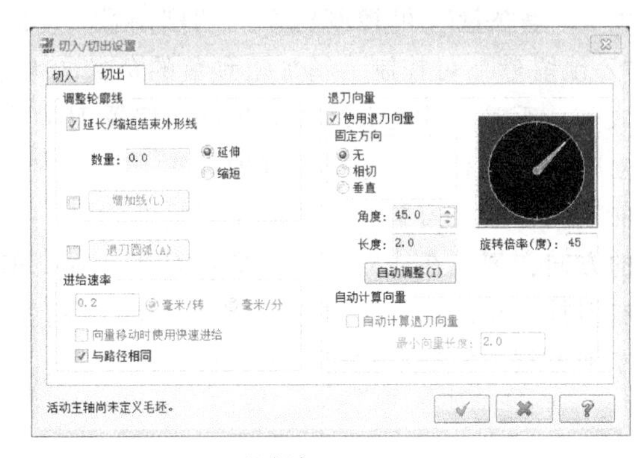

b) 切出

图 5.4.99 “切入/切出设置”对话框

(2)“精车”加工

“精车”加工是在粗车之后，获得最终加工尺寸和精度的加工。

1）加工轮廓串连的选择。

单击“精车”按钮，弹出“串连选项”对话框，选择精车轮廓的方法与粗车相同。

2）“刀具参数”选项卡如图 5.4.100 所示，精车加工一般选精车削刀具，与粗车刀具相比较，其有更大的主偏角和更小的刀尖圆弧半径。与粗车相比，精车的切削用量应选择高转速、小切深、小进给量。对有恒线速度切削功能的车床，一般选用恒线速度切削，以提高精加工的表面质量。

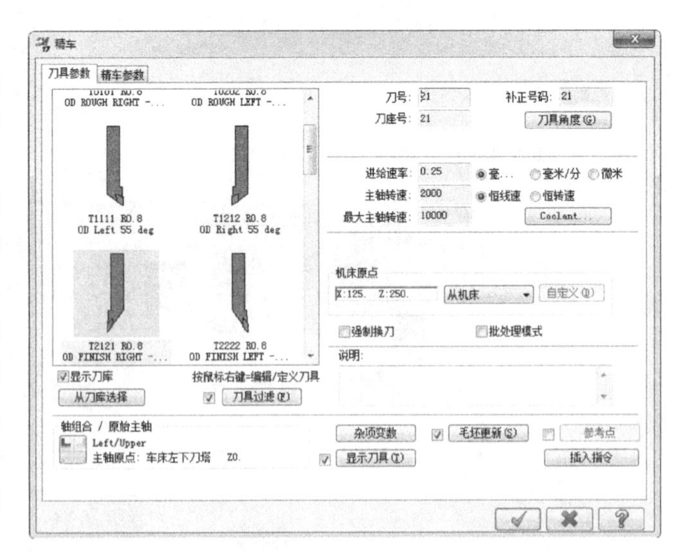

图 5.4.100 “刀具参数”选项卡

3）“精车参数”选项卡如图 5.4.101 所示。精车次数一般设置为 1 次，这时“精车步进量”设置无意义；如果要精车 2 次以上，则“精车步进量”要设置为小于粗车的预留量的数值。“X 预留量”和“Z 预留量”均设置为 0。切入/切出设置方法同粗加工。

5 CHAPTER

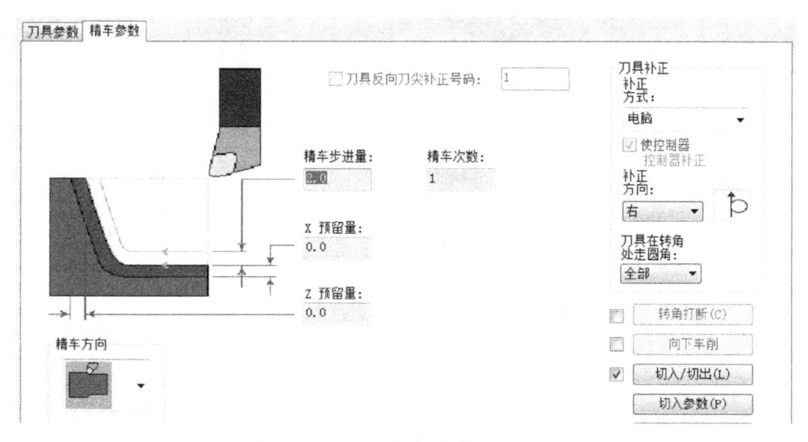

图 5.4.101　“精车参数”选项卡

（3）“车端面”加工

车端面多用于粗加工前毛坯的光端面，根据余量的多少，可一刀或多刀完成。端面位置默认为 Z0 位置，也可设置为非 Z0 位置。

单击“车端面”按钮，弹出“车端面”对话框，包含“刀具参数”和“车端面参数”两个选项卡。

1）“刀具参数”选项卡如图 5.4.102 所示，从中可选用端面车刀。其余设置同“精车”加工。

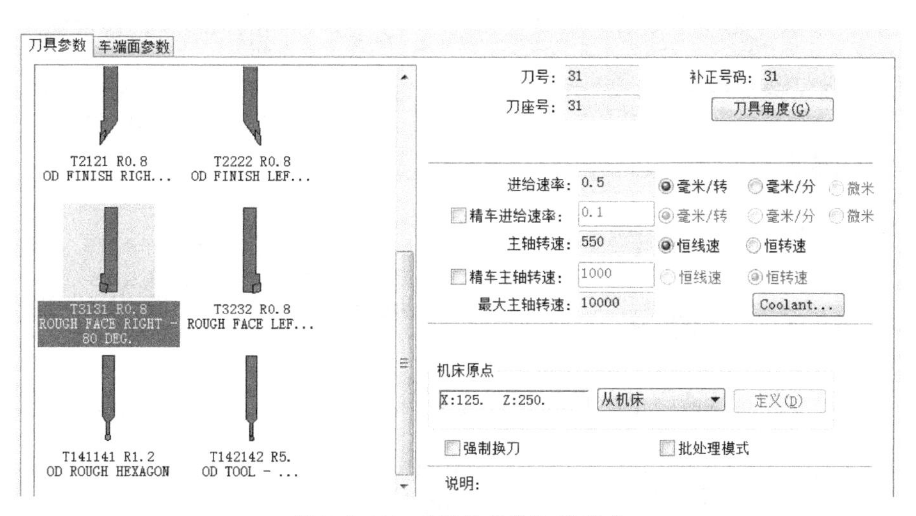

图 5.4.102　“刀具参数”选项卡

2）“车端面参数”选项卡如图 5.4.103 所示，使用“选择点”或“使用毛坯”可设置端面余量，此端面余量设置要和实际的加工余量相符，否则会产生空走刀的状况，影响加工效率。如果不勾选“粗车步进量”复选框，则一刀完成端面加工；如果勾选并设置“粗车步进量”，则多刀完成车端面。如果勾选并设置“精车步进量”，则粗车完后还会生成精加工端面刀路。

（4）“钻孔”加工

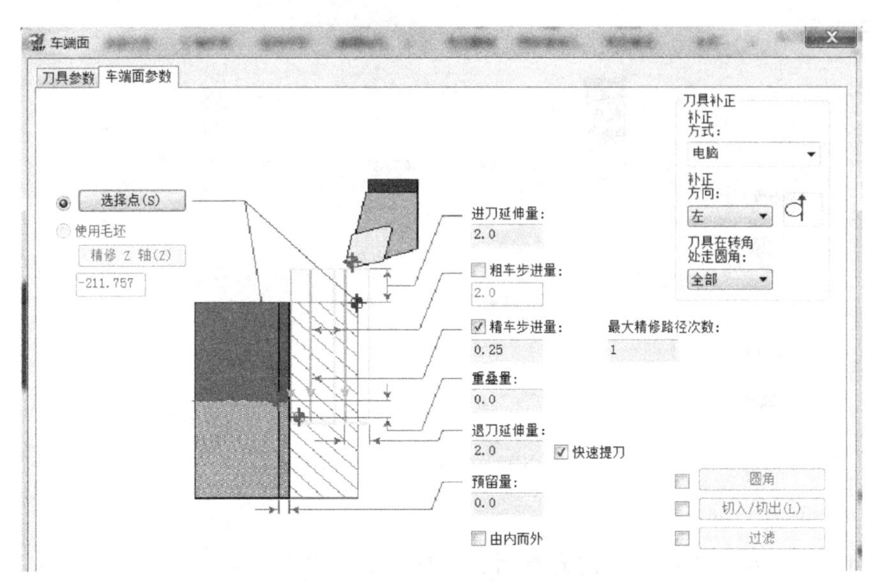

图 5.4.103 “车端面参数”选项卡

车床钻孔用于车床上工件的孔加工，可完成点孔、钻孔、铰孔、攻螺纹等加工。

单击“钻孔”按钮，弹出“钻孔”对话框，包含“刀具参数”“深孔钻-无啄孔”和“深孔钻无啄钻自定义参数”3个选项卡。

1）“刀具参数”选项卡如图5.4.104所示，从中可选择相应的钻头，其余设置同前。

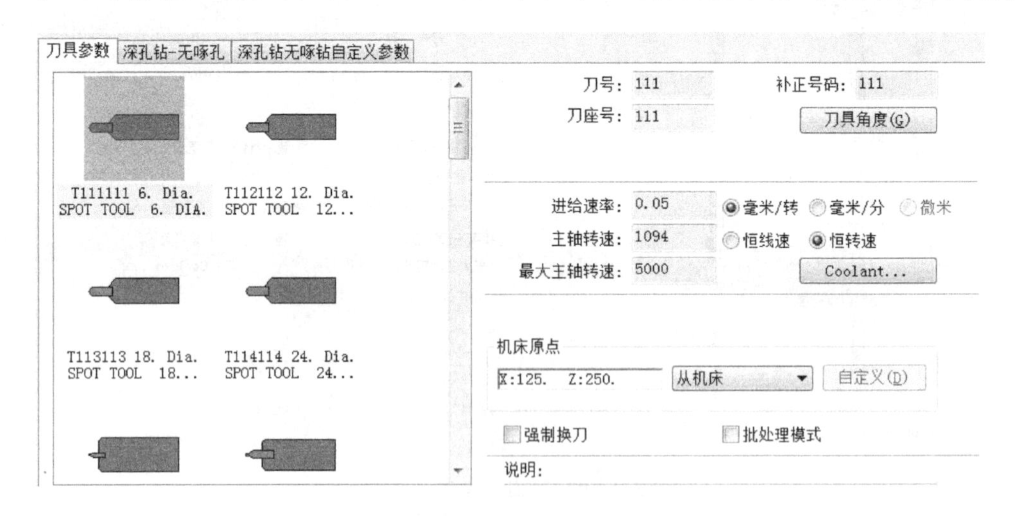

图 5.4.104 “刀具参数”选项卡

2）“深孔钻-无啄孔”选项卡如图5.4.105所示。“深度”选项可设置钻孔深度。“钻孔位置”可设置钻孔的起始位置，可在X、Z文本框中输入坐标值，也可单击“钻孔位置”按钮，在图形中选取相应起始点。“安全高度”可设置钻孔前和钻孔后刀具不发生碰撞的安全位置。“参考高度”可设置多个钻孔动作间刀具平移的位置。车床中“钻孔循环参数”中的“循环”选项与铣床中的2D“钻孔”命令中“切削参数”选项卡中的“循环方式”基本相同，不再赘述。

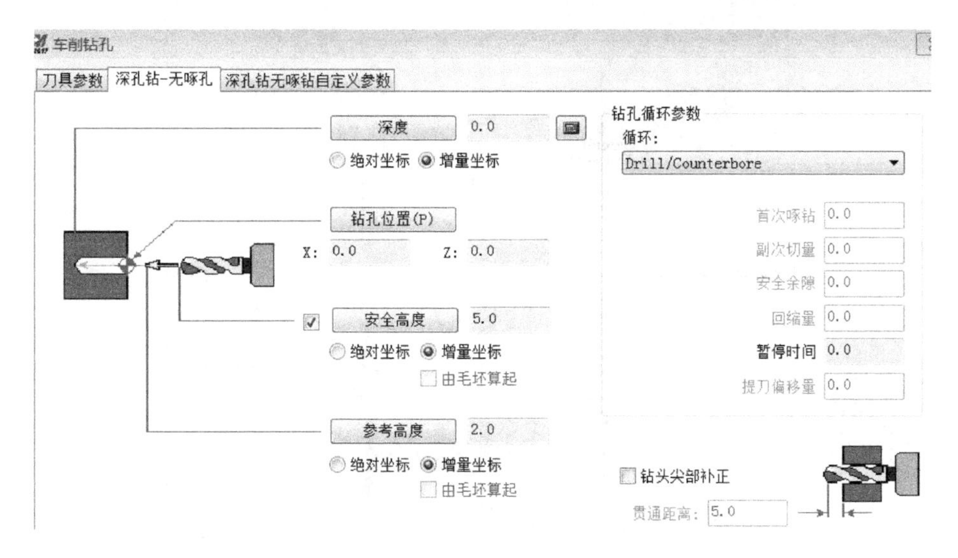

图 5.4.105　“深孔钻-无啄孔”选项卡

3. “C-轴”功能区

“C-轴”功能区中的命令是对有 C 轴功能的车铣复合中心，在车削过程中或完成后，转换到铣功能，对端面、径向等位置铣削外形，钻孔加工设置的。一般的数控车床用不到这些功能。“C-轴”功能区如图 5.4.106 所示。

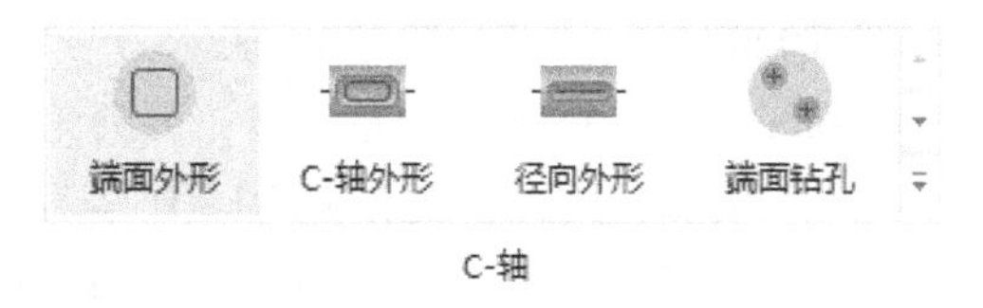

图 5.4.106　“C-轴”功能区

4. 零件处理

“零件处理”功能区中的命令是对有毛坯翻转功能的车床自动进行毛坯翻转，以及对有双夹头的车床进行同步装夹、毛坯调动、卡爪和尾座等的设置，如图 5.4.107 所示。

5. “工具”功能区

“工具”功能区如图 5.4.108 所示，从中可对车削相关工具进行设置。

图 5.4.107　“零件处理”功能区

图 5.4.108　“工具”功能区

（1）车刀管理

“刀具管理”对话框可新建、编辑、删除、导入/导出车刀，还可以创建新刀库、选择其他刀库、从 Mastercam 文件导入刀具，如图 5.4.109 所示。

Mastercam 执行车削加工策略时，也会加载常用的刀具。图 5.4.110 所示为进入“粗车”加工时默认加载的车刀列表。

常见的车刀分为外圆车刀、端面车刀、内孔车刀（又称镗刀）、切断与切槽刀和螺纹车

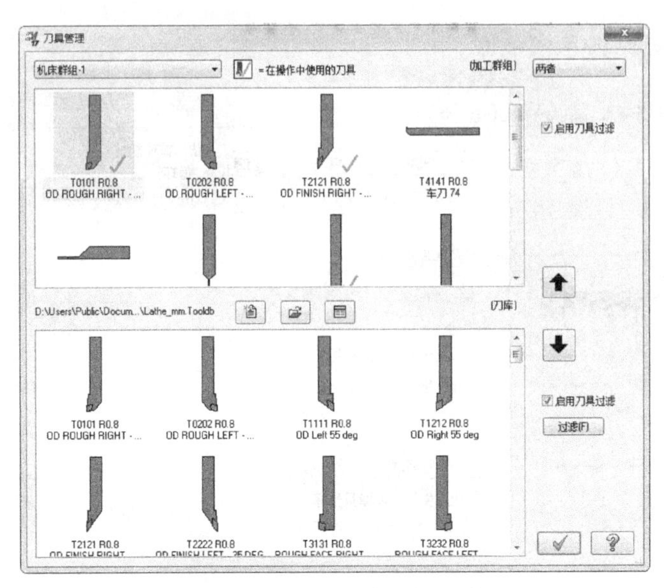

图 5.4.109 “刀具管理”对话框

刀。车刀的下方会有其名称及参数，如“T0202 R0.8 ID ROUGH LEFT-80 DEG.”，表示刀具号为T0202（前面两位数字02表示刀号，后面两位数字02表示刀补号），刀尖圆弧半径为$R0.8$mm，内孔粗车刀，左手型，刀尖角为80°。OD表示外圆；ID表示内孔；FACE表示端面；GROOVE表示车槽；THREAD表示螺纹；ROUGH表示粗车；FINISH表示精车；RIGHT和LEFT分别表示右偏刀和左偏刀；DEG为角度单位“°”的英文缩写，其前面的数值表示刀尖圆弧半径，80DEG表示刀尖圆弧半径为80°。

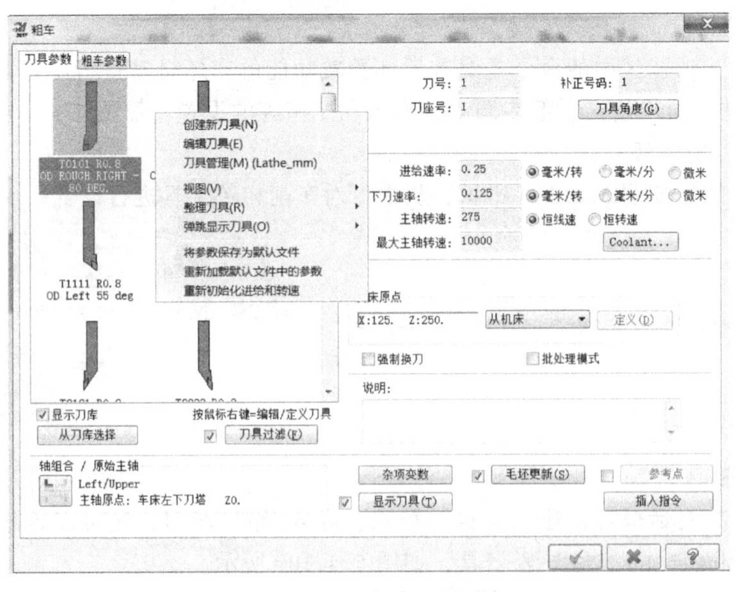

图 5.4.110 “粗车”对话框

列表之外的刀具则必须从刀库中选用或创建新刀具，方法同铣刀操作一样。

（2）毛坯模型

用户可在图 5.4.111 所示的“毛坯模型”对话框中设置和管理毛坯。

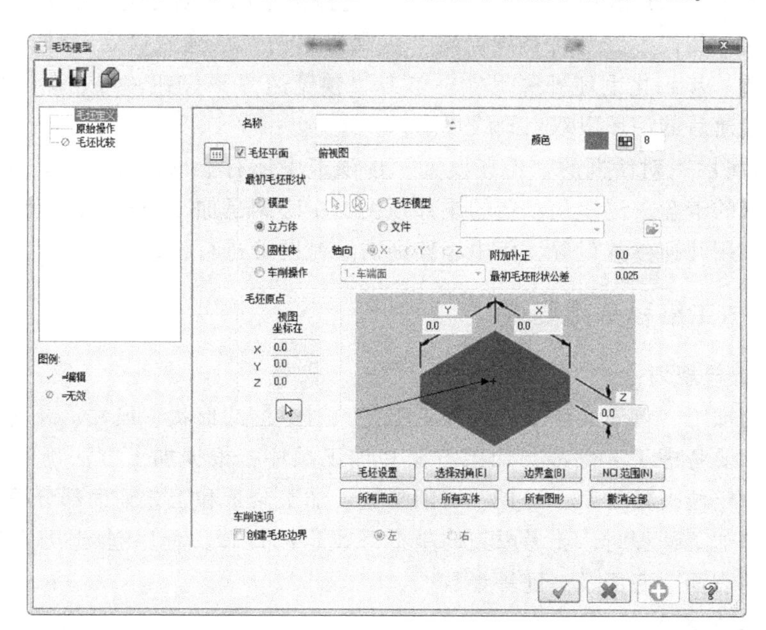

图 5.4.111 “毛坯模型”对话框

在进入车削模块时，系统在“刀路”管理器中会加载一个机床群组-1，单击其下边的机床群组属性，可进入图 5.4.112 所示的“机床群组属性”对话框。此对话框中有一个“毛坯设置”选项卡，也可进行毛坯设置。

单击“毛坯参数”选项组中的“参数”按钮，可进入“机床组件管理-毛坯”对话框，默认打开“图形”选项卡，如图 5.4.113 所示。

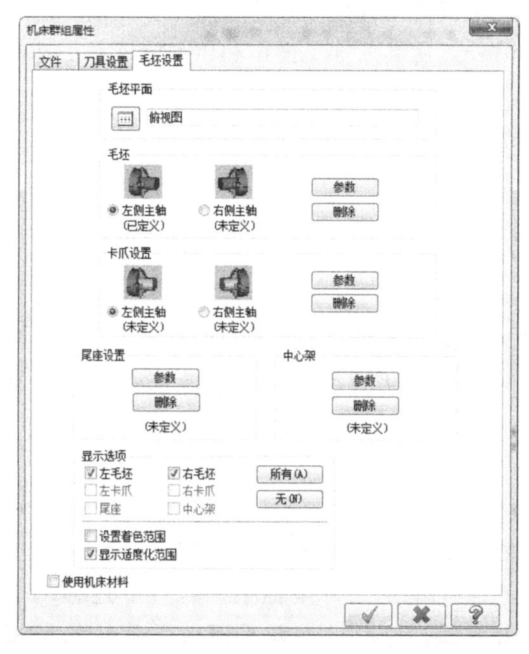

图 5.4.112 “机床群组属性”对话框

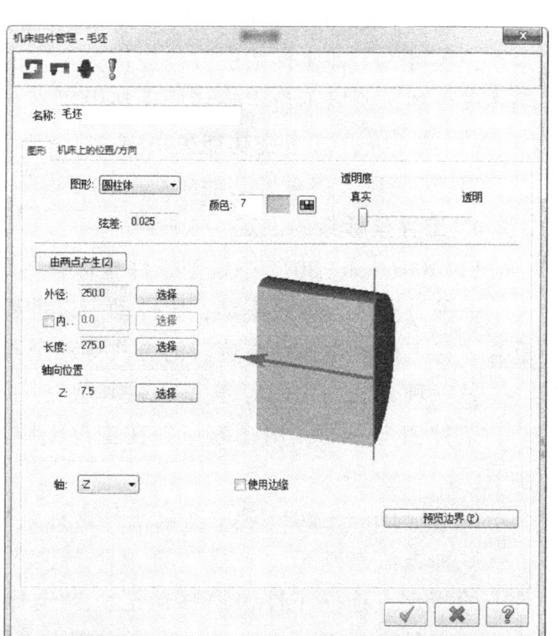

图 5.4.113 “机床组件管理-毛坯”对话框

创建毛坯图形的默认选项是“圆柱体”。系统提供了两种创建毛坯的方法：若知道零件尺寸，可直接输入几何参数进行精确设置，否则可用两点法大致确定尺寸。勾选“使用边缘”复选框可进一步细化毛坯外廓尺寸。单击“预览边界”按钮，可在确定前预览毛坯的大小和位置。创建后的毛坯以双点画线显示。

“机床群组属性”对话框的“毛坯设置”选项卡中还有卡爪设置、尾座设置和中心架3项。卡爪是车床的卡盘，尾座是设置的尾部顶尖，中心架是加工细长轴的机床附件。卡爪和尾座一般可直接用几何参数设置，而中心架则需绘制图形进行设置。

5.4.9 数控加工编程基础要点

1. 工艺分析与规划

进行零件的加工，首先必须规划好加工工艺，对零件的形状、尺寸、几何公差和加工的难点进行分析，要考虑工艺路线、加工方法和加工顺序，根据加工方法确定采用机床的型号、毛坯余量、定位夹紧方案、刀具、切削参数、加工余量和工艺辅助部分等。

规划具体的加工编程时，要考虑工件坐标系设定的位置，程序起/退刀点位置，安全平面高度，工件的表面、底面及高度等参数。

2. 加工模型的准备

在加工编程之前必须要有一个CAD加工模型，并且基于CAD加工模型提取加工特征——加工曲线串连与曲面等，为下一步的编程提供条件。

加工模型可以与设计模型相同，也可以进行改进，以方便加工。工艺模型的修改可以基于Mastercam 2017设计模块的“草图”“曲面”“实体”“建模”“转换”菜单中的相关功能进行。

3. 设定毛坯

毛坯设定是Mastercam 2017中重要的一环，它不仅为工件坐标系的原点位置提供可选的角点，还可为工件坐标系的方位提供参考方向。另外，后续的加工操作和仿真验证都是基于毛坯进行的，所以不设定毛坯或毛坯设置不正确会给后续的加工操作和仿真验证造成麻烦。

1）铣毛坯。参考铣功能模块中“工具”功能区中的“毛坯模型”内容。

2）车毛坯。参考铣功能模块中“工具”功能区中的“毛坯模型”内容。

4. 工件坐标系的设定

1）Mastercam 2017中铣削工件坐标系的设定有两种方法：

一种方法是坐标系不动，工件动。以世界坐标系为基准，工件坐标系始终与世界坐标系重合，将工件通过移动与旋转的方式移动至与世界坐标系重合而设定工件坐标系。

另一种方法与UG等编程软件建立工件坐标系的方法类似，就是工件不动，坐标系动。工件固定不动，用动态指针在工件上建立工件坐标系，参见5.4.5“动态坐标指针”小节。

2）Mastercam 2017建立车削工件坐标系的方法有两种：

一种方法是基于“转换”菜单“转换”功能区的“移动到原点”按钮，可快速将工件上的指定点连同工件快速移动至世界坐标系原点而设定工件坐标系。若按上述移动工件建立工件坐标系，则工件坐标系一般为俯视图平面，这时的毛坯平面就是默认的俯视图坐标系，数控车削加工工件坐标系一般建立在工件端面的几何中心处，如图5.4.114

所示。

另一种方法是工件固定不动，利用动态坐标指针在工件上指定点来创建一个新的坐标系为工件坐标系。创建方式有两种：一种是单击“平面”管理器左上角的“创建新平面”按钮，在下拉列表中选择“动态”选项；另一种是单击视窗左下角的坐标系图标，激活动态

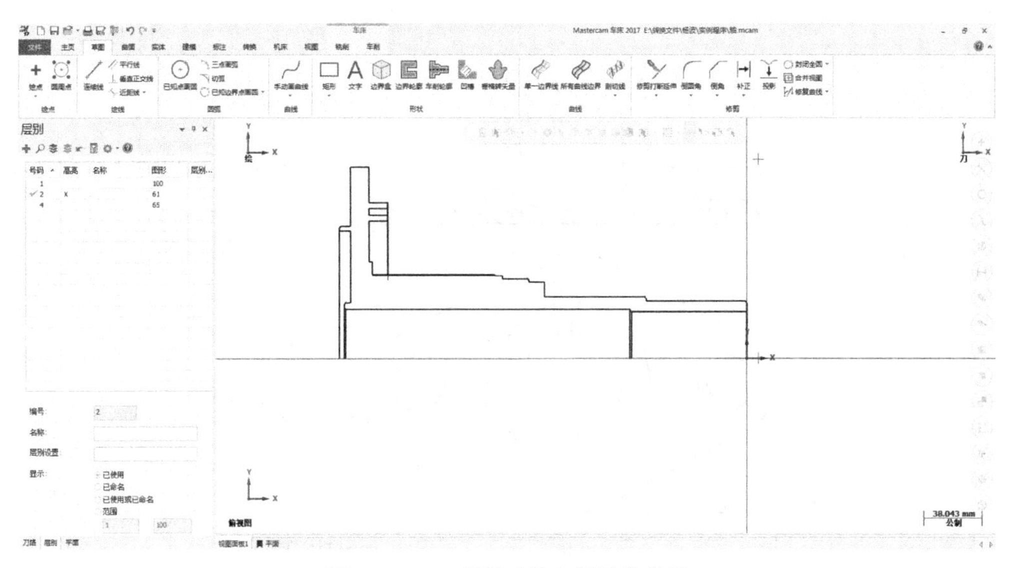

图 5.4.114　车削工件坐标系的设定

指针，然后在视窗中捕抓坐标点来建立工件坐标系。

5. 加工模块的进入

参见 5.4.6 小节的“机床”菜单。

6. 加工刀具的选择与设置

1）数控铣床加工刀具。参见 5.4.6 小节的铣床刀路中的刀具内容。

2）数控车床加工刀具。参见 5.4.6 小节的车床刀路中的刀具内容。

7. 刀具路径模拟与实体加工仿真

参见 5.4.6 小节的“机床”菜单中机床设置功能区中的模拟内容。

8. 后处理

参见 5.2.4 小节。

练　习　题

1. 广义的 CAM 和狭义的 CAM 分别指什么？
2. CAM 系统的主要功能是什么？
3. 数控编程的主要步骤是什么？
4. NC、CNC、DNC 系统的定义及主要功能是什么？
5. CNC 系统与 DNC 系统的发展趋势是什么？
6. 数控加工编程的主要内容有哪些？

7. 什么是机床原点、机床参考点、编程原点？

8. 数控加工中影响工艺参数确定的因素有哪些？

9. 拟定图 5. 5. 1 所示零件的数控铣削加工工艺，填写数控加工工序卡、刀具卡，利用 CAM 软件生成刀路操作，并进行仿真切削加工。

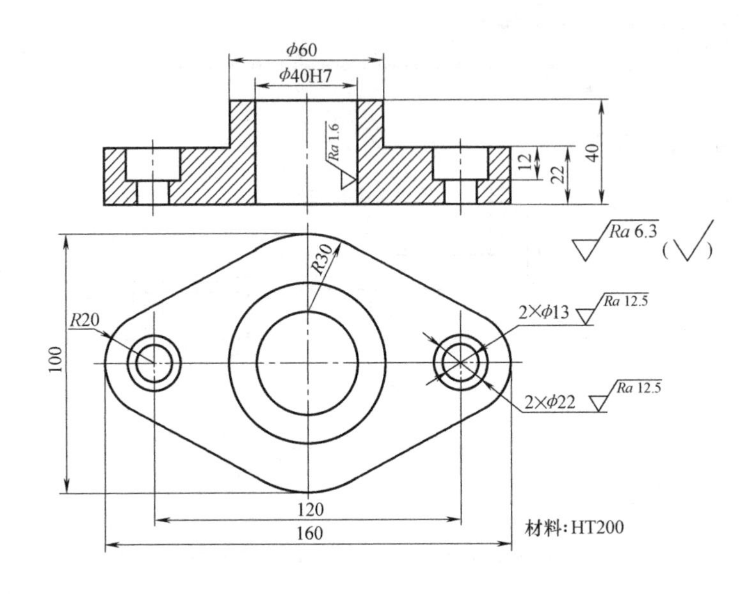

图 5. 5. 1 题 9 图

10. 确定图 5. 5. 2 所示零件的加工顺序，设定加工参数，选用刀具，编制并填写数控工艺卡片，利用 CAM 软件生成刀路操作，并进行仿真切削加工。

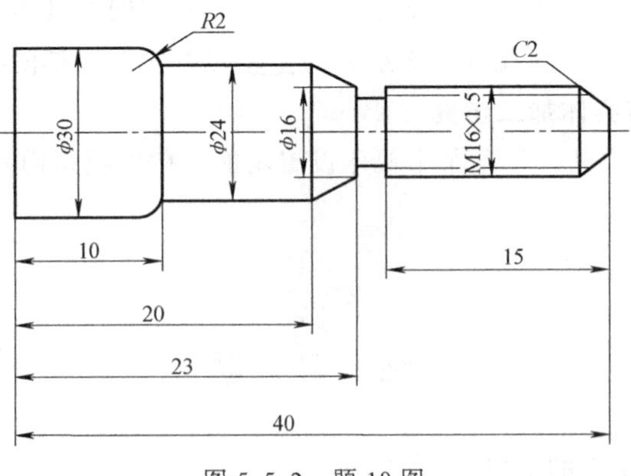

图 5. 5. 2 题 10 图

第6章 CAD/CAM技术的集成与发展

6.1 CAD/CAM 系统集成的方法

CAD/CAM 系统集成包括 3 个方面：硬件集成，指 CAD 系统网络与 CAM 网络互联；信息集成，指 CAD/CAM 系统双向数据共享与集成；功能集成，指的是产品数据管理系统(Product Data Management System，PDMS)。目前的 CAD/CAM 系统大多停留在信息集成层面。因此，一般的 CAD/CAM 系统集成指的是 CAD、CAE、CAPP、CAFD、CAM 等各种功能软件有机地结合在一起，用统一的执行程序来控制和组织各种功能软件的信息的提取、转换和共享，从而达到系统内信息的畅通和系统协调运行的目的。

根据信息交换方式和共享程度的不同，CAD/CAM 系统的集成方案主要有以下几种。

1. 通过专用数据接口实现集成

这是一种初级的文件传输集成方式。利用这种方式实现集成时，各子系统都在独立的数据模式下工作，如图 6.1.1 所示。当系统 A 需要系统 B 的数据时，需要设计一个专用的接口文件以将系统 B 的数据格式直接转换成系统 A 的数据格式，反之亦然，因此图中的每一条线都是双向的。如果存在 N 个独立的系统，要求每个系统都能自由交换数据，在每个子系统中都必须做 N 个数据转换子程序。

这种集成方式的原理简单，运行效率较高。但开发的专用数据接口无通用性，不同的 CAD、CAPP、CAM 系统都要开发不同的接口，且当其中的某个数据结构发生变化时，其他相关的所有接口程序都要修改。

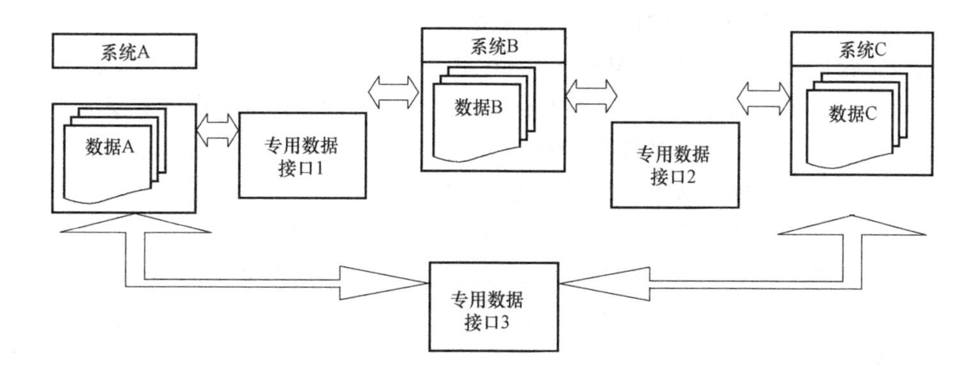

图 6.1.1　专用数据接口

2. 利用标准格式接口文件实现集成

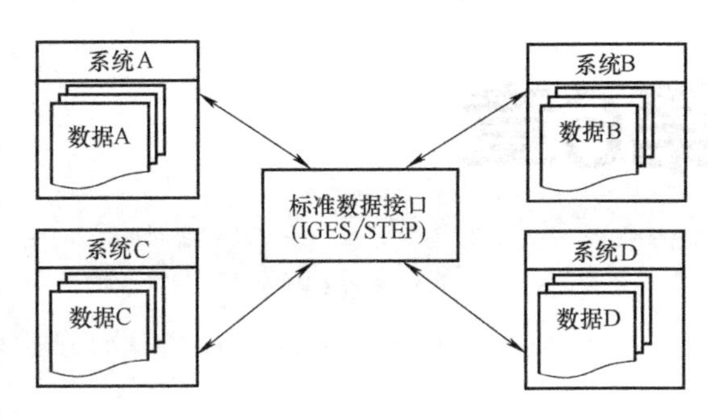

图 6.1.2　标准格式数据接口

这种集成方式是建立一个与各个子系统无关的公共接口文件 A（图 6.1.2），其他各个子系统都必须满足这个公共接口的要求，每一个子系统中只有两个数据转换子程序，当某一系统数据结构发生变化时只需修改此系统的前/后置处理程序即可。这种集成的关键是建立公共的标准格式文件。目前，国际标准化组织已研究出多种公共标准格式，其中推出的典型的有 IGES、STEP 两种。一般，CAD/CAM 商用软件都提供了符合标准格式的前/后置处理功能，故用户不必自行开发。

3. 基于统一产品模型和数据库的集成

工程数据库可以存储大量复杂的数据。基于统一产品模型和数据库的集成是一种将 CAD、CAE、CAM、CAPP 作为一个整体来规划和开发的，优化设计以工程数据库为基础的，实现系统高度集成和共享的方案。图 6.1.3 所示为一个 CAD、CAE、CAPP、CAM 集成系统框架图。从图 6.1.3 中可见，集成产品模型是实现集成的核心，统一工程数据库是实现集成的基础。各功能模块通过公共数据库及统一的数据库管理系统实现数据的交换与共享，从而避免了数据文件格式的转换，消除了数据冗余，保证了数据的一致性、安全性和可靠性。

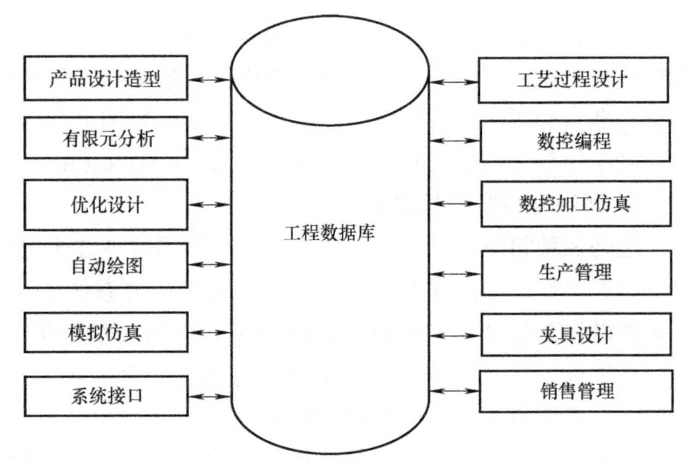

图 6.1.3　以工程数据库为核心的集成系统

4. 基于产品数据管理（PDM）的系统集成

产品数据管理（Product Data Management，PDM）出现于 20 世纪 80 年代，当时主要是为了处理生产中的大量图样、技术资料的存储问题。随着计算机辅助设计的发展，现在已经渗透到设计图样、电子文档、材料明细表、工程文档的集成、工程变更请求、指令的跟踪管理等领域，同时成了 CAD/CAM 一项不可缺少的技术。

PDM 技术是以产品数据的管理为核心，通过计算机网络和数据库技术，把企业生产过程中所有与产品相关的信息和过程进行集成管理的技术。与产品相关的信息包括开发计划、产品模型、工程图样、技术规范、工艺文件、数控代码等，与产品相关的过程包括设计、加工制造、计划调度、装配、检测等工作流程及过程处理程序。基于 PDM 的系统集成集数据库管理、网络通信能力和过程控制能力于一体，将多种功能软件集成在一个统一平台上，因而它不仅能实现分布式环境中产品数据的统一管理，同时还能为人与系统的集成及并行工程的实施提供支持环境，可以保证正确的信息在正确的时刻传递给正确的人。图 6.1.4 所示为基于 PDM 的集成系统体系结构。其中，系统集成即 PDM 核心层，向上提供 CAD、CAPP、CAM 的集成平台，把与产品有关的信息集成管理起来；向下提供对异构网络和异构数据库的接口，实现数据的跨平台传输与分布处理。由图 6.1.4 可见，PDM 可在更大程度和更广范围内实现企业内的信息共享。

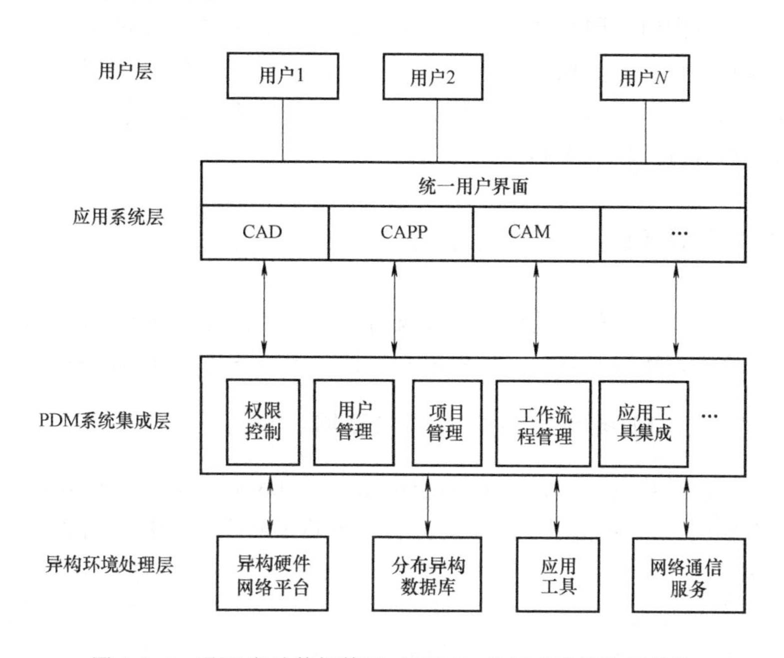

图 6.1.4 基于产品数据管理（PDM）的集成系统体系结构

5. 基于特征方法的系统集成

基于特征的方法通过引入特征的概念，建立特征造型系统，以特征为桥梁完成系统的信息集成。基于特征的产品建模把特征作为产品定义模型的基本构造单元，并将产品描述为特征的有机集合。

特征兼有形状（特征元素）和功能（特征属性）两种属性，具有特定的几何形状、拓扑关系、典型功能、绘图表示方法、制造技术和公差要求等。基本特征属性包括尺寸属性、精度属性、装配属性、工艺属性和管理属性。这种面向设计和制造过程的特征造型系统，不仅含有产品的几何形状信息，而且也将公差、表面粗糙度、孔、槽等工艺信息建在特征模型中，因而有利于 CAD、CAPP 的集成。

基于特征的集成方法有两种，即特征识别法和特征设计法。特征识别法又分为人机交互特征识别和自动特征识别。前者由用户直接拾取图形来定义几何特征所需的几何元素，并将精度等特征属性添加到特征模型中。后者从现有的三维实体中自动识别出特征信息。这种集成方法对简单的形状识别比较有效，而且开发周期短，也符合产品与工艺设计的思维过程。但当产品形状复杂时，进行特征识别就比较困难，而且一些非几何形状信息也无法自动获取，要靠交互补充辅助获取。

基于特征设计的方法与传统的实体造型方法截然不同，它是按照特征来描述产品结构特征进行产品设计的。特征设计以特征库中的特征或用户定义的特征实例为基本单元，建立产品特征模型，通过建立特征工艺知识库，可以实现零件设计与工艺过程设计的集成。

6. 面向并行工程的系统集成

面向并行工程的方法在设计阶段就可进行产品工艺分析和设计、PPC/PDC（生产计划控制/生产数据采集），在整个过程中贯穿着质量控制和价格控制，使集成达到更高的程度。其对于子系统的修改，可以通过对数据库（包括特征库、知识库）的修改而改变系统的数据。它在设计产品的同时，同步地设计与产品生命周期有关的全部过程，包括设计、分析、制造、装配、检验、维护等。设计人员要在每一个设计阶段考虑这一设计结果能否在现有的制造环境中以最优的方式制造，整个设计过程是一个并行的动态设计过程。这种基于并行工程的集成方法要求有特征库、工程知识库的支持。

6.2 CAD/CAM 技术的发展趋势

随着对 CAD/CAM 技术的不断研究、开发与广泛应用，对 CAD/CAM 技术的要求也越来越高，因此从 CAD/CAM 自身技术的发展来看，将朝着如下几个方向发展。

6.2.1 向 CAD/CAM 系统的集成化方向发展

计算机集成制造系统（Computer Integrated Manufacturing Systems，CIMS）是在新的生产组织原理指导下形成的一种新型生产模式，它要求将 CAD、CAPP、CAM、CAB 集成起来。CAPP（计算机辅助工艺规划设计）是指利用计算机对产品及加工零件工艺参数进行合理选择。而 CAM（计算机辅助制造）是指按照所设计的产品形状及 CAPP 生成的代码进行数控加工，并考虑对刀具补偿等进行的后置处理，以及加工过程的动态仿真、机器人在线控制等。CAE（计算机辅助工程分析）则是指对产品零件的机械应力、热应力等的动态特性进行有限元分析，以及考虑产品本身等因素的优化设计。CAD、CAPP、CAM、CAE 的集成应是建立一种新的设计、生产、分析及技术管理的一体化，并不是将孤立的 CAD、CAPP、CAM 和 CAE 等系统进行简单的连接，而是从概念设计开始就考虑到集成。

CIMS 是现代制造企业的一种生产、经营和管理模式，它以计算机网络和数据库为基础，利用信息技术（包括计算机技术、自动化技术、通信技术等）和现代管理技术将制造企业的经营、管理、计划、产品设计、加工制造、销售及服务等全部生产活动集成起来，将各种局部自动化系统集成起来，将各种资源集成起来，将人、机系统集成起来，实现整个企业的信息集成，达到实现企业全局优化、提高企业综合效益和提高市场竞争力的目的，在企业内的人、生产经营和技术这三者之间的信息集成的基础上，使企业成为一个统一的整体，保证企业内的工作流、物质流和信息流畅通无阻。

1）人员集成。管理者、设计者、制造者、保障者（负责质量、销售、采购、服务等的人员）及用户应集成为一个协调整体。

2）信息集成。产品生产周期中各类信息的获取、表达、处理和操作工具集成为一体，组成统一的管理控制系统。特别是产品信息模型（PM）和产品数据管理（PDM），在系统中应进行一体化的处理。

3）功能集成。产品生命周期中，企业各部门功能集成，以及产品开发与外部协作企业间功能的集成。

4）技术集成。产品开发全过程中，涉及的多学科知识以及各种技术、方法的集成，并形成集成的知识库和方法库，以利于CIMS的实施。

CIMS的目标在于企业的总体效益，而企业能否获得最大的效益，很大程度上又取决于企业各种功能的协调。一般来说，企业集成的程度越高，这些功能就越协调，竞争取胜的机会也就越大。因为只有将各种功能有机地集成在一起才可能共享信息，才能在较短的时间内做出高质量的经营（业务）决策，才能提高产品的质量、降低成本、缩短交货期。单纯地使用计算机，只提高单项技术的自动化程度而不考虑各种功能的集成，则不可能使企业整体优化，也不可能有效地提高企业对市场的快速响应能力。只有集成才能使“正确的信息在正确的时刻以正确的方式到正确的地方”，因此集成是构成整体、系统的主要途径，是使整个企业成功的关键因素。

从目前的研究来看，如下关键技术的进展与实现有利于逐步实现系统的集成。

1）计算机图形处理技术。

2）图形输入和工程图样识别。

3）产品造型技术。

4）参数化设计方法、变量设计技术。

5）计算机辅助工艺规程设计（CAPP）。

6）工程数据库管理技术。

7）数据交换技术等。

6.2.2 向CAD/CAM智能化方向发展

机械设计是一种复杂的、富于创造性的活动，设计过程中需要许多领域的专门知识、丰富的实践经验和问题求解技巧。该过程不仅仅只是数值计算，而且包含大量的决策性和创造性的活动（如概念设计、方案选择、材料选择等），需要进行思考、推理和判断。而以往的CAD技术仅着眼于数值计算，其实质就是一种“数值+计算”的程序，这就使它存在以下一些缺陷。

1）设计过程中的决策环节需用户来完成，这就要求用户具有较高的技术水平。

2）在以往的CAD程序中，有关某个课题的知识和利用这些知识的方法是在一起的，并且是隐含的，理解、修改不便，难以移植。

3）对大型、复杂的问题，单纯地应用CAD技术可能会导致知识组合爆炸问题。

4）以往CAD的基础是数学模型，但实际影响设计的因素很多。建立数学模型往往做了许多假设与简化，导致与实际情况有较大的偏差。

这些缺陷极大地影响了CAD技术的实际效用。随着人工智能（Artificial Intelligence，AI）的发展，智能制造技术也日趋成熟。智能制造技术是一种由智能机器和人类专家共同组成的人机一体化技术，它在制造工业的各个环节中以一种高度柔性与高度集成的方式，通过计算机模拟人类专家的智能活动，诸如分析、推理、判断、构思和决策等，取代或延伸制造环境中人的部分脑力劳动，同时对人类专家的制造智能进行收集、存储、完善、共享、继承和发展。智能制造技术是通过集成传统的制造技术、计算机技术、自动化及人工智能等学科的发展而出现的一种新型制造技术。专家系统（Expert System，ES）是它的典型代表。专家系统实质上是一种“知识+推理”的程序，它具有如下一些优点。

1）ES中包含丰富的领域专家的知识及模拟专家思维的推理控制机制，可帮助用户做出专家水平的决策，而又不要求用户具有较高的技术水平。

2）ES中的知识和推理部分是分开的、相互独立的，修改、扩充方便，易于移植。

3）ES中运用了AI的搜索技术，使得设计总是朝着最有希望成功的方向进行，而对解决当前任务无关的部分则不进行处理，这就可有效地避免NP情况（不可解的情况）的发生。

4）ES以知识为基础，这些知识可以是不完全的、模糊的，并通过模糊推理或多次分析评价不断地对设计结果进行修正，从而获得符合实际的优化方案。

5）专家经验是稀有资源，它的提炼和再现将创造财富。ES将一个或多个专家的知识提取出来，使其形式化、程序化，使专家知识实现共享，并且不受环境、时间、空间的限制，具有很大的经济效益和社会效益。

因此，将ES技术应用于机械设计领域，并与CAD技术结合起来形成的智能CAD系统，必将大大提高机械设计的效率和质量，使CAD技术更加实用和有效。

6.2.3 向CAD/CAM网络化方向发展

自20世纪90年代以来，计算机网络已成为计算机发展进入新时代的标志。所谓计算机网络，就是用通信线路和通信设备将分散在不同地点的多台计算机按一定的网络拓扑结构连接起来。这些功能使独立的计算机按照网络协议进行通信，实现资源共享。随着CAD、CAPP、CAM技术的日趋成熟，可应用于越来越大的项目。这类项目往往不是一个人，而是多个人、多个企业在多台计算机上协同完成，所以分布式计算机系统非常适用于CAD、CAPP、CAM的作业方式。同时，随着Internet的发展，可针对某一特定产品，将分散在不同地区的现有智力资源和生产设备资源迅速组合，建立动态联盟的制造体系，以适应不同地区的现有智力资源和生产设备资源的迅速组合。这样可以在任何时间、任何地点与任何一个角落的用户、供应商及制造者打交道。建立动态联盟的制造体系，将成为全球化制造系统的发展趋势。

6.2.4 并行工程的提高与发展

并行工程（Concurrent Engineering）是随着CAD、CIMS技术的发展提出的一种新的系统工程方法。这种方法的思路，就是并行地、集成地设计产品及其开发的过程。它要求产品开发人员在设计阶段就考虑产品整个生命周期的所有要求，包括质量、成本、进度、用户要求等，以便更大限度地提高产品开发效率。并行工程的关键是用并行设计方法代替串行设计方法。图6.2.1所示是串行与并行设计过程比较图，在并行工程中，各个设计阶段的设计工作在内容允许的情况下可以重叠。从图中的总的开发周期来看，并行设计要远小于串行设计。

在并行工程运行模式下，每个设计者都可以像在传统的CAD工作站上一样进行自己的设计工作。借助于适当的通信工具，在公共数据库、知识库的支持下，设计者之间可以相互通信，根据目标要求既可随时应其他设计人员的要求修改自己的设计，也可要求其他设计人员响应自己的要求。通过协调机制，群体设计小组的多种设计工作可以并行协调地进行。

1）提高全过程（包括设计、工艺、制造、服务）的质量。

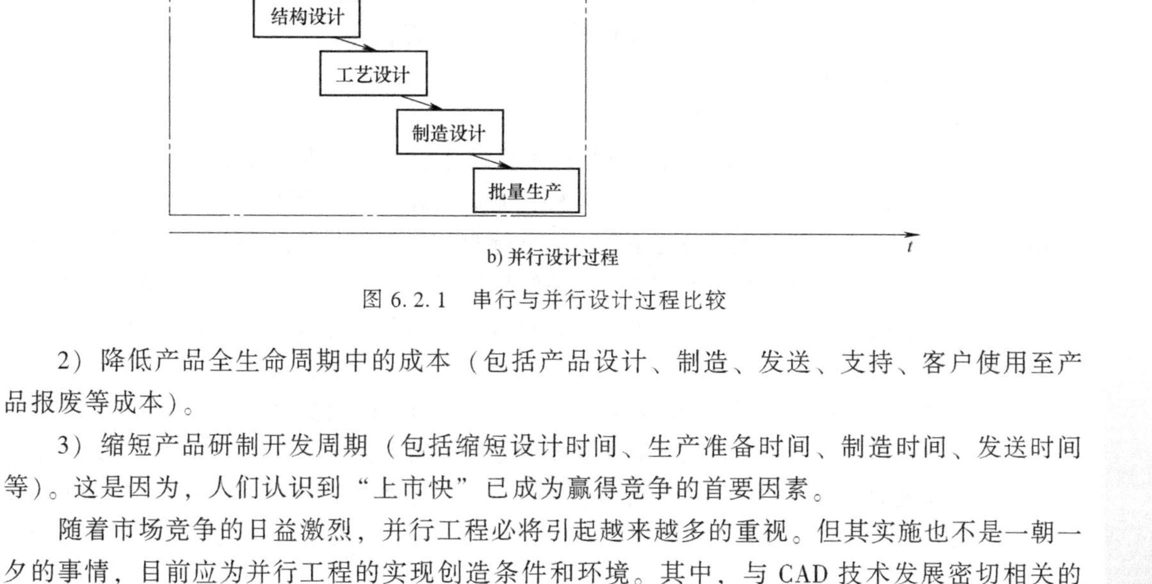

图 6.2.1 串行与并行设计过程比较

2）降低产品全生命周期中的成本（包括产品设计、制造、发送、支持、客户使用至产品报废等成本）。

3）缩短产品研制开发周期（包括缩短设计时间、生产准备时间、制造时间、发送时间等）。这是因为，人们认识到“上市快”已成为赢得竞争的首要因素。

随着市场竞争的日益激烈，并行工程必将引起越来越多的重视。但其实施也不是一朝一夕的事情，目前应为并行工程的实现创造条件和环境。其中，与 CAD 技术发展密切相关的有以下几个方面。

1）研究特征建模技术，发展新的设计理论和方法。

2）开展制造仿真软件及虚拟制造技术的研究，提供支持并行工程运行的工具和条件。

3）探索新的工艺过程设计方法，适应可制造性设计（DFM）的要求，以顺利实施并行工程运行。

4）借助网络及统一 数据库管理系统（DBMS）技术，建立并行工程中数据共学的环境。

5）提供多学科开发小组的协同工作环境，充分发挥人在并行工程中的作用。

这几个方面的发展将极大地促进 CAD、CAPP、CAM 技术的变革和发展。

6.2.5 虚拟设计制造技术的实现

虚拟设计是一种新兴的多学科交叉技术。它涉及多方面的学科研究成果与专业技术，通过以虚拟现实技术为基础，以机械产品为对象，使设计人员能与多维的信息环境进行交互。同时，利用这项技术也可以大大地减少实物模型和样件的制作。虚拟设计按照配置的档次可分为两大类：一种是基于 PC 的简单设计系统；另一种是基于工作站的高档产品开发设计系统。虽然是两种系统，但它们的工作原理是基本相同的。PC 系统的优势主要在于价格低廉，对小型虚拟设计系统的开发非常适宜，并且它的用户广泛，所以具有良好的市场前景。随着 PC 性能的迅速提高，越来越多的问题完全可以利用 PC 解决。但是由于目前 PC 的发展仍不够完善，产品的虚拟设计系统、高档的工作站仍是不可取代的硬件平台。基于 PC 的设计系统很难胜任大型复杂产品的虚拟设计，因此对这些复杂产品的虚拟设计是以 CAD 为基础的，利用虚拟现实技术发展而来的一种新的设计系统。这种设计系统按应用情况又可分为增强的可视化系统和基于虚拟现实的CAD系统。

(1) 增强的可视化系统

利用现行的CAD系统进行建模，通过对数据格式进行适当的转换，输出虚拟环境系统。在虚拟的环境中利用三维的交互设备（如头盔式显示器、数据手套等），在一个“虚拟”真实的环境中，设计人员对虚拟模型进行各个角度的观察。目前投入使用的虚拟设计多采用增强的可视化系统，这主要是因为虚拟建模系统还不够完善，相比之下，目前的CAD建模技术比较成熟，可以利用。

(2) 基于虚拟现实的CAD系统

利用这样的技术，用户可以在虚拟环境中进行设计活动。与纯粹的可视化系统相反，这种系统不再使用传统的二维交互手段进行建模，而直接进行三维设计。其与增强的可视化系统相同，也是利用三维的输入设备与虚拟环境进行交互。此外，它也支持语音识别、手势及眼神跟踪等。这种虚拟设计系统不需要进行系统培训即可掌握，普通的设计人员略加熟悉便可利用这样的系统进行产品设计。研究表明，这样的虚拟设计系统比现行的CAD系统的设计效率至少提高5~10倍。

人们对虚拟现实技术在机械产品设计方面的应用进行广泛的探讨研究后发现，虚拟设计对缩短产品开发周期、节省制造成本有着重要的意义。当今，在不少大公司的产品设计中都采用了这项先进的技术，如通用汽车公司、波音公司、奔驰汽车公司、福特汽车公司等。随着科技日新月异的高速发展，虚拟设计在产品的概念设计、装配设计、大机工程学等方面必将发挥更加重大的作用。

6.3 CAD/CAM技术与智能制造

6.3.1 面向先进制造技术的CAD/CAM技术

世界制造业间围绕时间、质量和成本上的竞争越来越激烈，产品及时上市已成为企业竞争取胜的关键。而制造业又是国民经济的基础，因此出现了一些先进的制造技术和系统，如并行工程、精益生产、智能制造、敏捷制造、分形企业、计算机集成制造系统等。它们在强调生产技术、组织结构优化的同时，都特别强调产品结构的优化，并对CAD技术提出了新的要求：产品信息模型要在整个生命周期的不同环节（从概念设计、结构设计、详细设计到工艺设计、数控编程）间进行转换。在用CAD系统进行新产品开发时，只需要重新设计和制造其中很小一部分零件即可，而大部分零部件的设计都将继承以往产品的信息，即CAD系统应具有变形设计能力，能快速重构，得到一种全新产品。CAD系统遵循产品信息标准经，二维与三维产品模型间能相互转换，以满足不同的需要。要求CAD系统引入知识工程，从而产生智能CAD系统。特别是引入虚拟现实技术，使设计师在虚拟世界中创造新产品，设计师可以直接参与操作模拟、移动部件和进行各种试验，在产品设计阶段就能看到其外形，而无须等产品生产出来后才能看到，在新产品生产出来前就可以对其做扭曲、挤压或拉伸试验。可以进行虚拟切削、加工，无须耗费材料和占用昂贵的加工设备，及早发现产品结构空间布局中的干涉及运动机构的碰撞等问题，直接观察数控加工中刀具的运动轨迹。

6.3.2　CAD/CAM 技术与智能制造

智能制造系统（Intelligent Manufacturing System，IMS）是一种由智能机器和人类专家共同组成的人机一体化智能系统，它在制造过程中能进行智能活动，如分析、推理、判断、构思和决策等，通过人与智能机器的合作，去扩大、延伸和部分地取代人类专家在制造过程中的脑力劳动。它把制造自动化的概念更新，扩展到柔性化、智能化和高度集成化。目前智能制造研究领域具有很大的活力，并且随着全球制造业的转型与发展，其研究内涵也在不断壮大。总体上讲，智能制造分为以下几个方面。

1. 智能设计方面

将计算机辅助工程/设计（CAE/CAD）、网络化协同设计、模型知识库等各种智能化的设计手段和方法，应用到企业的产品研发设计中，以支持设计过程的智能化提升和优化运行。

2. 智能生产方面

智能生产方面主要将包含分布式数控系统、柔性制造系统、无线传感网络等的智能装备、智能技术应用到生产过程中，支持企业生产过程的智能化，并且将机器视觉在线监测、机器感知智能引入生产过程的仿真模拟中，以适应智能制造生产环境的新要求，达到智能生产的企业全自动化模式。

3. 智能制造服务方面

智能制造服务主要包括产品服务和生产性服务。其中，产品服务主要针对产品的销售，以及售后的安装、维护、回收、客户的服务；生产性服务主要包含与生产相关的技术服务、信息服务、金融保险服务及物流服务等。

4. 智能管理方面

智能管理包括智能供应链管理、外部环境的智能感知、生产设备的性能预测及智能维护、智能企业管理（人力资源、财务、采购及知识管理等），最终的目的是达到企业管理的全方位智能化。

由此可见，智能制造在内容上涵盖了智能制造研究领域的各方面，呈现出多视角、动态化的趋势，多学科交叉融合。CAD/CAM 技术是智能制造的基础平台，为智能制造提供关键技术支撑；反之，智能制造的发展，必然促进 CAD/CAM 技术得到更快、更好的发展，为 CAD/CAM 技术的发展提供动力源泉。

练　习　题

1. CAD/CAM 系统的集成方案有哪几种？
2. CAD/CAM 技术的发展趋势有哪些？
3. 分析 CAD/CAM 技术与智能制造的关系。

参考文献

[1] 宁汝新，赵汝嘉．CAD/CAM 技术［M］．2 版．北京：机械工业出版社，2005.

[2] 葛友华．机械 CAD/CAM［M］．2 版．西安：西安电子科技大学出版社，2012.

[3] 何雪明，吴晓光，王宗才．机械 CAD/CAM 基础［M］．2 版．武汉：华中科技大学出版社，2015.

[4] 张建成，方新．机械 CAD/CAM 技术［M］．3 版．西安：西安电子科技大学出版社，2017.

[5] 王隆太．机械 CAD/CAM 技术［M］．4 版．北京：机械工业出版社，2017.

[6] 蔡汉明，陈清奎．机械 CAD/CAM 技术［M］．北京：机械工业出版社，2003.

[7] 康兰．CAD/CAM 原理与应用：英文版［M］．北京：机械工业出版社，2016.

[8] 王军．计算机辅助工程应用及展望［J］．数字技术与应用，2016（6）：239.

[9] Klaus-Jürgen Bathe．有限元法：理论、格式与求解方法［M］．2 版．轩建，译．北京：高等教育出版社，2016.

[10] 王勖成．有限单元法［M］．北京：清华大学出版社，2003.

[11] LOGAN D L．有限元应用与工程实践系列：有限元方法基础教程（国际单位制版）［M］．5 版．张荣华，王蓝婧，李继荣，译．北京：电子工业出版社，2014.

[12] 江丙云，孔祥宏，罗元元．CAE 分析大系：ABAQUS 工程实例详解［M］．北京：人民邮电出版社，2014.

[13] 汤涤军．MSC Adams 多体动力学仿真基础与实例解析［M］．2 版．北京：中国水利水电出版社，2017.

[14] 赵武云，史增录，戴飞，等．ADAMS 2013 基础与应用实例教程［M］．北京：清华大学出版社，2015.

[15] 韩清凯，罗忠．机械系统多体动力学分析、控制与仿真［M］．北京：科学出版社，2010.

[16] 曹金凤，石亦平．ABAQUS 有限元分析常见问题解答［M］．北京：机械工业出版社，2009.

[17] 石亦平，周玉蓉．ABAQUS 有限元分析实例详解［M］．北京：机械工业出版社，2006.

[18] 江丙云，孔祥宏，树西，等．ABAQUS 分析之美［M］．北京：人民邮电出版社，2018.

[19] 陶文铨．数值传热学［M］．2 版．西安：西安交通大学出版社，2001.

[20] 武汉开目信息技术股份有限公司．KMCAPP2018 用户手册［Z］．2018.

[21] 钱应璋．基于 MBD 的数字化设计制造技术及应用高级研修班课程资料［Z］．2014.

[22] 国营南光机器厂 CAPP 室．中国电子学会生产技术分会机械加工专业委员会计算机辅助工艺过程设计讲义［Z］．1993.

[23] 黄爱华，方晓勤，杨国军，等．Mastercam 基础教程［M］．北京：清华大学出版社，2005.

[24] 陈天祥．数控加工技术与编程实例［M］．北京：清华大学出版社，2005.

[25] 张超英．数控编程技术：手工编程［M］．北京：化学工业出版社，2008.

[26] 云中漫步科技 CAX 设计室．Mastercam X4 中文版完全自学一本通［M］．北京：电子工业出版社，2011.

[27] 王志斌．数控铣床编程与操作［M］．北京：北京大学出版社，2012.

[28] 马志国．Mastercam 2017 数控加工编程应用实例［M］．北京：机械工业出版社，2017.

[29] 陈卫国，陈昊．图解 Mastercam 2017 数控加工编程基础教程［M］．北京：机械工业出版社，2018.